[德] Hillebrand, Thomas（希勒布兰德·托马斯）
[德] Ignatowitz, Eckhard（伊格纳托维兹·埃克哈德）
[德] Kinz, Ullrich（金兹·乌尔里克）
[德] Vetter, Reinhard（维特尔·莱因哈德）

著

丁宁 熊庆 谭哲娴 等译

机械制造工程考试实用教程

Prüfungsbuch Metall

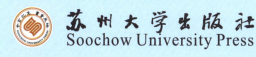

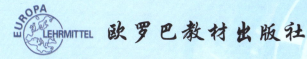

图书在版编目(CIP)数据

机械制造工程考试实用教程 /（德）希勒布兰德·托马斯（Hillebrand, Thomas）等著；丁宁等译. —苏州：苏州大学出版社,2016.12(2020.1 重印)

ISBN 978-7-5672-1862-8

Ⅰ.①机… Ⅱ.①希… ②丁… Ⅲ.①机械制造工艺—高等职业教育—教材 Ⅳ.①TH16

中国版本图书馆 CIP 数据核字(2016)第 252840 号

著作权合同登记号　图字 10-2016-568 号

Prüfungsbuch Metall

Copyright@ Verlag Europa-Lehrmittel, Nourney, Vollmer GmbH & Co. KG, 2015

All right reserved

书　　名：	机械制造工程考试实用教程
著　　者：	Hillebrand, Thomas　　Ignatowitz, Eckhard Kinz, Ullrich　　Vetter, Reinhard
译　　者：	丁　宁　熊　庆　谭哲娴　等
责任编辑：	苏　秦　周建兰
装帧设计：	吴　钰
出版发行：	苏州大学出版社（Soochow University Press）
出 版 人：	张建初
社　　址：	苏州市十梓街1号　邮编：215006
印　　刷：	苏州工业园区美柯乐制版印务有限责任公司
网　　址：	www.sudapress.com
邮购热线：	0512-67480030　020-87576099
开　　本：	890 mm×1 240 mm　1/16　印张：25　字数：740 千
版　　次：	2016 年 12 月第 1 版
印　　次：	2020 年 1 月第 2 次修订印刷
书　　号：	ISBN 978-7-5672-1862-8
定　　价：	158.00 元

凡购本社图书发现印装错误，请与本社联系调换。服务热线：0512-65225020

机械制造工程考试实用教程

Hillebrand, Thomas　　　　　　Ignatowitz, Eckhard
Kinz, Ullrich　　　　　　　　　Vetter, Reinhard

第 29 版第 5 次印刷

欧罗巴教材出版社·诺尔尼,富尔玛股份有限公司及合资公司
杜赛尔博格大街 23 号,42781 哈恩-格鲁腾市

欧洲号:10269

《机械制造工程考试实用教程》(*Prüfungsbuch Metall*)作者信息：

作者	职位	地区
Hillebrand, Thomas	研究主任	维佩尔菲尔特
Ignatowitz, Eckhard	工程博士/教育参议	瓦尔德布龙
Kinz, Ullrich	研究主任	大乌姆斯塔特
Vetter, Reinhard	研究主任	奥托博伊伦

专业组审校和领导：

Eckhard Ignatowitz 博士

图片处理：

欧罗巴教材出版社制图室，地址：奥斯特菲尔德尔恩

第 29 版，2015 年出版
第 5 次印刷
本版次的所有印刷均可以互换使用，因为已纠正的印刷错误经过更改后都是相同的。

ISBN 978-3-8085-1260-9
封面设计：Grafische Produktionen Jürgen Neumann, 97222 Rimpar
封面照片：TESA/Brown & Sharpe, CH-Renens und Seco Tools GmbH, Erkrath

公司保留所有版权。本书亦受到版权保护。对本书的任何超出法律规定范围的使用都必须得到出版社的书面授权同意。

(C) 2015 欧罗巴教材出版社·诺尔尼，富尔玛股份有限公司及合资公司，42781 哈恩-格鲁腾市
http://www.europa-lehrmittel.de

文本：rkt, 42799 莱希林根, www.rktypo.com
印刷：Konrad Triltsch 印刷和数字媒体，97199 奥克森富特-豪尔斯答特

前 言

高新科技迅猛发展和世界经济一体化决定了经济社会发展的关键要素不再是资金和土地，而更多地依赖于人力资源，依赖于人的知识和技能，依赖于对新技术的掌握和劳动者素质的提高。西方工业化国家的发展实践早已证明了这一点。1999年4月，联合国教科文组织在首尔召开的世界技术和职业教育大会上明确指出："21世纪竞争的核心是一支有生产活力的、灵活的劳动大军。"

当前，我国的经济结构正进行新一轮的调整，职业教育旨在培养大量对技术创造原型进行具体化设计并实现于现代生产实践中的高级技能应用型人才，维护、监控实际技术系统或组织系统的高级技能业务管理型人才，运用专业知识与技能向特定顾客提供全面或综合性服务的高级技能服务型人才。无疑，这些人才是一个人力资源大国向制造业大国、服务业强国迈进的根本。在此背景下，职业教育面临着新的挑战和机遇。为培养适应国际市场竞争的高素质技术人才，我们学习和借鉴发达国家的职业教育模式并加以"本土化"，特别借鉴了被誉为世界职教典范的德国"双元制"的先进理念、教学标准、教学方法、管理方法及考核方法，以形成我国具有特色的职业教育模式。

为了贯彻落实德国机械制造工程类专业《职业培训条例》和《职业培训框架教学计划》的精神，提高中德合作班教学质量，实现教学目标，我们根据德国"双元制"的办学特点，翻译了《机械制造工程考试实用教程》(Prüfungsbuch Metall)一书，与《机械制造工程基础》(Fachkunde Metall)配套使用。

本书具有如下特点：

1. 本书分为三个部分：工艺学试题（第一部分）、专业数学试题（第二部分）和技术制图试题（第三部分），其中工艺学试题涉及10个章节：检测技术，质量管理，加工制造技术，材料工程，机床技术，电工学，装配、调试和维护，自动化技术，自动化加工，技术项目。本书内容范围广，参考价值大。

2. 本书可作为国内机械制造工程和机电类专业的参考教材，与《机械制造工程基础》手册配套使用，以配合考试和实用为宗旨，适用于参加德国工商联合会（IHK）和手工业协会（HWK）认证的机械制造工程和机电类职业资格考试的人员，严格执行德国标准。

3. 作为辅助材料，本书用于以"学习领域"为导向的理论课，通过书中的内容，学生可以系统地复习、巩固并加深所学到的专业知识。

4. 本书包含金属工程类专业的所有考试内容，主题明确，除了常规的简答题外，每个章节最后均附有选择题，用于检查学生的阶段性学习成果。

东莞市技师学院对外交流中心德语翻译组熊庆、丁宁、谭哲娴、赵晓莉、彭家仪、张小永、鲍璐茵等参与了本书的翻译工作。

本书在校对过程中得到东莞市技师学院机电工程系和机械工程系专业教师的悉心指导，在此一一致谢。广东恺鹏勒信息科技有限公司长期致力于中德合作，推进中国职业教育的改革与发展，为本书的版权引进和推广做了大量的工作，在此也表示衷心的感谢！

本书严格按照原书翻译，对书中一些明显错误也做了改正。由于译者水平有限，书中不妥之处在所难免，敬请读者批评指正。

2016 年 11 月

目 录

第一部分 工艺学试题

1 检测技术 ……………………………… 1
  1.1 量和单位 …………………………… 1
  1.2 测量技术基础 ……………………… 1
  1.3 长度检测工具 ……………………… 2
    • 刻度尺、直尺、角尺和量规 ……… 2
    • 块规、游标卡尺和千分尺 ………… 3
    • 内径检测仪表、千分表、触杆式检测表、精密指针式检测表 …………… 4
    • 气动式测量仪表、电子式测量仪表和光电式测量仪表、坐标测量仪的多功能传感器技术 ………………… 5
  1.4 表面检测 …………………………… 6
  1.5 公差和配合 ………………………… 7
  1.6 形状和位置检测 …………………… 10
  检测技术测试题 ………………………… 13
2 质量管理 ……………………………… 17
  A 部分 ………………………………… 17
  B 部分 ………………………………… 18
  质量管理测试题 ………………………… 21
3 加工制造技术 ………………………… 23
  3.1 工作安全 …………………………… 23
  3.2 加工方法的分类 …………………… 23
  3.3 铸造 ………………………………… 24
    • 塑料的成形和再加工 ……………… 25
  3.4 成形 ………………………………… 27
  3.5 切割 ………………………………… 31
  3.6 切削加工 …………………………… 32
    3.6.1 基础知识 ……………………… 32
    3.6.2 使用手动工具加工工件 ……… 32
  3.7 使用机床加工工件 ………………… 33
    3.7.1 切削材料 ……………………… 35
    3.7.2 冷却润滑剂 …………………… 36
    3.7.3 锯 ……………………………… 37
    3.7.4 钻孔、攻丝 …………………… 37
    3.7.5 攻螺纹 ………………………… 39
    3.7.6 扩孔、铰孔 …………………… 40
    3.7.7 车削 …………………………… 42
      • 车削方法 ………………………… 42
      • 车削刀具 ………………………… 44
      • 切削参数 ………………………… 45
      • 刀具和工件的夹紧装置 ………… 48
      • 车床 ……………………………… 49
    3.7.8 铣削 …………………………… 51
      • 切削量 …………………………… 51
      • 铣削刀具 ………………………… 52
      • 铣削方法 ………………………… 53
      • 高速铣削(HSC-铣削) ………… 54
      • 激光加工 ………………………… 55
    3.7.9 磨削 …………………………… 55
      • 磨料、影响磨削过程的因素、磨削方法、磨床 ……………………… 55
    3.7.10 拉削 ………………………… 57
    3.7.11 精加工 ……………………… 58
      • 珩磨和研磨 ……………………… 58
    3.7.12 电火花蚀除 ………………… 59
      • 电火花沉入和切割 ……………… 59
    3.7.13 机床的工装和夹具 ………… 60
    3.7.14 夹板的加工举例 …………… 62
  3.8 连接 ………………………………… 63
    3.8.1 连接方法(概览) ……………… 63
    3.8.2 压接式连接和卡接式连接 …… 63
    3.8.3 胶粘 …………………………… 64
    3.8.4 钎焊 …………………………… 64
    3.8.5 焊接 …………………………… 65
      • 手工电弧焊 ……………………… 65
      • 气体保护焊 ……………………… 65
      • 气体熔化焊 ……………………… 66
      • 射束焊接、压焊、焊接连接的检验 …… 66
  3.9 生成加工方法 ……………………… 68
  3.10 涂层 ………………………………… 68
  3.11 加工企业与环境保护 ……………… 69
  加工制造技术测试题 …………………… 70
4 材料工程 ……………………………… 88
  4.1 材料与辅助材料概览 4.2 材料的特性及选择 ……………………… 88
  4.3 金属材料的内部结构 ……………… 89

4.4 钢和铸铁	90
• 生铁、钢的冶炼和再加工	90
• 钢的命名方法	92
• 钢的分类、用途和商业形式	93
• 铸铁	95
4.5 非铁金属	96
• 轻金属	96
• 重金属	97
4.6 烧结材料	98
4.7 陶瓷材料	99
4.8 钢的热处理	99
• 铁碳状态图	99
• 退火、淬火	100
• 调质、表面淬火	102
4.9 塑料	104
• 特性、分类、热塑性塑料、热固性塑料、弹性体	104
4.10 复合材料	106
4.11 材料检验	107
• 机械特性的检验	107
• 硬度检验	109
• 疲劳强度检验、零件检验	110
• 塑料特性值检验	111
4.12 材料和辅助材料的环境问题	111
材料工程测试题	112

5 机床技术 121

5.1 机床的分类	121
• 工作设备和数据处理装置	122
5.2 机床的功能单元	123
• 机床的安全装置	124
5.3 连接功能单元	124
• 螺纹	124
• 螺栓连接	125
• 销连接	127
• 铆钉连接	127
• 轴-轮毂连接	128
5.4 支撑和承重功能单元	129
• 摩擦和润滑材料	129
• 滑动轴承	130
• 滚动轴承	132
• 磁性轴承	134
• 导轨	135
• 密封	137
• 弹簧	138
5.5 能量传输功能单元	139
• 动轴和静轴	139
• 联轴器	139

• 皮带传动	141
• 链条传动	141
• 齿轮传动	142
5.6 驱动单元	143
• 电动机	143
• 变速箱	145
• 线性驱动	147
机床技术测试题	148

6 电工学 154

6.1 电流回路 6.2 电阻电路	154
6.3 电流种类	156
6.4 电功率和功	156
6.5 过电流保护装置	157
6.6 电气设备的故障 6.7 电气设备的保护措施	157
6.8 电器使用说明	158
• 导体、绝缘体、半导体、电子零件	158
• 磁学	159
电工学测试题	160

7 装配、调试和维护 162

7.1 装配技术	162
7.2 调试	163
7.3 维护	164
• 工作范围、定义、维护方案	164
• 保养	165
• 检查、维修和改进	166
• 找出故障点和故障源	166
7.4 腐蚀和防腐蚀	166
7.5 损伤分析和避免损伤	168
7.6 零件的负荷和强度	168
装配、调试和维护测试题	170

8 自动化技术 174

8.1 控制和调节	174
8.2 控制系统的基础知识和基本元件	175
8.3 气动控制	176
• 组件、元件	176
• 气动控制的原理	179
• 气动控制示例	181
• 真空技术	182
8.4 电气动控制	182
• 电气触点控制的元件	182
• 信号元件——传感器	183
• 使用端子板布线	184
• 电气动控制示例	185
• 阀岛	185
8.5 液压控制	185

8.6 可编程控制器(SPS) ········ 188	9.1.7 数控铣床的编程　9.1.8 编程方法 ········ 211
8.7 自动化中的控制技术 ········ 191	9.2 自动化加工设备 ········ 214
自动化技术测试题 ········ 193	自动化加工测试题 ········ 216
9 自动化加工 ········ 203	**10 技术项目** ········ 220
9.1 计算机数字控制(CNC) ········ 203	10.1～10.4 项目载体的基础 ········ 220
9.1.1 数控机床(NC)的特点 ········ 203	10.5 记录技术项目 ········ 221
9.1.2 坐标、原点和基准点　9.1.3 控制类型、刀具补偿 ········ 204	• 文字处理 ········ 221
9.1.4 CNC 编程 ········ 206	• 电子表格、演示软件 ········ 221
9.1.5 循环程序和子程序　9.1.6 数控车床的编程 ········ 208	• 技术制图 ········ 223
• 数控车床的编程 ········ 210	技术项目测试题 ········ 225

第二部分　专业数学试题

1 专业数学基础 ········ 227	4.3 切割 ········ 236
1.1 三分律、百分比和利息的计算 ········ 227	4.4 切削加工时的切削速度和转速 ········ 236
1.2 等式转换 ········ 227	4.5 切削时的切削力和功率 ········ 237
2 物理计算 ········ 228	4.6 车锥体 ········ 237
2.1 量的换算 ········ 228	4.7 使用分度头等分 ········ 238
2.2 长度和面积 ········ 228	4.8 主要机动时间、成本计算 ········ 238
2.3 体积、密度、大小 ········ 229	**5 机械元件的计算** ········ 240
2.4 直线运动及圆周运动 ········ 230	5.1 螺纹 ········ 240
2.5 力、扭矩 ········ 231	5.2 皮带传动 ········ 240
2.6 功、功率、效率 ········ 231	5.3 齿轮传动 ········ 240
2.7 简单机械 ········ 232	5.4 齿轮尺寸 ········ 241
2.8 摩擦力 ········ 232	**6 电工学的计算** ········ 242
2.9 压力、浮力、气压 ········ 232	**7 自动化技术的计算** ········ 243
2.10 热膨胀、热量 ········ 233	• 气动和液压 ········ 243
3 强度计算 ········ 234	• 逻辑连接 ········ 243
4 加工制造技术的计算 ········ 235	**8 CNC 技术的计算** ········ 244
4.1 尺寸公差和配合 ········ 235	专业数学测试题 ········ 245
4.2 成形 ········ 235	附表　物理量和测量单位(SI 基本单位) ········ 258

第三部分　技术制图试题

1 基于学习载体"滚轮轴承"的技术制图试题 ········ 259	**2 技术制图试题** ········ 262
	3 视图试题 ········ 263

参　考　答　案

第一部分　工艺学试题 ········ 267	4 材料工程 ········ 303
1 检测技术 ········ 267	5 机床技术 ········ 321
2 质量管理 ········ 274	6 电工学 ········ 342
3 加工制造技术 ········ 277	7 装配、调试和维护 ········ 345

   8　自动化技术 …………………… 351
   9　自动化加工 …………………… 364
   10　技术项目 …………………… 372

第二部分　专业数学试题 …………… 375
   1　专业数学基础 ………………… 375
   2　物理计算 ……………………… 375
   3　强度计算 ……………………… 378
   4　加工制造技术的计算 ………… 379
   5　机械元件的计算 ……………… 382

   6　电工学的计算 ………………… 383
   7　自动化技术的计算 …………… 383
   8　CNC 技术的计算 ……………… 384

第三部分　技术制图试题 …………… 385
   1　基于学习载体"滚轮轴承"的技术制图
     试题 …………………………… 385

测试题参考答案 ……………………… 388

第一部分　工艺学试题

1 检测技术

1.1 量和单位

1
在国际单位制（System International，SI）中，哪些基本量已明确规定？

2
长度的基本单位是什么？

3
单位名称前的字首"微"有何含义？

4
物体的质量取决于什么因素？

5
质量的基本单位是什么？

6
质量 $m=1$ kg 的物体受到的重力是多大？

7
常见的温度单位是什么？

8
如何理解"周期 T"？

9
如何理解"频率"？频率的单位是什么？

1.2 测量技术基础

1
系统性和偶然性测量误差对测量结果有什么影响？

2
如何计算千分尺的系统性测量误差？

3
为什么测量薄壁工件时容易出现问题？

4
为什么测量仪表与工件的标准温度差异会导致测量误差?

5
千分尺的系统性误差归因于什么?

6
为什么在车间测量时将显示的测量值视为实际测量结果?相比之下,在实验室测量却常常修改显示的测量值。

7
千分表的比较测量与回零有哪些优点?

8
为什么标准温度的偏差最容易导致铝制工件测量时出现问题?

9
如果通过手心温度将块规从 20 ℃ 升高至 25 ℃,其长度变化约为多少?

10
测量误差最大允许达到工件公差的百分之几才能使其在检测时忽略不计?

11
机械式千分表($Skw=0.01$ mm)的测量不精确性预计可以达到多少?

12
如何理解"检测"?

13
工件尺寸可以通过量具测量或者检验。两者之间有什么区别?

14
如何理解"测量不精确性"?

15
读取游标卡尺时视差如何引起测量误差?

1.3 长度检测工具
● 刻度尺、直尺、角尺和量规

1
为什么刀口形直尺和刀口形角尺要采用研磨的测量刃?

2
为什么量规不适用于产品（比如车削加工）质检？

3
为什么极限卡规不符合泰勒原则？

4
如何识别极限卡规的止端？

5
为什么极限量规的通端比止端磨损得快？

● 块规、游标卡尺和千分尺

1
哪些规格的平行块规可以组合出尺寸 97.634 mm？

2
公差等级"K"和"0"的平行块规有什么区别？

3
为什么钢制块规不允许整天附着在一起？

4
电子式游标卡尺的显示回零功能有什么优点？

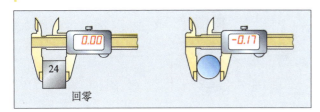

5
为什么千分卡尺的测量螺杆不可以过快地旋向工件？

6
陶瓷块规有什么优点？

7
带表游标卡尺有什么优点？

8
使用电子式游标卡尺可以测量出相同直径的孔间距。请问最佳测量方法是什么？

9
硬质合金块规有哪些特性？

10
使用游标卡尺可以完成哪些测量？

11
电子数显游标卡尺有哪些优点？

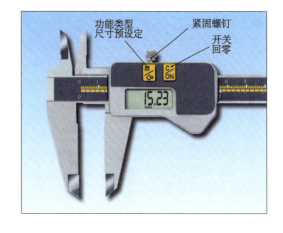

12
使用千分尺测量时,哪些原因会导致测量误差?

13
使用游标卡尺测量时要遵守哪些操作规则?

14
千分尺的联轴器有什么功能?

15
如何绘制千分尺的误差曲线图?

16
测量范围 0 ～ 25 mm 的千分尺显示测量值为 17.6 mm。请根据误差线图(题 15)推断出显示误差并标注出工件的正确尺寸。

17
千分尺主要由哪些零件组成?

● 内径检测仪表、千分表、触杆式检测表、精密指针式检测表

1
为什么三线式接触内径千分表的测量精度高于两点式接触内径千分表的测量精度?

2
为什么千分表只应在测量杆的移动方向上测量?

3
为什么触杆式检测表特别适用于检测孔的定中心和径向跳动?

4
检测圆度和径向跳动时,为什么优先使用精密指针式检测表,而不是千分表?

5
检测径向跳动时电子式千分表显示最大值为 +12 μm,最小值为 -2 μm。请问径向跳动偏差是多大?($f_L = M_{wmax} - M_{wmin}$)

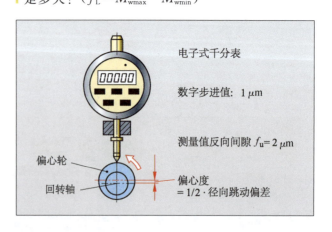

第一部分　工艺学试题

6 工件尺寸为 30 mm 时应使用千分表检测。如何进行测量？

7 千分表测量时，测量杆路径如何转变成旋转运动并放大？

8 哪种机械式长度检测仪表是最精准的？

5 与接触式（脉冲式）触头相比，使用坐标测量仪测量光学形状有哪些优点？

6 与单点测量相比，扫描有哪些优点？

7 使用光电式检测仪表测量长度时如何掌握检测情况？

● 气动式测量仪表、电子式测量仪表和光电式测量仪表、坐标测量仪的多功能传感器技术

1 气动式测量有哪些优点？

2 为什么使用电感式检测触头测量厚度时不会影响工件的形状误差？

3 为什么使用轴测量仪表测量直径的精度高于测量长度的精度？

4 哪种测量仪表能够检测机床的定位精度？

8 立式长度测量仪表有哪些接触方法？

9 坐标测量仪有哪些优点？

10

气动式测量仪表的工作原理是什么？

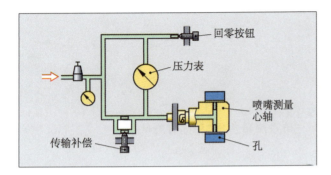

11

电感式测量仪表有哪些优点？

12

光电式测量仪表最重要的组件是什么？

1.4 表面检测

1

如何通过触觉法或者视觉法对比评估表面粗糙度？

2

为什么表面粗糙度 $R_z < 3\ \mu m$ 时建议使用半径为 $2\ \mu m$ 的针尖？

3

根据材料比曲线图可以判断发动机气缸的哪些功能特性？

4

车削工件的进刀量为 0.2 mm。请说明检测表面的极限波纹长度 λ_c 和总测量区段 l_n？

5

如下图所示，为什么未过滤的 D-表面形状出现轻微的位置倾斜？

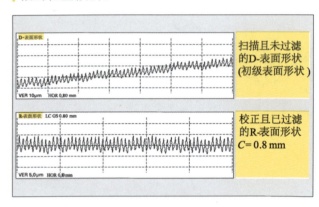

6

表格中哪种表面形状具有滑动轴承最好的功能特性？

表面形状			
R_{max} /μm	R_z /μm	表面微观形状	材料比曲线
1	1		
1	1		
1	0.4		
1	1		

7
为什么车削件上会出现波度和粗糙度?

8
实际表面形状的哪些成分在表面粗糙度形状(R-表面形状)中被过滤了?

9
如下图所示,该检测仪属于哪种探测系统?请列出其优点与缺点。

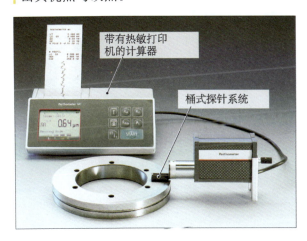

10
大多数情况下,研磨表面上哪些表面测量值是因测量仪表所留刮痕而改变的?

11
"真实表面"和"实际表面"的区别是什么?

12
如下图所示,表面检测仪如何根据电动触针法运转?

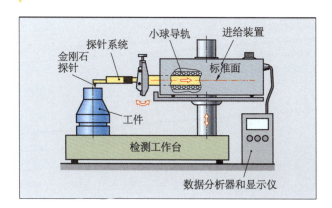

13
在工件表面的哪个位置检测粗糙度特征值?

14
根据 DIN EN ISO 1302,如何在图纸上标注允许平均表面粗糙度?

1.5 公差和配合

1
如何在 ISO 公差中确定公差带相对于零线的位置?

2
图纸上标有无公差参数的尺寸说明:ISO 2768-f。请问,标称尺寸 25 的极限尺寸可能是多大?

3
公差数值取决于哪些因素?

4
配合分为哪些类型?

5
如何区分"基孔制"和"基轴制"配合?

6
总图上标注了配合$\phi 40H7/m6$。请使用机械手册制定偏差表格并计算出最大间隙和最大过盈。

7
如下图所示,请完成轴承端盖导轮的相关计算。

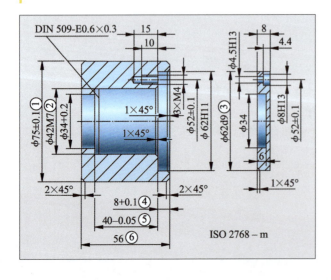

a)
最大尺寸和最小尺寸以及自由选择的 6 个尺寸的公差。

b)
导轮轴承端盖配合的最大间隙和最小间隙。

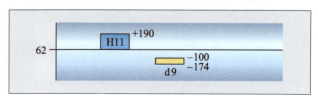

c)
待安装的滚动轴承外圈和导轮孔 42M7 之间的最大间隙和最大过盈。滚动轴承外圈的尺寸为 $42_{-0.011}^{0}$ mm。

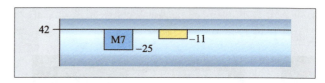

8

如下图所示,齿轮泵图纸中标注了数个必要的公差和配合,以满足其装配和功能。

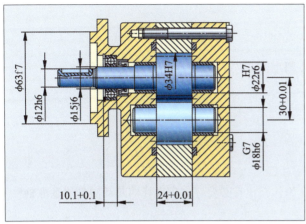

请计算下列零件的公差、极限尺寸、最大间隙和最小间隙或最大过盈和最小过盈。

a)
$\phi 18G7$(滑动轴承)/ h6(轴)

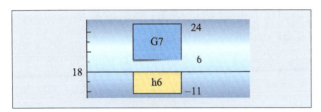

b)
$\phi 22H7$(盖)/ r6(滑动轴承)

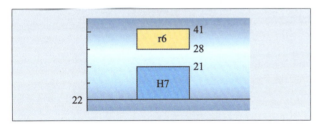

c)
$24^{+0.01}_{0}$ mm(板)/$24^{0}_{-0.01}$ mm(齿轮)

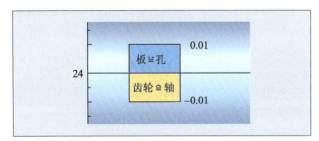

d)
$\phi 12h6$(轴)/$\phi 12H7$(皮带轮)

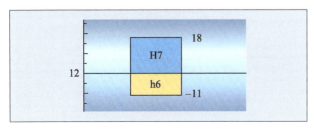

9
公差等级 5~11 用于哪些应用领域?

10
如何理解"更换标准零件"?

11
根据 ISO,如何标注公差带相对于零线的位置?

12
ISO 标准规定分为多少个公差等级?

13
机械制造中的配合尺寸规定采用哪些公差等级?

14
如何根据 DIN 在图纸上标注一般公差?

1.6 形状和位置检测

1
如果在多个测量面上检测径向跳动,那么应使用哪种径向跳动误差与公差比较?

2
圆度测量与径向跳动测量有什么区别?

3
为什么很有必要仔细校准径向跳动测量的基准轴?

4
如下图所示:磨削圆柱体时出现轻微的桶形误差。请根据直径的测量结果,判断圆柱形是否处于 0.01 mm 的公差范围之内。

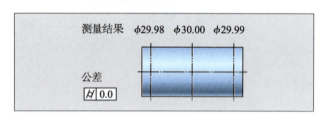

5
通过哪种测量方法可以检测传动轴径向跳动的功能?

6
如下图所示:形状检测仪测出车削的套筒工件圆度误差 f_K 为 7 μm。

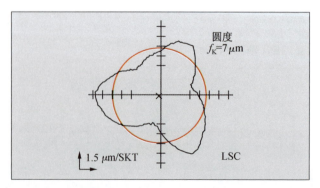

a)
产生误差的原因是什么?

b)
使用 90° V 型铁的三点检测法,圆度误差为 7 μm 时变差是多大?

7
采用三线法检测螺纹时要遵守哪些操作规则?

8
如何使工件锥度和锥度量规明显一致?

9
哪些加工影响因素导致形状和位置误差?

10
为什么应尽可能在公差元素的很多位置测量形状和位置公差?

11
如何才能测量锥度误差?

12
为什么仅使用量规无法检测精密螺纹?

13
理想式几何形状的哪些元素误差通过形状公差限制?

14
如何理解"公差区"?

15
哪种测量仪可以检测平面度和平行度?

16
刀口形直尺有什么作用?

17
用于检测角的形状量规可以测量哪些角?

18
哪些参数可以确定螺纹?

19

使用螺纹量规检测螺纹有什么缺点?

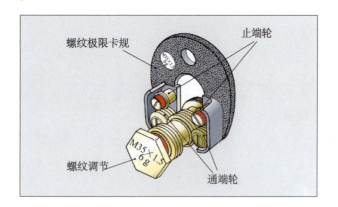

20

螺纹量规分为哪些种类?

21

如何检测螺纹的螺距?

22

请问,下图中参数有何含义?

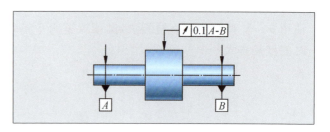

23

如何用正弦尺(见下图,$L=100$ mm)测量工件的角度?请说明。

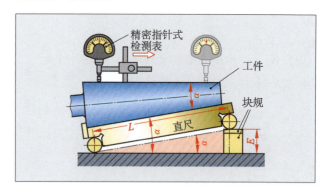

检测技术测试题

量和单位

1

哪个选项所代表的温度接近于绝对零点?

a) 0 ℃   b) 273 K
c) 273 ℃   d) 0 K
e) 100 ℃

2

在国际单位制 SI 中,以下哪个单位不属于基本单位?

a) 米   b) 安[培]
c) 牛顿   d) 开[尔文]
e) 秒

测量技术基础

3

如何理解"检测"?
检测是指

a) 研磨和磨光   b) 测量和检验
c) 精钻和精车   d) 滚压处理
e) 打磨和抛光

4

如何理解"测量"?
测量是指

a) 确定绝对精确的量
b) 未知量与单位的数字对比
c) 通过测量工具确定公称尺寸
d) 说明偏差
e) 确定过盈

5

测量技术中的标准温度是多少?

a) 0 ℃   b) 10 ℃
c) 15 ℃   d) 20 ℃
e) 25 ℃

6

如何理解"检验"?
检验是

a) 测出数值
b) 通过游标卡尺确定尺寸
c) 将未知尺寸和单位进行比较
d) 确定检测对象是否满足与量和形状有关的要求条件
e) 将未知量和单位进行比较

长度检测工具

7

平行块规的作用是什么?

a) 检查其他测量仪
b) 测量末速度
c) 测量粗糙度
d) 限制车床的横向进给
e) 测量最终转速

8

极限卡规的作用是什么?

a) 适用于轴的测量
b) 适用于孔的测量
c) 适用于轴的检测
d) 适用于孔的检测
e) 适用于确定轴的公差

9

使用极限卡规时有什么注意事项?

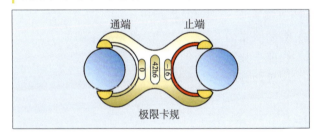

a) 极限卡规需达到手温
b) 通端不可以通过工件
c) 止端必须通过工件
d) 通端和止端必须通过工件
e) 上述回答均不正确

10

千分表的作用是什么?

a) 调整测量时间   b) 完成对比测量
c) 测量切削速度   d) 测量转速
e) 确定标称尺寸

11

精密指针式检测表不具有哪项特性?

a) 最精准的机械式长度测量仪
b) 大部分的刻度值为 1 μm
c) 大部分的度数范围为 10 μm
d) 指针偏转 360°
e) 适用于检测圆度

12
游标有什么作用?

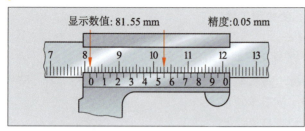

a) 用于测量圆锥
b) 作为测量工具上的辅助刻度尺
c) 作为测量圆柱体的辅助工具
d) 作为测量圆形物体的辅助工具
e) 用于测量转速

13
游标卡尺的读数精度如何达到 0.1 mm?

a) 10 mm 分为 9 等份　　b) 20 mm 分为 19 等份
c) 9 mm 分为 10 等份　　d) 45 mm 分为 49 等份
e) 50 mm 分为 49 等份

14
千分尺上的联轴器有何作用?

a) 限制测量力　　b) 调整固定值
c) 校准千分尺　　d) 平衡热膨胀
e) 连接计算机

15
如下图所示,哪项说法是正确的?

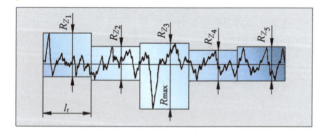

a) 值 $Z_1,\cdots,Z_5$ 显示单个检测区段的平滑深度
b) 值 Z_3 相当于平均表面粗糙度
c) 根据值 $Z_1,\cdots,Z_5$ 可计算平均表面粗糙深度
d) 最大表面粗糙深度是 $Z_1,\cdots,Z_5$ 单个粗糙深度的第 5 部分
e) 平均表面粗糙深度相当于最大单个粗糙深度(Z_3)与最小单个粗糙深度(Z_4)值的一半

16
切削加工时哪个因素不会影响表面粗糙度?

a) 刀具材料　　b) 切削半径
c) 切削液　　　d) 切削角
e) 公差

17
哪项检测工具不适用于测量?

a) 游标卡尺
b) 块规
c) 千分表
d) 精密指针式检测表
e) 极限卡规

表面检测

18
如下图所示,该标注是什么意思?

a) 最大允许洛氏硬度:3.2 N/mm^2
b) 最大允许平均表面粗糙值:$3.2 \text{ }\mu\text{m}$
c) 最大允许平均表面粗糙深度:$3.2 \text{ }\mu\text{m}$
d) 最大允许半径:$3.2 \text{ }\mu\text{m}$
e) 上述回答均不正确

19
如下图所示,哪项表面粗糙度曲线与表面形状相称?

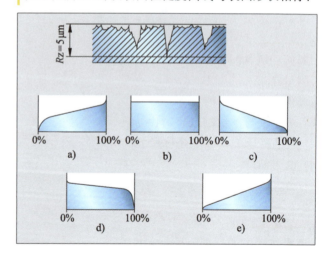

公差和配合

20
图纸上标注了尺寸 70。请问,该尺寸的名称是什么?

a) 实际尺寸　　b) 最大尺寸
c) 最小尺寸　　d) 公称尺寸
e) 过盈尺寸

21
哪种配合属于基轴制 ISO 配合?

a) F8/h6　　b) P8/d9
c) H7/f7　　d) H7/g6
e) D7/r6

22

图中标注 ϕ70H7。字母 H 代表什么意思？

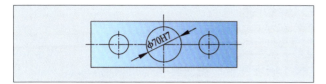

a) 表面粗糙深度的尺寸
b) 公差带相对于实际尺寸的位置
c) 孔的基本偏差尺寸
d) 允许公差的尺寸
e) 孔的公差等级

23

关于基孔制 ISO 配合的说法哪项是错误的？

a) 所有孔均包含基本偏差尺寸 H
b) 孔的最小尺寸相当于标称尺寸
c) 孔的最大尺寸相当于标称尺寸＋公差
d) 孔的最小尺寸小于标称尺寸
e) 孔的最大尺寸大于标称尺寸

24

关于基轴制 ISO 配合的说法哪项是正确的？

a) 上限偏差尺寸＝0
b) 下限偏差尺寸＝0
c) 标称尺寸＝最小尺寸
d) 标称尺寸＜最小尺寸
e) 标称尺寸＞最大尺寸

25

基轴制 ISO 配合时使用哪些字母标注间隙配合的孔？

a) A～H
b) J～K
c) M～N
d) P～R
e) S～ZC

26

请求出孔ϕ63（偏差：＋0.25；＋0.1）和轴ϕ63（偏差：－0.1；－0.25）的最大间隙。

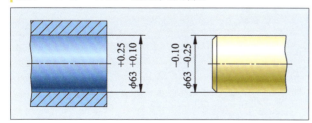

a) 0.1 mm
b) 0.25 mm
c) 0.3 mm
d) 0.35 mm
e) 0.5 mm

27

如何理解配合中的"公差等级"？

a) 基本偏差尺寸配合公差等级
b) 间隙的尺寸
c) 材料的质量
d) 组合件的配合比参数
e) 加工余量的尺寸

28

如何理解 ISO 公差缩写中的大写字母？

a) 轴公差带相对于零线的位置
b) 孔公差带相对于零线的位置
c) 公差等级
d) 公差尺寸
e) 偏差尺寸

29

请求出尺寸ϕ20＋0.018／－0.003 中的公差。

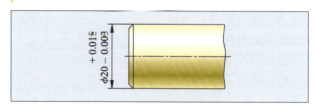

a) 0.005 mm
b) 0.006 mm
c) 0.011 mm
d) 0.021 mm
e) 上述答案均不正确

30

标注ϕ40H7/f7 属于哪种配合类型？

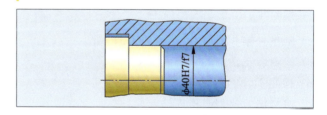

a) 过渡配合
b) 过盈配合
c) 间隙配合
d) 精密配合
e) 粗略配合

31

如何在图上标注 DIN ISO 2768 普通公差？

a) 图上无标注
b) 图上的所有尺寸包括附加说明＋0.2 mm
c) 图上的所有尺寸包括附加说明±0.1 mm
d) 比如使用说明"DIN ISO 2768 –普通"
e) 使用说明"DIN ISO 2768 偏差很小"

形状和位置检测

32
关于检测形状和位置公差的说法哪项是正确的？
a) 表面平面度只能通过刀口形直尺检测
b) 使用平板玻璃可以测量角度
c) 测量角度时可以检测棱边与平面的位置
d) 使用水平仪可以检测大锥度
e) 使用固定角尺只能确定大于2°的角度误差

33
测量角度时通常使用哪种测量工具？
a) 中心角尺 b) 锥度规
c) 划规   d) 量角器
e) 正弦尺

34
关于螺纹检测的说法哪项是错误的？
a) 螺纹量规检测螺纹的互换性
b) 螺纹极限塞规上有通端和止端
c) 使用通端螺纹环规检测螺纹的可旋性
d) 止端螺纹环规标有红色标记,比通端环规窄
e) 螺纹极限卡规上有用于检测的滑块

35
锥度塞规的作用是什么？

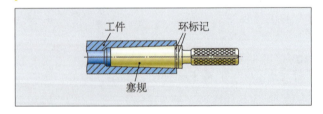

a) 测量外锥   b) 测量内锥
c) 检测麻花钻的刀具锥度
d) 检测工件的内锥度
e) 检测铣刀的刀具锥度

36
使用正弦尺($L=200$ mm)测量工件角度 $α$。尺寸 $E=46.804$ mm。请计算角度 $α$。

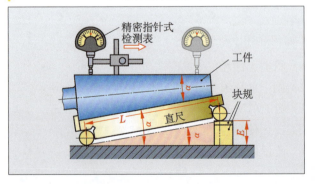

a) $α=46.804°$ b) $α=13°32'2''$
c) $α=13.32°$ d) $α=76°27'58''$
e) $α=27.907°$

37
关于圆度测量的说法哪项是正确的？
a) 两点法可以测量等厚形状的圆度误差
b) 三点法只能测量等厚形状的圆度误差
c) 测量圆度误差只能通过 V 型铁中带两个支撑点的三点检测法
d) 该测量方法对检测圆度误差没有影响
e) 椭圆形形状误差中圆度误差 f_K 的公式为

$$f_K = \frac{A_{min} - A_{max}}{k}$$

38
为什么会出现等厚形状？
a) 由于圆度误差、垂直度误差和平行度误差叠加
b) 因为加工时使用的刀具较钝
c) 由于圆度误差和平行度误差叠加
d) 由于垂直度误差和平行度误差叠加
e) 三爪卡盘内存在夹紧力

39
下列表述哪项是错误的？
a) 同轴度误差可能出现于轴或孔的轴线上
b) 为了识别轴线的最大偏差,应该至少在 3 个测量面上检测径向跳动
c) 根据最大和最小显示值可以确定同轴度误差 f_{KO}
d) 圆度误差始终算入同轴度误差
e) 允许的最大轴向偏差相当于同轴度公差 t_{KO}

2 质量管理

A部分

1
为什么质量管理对于企业而言具有非常重要的意义？

2
企业的质量管理分布在哪些工作范围？

3
为什么 DIN EN ISO 9000 和 DIN EN ISO 9001 属于质量管理领域内最重要的标准？

4
请至少描述三个在职业或者个人生活范围内碰到的曲线图。

5
检查数量特性和质量特性可以得出什么结果？

6
请用自己的语言描述"零缺陷战略"。

7
关键缺陷和次要缺陷之间有什么区别？

8
如何区分缺陷汇总卡和计数线统计表？

3

如果过程能力指数 C_p 与 C_{pk} 相等,这意味着什么?

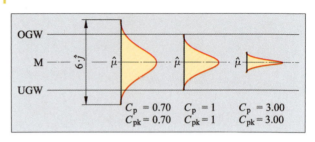

9

通过帕累托分析法可以得出什么结果?

4

如果加工过程中一个平均值超过极限值,应采取哪些措施?

5

哪些控制卡适于人工使用?请阐述理由。

B 部分

1

相对于 100% 检验,抽样检验有哪些优点?

2

统计式过程控制(SPC)的目标是什么?

6
如何理解"认证"?

7
质量控制的目标是什么?

8
质量保证的主要目的是什么?

9
如何理解"机床能力"?

10
哪些情况下要进行机床能力检验?

11
统计式过程控制的目的是什么?

12
监督生产的质量控制卡有哪些优点?

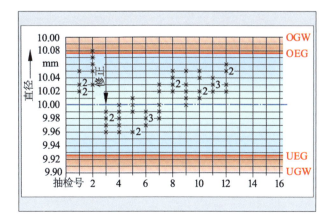

13
技术革新与持续改进过程有什么区别?

14
加工过程中可能出现哪些干扰因素?

15
如下图所示,哪些抽样序列表示"趋势"?哪些表示"走向"?

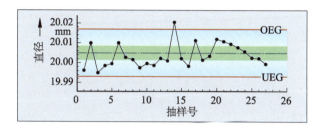

16
如果平均值-质量控制卡表示趋势,应采取哪些措施?

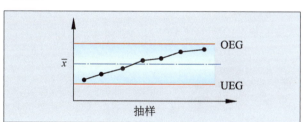

17

请计算下列工件尺寸抽样数值的平均值 $\bar{x}$、中间值 $\tilde{x}$ 和极差 R。

$l_1 = 79.95$ mm，$l_2 = 80.25$ mm，$l_3 = 80.15$ mm，
$l_4 = 80.00$ mm，$l_5 = 80.10$ mm。

18

如何理解"质量审计"？

19

如果出现特性值 1 和 2，应采取什么措施？

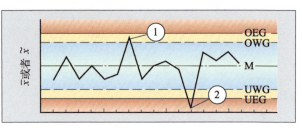

质量管理测试题

1

关于质量管理原则的表述哪项是错误的?

a) 企业环境由领导层创建和保证,企业环境有利于实现质量目标,使其变得容易
b) 有效的决策建立在对数据和信息客观分析的基础上
c) 以客户为导向是指持续改进企业总产量
d) 客户(企业)与供应商(供货企业)之间的良好关系对双方均有利
e) 如果把各个工作行为和与其相关的方式方法均视为过程进行引导和控制,将取得更有效的成果

2

DIN ISO 9000 标准系列包含哪项内容?

a) 质量管理的义务
b) 质量管理认证的费用
c) 对质量管理体系的要求
d) 介绍质量管理的免责
e) 环保加工的规定

3

以下哪项不属于交货时的客户要求?

a) 可靠性
b) 按时交货
c) 产品加工时的检测
d) 功能性
e) 故障咨询

4

下列哪项属于质量特性?

a) 工件长度
b) 工件平面度
c) 每小时加工完成的工件数量
d) 每个检测单元的缺陷
e) 工件的表面粗糙深度

5

下列哪项不属于质量控制时采取的措施?

a) 询问客户
b) 质量检测
c) 识别趋势
d) 测量值的直接处理
e) 过程调整

6

如何理解"机床能力"?

a) 1 小时加工 100 多个零件
b) 1 年无须支付保养费用
c) 自动化生产
d) 自动修复故障
e) 操作过程中加工零缺陷零件的能力

7

通过下图能够确定并说明问题的影响因素。请问,该图叫什么?

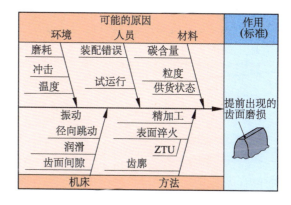

a) 生产流程图
b) 散点图
c) 矩形图
d) 相关关系图
e) 原因-作用图

8

质量管理领域内,哪种图不宜用于图形分析法和文档资料法?

a) 生产流程图
b) 直方图
c) 运行曲线图
d) 进度图
e) 销售图

9

影响特性数值变化的因素中哪项可以归入概念"检测方法"?

a) 人
b) 方法
c) 机床
d) 材料
e) 环境

10

如何理解"平均值"?

a) 根据大小排列的单值的中间值
b) 各个单值的总和除以单值的数量
c) 最大单值和最小单值的差
d) 最大单值和最小单值之和除以 2
e) 单值的平均数量

11

关于审计的说法哪项是错误的？

a) 质量审计由独立且合格的审计员根据计划实施
b) 产品审计时检验产品质量特性是否符合规定
c) 通过认证审计企业可以评估它们的供货商，主要形式为过程审计
d) 通过过程审计应指明过程改进的可能性
e) 通过系统审计可以确定企业的薄弱环节以及修正和改进的措施

12

如下图所示，关于质量控制卡中过程变化的表述哪项是正确的？

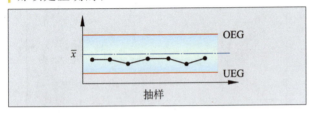

a) 数值有序上升
b) 数值从干扰上限值降到干扰下限值
c) 数值接近干扰上限值
d) 数值离公差中间区太远
e) 数值位于中线下侧

13

如下图所示，质量控制卡中出现该过程变化的原因可能是什么？

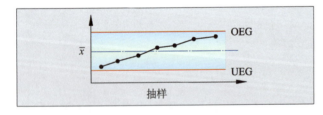

a) 刀具磨损增大
b) 机床加热
c) 使用了其他检测工具
d) 使用了不适合的切削液
e) 设备操作员换班

14

关于质量控制卡中过程变化的说法哪项是正确的？

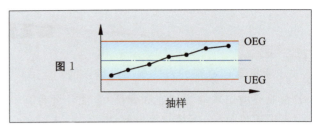

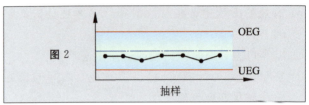

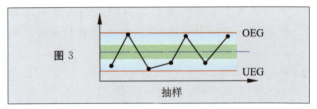

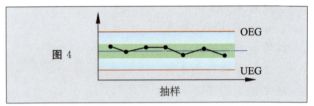

a) 图1和图3表示走向
b) 图1和图2表示中部1/3
c) 图2和图4表示趋势
d) 图1和图4表示走向
e) 图3和图4表示中部1/3

15

下列哪种措施属于技术革新？

a) 稍微缩短零件的加工时间
b) 优化机床的润滑装置
c) 调整工作步骤
d) 引入能够明显提高生产速度的工作方法
e) 通过更好的润滑装置降低能源消耗

3 加工制造技术

3.1 工作安全

1
如何区分安全标志?

2
如何避免脸部和眼睛的伤害?

3
导致事故发生的原因有哪些?

4
电子机器设备有哪些安全防护措施?

5
工位事故防护制度有什么意义?

6
什么是禁止标志?

7
哪些预防性安全措施能够避免事故?

8
请列举出几条防护措施。

3.2 加工方法的分类

1
加工方法主要分为哪些类别?

2
请列举出每个类别中的一种加工方法。

3
哪些加工方法属于分离？

4
哪些加工方法属于连接？

5
哪些加工方法能增大材料的黏合性？

6
压力成形和拉深成形属于哪一个加工方法大组？

7
如何改变固体的材料特性？

3.3 铸造

1
为什么通过铸造生产工件？

2
为什么铸模的尺寸要比生产的铸件大？

3
为什么铸造时使用泥芯？

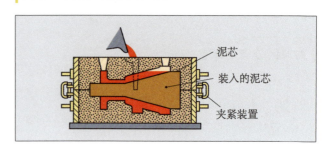

4
如何区分手工造型铸件和机器造型铸件？

5
如何生产真空造型的铸模？

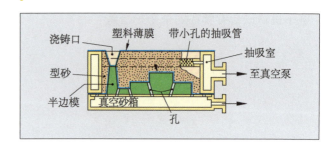

6
哪种铸造方法适用于大批量生产有色金属薄壁工件？

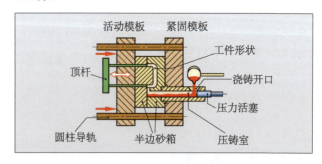

第一部分　工艺学试题　　　　　　　　　　　　　　　　　　　　　　　　　25

7
如何通过精密铸造生产铸件？

● 塑料的成形和再加工

1
热塑性、热固性和弹性塑料分别都有哪些成形加工方法？

8
铸件在造型、浇铸和冷却过程中可能会出现哪些缺陷？

9
如何理解铸造技术中的铸模？

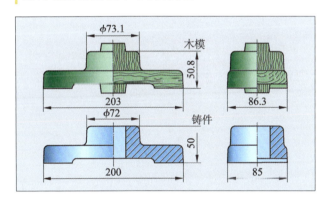

2
通过挤压吹塑成形可以生产哪些成形件？（见下图）

3
注塑机由哪些机床组件组成？

4
请说明注塑机的加工流程。

10
为什么铸模除了浇铸口还有一个冒气口？

5
注塑时要注意哪些过程参数？

11
如何实现离心铸造？

6
针对以泡沫材料为原材料的工件有哪些加工方法？

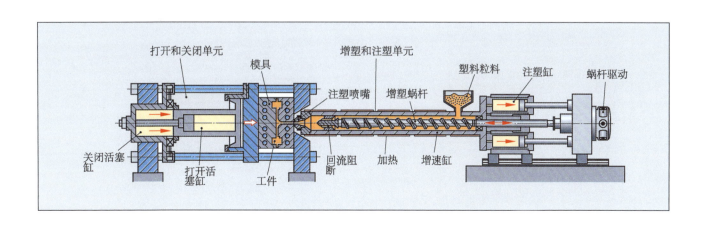

7
哪些塑料不可以黏结？

8
两根 PE 塑料管需要通过焊接连接一根长管，哪些焊接方法适用于这种情况？

9
注塑有哪些作用？

10
注塑时，塑料熔化温度过低有什么影响？

11
通过热成形可以生产哪些塑料件？

12
挤压机如何运行？

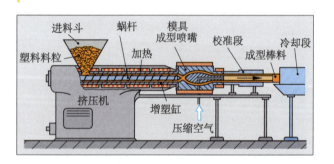

13
如何生产塑料空心体（如轿车油箱）？

14
塑料有哪些连接方法？

15
塑料外壳应采用哪种连接方法？

16
哪些塑料具有优良的黏性？

17
哪些塑料组件通过超声波焊接连接？

18
塑料切削加工时需要注意什么？

5
拉深加工时容易出现哪些缺陷？

6
参考下图回答如何理解板材的最大拉深系数？

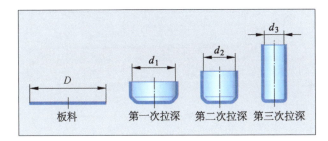

3.4 成形

1
参考下图回答如何计算折弯件弯曲部分的延伸长度？

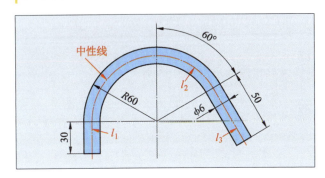

7
最大拉深系数取决于什么？

8
与普通拉深相比，液压式拉深有哪些优点？

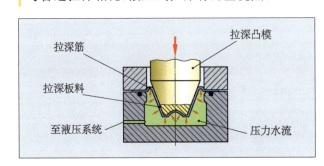

2
为什么弯曲半径不能过小？

3
弯曲时的回弹系数取决于什么？

4
拉深模具由哪些零件组成？

9
请参考下图回答热锻压温度取决于什么?

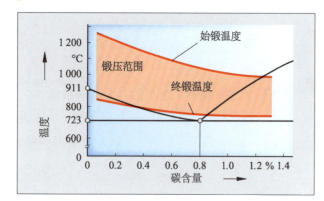

10
模锻加工有哪些优点?

11
请列举出几个通过模锻加工的典型工件。

12
请参考下图回答如何区分由螺纹成形模生产的螺纹和切削加工生产的螺纹?

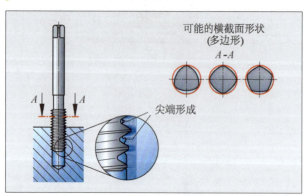

13
适用于冲挤的材料有哪些特性?

14
成形时材料会如何变化?

15
成形具有哪些优点?

16
应力应变曲线图中哪段范围表示变形?

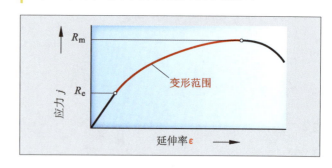

17
热成形和冷成形有哪些区别?

18
如何理解成形加工过程中的中间退火?

19
如何理解折弯件中的中心轴线?

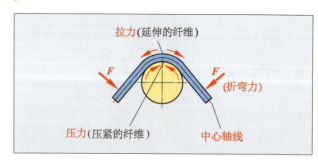

20

将一根铝制圆钢($d=8$ mm)弯曲成外径$D=140$ mm的3/4环。则

a) 中性轴线的长度为多少?
b) 这个环的体积是多大?
c) 环的质量为多少?

21

材料为DC04的框架通过弯曲成形制成。则

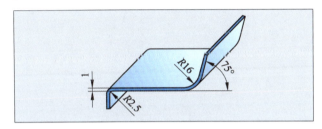

a) 比例$r_2:s$为多少?
b) 回弹系数k_R为多少?
c) 弯曲工具的角度$α_1$为多少?
d) 工具弯曲半径的大小为多少?

22

窗户框架型材由材料EN AW-AL MgSi弯曲成形制成。

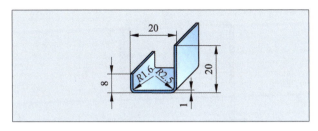

a) 根据表格确定延伸长度。

弯曲半径 r/mm	当板材厚度s(mm)为下列值时,各弯曲半径的补偿值v/mm						
	0.4	0.6	0.8	1	1.5	2	2.5
1	1.0	1.3	1.7	1.9	—	—	—
1.6	1.3	1.6	1.8	2.1	2.9	—	—
2.5	1.6	2.0	2.2	2.4	3.2	4	4.8

当弯曲角度$α=90°$时的补偿值v

b) 比例$r_2:s$为多少?
c) 根据表格确定回弹系数。

弯曲件的材料	比例 $r_2:s$							
	1	1.6	2.5	4	6.3	10	16	25
	回弹系数 k_R							
DC 04	0.99	0.99	0.99	0.98	0.97	0.97	0.96	0.94
EN AW-AL CuMgI	0.98	0.98	0.98	0.98	0.97	0.97	0.96	0.95
EN AW-AL SiMgMn	0.98	0.98	0.97	0.96	0.95	0.93	0.90	0.86

d) 弯曲工具的角度$α_1$为多少?
e) 工具的曲线r_1为多少?

23

防护罩（下图）由材料 EN AW-Mg1 w 通过拉深加工制成。则

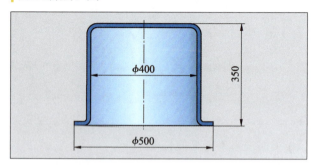

a) 板料直径为多少？
b) 可达到的拉深系数 β_1 为多少？
c) 加工需要做几次拉深？

a) 根据下面的表格确定可达到的拉深系数 β_{1max}。

拉深材料的拉深系数			
拉深材料	可达到的拉深系数		
	β_{1max}（第 1 次拉深）	β_{2max}（第 2 次拉深）	
		无中间退火	有中间退火
DC 01	1.8	1.2	1.6
DC 04	2.0	1.3	1.7
EN AW-Al Mg 1 w	1.85	1.3	1.75

b) 参考上表，查出在无中间退火的情况下需要几次拉深加工。
c) 杯体的高度为多少？

24

由拉深加工制成的杯体底部出现了裂痕，杯体侧面出现了垂直皱边，导致缺陷出现的原因可能是什么？

25

把材料为 DC04、直径 $D=260$ mm 的圆盘坯料拉深（下图）加工成一个内部直径 $d=120$ mm 的杯体。则

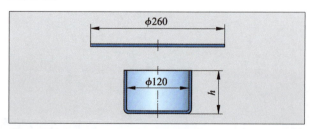

26

为什么模锻加工出来的工件具有高强度？

27

模锻加工有哪些优点？

28

如何区分模锻和自由锻？

29
为什么在低于锻压温度的情况下不允许继续模锻?

30
不同的成形加工方法会用到不同的机器设备,请列举三种机器设备及其应用范围。

31
圆柱头螺钉头部是由棒料经过冷成形后加工制成的(见下图),加工下图螺钉的棒料长度 l_1 是多少?

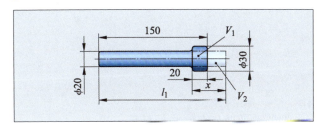

32
使用锻模热压出一个无毛刺无氧化皮的筒管。这根直径为 60 mm 的管材长度是多少?

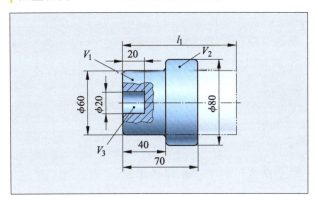

3.5 切割

1
请说明剪刀剪切的分离过程。

2
机动车辆的发电机支柱是由 1 mm 厚的结构钢 ($R_m = 520$ N/mm^2) 板材剪切而成的。请问,加工时刀具的剪切缝隙需要多大(带后角的剪切刀片间隙)?

3
根据导柱类型可以将剪切模具分为哪几类?

4
下列工件适合使用哪种剪切模具进行生产?
a) 带孔的圆盘。
b) 工件的外部轮廓位于孔的周边。
c) 工件切面要求无毛刺。
d) 带折弯的工件。

5
气割时预热火焰的作用是什么?

6
请参考下图回答哪些金属切割方法适用于非合金金属的切割?

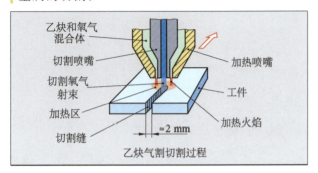

7
如何判断气割时切割速度是否正确?

8
下列材料分别适合采用哪种切割方法:
不锈钢、EN AW-ALCu Mg3、泡沫材料、陶瓷。

9
在使用等离子熔融切割时要注意遵守哪些安全操作规范?

10
激光束是如何产生的?

11
参考下图回答激光切割适用于对哪些材料的切割?

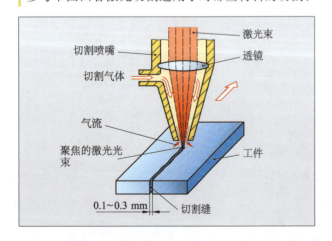

12
激光熔融切割和激光气割有哪些不同点?

13
水流切割时材料如何分离?

14
水流切割可以分离哪些材料?

3.6 切削加工

3.6.1 基础知识
3.6.2 使用手动工具加工工件

1
加工时,哪个角会影响切屑的形成?

2
画线时要注意哪些操作规则?

3
数显高度尺的工作原理是什么?

第一部分　工艺学试题

4
锯条应该装夹在哪个方向？

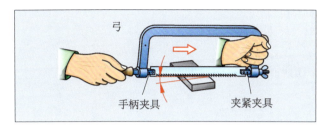

5
如何保证锯条自由进出，不被卡在工件内？

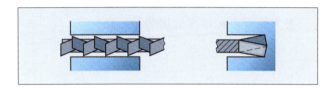

6
进行锯加工时需要遵守哪些操作规范？

7
线锯适用于哪些锯加工？

8
为什么锉刀的纹路是十字交错型的？

9
参考下图回答凿齿锉刀和铣齿锉刀有什么区别？

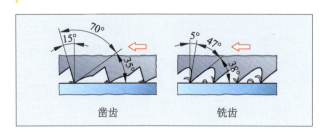

10
如何标明锯条的齿距？

11
加工薄壁工件适合用哪种齿距的锯条？

12
锉刀是由哪些部分组成的？

13
根据锉纹条数选择锉刀时有哪些规律？

14
如下图所示，该夹具有什么作用？

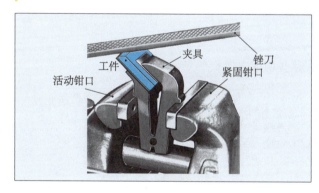

3.7　使用机床加工工件

1
切削刀具的刀刃应该具备哪些特点？

2

为什么每个切削刃都有一个后角？

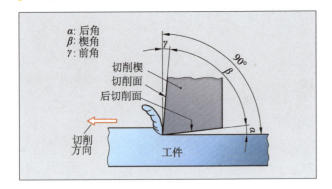

3

加工哪些材料必须选择大的前角和后角？

4

哪种情况下会选择小或者负的前角？

5

切削刃上主要有哪些角？

6

楔角 $\beta=68°$，后角 $\alpha=10°$，前角 γ 为多少度？

7

哪些构成刀具上的切削刃？

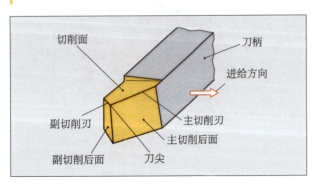

8

楔角的大小由什么确定？

9

选择刀具前角的原则是什么？

10

请列举出影响材料切削加工性的主要因素。

11

一般采用哪些标准评价切削加工性？

12

切削加工时刀具切削刃上的力取决于什么因素？

13

请计算锯条（见下图）锯齿上的切削力 F_c 和进给力 F_f（已知切入力 $F=3\,500$ N）。

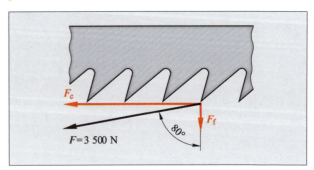

14

车刀产生切削力 $F = 5\,500$ N（见下图）。
F 和角度分力 F_1 之间的夹角 $\alpha = 20°$。
试通过力的平行四边形法则表达和计算角度分力 F_1 和水平分力 F_2。

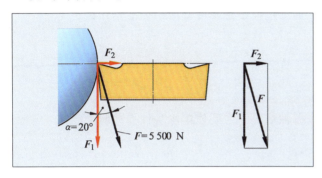

3

与氧化物陶瓷相比，混合陶瓷有哪些优点？

4

在哪些情况下适合使用金刚石切削材料？

5

哪些切削材料用于金属切削？

6

参考下图回答如何理解切削材料的热硬度？

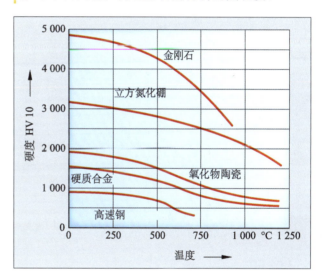

3.7.1 切削材料

1

参考下图回答为什么 HSS（高速钢）的切削速度低于 HM（硬质合金）？

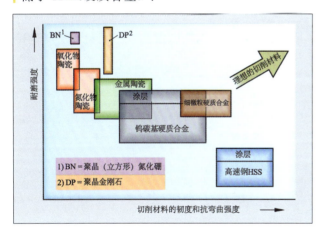

7

高速钢主要用于哪些刀具？

2

硬质合金类别 P20 和 K20 以及 P01 和 P50 相比有哪些不同点？

8

陶瓷刀具有哪些优缺点？

9 切削加工中使用涂层刀具有哪些优点？

10 硬质合金的硬度和韧度取决于哪些因素？

11 哪些硬质合金类别适用于钢铁和铸铁的精加工？

12 切削加工使用的硬质合金有哪些类别？

3 干切削要求切削材料具备哪些特点？

4 加工过程中选择冷却液的标准是什么？

5 哪种情况下主要使用水溶性冷却润滑剂？

6 水溶性冷却润滑剂和非水溶性冷却润滑剂的最大区别是什么？

7 请列表说明钻孔、扩孔、沉孔中不同材料所用的冷却润滑剂。

8 处理飞溅的冷却润滑剂时需要特别注意些什么？

3.7.2 冷却润滑剂

1 为什么要在乳浊液中加入添加剂？

2 冷却润滑剂使用不当对人体健康有哪些影响？

9

使用冷却润滑剂的成本在总加工成本中占多少比例?

10

微量润滑有哪些优点?

3.7.3 锯

1

参考下表回答根据什么来选择锯条的齿距?

不同材料锯加工时使用的锯条齿距		
齿距		材料
	每英尺 16 个锯齿,粗齿	铝、铜、塑料
	每英尺 22 个锯齿,中齿	非合金结构钢、铜锌合金
	每英尺 32 个锯齿,细齿	合金钢、铸钢件

2

如何根据加工种类选择不同的锯床?

3

如何保证锯条能够锯断工件?

4

如何理解交错的锯片?

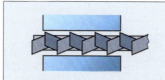 

3.7.4 钻孔、攻丝

1

参考下表回答钻孔时,切削速度 v_c 取决于哪些因素?

钻孔深度达到钻头直径的 3 倍时 HSS 麻花钻的参考切削值					
工件材料的抗拉强度 R_m	v_c/(m/min)	根据孔直径 ϕ 确定 f/mm			冷却
		2~5	5~10	10~16	
钢 $R_m < 700$ N/mm²	25~30	0.1	0.20	0.28	E
钢 R_m 为 700~1 000 N/mm²	15~30	0.07	0.12	0.20	E
钢 $R_m < 1 000$ N/mm²	10~15	0.05	0.10	0.15	E、S
灰口铸铁 120 HB~260 HB	25~30	0.14	0.25	0.32	E、M、T
铝合金 短切屑	40~50	0.12	0.20	0.28	E、M
热塑性塑料 R_m 为 700~1 000 N/mm²	25~30	0.14	0.25	0.36	T
• 在使用带涂层刀具的情况下切削速度可以提高 20%~30%。 • E=乳化液(10%~12%),S=切削油,M=微量润滑,T=干切削					

2

哪种情况下钻孔需要调节切削速度和进给量?

3
麻花钻通常适用于哪种钻孔深度？

4
加工钢的麻花钻其顶角是多大？

5
采取哪些措施可以有效减少主刀刃的严重磨损？

6
为什么需要将大钻头的头部磨尖？

7
涂层麻花钻有哪些优点？

8
全硬质合金钻头有哪些优点？

9
扩孔的作用是什么？

10
深钻有哪些优点？

11
根据加工材料，钻孔刀具可以分为哪些种类？

12
为什么钻直径大的孔要先进行预钻孔？

13
使用锥柄装夹钻头时要注意什么？

14
如何识别钻头型号 H？

15
麻花钻分别有哪些刀刃？

16
如何命名麻花钻两个主要切削刃之间的角？

17
如何检测麻花钻的磨削是否正确？

18
可转位刀片钻的作用是什么？

19

钻孔刀具分为哪些种类？

20

如下图所示，当切削速度为16 m/min时，请分别选出加工工件直径为 5 mm、8 mm、10 mm、15 mm 的合理转速。

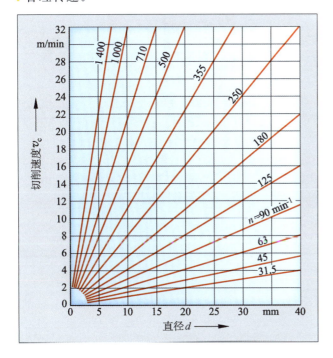

钻孔转速表				
d/mm	5	8	10	15
n/min^{-1}				

21

在材料为 EN-GJL-200 的机床保护壳上（见下图）加工一个 M10 的螺纹底孔。

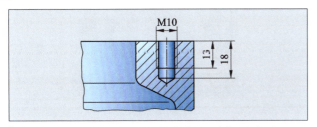

a) 应使用直径为多大的钻头加工该螺纹底孔？

b) 请根据下表，选出正确的切削速度和进给量。

HSS 麻花钻参考值			
材料	钻孔深度	v_c/(m/min)	$d=4\sim10$ mm 时每圈进给量 f/mm
钢 $R_m<700$ N/mm²	$<5\cdot d$	32	0.08~0.16
	$5\cdot d\sim10\cdot d$	25	0.06~0.12

续表

HSS 麻花钻参考值			
材料	钻孔深度	v_c/(m/min)	$d=4\sim10$ mm 时每圈进给量 f/mm
钢 $R_m>700$ N/mm	$<5\cdot d$	20	0.08~0.16
	$5\cdot d\sim10\cdot d$	16	0.06~0.12
钢 $R_m>1\,000$ N/mm²	$<5\cdot d$	12	0.05~0.1
	$5\cdot d\sim10\cdot d$	10	0.04~0.08
铸铁 $R_m<300$ N/mm²	$<5\cdot d$	16	0.1~0.2
	$5\cdot d\sim10\cdot d$	12.5	0.08~0.16
可锻铸铁和球墨铸铁	$<5\cdot d$	20	0.1~0.2
	$5\cdot d\sim10\cdot d$	16	0.08~0.16
铝合金	$<5\cdot d$	63	0.12~0.25
	$5\cdot d\sim10\cdot d$	50	0.1~0.2

c) 请计算出恒定转速时钻床的转速。

d) 根据题 20 中的转速表，转速为多少？

e) 进给速度 v_f（单位：mm/min）为多少？

f) 钻头自动进给回到初始位置的行程是多少？

3.7.5 攻螺纹

1

为什么螺纹底孔需要扩孔？

2

如何理解攻螺纹时的切入？

3

哪种情况下使用机用丝锥？

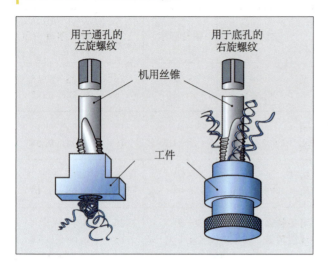

4

不通孔或盲孔攻螺纹需要注意什么？

5

两件式成套丝锥适用于哪种情况？

6

如何理解螺纹成形，这种加工方法有什么优点？

7

如何加工内螺纹？

8

加工内螺纹时需要遵守哪些规则？

9

请描述三件式成套手工丝锥及其应用范围。

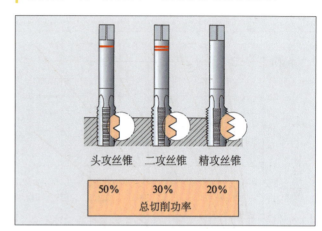

3.7.6 扩孔、铰孔

1

带有可更换导向轴颈的锪钻具有哪些优点？

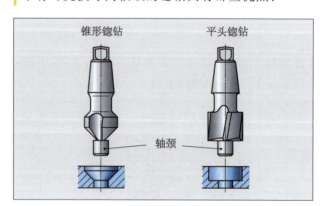

2

锥形锪钻有哪些用途?

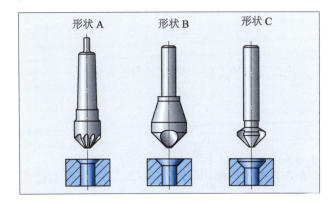

3

扩孔刀具的用途是什么?

4

扩孔加工应该选择多大的切削速度?

5

如何区分铰孔和钻孔时的切削速度及进给量?

6

如何区分手用铰刀和机用铰刀?

7

左旋铰刀有哪些优点?

8

为什么铰刀上的齿数是偶数并且分布不均匀?

9

如何理解铰孔,铰孔的目的是什么?

10

如何选择铰孔时的切削余量?

11

请说明锥度铰刀的用途及其显著特点。

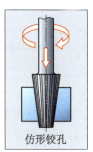

12

加工下图所示的支撑角时需要哪些刀具?

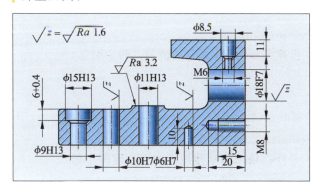

3.7.7 车削

● 车削方法

1

参考下图回答，哪些面限制了车刀的切削楔？

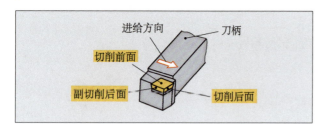

2

当刀尖圆弧为 0.4 mm、进给量为 0.15 mm 时，请计算出理论表面粗糙度。

3

出现震颤时，应如何调整车刀的主偏角？

4

为什么精车时常使用小的刀尖圆弧半径？

5

哪种前提条件下，可转位刀片在精车时也能采用大的刀尖圆弧半径？

6

如果车削工件的材料是难切削的钢且切削有中断，那么可转位刀片的切削刃应该采用哪种形状？

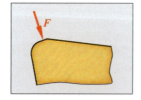

7

刀柄的负前角有哪些优点？

8

为什么孔精加工时刀柄规定为正前角？

9

请确定仿形车槽（见下图）时车刀的最小和最大主偏角。

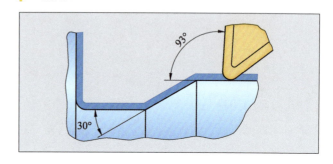

10

哪种主偏角形成的背向力最小？

11

产生不同切屑的原因是什么？

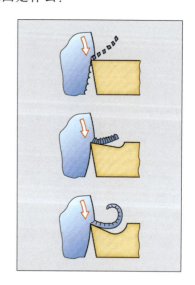

12

为什么切削加工时要尽量避免长切屑？

13
哪种方法会产生短切屑?

14
根据进给方向可将车削方法分为哪些种类?

15
根据产生的工件形状车削分为哪些种类?

16
车外圆和车端面的区别是什么?

17
哪种条件下能产生带状切屑?为什么车削加工时带状切屑是理想的切屑?

18
参考下图回答如何根据加工位置区分车加工的方法?

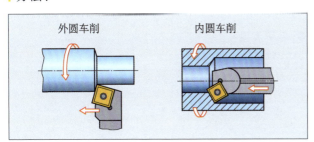

19
参考下图回答成形车削和仿形车削的区别是什么?

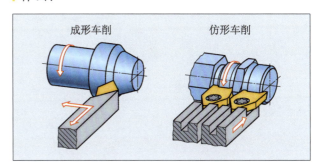

20
纵向车削时如果采用小的切削前角会产生什么效果?

21
哪些切屑是优质切屑,哪些切屑是不良切屑?

22
切削材料和切削参数满足什么条件会产生碎裂切屑?

23
可转位刀片采取哪些有利措施可以影响切屑形状?

24
最主要的三种磨损类型是什么?

25
如何理解刀具的使用寿命?

26
参考下图回答,出于经济性的考虑,哪种切削速度被认为是有益的?

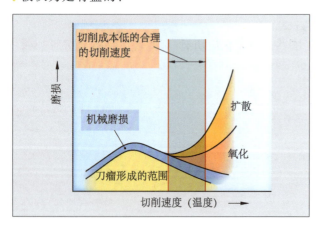

27
刀瘤过大会导致什么后果?

28
参考下图回答刀瘤是如何形成的?

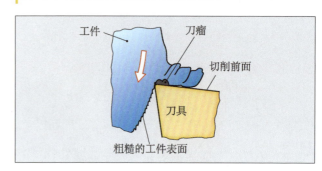

29
切削后面磨损(见下图)对切削过程及其结果有什么影响?

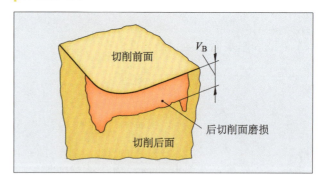

30
如何避免刀瘤的产生?

● 车削刀具

1
可转位刀片有哪些优点?

2
为什么要将车刀刀尖圆弧化?

3

参考下图回答如何对与切削方向相关的可转位刀片进行分类？

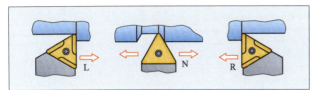

4

如何识别右偏刀？

5

带圆形可转位刀片的车刀有什么作用？

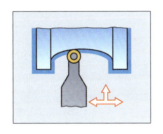

6

车直角阶梯需要设置多大的主偏角？

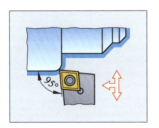

7

主偏角为107.5°的车刀有哪些优点？

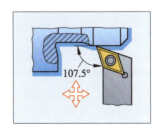

8

如何固定带孔的可转位刀片？

● 切削参数

1

精车时如何选择进给量和切削速度？

2

选择切削速度时应考虑哪些影响因素？

3

如何确定车床的转速？

4

确定车加工的进给量取决于什么因素？

5

车加工时，切削深度和进给量之间的比例应该是多少？

6

粗车时应如何选择车床的加工参数？

7

切削横截面 A 的形状和大小由什么确定？

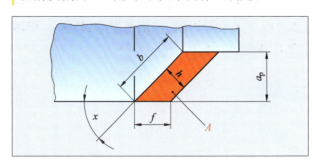

8

使用硬质合金涂层刀片粗加工材料 C45E 的毛坯轴，根据下面的两个表格，计算出相应的切削参数。

表 1　关于切削速度参考值的修正系数

切削加工的影响因素	修正系数
锻造、辊扎或者铸铁表面	0.7～0.8
中断的切削加工	0.8～0.9
内部车加工	0.75～0.85
不够坚固的材料	0.8～0.95
非常坚固的材料	1.05～1.2
不好的机床状态	0.8～0.95
良好的机床状态	1.05～1.2

表 2　可转位刀片所允许的切削功率

切削刀片形状	尺寸 l/mm	切削深度 a_p/mm	进给量 f/mm	切削力 F_c/N
C	9	6	0.4	5 000
	12	8	0.6	10 000
	16	10	0.8	16 000
S	9	7	0.4	5 000
	12	9	0.6	10 000
	15	12	0.8	16 500
	19	14	1.0	23 000

表 1　使用可转位刀片 HC-P20 车削的参考值

材料	切削深度 a_p/mm	根据进给量 f(mm)选择切削速度 v_c/(m/min)			
		0.16	0.25	0.40	0.63
C15E(Ck 15) 15S10 9SMn28	1	474	447	420	—
	2	442	417	392	—
	4	412	389	366	345
E295(St 50) C45E(Ck 45)	1	335	300	267	—
	2	311	278	247	—
	4	288	258	229	202

表 2　车削时单位切削力 k_c 的参考值

材料	根据切削厚度 h(mm)确定单位切削力 k_c/(N/mm²)				
	0.1	0.16	0.3	0.5	0.8
E295(St 50)	2 995	2 600	2 130	1 845	1 605
C35E(Ck35)	2 700	2 380	1 990	1 750	1 540
C60E(Ck 60)	2 805	2 530	2 185	1 970	1 775
9SMn28	1 985	1 820	1 615	1 485	1 365
16MnCr5	2 795	2 425	1 990	1 725	1 495

9

根据下面两个表格计算出加工材料为 9SMn28 的工件时应该选择多大的切削速度 v_c、转速 n、切削力 F_c 和传动功率 P_e？

第一部分　工艺学试题

10
参考下图回答切削合力 F 是由哪些力构成的？

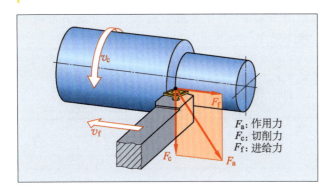

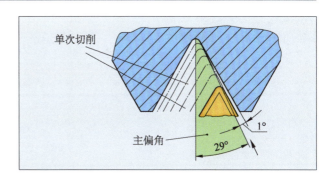

11
如何理解单位切削力？

12
参考下图回答：车削加工时，切削速度和切削力之间有什么关系？

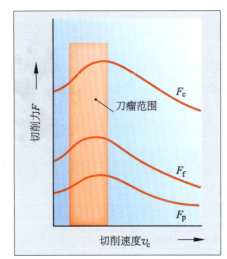

13
如何调节螺纹车刀？

14
参考下图回答使用 CNC 车床加工螺纹时应该如何进给？

15
使用普通车床车螺纹时，通过哪些零部件进给？

16
选择内部车加工使用刀具时应遵守哪些规则？

17
参考下图回答，如何理解切槽和切断？

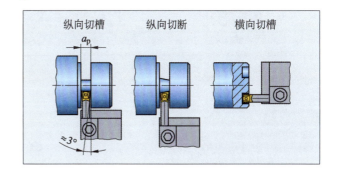

18
切断加工时可能会遇到哪些问题？

19
如何理解硬车,它有哪些优点?

20
滚花时需要注意什么?

21
硬车时如何选择合适的切削材料和切削参数?

22
参考下图回答为了避免硬车时刀刃崩坏,要如何调整可转位刀片的刀刃?

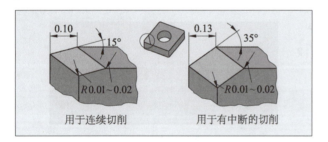

23
加工参数 $v_c = 400$ m/min,$f = 0.15$ mm,$l_a = 3$ mm,通过上述参数加工下图盖子,请计算出机动时间。

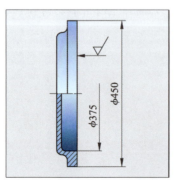

● 刀具和工件的夹紧装置

1
横向车削时,为什么需要将车刀的切削刃准确对准工件中心?

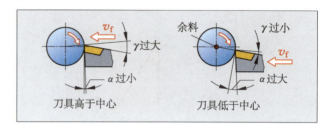

2
与弹簧夹头相比,夹头有哪些优点?

3
通过三爪卡盘可以装夹哪些工件?

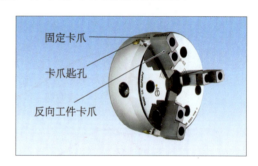

4
使用车床卡盘夹紧时需要遵守哪些安全操作规则?

5
软爪有哪些作用?

6

卡盘的夹爪是如何运动的？

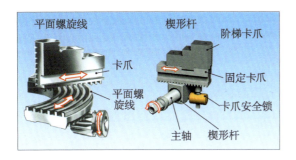

7

哪种夹紧方法特别适用于高转速的情况？

8

使用中心顶针时要注意什么？

9

尾座的顶尖套筒可用于装夹哪些刀具？

10

哪种中心顶针适用于加工快速回旋的重工件？

11

对于一个两端都需要车加工的轴，为了达到高的圆形加工精度，应该选用哪种夹紧方法？

12

参考下图回答轴承座的孔要与底面平行，应该如何在机床上进行装夹？

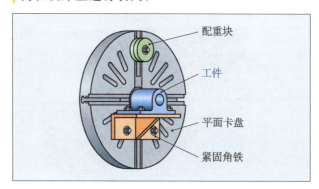

● 车床

1

可以根据哪些特点对车床进行分类？

2

如果要加工偏心横孔，CNC 机床需要配备哪些装置？

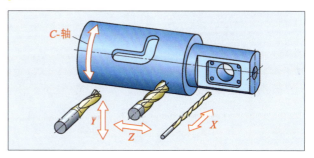

3

车床有哪些主要参数？

4
参考下图回答万能车床有哪些主要结构？

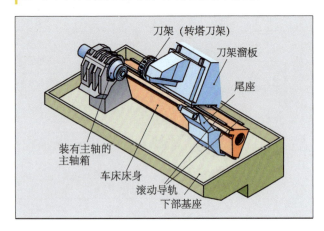

5
工作主轴应该如何安装？

6
车床床身有哪些要求？

7
刀架滑板由哪些组件组成？

8
如何安装倾斜式车床的导轨？

9
为什么大多数的倾斜式车床的工作主轴加工方向都不是顺时针方向？

10
如何理解无尾架短床身车床？

11
如何控制自动车床？

12
立式镗床适用于哪些加工？

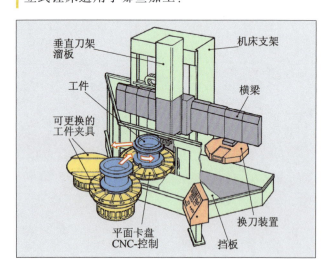

13
CNC 车床有哪些结构特点？

14
CNC 车床和普通车床在进给传动装置方面有什么区别？

15
轮廓编程时需要注意到哪些方面？

16
CNC 车床的工作轴如何驱动？

17
为什么要关闭 CNC 车床的加工空间？

18
哪些车削件适合使用数字化控制机床加工？

19
CNC 机床上的驱动刀具提供哪些加工可能性？

3
为什么使用小切削深度 a_e 铣槽时，需要提高进给量 f_z？

4
使用带 6 个硬质合金可转位刀片的平面铣刀（$d=100$ mm）加工一个 80 mm 宽的工件（$v_c=300$ m/min，$f_z=0.1$ mm）时 $a_p=3$ mm，请计算出 n、v_f 和 Q。

3.7.8 铣削
● 切削量

1
参考下图回答铣加工时中断切削会产生什么影响？

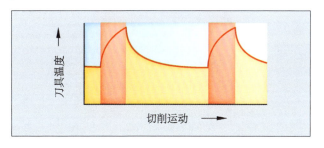

5
如何计算铣加工的进给速度 v_f？

6
为什么在普通铣削的条件下，进给量不能超过每齿进给量 f_z 的参考值？

2
为什么选择大的切削速度？

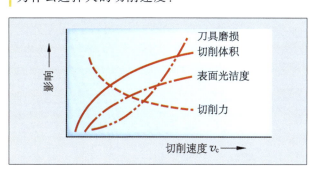

7
如何理解单位切削体积 Q 及其用途？

● 铣削刀具

1
铣刀根据哪些特点分类？

2
锥度夹头的优点和缺点是什么？

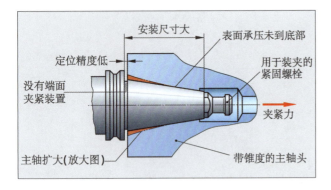

3
为什么直柄铣刀呈螺旋齿状？

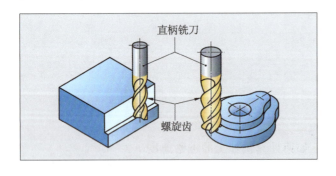

4
为什么梳状裂纹属于典型的铣刀磨损形态？

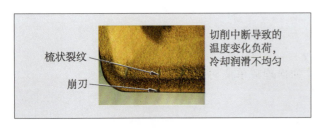

5
与高速钢的直柄铣刀相比，全硬质合金的直柄铣刀有哪些优点？

6
铣加工时，使用硬质合金可转位刀片有哪些优点？

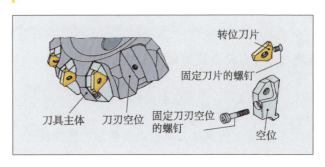

7
铣削时可转位刀片会产生哪些磨损状态？原因是什么？

8

铣刀根据切削材料可以分为哪些种类？

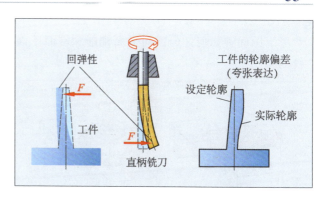

9

参考下图回答用于粗铣和精铣的硬质合金可转位刀片有哪些区别？

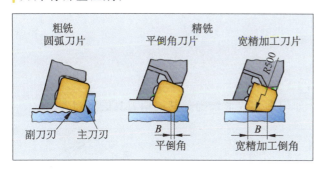

2

平面铣削时为什么优先选用宽齿距且主偏角为 45°的铣刀？

3

铣加工宽度为 80 mm 的平面，最少该采用多大直径的平面铣刀？

4

参考下图回答为什么平面铣削时铣刀位置偏离工件的加工中心是有利的？

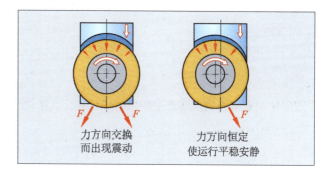

10

使用带硬质合金可转位刀片的铣刀盘（$d=250$ mm，18 个刀刃）精加工长度为 560 mm、宽度为 180 mm 的箱体表面。已知 $v_c=160$ m/min，$f_z=0.1$ mm，$i=1$，$l_a=l_u=1.5$ mm，请计算 n、f、L 和 t_h。

● 铣削方法

1

参考下图回答：为什么采用顺铣铣削轮廓时，工件会出现形状偏差？

5

参考下图回答如何区分圆周平面铣削和端面平面铣削?

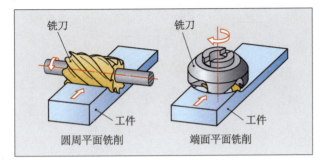

6

顺铣时切削运动和进给运动与逆铣时有哪些不同?

7

为什么端面平面铣削比圆周平面铣削更为经济?

8

根据加工工件表面,铣削方法分为哪些种类?

9

圆周铣削和端面铣削所产生的切屑形状有什么区别?

10

与圆周平面铣削相比,端面平面铣削有哪些优点?

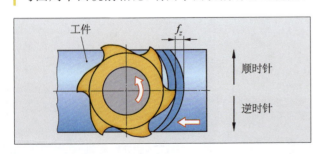

11

参考下图回答圆周铣削时,顺铣相对于逆铣有哪些优点?

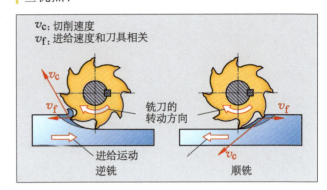

12

如何理解成形铣削及其使用刀具的特点?

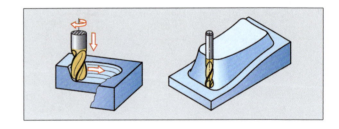

● 高速铣削(HSC-铣削)

1

用于干切削的切削材料具备哪些特点?

2

参考下图回答：与普通铣削相比，高速铣削有哪些优点？

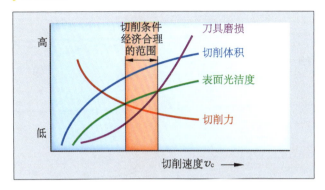

3

高速铣削（HSC）时应该如何选择切削速度、进给量和进给？

4

为什么首先选用万能铣床制造工具？

● 激光加工

1

如何理解激光加工？

2

激光加工有哪些优点？

3.7.9 磨削

● 磨料、影响磨削过程的因素、磨削方法、磨床

1

参考下表回答使用磨粒60可以达到以下哪种表面粗糙度？

磨削时的粒度和粗糙度				
粗糙度 $R_z/\mu m$	20～8	8～1.5	1.5～0.3	0.3～0.2
粒度	8～24	30～60	70～220	230～1 200

2

砂轮中的黏合剂有什么作用？

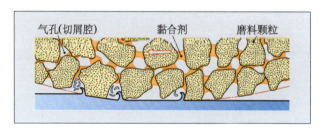

3

成形磨削时，使用陶瓷黏合剂的砂轮有什么优点？

4

如何理解砂轮的硬度？

5

为什么磨损和砂轮的硬度相关？

6

为什么硬质材料使用软砂轮磨削，而软质材料使用硬砂轮磨削？

7
为什么推荐开放气孔砂轮进行磨孔和深度磨削？

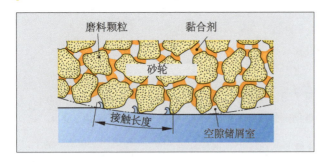

8
为什么需要修整砂轮？

9
检测和夹紧砂轮时要遵守哪些安全防护措施？

10
磨削时温度过高对工件有什么影响？

11
与纵向磨削相比，逐段切入式磨削有哪些优点？

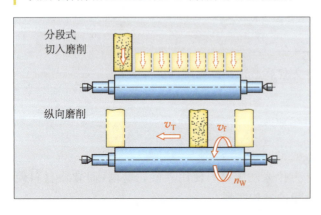

12
与其他的加工方法相比，磨削有哪些优点？

13
白刚玉作为磨料适合加工哪种材料？

14
磨削属于分离加工的哪种切削类别？

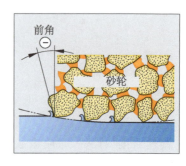

15
硬质合金的磨削加工应采用哪种磨料？

16
导致磨粒磨损的原因是什么？

17
如何理解砂轮的粒度？

18
如何表示砂轮的粒度？

19
通过什么选择砂轮的结构？

20
砂轮主要使用哪种黏合剂？

21
磨削方法如何分类？

22
砂轮的硬度如何表示？

23
外圆磨削时，纵向进给和进给量是多大？

24
砂轮侧面的弹性垫圈有什么作用？

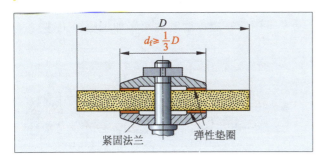

25
磨削时要确定哪些设置参数？

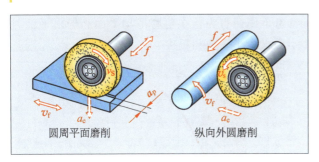

26
CNC 控制圆磨机床有哪些优点？

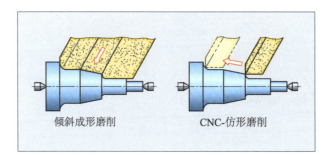

3.7.10 拉削

1
为什么拉削只在中大批量生产时具有经济性？

2
拉刀、冲头、拉板各自的应用范围是什么？

3
拉削刀具的构造和功能如何紧密相关？

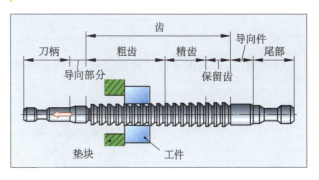

4

卧式外拉机床如何制作得比刀具短？

5

拉刀的备用齿有什么作用？

3.7.11 精加工
● 珩磨和研磨

1

连杆的尺寸精度和表面粗糙度会影响发动机的哪些特点？

2

精加工有哪些要求？

3

如何理解珩磨所产生的交叉槽形工作表面？

4

长程珩磨时，如何改正圆柱体桶形偏差（见下图）？

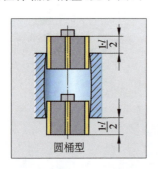

圆桶型

5

挤压力大对研磨过程有什么影响？

6

为什么研磨时必须保证研磨盘均匀研磨？

7

如何理解珩磨？

8

珩磨分为哪些加工方法？

9

如何进行短程珩磨？

10

珩磨使用哪些磨料？

11

参考下图回答短程珩磨适用于加工哪种工件？

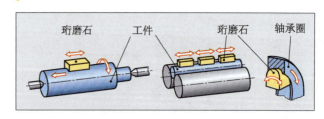

12

参考下图回答为什么珩磨滑动平面和导轨平面时不要求极小表面粗糙度？

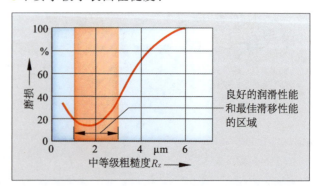

13
珩磨和研磨的区别是什么?

14
如何理解研磨?

15
研磨磨料通常使用哪些材料?

16
参考下图回答,研磨时表面光洁度和材料去除如何相互影响?

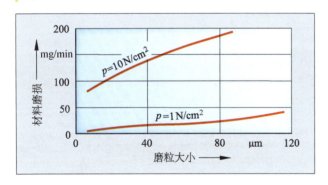

17
如何进行平面平行研磨?

18
如何分配调整环,以恢复拱形或者凹形的研磨盘的平整度?

3.7.12 电火花蚀除
● 电火花沉入和切割

1
电火花蚀除适用于对哪些材料的加工?

2
与铣削相比,沉入切割有哪些优点?

3
参考下图回答:沉入切割时,尺寸和形状精度与什么因素相关?

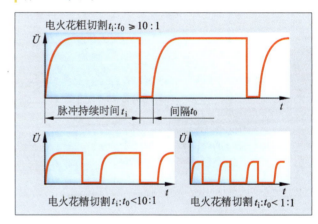

4
哪些材料可以作为电极材料应用于电火花沉入和切割？

5
参考下图回答电火花沉入切割和线切割有哪些区别？

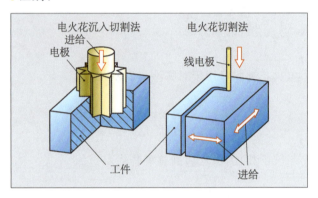

6
参考下图回答采用数字控制的电火花侵蚀沉入切割有哪些优点？

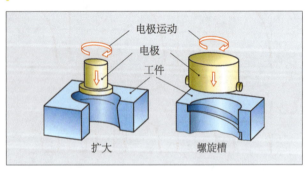

3.7.13 机床的工装和夹具

1
切削加工时使用工装有哪些优点？

2
机床夹具有哪些要求？

3
参考下图回答，装夹工件时使用三点支撑有哪些优点？

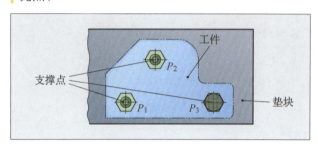

4
为什么在使用平面夹具夹紧工件时，工件也要紧压在机床工作台上？

5
请根据曲杆的原理解释夹紧。

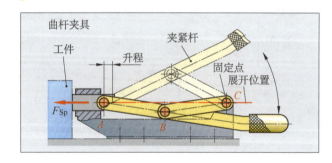

6
自位支撑有哪些优点？

7
磁性夹紧装置有哪些优点？

8
为什么要求加工精度高时使用电子恒磁夹板?

9
参考下图回答液压夹具有哪些优点?

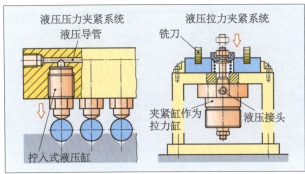

10
为什么液压夹具有利于大批量生产?

11
哪些情况下使用可回转夹具?

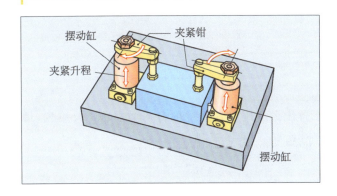

12
组合式夹具特别适用于哪些情况?

13
工装和夹具有什么作用?

14
机械夹紧装置如何分类?

15
组合夹具可以分为哪些系统?

16
参考下图回答如何通过夹紧垫调节夹紧产生不同高度?

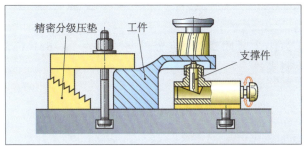

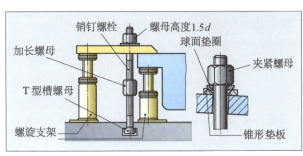

3.7.14 夹板的加工举例

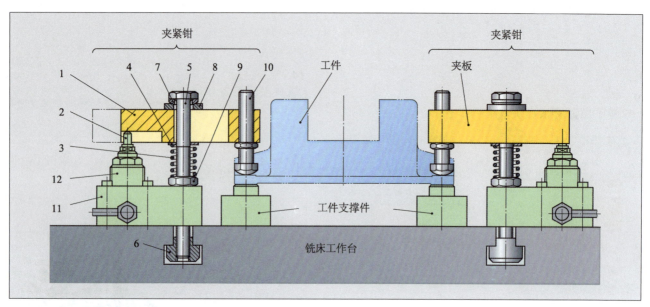

夹板的零件清单			
位置	数量	名称	标准缩写名称
1	1	夹紧钳	C45E
2	1	压紧螺栓	16MnCr5
3	1	压紧弹簧	DIN 2098-1.6×15×70
4	1	垫圈	ISO 7090-13-200HV
5	1	六角螺钉	ISO 4014-M12×130-8.8
6	1	螺母	DIN 508-M12×25
7	1	球面垫圈	DIN 6319-C13
8	1	锥形垫片	DIN 6319-D13
9	1	六角螺母	ISO 6768-M12
10	1	紧固螺钉	16MnCr5
11	1	基座	S235JR(St 37-2)
12	1	拧入缸	$\phi 16 \times 12$

1
为什么紧固螺栓（位置编号 10）由钢 16MnCr5 制成？

2
加工计划包含哪些数据？

3
请制订出加工紧固螺栓的工作计划。

4
一名专业加工技术工人在制订工作计划时必须具备哪些能力？

5
为什么液压夹具规定配有一个快速离合装置，请对比章节"液压控制"回答。

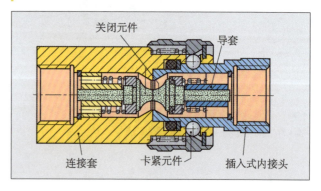

6
铣削时转速 n 和进给量 f_z 取决于哪些因素？请参考简明机械手册做出解释。

7
请列举可以节省加工成本的措施。

3.8 连接

3.8.1 连接方法（概览）

1
哪些连接属于形状配合连接？

2
力连接时，力和扭矩如何传递？

3
哪些连接属于力连接？

4
材料连接时力如何传递？

3.8.2 压接式连接和卡接式连接

1
压接式连接时，加热工件时应该注意哪些操作规则？

2
哪种情况下应采用冷却式压接式连接？

3
参考下图回答如何借助液压方法构成锥形压接式连接？

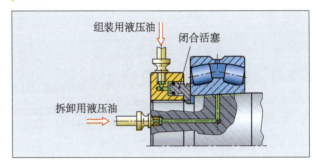

4
参考下图回答：如何区分可拆卸和不可拆卸卡接式连接？

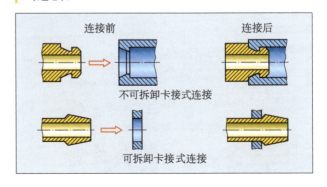

3.8.3 胶粘

1
为什么胶粘要求有大接合面？

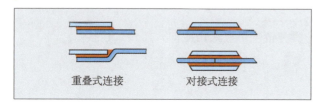

2
如何预处理胶粘面？

3
胶粘的强度取决于什么因素？

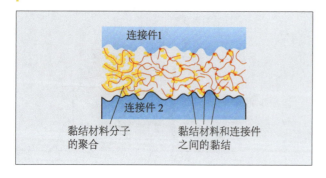

4
胶粘适用于哪些材料？

3.8.4 钎焊

1
如何理解钎焊？

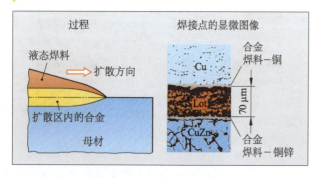

2
焊缝有哪些要求？

3
参考下图，如何理解钎料的工作温度？

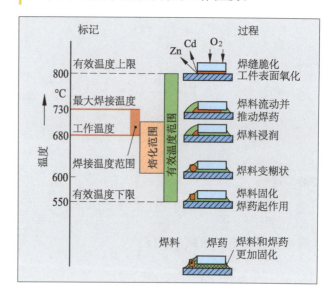

4
如何区分软钎焊和硬钎焊？

5
钎料的作用是什么？

6
为什么大多数情况下要清除钎料的残留物？

7
标记 S-Sn50Pb49Cu1 的含义是什么？

8
参考下图回答钎焊间隙和钎焊焊缝有什么区别？

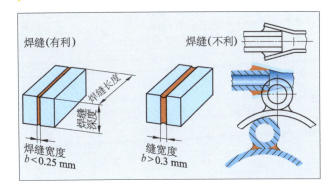

5
如何理解电弧？

6
电焊条是由什么组成的？

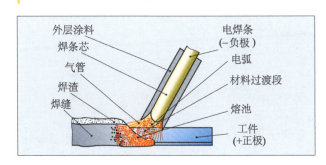

3.8.5 焊接
● 手工电弧焊

1
哪种电源装置适用于电弧焊？

2
选择电焊条时要注意哪些因素？

3
电焊时电焊条的外层涂料有什么作用？

4
电焊时如何降低偏吹效果？

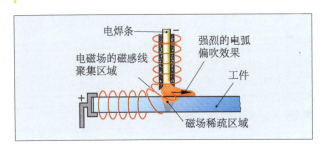

7
如何焊接焊缝较大的工件？

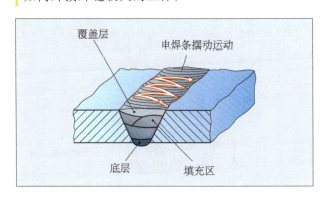

● 气体保护焊

1
与电弧焊相比，气体保护焊有哪些优点？

2
采用钨极惰性气体保护焊（WIG）时，哪种情况下该采用交流电，哪种情况下应采用直流电？

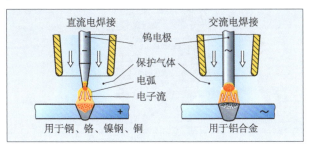

3

如何区分 WIG（钨极惰性气体保护焊）、MIG（熔化极惰性气体保护焊）和 MAG（熔化极活性气体保护焊）？

2

向左焊接法和向右焊接法的应用领域是什么？

4

等离子焊接适用于哪些应用范围？

3

使用气瓶时应该遵守哪些安全操作规则？

5

参考下图回答等离子焊接如何运作？

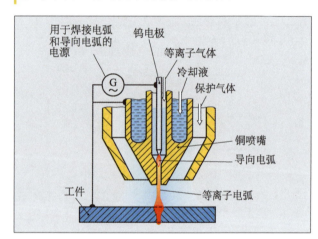

4

请列举几个乙炔氧气火焰的应用领域。

5

乙炔气和氧气的合理混合比例是多少？

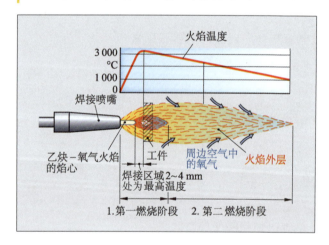

● 气体熔化焊

1

气体熔化焊时，在工作压力表上应调节出多大的气压值？

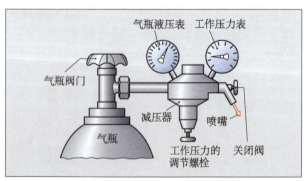

● 射束焊接、压焊、焊接连接的检验

1

与金属电弧焊相比，激光射束焊接有哪些优点？

2

为什么激光射束焊接时可采用较大的进给速度？

3

为什么激光射束焊接和电弧焊接都要求隔离作业？

4

请描述点焊的操作步骤。

5

滚焊时，工件必须是哪种几何形状？

6

参考下图回答：通过弯曲试验可以确定焊缝的哪种缺陷？

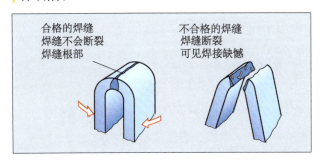

7

无损焊缝检测方法有哪些？

8

参考表2，将表1所列出的焊接方法归纳入表2的主要类别。

表 1　焊接方法

	焊接方法	缩写标记	标号
a)	手工电弧焊	E	111
b)	MIG 焊接	MIG	131
c)	MAG 焊接	MAG	135
d)	WIG 焊接	WIG	141
e)	等离子焊接	WP	15
f)	氧乙炔焊接	G	311
g)	激光射束焊接	LBW	751
h)	点焊	RP	21
i)	摩擦焊接	FR	42

表 2　焊接方法分类（根据 ISO 4063，节选）

主要类别	焊接方法
电弧焊接	手工电弧焊
	气体保护焊
	等离子焊接
	埋弧焊接
压力焊接	点焊接
	摩擦焊接
阻力焊接	点焊
	凸焊
	滚焊
	闪光对焊
射束焊接	激光射束焊接
	电子光束焊接
其他焊接方法	螺柱焊

9

哪些焊接方法属于电阻压力焊接？

3.9 生成加工方法

1 生成加工方法如何完成加工?

2 如何理解 Rapid Prototyping?

3 参考下图回答聚合作用是如何加工工件的?

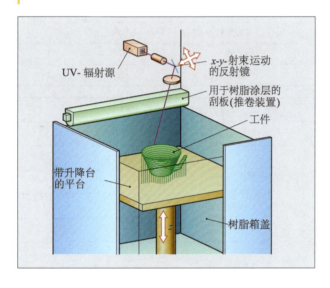

4 选择性熔化的加工原则是什么?

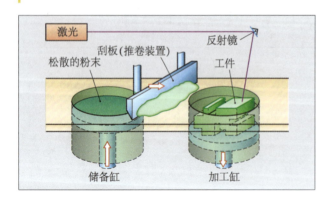

5 哪些零件可以通过生成加工方法加工?

3.10 涂层

1 采用哪种方法可以使钢零件形成一个用于涂层的附着面?

2 与喷漆相比,静粉末涂层有哪些优点?

3 镀层焊接有哪些用途?

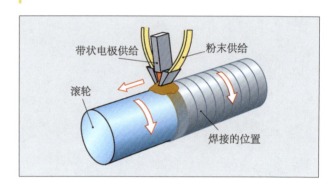

4 电镀优先用于哪些金属涂层?

5 等离子喷涂可以形成哪些涂层?

6 化学蒸发沉积涂层(CVD)可用于哪些零件?

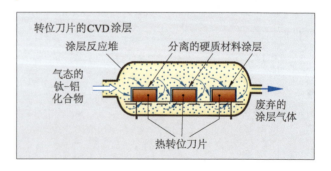

7

工件为什么需要涂层处理？

4

为什么必须净化处理焊接车间和淬火车间的废气？

8

相比喷漆和高压喷涂，静电粉末涂层有哪些优点？

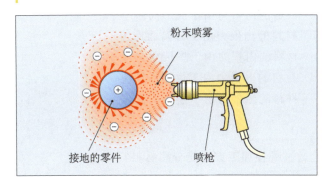

5

金属加工企业的排水需要经历哪些净化步骤？

6

为什么粉末喷漆比喷漆环保？

3.11 加工企业与环境保护

1

请解释处理有害物质的原则。

2

对切削加工设备有哪些需要做的废物清理工作？

3

请列举几种金属加工企业中对环境有害且必须收集并处理的有害物质。

加工制造技术测试题

工作安全

1
关于事故防护措施的表述哪项是错误的？
a) 必须保持消防通道畅通
b) 如有刀具和机床缺失的情况立即向上级报告
c) 磨削时必须佩戴防护镜
d) 存放氧气瓶必须防油脂和油
e) 对小伤口应立即用水冲洗

2
哪种标志不属于安全标志？
a) 指示标志
b) 注意标志
c) 警告标志
d) 救护标志
e) 禁止标志

3
下列关于事故的描述，哪项是由技术故障导致的？
a) 焊工没有佩戴防护眼镜导致眼睛损伤
b) 使用液压夹具夹紧工件时由于液压不足导致工件飞出并砸伤操作者
c) 工人使用损坏的延长电缆连接手磨机，碰触电线时受到电击
d) 叉车由于液压装置不够封闭，导致行驶过车间时洒落了很多油；叉车司机偷懒没有清理有油污的地板，也没有用木栏将其包围；另一位工人没有注意到地板的油污，摔倒受伤
e) 维修部的工人因为手边没有合适的容器，而将机油装入饮料瓶内，被其他同事误饮，最后不得不去医院进行处理

加工方法的分类

4
下列哪种加工方法不属于连接？
a) 螺栓连接
b) 堆焊
c) 软钎焊
d) 熔焊
e) 硬钎焊

5
车加工属于哪种加工主类别？
a) 成形
b) 连接
c) 分离
d) 涂层
e) 再成形

6
下列关于加工方法的说法，哪项是正确的？
a) 材料的内聚力由于成形而减小
b) 材料的内聚力由于分离而保留
c) 材料的内聚力由于焊接而变大
d) 材料的内聚力由于重塑而产生
e) 材料的内聚力由于连接而保留

7
通过哪种加工方法能分离材料？
a) 蒸发
b) 拉深
c) 剥蚀
d) 喷漆
e) 电镀

8
下列哪种加工方法不会使材料发生塑料形变？
a) 轧制
b) 倒角
c) 挤压
d) 模锻
e) 拉深

9
下列哪种加工方法不属于涂层？
a) 堆焊
b) 电镀
c) 喷漆
d) 热喷涂
e) 渗碳

铸造

10
下列关于铸造的说法，哪项是正确的？
a) 永久铸模主要应用于生产原材料为铸铁的铸造工件
b) 缺失的形状主要来自于非铁材料
c) 铸造工件的表面必须经过切削加工
d) 收缩的尺寸主要和模具材料相关
e) 通过泥芯能为铸造件的空腔和侧凹的部分留出空隙

11

关于为什么通过铸造生产气缸曲轴箱体（见下图），下列说法哪项是错误的？

a) 其他的加工方法无法加工出箱体复杂的几何形状
b) 铸件材料可以减轻由发动机运作产生的震动
c) 铸件材料有着良好的传导性能，对于气缸运作面有着重要的作用
d) 通过铸造加工曲轴箱仅需少量的切削加工
e) 曲轴箱因为油附着，要求有一个粗糙的表面

12

哪种铸造方法需要用到模型？

a) 压力铸造
b) 精密铸造
c) 壳型铸造
d) 离心铸造
e) 连续铸造

13

下列哪种材料不适合使用压力铸造加工？

a) 铝合金
b) 铸铁
c) 镁合金
d) 铜合金
e) 锌

14

下列关于壳型铸造的说法，哪项是正确的？

a) 壳型铸造不适用于所有的铸造件材料
b) 壳型铸造不适用于对空心物体的加工
c) 壳型铸造所加工的工件粗糙且尺寸精度不高
d) 壳型铸造所加工的工件表面光洁度高且尺寸精度高
e) 壳型铸造所使用的壳模型可多次重复利用

15

关于铸造和冷却缺陷的说法哪项是错误的？

a) 夹渣是因为浇铸溶液除渣不彻底以及不合理的浇口
b) 气体空腔的产生是因为冷却在金属内部的气体无法排放
c) 产生缩孔主要是因为铸造件的壁厚均一致
d) 偏析是溶液的分解
e) 产生铸件应力是因为铸件的壁厚差异

16

下列关于精密铸造的说法，哪项是错误的？

a) 精密铸造使用可溶解的木模
b) 木模由低熔点的材料制作
c) 葡萄状的木模排由多个木模组成
d) 木模排表面有细微陶瓷粉末覆盖
e) 铸件冷却后保留陶瓷粉末涂层作为铸件的防腐蚀保护

● 塑料的成形和再加工

17

下列哪种零件不能通过挤压加工？

a) PVC-地面铺层
b) 管材
c) 聚苯乙烯-型材
d) 聚乙烯-桶
e) 钻床机体

18

注塑成形有什么优点？

a) 与其他的成形方法相比，注塑成形能耗更小
b) 能在一道工序里加工完成复杂的零件，生产成本更低
c) 可以完成小批量灵活的生产
d) 流水线加工杆、管、型材和带状工件
e) 可以加工薄壁的薄膜和厚的带状工件以及板

19

如何加工塑料薄膜？

a) 压延
b) 吹挤
c) 注塑
d) 成形挤压
e) 拉深

20

下图属于哪种成形方法？

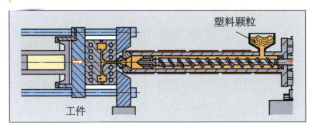

a) 挤压
b) 注塑
c) 成形挤压
d) 发泡
e) 压延

21
下列关于塑料注塑的说法，哪项是正确的？

a) 通过注塑加工型材
b) 注塑加工主要用于加工热固性塑料
c) 注塑适用于管材的加工
d) 通过注塑可以加工薄膜
e) 通过注塑可以在一个加工步骤内加工完成形状复杂的工件

22
哪种塑料有着良好的黏合性？

a) 聚乙烯 b) 聚四氟乙烯
c) 聚丙烯 d) 聚苯乙烯
e) 硅酮塑料

成形

23
下列关于成形的说法，哪项是错误的？

a) 成形会破坏材料的纤维走向
b) 成形会降低材料的强度
c) 成形不会出现材料损失
d) 成形可以加工完成形状复杂的工件
e) 成形可达到好的尺寸和形状精度

24
下列关于折弯加工的说法，哪项是错误的？

a) 折弯成形之后，折弯件内侧出现的圆弧被称为弯曲半径
b) 凸模半径主要取决于折弯件的大小
c) 为了避免出现裂痕，弯曲半径不允许过小
d) 凸模半径应略小于折弯件的半径
e) 最小弯曲半径取决于折弯件的材料和板材的厚度

25
下图属于哪种成形加工方法？

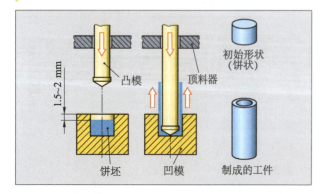

a) 空心管腔挤压 b) 后退-冲挤
c) 前进-冲挤 d) 后退-前进-冲挤
e) 管材挤压

26
如何理解拉深？

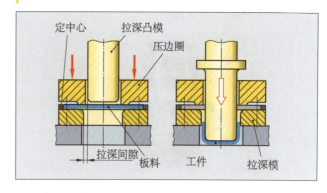

通过拉深的方法将板材加工成空心物体，则

a) 不会使板材的厚度发生明显变化
b) 底部板材厚度会明显减小
c) 边框处板材厚度明显减小
d) 整体表面的板材厚度明显减小
e) 底部板材厚度会明显变大

27
含碳量对钢材的锻压会产生什么影响？

a) 钢的可锻性随着含碳量的增加而增加
b) 含碳量不会对钢的可锻性产生影响
c) 含碳量越低，始锻温度越高
d) 含碳量必须高于1.5%
e) 上述说法都错误

切割

28
下列关于内高压成形的说法，哪项是错误的？

a) 内高压成形，是指管材通过压力液体在空心腔内扩张成形
b) 通过内高压成形加工形状复杂的工件
c) 内高压成形不适于批量生产
d) 内高压成形加工出的工件有着良好的刚性
e) 通过内高压成形可以加工出流动的断面变化

29
下列关于剪切机的说法，哪项是错误的？

a) 手剪只能加工薄板材料
b) 连续剪切用于圆形形状的剪切
c) 轮廓剪切机可以剪切出任意形状
d) 台式剪切机用于大型板材的条状剪切
e) 台式剪切机剪切时，上刀片根据构造形式相对于下刀片垂直向下或者摆动向下

30
为什么导柱式剪切机的导柱有各种直径?

a) 产生更好的导向作用　b) 磨损更小
c) 节省材料　　　　　　d) 避免组装错误
e) 不需要润滑剂

31
下列关于剪切模具的说法,哪项是错误的?

a) 精密剪切模具可以在一个工作过程内剪切出无毛刺的工件
b) 连续剪切模具可以完成工件的剪切和成形加工
c) 组合剪切模具适用于对小批量工件的加工
d) 连续剪切模具可以在一套模具中分若干个阶段加工工件
e) 复合剪切模具适用于剪切形状复杂且小的工件

32
组合剪切机有什么优点?

a) 适用于小批量加工
b) 凹模和凸模不需要硬化处理
c) 组合剪切机更便宜
d) 剪切的所有步骤都可以在组合剪切机内完成
e) 剪切件的内部形状和外部形状可以在一个挤压过程中完成

33
下列关于下图剪切机的说法,哪项是正确的?

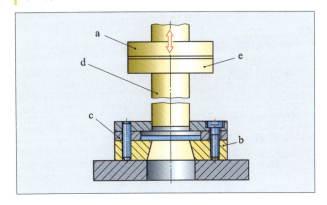

a) 用字母 a 表示的零件称为底板
b) 用字母 b 表示的零件称为剪切板
c) 用字母 c 表示的零件称为导板
d) 用字母 d 表示的零件称为凸模固定板
e) 用字母 e 表示的零件称为顶板

34
下列关于水流射束切割的说法,哪项是错误的?

a) 水流射束切割可以用于金属和有色金属的切割,但不能用于塑料的切割
b) 水流切割一般都混合如石英砂之类的射束物质,以增强水流的腐蚀效果
c) 水流直径大小为 0.1～0.5 mm
d) 切割速度取决于材料的硬度、韧度以及所要求的切割表面质量
e) 可以在水下切割以减少切割所产生的噪音

35
下列关于氧气气割的说法,哪项是错误的?
切缝的表面光洁度取决于

a) 喷嘴与切割垫上边缘的距离
b) 切缝的宽度
c) 喷嘴的大小
d) 氧气压力
e) 进给速度

切削加工

● 使用手动工具加工工件

36
哪种操作不允许在画线板上进行?

a) 校准薄板材　　　b) 可锻造铁工件画线
c) 镁板材画线　　　d) 模型画线
e) 校准百分表

37
检测样冲点有什么作用?

a) 标记钻孔中心点
b) 为圆规脚的切入点
c) 标记铝板材的折弯点
d) 方便放入角尺
e) 标记画线线条

38
机加工不会使用哪种刀具?

a) 平铲　　　　　b) 十字形钻头
c) 注塑刀具　　　d) 槽形刀具
e) 冲裁刀具

39
刀具楔角的大小取决于什么因素?

a) 所加工工件材料的硬度
b) 所使用刀具的硬度
c) 刀具的材料
d) 加工时间
e) 工件数量

40
为什么錾子顶部不允许有毛刺？
a) 锤子会因为毛刺而回弹
b) 很容易损坏锤子
c) 錾子会很重
d) 操作者会受伤
e) 难以观察到錾子的刀刃部分

41
右图工具的名称是什么？

a) 切断冲模
b) 槽刀
c) 平面刀
d) 切槽刀
e) 十字形凿刀

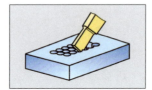

42
锯薄管材时应该采用哪种齿距？
a) 大齿距　　　　b) 中等级齿距
c) 粗齿距　　　　d) 小齿距
e) 非常大的齿距

43
下列关于手锯锯条齿数的说法，哪项是正确的？
a) 薄且硬的工件要采用大齿数锯条
b) 厚且软的工件要采用大齿数锯条
c) 薄壁型工件要采用小齿数锯条
d) 硬质工件要采用小齿数锯条
e) 强度大的工件要采用小齿数锯条

44
如何理解锯条齿数？
a) 10 mm 的锯条长度范围内所有的齿数
b) 24.5 mm 的锯条长度范围内所有的齿数
c) 25.4 mm 的锯条长度范围内所有的齿数
d) 32 mm 的锯条长度范围内所有的齿数
e) 35.4 mm 的锯条长度范围内所有的齿数

45
下列关于锯条的波浪形锯齿的说法，哪项是正确的？
a) 弧形锯齿只用于手锯锯条
b) 弧形锯齿只用于机用锯条
c) 弧形锯齿只用于圆形锯片
d) 弧形锯齿用作扇形齿轮
e) 弧形齿轮需经过高度研磨或者顶锻

46
锉刀齿的标记符号是什么？
a) 网格　　　　b) 锉刀纹路
c) 凹槽　　　　d) 细长的凹槽
e) 齿状

47
下列哪种符号标记不能识别出锉刀的不同种类？
a) 锉刀纹路的形式
b) 锉刀纹路的编号
c) 横截面的形状
d) 锉刀的大小
e) 锉刀的硬度

48
以下哪种标记是错误的？

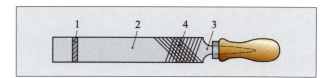

a) 1 ≙ 锉刀横截面
b) 2 ≙ 锉刀板
c) 3 ≙ 锉刀手柄
d) 4 ≙ 锉刀纹路
e) 上述说法均不正确

49
下列关于铣加工锉刀的说法，哪项是正确的？
a) 锉刀的切削前角为负
b) 铣锉刀产生刮的作用
c) 铣锉刀产生切割的作用
d) 铣铣刀只能用于精加工
e) 铣铣刀只能用于加工硬质材料

50
下图锉刀纹路属于哪种类型？

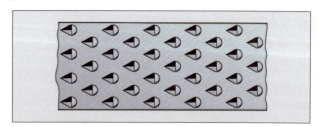

a) 下锉刀纹路　　　b) 上锉刀纹路
c) 十字交叉锉刀纹路　d) 开槽纹路
e) 圆形或者粗齿纹路

51
选择锉刀加工软质材料时应该遵循哪种原则？

a) 粗锉刀纹路，小的锉刀纹路编号
b) 细锉刀纹路，大的锉刀纹路编号
c) 粗锉刀纹路，大的锉刀纹路编号
d) 细锉刀纹路，小的锉刀纹路编号
e) 以上选项均不正确

52
锉刀纹路编号 1 是指什么？

a) 非常细致   b) 细致
c) 略微粗糙   d) 粗糙
e) 很粗糙

使用机床加工工件

● 刀具刀刃

53
选择刀具刀刃的切削前角时哪种基本准则是正确的？

a) 软质材料使用大的切削前角
b) 硬质材料使用大的切削前角
c) 切削材料越脆，切削前角越大
d) 切削前角取决于加工材料
e) 切削前角只和切削材料有关

54
在哪种情况下，刀具刀刃和工件之间的摩擦力最大？

a) 楔角小于 45°时   b) 后角特别小时
c) 后角特别大时   d) 楔角大于 60°时
e) 切削前角特别大时

55
字母 β 标记的是哪种刀刃角？

a) 后角
b) 楔角
c) 切削前角
d) 主偏角
e) 偏角

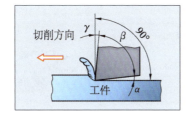

56
下列哪种情况应该选用负的切削前角？

a) 要求大的后角时
b) 需要小的楔角时
c) 加工软的材料时
d) 加工特别硬且脆的材料时
e) 切削力需要保持特别小时

切削材料

57
哪种特性不属于切削材料？

a) 高热硬度   b) 高耐磨强度
c) 优良的热传导性   d) 高热疲劳强度
e) 高脆性

58
高速钢在最高温度为多少的情况下仍保持足够的热硬度？

a) 270 ℃   b) 400 ℃
c) 600 ℃   d) 900 ℃
e) 1 200 ℃

59
高速钢特别适用于以下哪种情况？

a) 带转位刀片的刀具   b) 带负切削前角的刀具
c) 小切削前角的刀具   d) 大切削前角的刀具
e) 工作温度超过 600 ℃的刀具

60
哪种切削材料超过 600 ℃时热硬度较高？

a) 氧化物陶瓷   b) 立方氮化硼
c) 硬质合金   d) 高速钢
e) 非合金工具钢

61
哪种特性不会影响切削材料的选择？

a) 热疲劳强度   b) 抗拉强度
c) 回火稳定性   d) 抗磨损强度
e) 热硬度

62
硬质合金是由什么构成的？

a) 铝氧化物和金属碳化物
b) 金属碳化物和钴
c) 硅氮化物和金属
d) 金属氧化物和钴
e) 氮化硼和铝氧化物

63
带 TiN、TiC 和 Al₂O₃ 切削材料涂层有什么作用？

a) 通过涂层提高刀具的使用寿命
b) 通过涂层提高韧度
c) 通过涂层方便后期对刀刃的研磨
d) 通过涂层改善冷却润滑剂的作用
e) 通过涂层避免刀具的断裂

64

下列关于标识为 P20 的切削材料的说法,哪项是正确的?

a) 特别适合加工灰口铸铁
b) 耐磨强度低
c) 韧度特别好
d) 特别适用于对塑料和层压纸的加工
e) 标志色为黄色

65

下列哪项为硬质合金的切削主类别?

a) P、M、K
b) H、S、T
c) H、K、S
d) A、L、S
e) P、L、S

66

以红色和 K10 为标识的车刀适用于加工哪种材料?

a) 钢铁
b) 铸铁
c) PVC
d) 铜
e) 铝

67

切削陶瓷适用于哪种切削加工?

a) 中断的切削
b) 大进给的粗加工
c) 有色金属的精加工
d) 使用冷却润滑剂的车铣加工
e) 不使用冷却润滑剂的车铣加工

68

金刚石作为切削材料适用于哪种加工?

a) 钢铁的粗加工
b) 钢铁的精加工
c) 有色金属的精加工
d) 切削中断的车加工
e) 钢铁的精车加工

冷却润滑剂、干加工

69

下列关于冷却润滑剂的作用,哪项是错误的?

a) 提高了刀具的使用寿命
b) 提高了切削材料的热硬度
c) 减少了刀具磨损
d) 提高了工件的表面光洁度
e) 减小了切削加工过程中的摩擦

70

下列关于硬质合金材料使用冷却润滑剂的说法,哪项是正确的?

a) 只允许使用微量冷却润滑剂
b) 不允许使用冷却润滑剂
c) 只允许使用不含水的冷却润滑剂
d) 可以不使用或者始终使用冷却润滑剂
e) 只允许使用不含矿物油的冷却润滑剂

71

下列关于选择加工方法的说法,哪项是错误的?

a) 使用冷却润滑剂的成本有时候会高于刀具的成本
b) 切屑不允许堆积在加工空间内
c) 螺纹钻头适合采用干加工
d) 采用干加工的刀具必须有好的热硬度
e) 干加工比采用冷却润滑剂更环保

微量润滑

72

如何理解微量润滑?

a) 在滑动轴承处使用少量的油润滑
b) 不使用冷却润滑剂加工工件
c) 机床一年润滑一次
d) 加工时使用少量的冷却润滑剂
e) 工件加工时使用大量的冷却润滑剂

钻孔、扩孔、铰孔

73

负切削刃的螺旋线与钻头轴心形成的角称为什么?

a) 后角
b) 侧面切削前角
c) 楔角
d) 顶角
e) 横截面的角

74

哪个选项中的数字和名称相匹配?

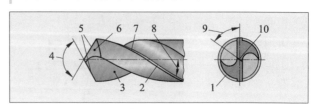

a) 1 ≙ 负切削刃
b) 2 ≙ 导向刃带
c) 4 ≙ 切削前角
d) 7 ≙ 楔角
e) 10 ≙ 主刀刃

75

下列哪个数字代号符合题 74 的图?

a) 1 ≙ 主刀刃
b) 1 ≙ 横刃
c) 4 ≙ 楔角
d) 6 ≙ 切削面
e) 8 ≙ 侧前角

76

题 74 的图为加工钢的麻花钻。数字 9 标记的角度是多少？

a) 30° b) 45°
c) 55° d) 62°
e) 75°

77

加工钢的麻花钻顶角是多少？

a) 140° b) 130°
c) 118° d) 108°
e) 80°

78

加工黄铜的麻花钻顶角是多少？

a) 140° b) 130°
c) 118° d) 108°
e) 80°

79

下图钻头的特殊磨削方法有什么作用？

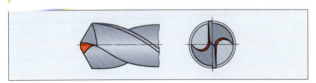

a) 方便排屑 b) 提高刀具的使用寿命
c) 减小进给力 d) 减小切削力
e) 改变钻孔直径

80

下图所示的磨削错误是什么？

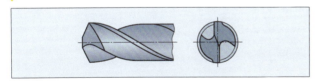

a) 后角太大 b) 后角太小
c) 切削前角太大 d) 切削前角太小
e) 顶角太大

81

下图麻花钻适用于加工哪种材料？

a) 钢和铸铁 b) 带填充物的塑料
c) 铜和铝 d) 高强度钢
e) 自动机用黄铜

82

麻花钻刀刃长度不一致会产生哪种后果？

a) 钻孔过小
b) 钻孔过大
c) 只有一个切削刃切削，切削刃很快钝化
d) 钻孔过小，切削刃很快钝化
e) 不会产生任何影响

83

下列哪种材料不适合使用带涂层高速钢麻花钻加工？

a) 带球状石墨的铸铁 b) 铝-可锻合金
c) 调质钢 d) 玻璃纤维增强塑料
e) 铜-可锻合金

84

下列哪种原因不会导致麻花钻切削角和倒角的磨损？

a) 切削速度过大
b) 刀具的耐磨强度过小
c) 冷却润滑剂不足
d) 进给量过小
e) 工件的材料为结构钢

85

如何计算米制 ISO 螺纹的底径？

a) 底径＝螺纹内径
b) 底径＝螺纹内径＋螺距
c) 底径＝外径×0.7
d) 底径＝外径－螺距
e) 底径＝螺纹内径×0.7

86

两件式成套丝锥有什么作用？

a) 用于钻各种形式的特殊孔
b) 用于钻米制细牙螺纹的孔
c) 用于钻梯形螺纹的孔
d) 用于钻锯齿形螺纹的孔
e) 用于钻机床加工普通螺纹的孔

87

机用铰刀和手用铰刀的区别是什么？

a) 齿数 b) 齿距
c) 材料 d) 切削前角
e) 切削刃的长度

88
为什么中心孔要扩孔?

a) 为了保证不卡住切屑
b) 为了缩小螺纹位移的距离
c) 为了更好地润滑
d) 为了可以在底孔加工螺纹
e) 为了丝锥能更好地切削

89
为什么铰刀的齿距通常分布不均?

a) 避免震纹
b) 方便以后能更好地刃磨
c) 可以采用高切削速度
d) 切削功率大
e) 可以延长使用寿命

90
图中哪种铰刀是去皮铰刀?

a) 图1
b) 图2
c) 图3
d) 图4
e) 都不是

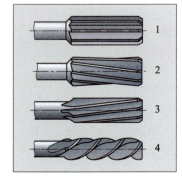

91
题90中的哪种铰刀是左旋螺旋槽铰刀?

a) 只有图2
b) 只有图3
c) 图2和图3
d) 图3和图4
e) 图2和图4

92
带长槽的孔进行铰孔时需要哪种铰刀?

a) 直线槽的铰刀
b) 偶齿数的铰刀
c) 奇齿数的铰刀
d) 短切削部分的铰刀
e) 螺旋槽状的铰刀

93
如何按照进给方向划分车削方法?

a) 外圆车削和内圆车削
b) 纵向车削和横向车削
c) 车外圆和车端面
d) 车外圆、车内圆、成形车削和仿形车削
e) 滚动车削和螺纹切削

94
锥度车削属于哪种车削方法?

a) 车外圆
b) 车端面
c) 车螺纹
d) 成形车削
e) 仿形车削

95
下列关于右图横向车端面中标识 x 和 y 的描述,哪项是正确的?

a) $x \triangleq$ 进给
   $y \triangleq$ 切削深度
b) $x \triangleq$ 横向进给
   $y \triangleq$ 进给
c) $x \triangleq$ 切削深度
   $y \triangleq$ 进给
d) $x \triangleq$ 切削宽度
   $y \triangleq$ 切削厚度
e) $x \triangleq$ 切削厚度
   $y \triangleq$ 进给

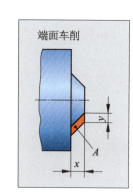

端面车削

96
加工薄且细长的工件时,应采用多大的主偏角?

a) 0°
b) 15°
c) 0°~45°
d) 30°~60°
e) 90°

97
改变主偏角影响哪些切削参数?

a) 切削深度和进给
b) 切削厚度和切削深度
c) 切削宽度和切削深度
d) 切削横截面的大小
e) 切削横截面的形状

题 98 至 105 基于下图。

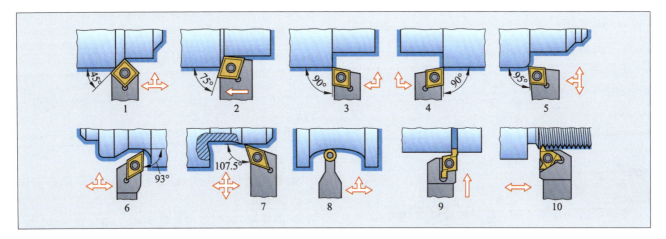

98
图中哪些车刀适用于大切削体积的粗车加工?

a) 1、2、6、7 b) 1、2、8
c) 1、2、3、4、5 d) 6、7、8
e) 6、7、8、9

99
下列关于车刀 2 的说法,哪项是正确的?

a) 主要运用于精车加工
b) 能达到一个大的切削体积
c) 是左侧车削
d) 适用于纵向车削和横向切削
e) 只能用于横向切削

100
图中哪些车刀可以用于成形车削?

a) 1、2、6、7 b) 1、2、8
c) 5、6、7、8 d) 6、7、8、9
e) 1、2、9、10

101
图中哪把车刀特别适用于成形车削?

a) 1 b) 2
c) 3 d) 4
e) 上述车刀都不适合

102
图中哪把车刀特别适用于宽度精车加工?

a) 1 b) 3
c) 5 d) 8
e) 上述车刀都不适合

103
下列关于车刀 6 的说法,哪项是正确的?

a) 主要用于右侧车削
b) 只能用于横向车削
c) 只能用于纵向车削
d) 适用于轮廓的成形车削
e) 主要用于粗车加工

104
图中哪把车刀适用于切槽加工?

a) 1 b) 5
c) 8 d) 9
e) 上述车刀都不适合

105
下列关于车刀 6 和 7 的说法,哪项是正确的?

a) 特别适用于粗车加工
b) 能达到大的切削体积
c) 特别适用于对轮廓的粗车加工
d) 特别适用于对轮廓的精车加工
e) 只适用于横向车削

106
排屑槽的作用是什么?

a) 排屑槽影响切屑形状和排屑方向
b) 排屑槽主要用于脆性材料的加工
c) 使用排屑槽能显著提高刀具的使用寿命
d) 排屑槽加大了刀具刀刃的楔角
e) 排屑槽主要用于软质材料的加工

107
如何理解积屑瘤?

a) 出现在刀刃的切屑形状
b) 出现在刀具刀刃棱边的磨损
c) 出现在切削面的材料微粒堆积物质
d) 排屑槽的特殊形状
e) 一种转位刀片

108
下列哪种夹具配有可调节的阶梯卡盘和用于夹紧螺钉的槽？
a) 带平面螺纹的三爪卡盘
b) 驱动盘
c) 端面机芯夹头
d) 偏心车床转台
e) 平面卡盘

109
下列关于硬车削的说法，哪项是错误的？
a) 硬车削通过车加工的方法对淬硬钢进行加工
b) 硬车削造成工件强烈升温
c) 硬车削会在加工细长工件时出现问题
d) 硬车削将使用到切削陶瓷
e) 硬车削会出现大的切削力

110
下列哪种情况下，中心孔需要有保护沉孔？
a) 中心顶尖磨损　　b) 车锥度
c) 粗车削　　　　　d) 使用固定顶针
e) 加工不平整的端面

111
何时需要使用固定的跟刀架？
a) 加工长螺纹轴时
b) 使用上刀架车圆锥时
c) 对长工件尾部进行镗孔时
d) 加工圆盘形工件时
e) 加工短螺纹轴时

112
锁紧螺母用于哪种装置或情况？
a) 车螺纹时的进给传动装置
b) 纵向车削时的进给传动装置
c) 横向车削时的进给传动装置
d) 锁紧刀架溜板
e) 固定进给，防止超负荷产生的进给变化

113
下列关于下图夹紧装置的说法，哪项是正确的？

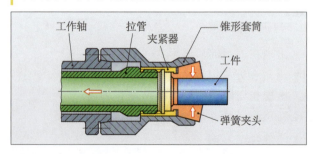

a) 可以用于夹紧圆形、三角形和六边形工件
b) 适用于未经过加工处理的圆形毛坯
c) 夹紧过程不能自动化
d) 可在主轴高转速的情况下使用
e) 可达到的径跳精度不高

114
端面鸡心夹头有什么优点？
a) 不会对工件造成损伤
b) 能够在没有换向装夹的情况下对工件的整个长度进行车加工
c) 重切削时，使用尾座套筒的中心顶针就足够了
d) 可以省略中心孔
e) 只需要尾座里的半个中心顶针

115
车床主轴箱有什么作用？
a) 支撑工作轴
b) 支撑光杆和丝杆
c) 在车螺纹时对长轴起辅助作用
d) 夹紧活动顶针
e) 夹紧工件

116
万能车床的换向装置有什么作用？
a) 使轴转方向换向
b) 只在纵向车削时，使进给方向换向
c) 只在横向车削时，使进给方向换向
d) 只在车螺纹时，使进给方向换向
e) 纵向车削、横向切削和车螺纹时，使进给方向换向

117
下列关于带斜床身的 CNC 车床的说法，哪项是正确的？
a) 不能使用刀架溜板
b) 不能使用尾座
c) 很难进入加工区域
d) 会阻碍排屑
e) 刀具被装夹在旋转中心点的后方

118
下列关于旋转车床的说法，哪项是正确的？
a) 旋转车床有一个水平工作轴
b) 旋转车床尤其适合高转速
c) 旋转车床有多个工作轴
d) 旋转车床尤其适用于大的笨重的工件
e) 旋转车床不能运用 CNC 进行操控

119
下列关于立式车床的说法，哪项是正确的？
a）用于加工长的、直径小的工件
b）由工件的端面开始进行操作
c）有多个工作轴
d）特别长
e）只适用于纵向车削

铣削

120
铣加工端面圆 $r=5$ mm 的键槽时，应该选择哪种铣刀？
a）$r=5$ mm 的凸形仿形铣刀
b）$r=5$ mm 的圆盘铣刀
c）$d=10$ mm 的直柄铣刀
d）$r=5$ mm 的凹形仿形铣刀
e）以上说法均不正确

121
右图铣刀的名称是什么？

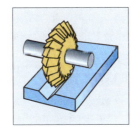

a）角度铣刀
b）键槽铣刀
c）加工棱柱体铣刀
d）开槽铣刀
e）仿形铣刀

122
使用哪种铣刀能够加工角度导向？

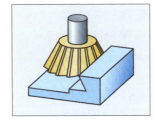

a）圆柱铣刀
b）圆柱端面铣刀
c）棱形铣刀
d）角度铣刀
e）形状圆盘铣刀

123
使用哪种铣刀能够加工图示键槽？

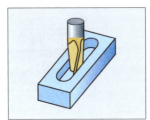

a）圆柱铣刀
b）圆盘铣刀
c）棱形铣刀
d）形状圆盘铣刀
e）长孔铣刀

124
下列哪种铣刀不装夹刀杆？
a）圆柱铣刀
b）圆盘铣刀
c）棱形铣刀
d）圆柱端面铣刀
e）直柄铣刀

125
下列哪种切削材料用于铣刀头刀片？
a）表面硬化钢
b）非合金刀具钢
c）高强度调质钢
d）硬质合金
e）塑料

126
下列关于圆周铣削的说法，哪项是正确的？
a）圆周铣加工时铣刀始终垂直于加工表面
b）圆周铣加工时只能采用逆铣
c）圆周铣加工时工件运动，铣刀保持静止
d）圆周铣加工时只能采用顺铣
e）圆周铣加工时铣刀平行于加工表面

127
圆周铣削时产生哪种切屑形状？
a）镰刀状
b）长方形
c）正方形
d）逗号形
e）梯形

128
下列关于逆铣的说法，哪项是错误的？
a）逆铣时，刀具的切削方向和工件的进给方向相反
b）逆铣时，铣刀齿立即挤入工件材料
c）铣刀齿退出工件时，切屑厚度达到最大
d）逆铣时，铣刀齿渐渐地挤入工件
e）与顺铣相比，逆铣时铣刀刀刃钝化更快

129
顺铣机床有哪些要求？
a）必须有一个垂直的机头
b）铣刀杆不允许反向旋转
c）工作台进给丝杆必须是无间隙的
d）必须有一个额外的快速传动
e）必须有双速工作台进给丝杆

130
哪种刀具适用于加工最小抗拉强度为 600 N/mm² 的钢？
a）N
b）H
c）W
d）A
e）Z

131
如何避免圆盘铣刀加工深度较小的槽时产生薄切屑?
a) 提高切削速度　　b) 加大每齿进给量
c) 减小切削速度　　d) 减小每齿进给量
e) 选择一个大的圆盘铣刀

132
下列关于 CNC 摇臂铣床的说法,哪项是正确的?
a) 机床基本都有两个操控轴
b) 进给驱动装置由主轴引导
c) 摇臂可以向两边倾斜 45°
d) 使用数字控制的圆工作台需要四个轴
e) 只能建成垂直铣床

133
下列关于龙门铣床的说法,哪项是错误的?
a) 镗铣加工中心是龙门铣床的一种特殊形式
b) 龙门铣床主要用于加工大型笨重工件
c) 卧式铣床的切削力主要由机床床身吸收
d) 龙门铣床的工作台可以调节高度
e) 龙门铣床即使在切削运动结束时也不会产生位置偏差

134
下列关于铣加工切削速度的说法,哪项是错误的?
a) 随着切削速度的提高,切削体积增大
b) 随着切削速度的提高,刀具磨损加大
c) 随着切削速度的提高,将获得良好的加工表面
d) 随着切削速度的提高,切削力提高
e) 随着切削速度的提高,尺寸和形状精度提高

135
铣加工时会形成刀瘤,采取哪种措施能够避免这种情况?
a) 降低切削速度
b) 减小切削深度
c) 选择高韧度的铣刀刀片
d) 使用冷却润滑剂
e) 提高每齿进给量

136
铣加工时出现了梳状裂纹,采取哪种措施能够避免这种现象?
a) 提高切削速度　　b) 夹紧工件和刀具
c) 选择高韧度的刀片　　d) 选择正切削前角
e) 减小每齿进给量

137
下列关于高速铣削的说法,哪项是错误的?
a) 高速铣削适用于加工薄壁工件
b) 高速铣削会损坏加工工件的表面
c) 高速铣削切削速度是普通铣削的 5～10 倍
d) 高速铣削每齿进给量大于普通铣削
e) 高速铣削适用于加工石墨电极

138
关于如何区分高切削速度铣床和万能铣床,下列说法哪项是正确的?
a) 所使用的 CNC 控制程序不同
b) 有不同的大功率轴
c) 进给轴的加速能力不同
d) 工作台的行驶路径不同
e) 使用的铣刀和钻头不同

磨削

139
砂轮粒度数字标记是筛子颗粒在什么长度上穿过网眼的数量?
a) 1 平方英寸　　b) 1 平方厘米
c) 1 平方毫米　　d) 1 英寸的筛子长度
e) 1 厘米的筛子长度

140
以下列举的哪种黏结剂不适用于砂轮?
a) 橡胶黏结剂　　b) 塑料黏结剂
c) 陶瓷黏结剂　　d) 金属黏结剂
e) 上述说法均不正确

141
平衡砂轮时有什么注意事项?

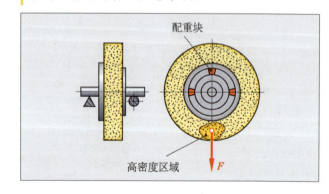

a) 保持重力平均分布
b) 平衡重量一个在法兰的上部,另一个在法兰的下部
c) 砂轮来回摇摆要保持匀速
d) 砂轮要保证在每个位置都静止
e) 砂轮要能在短时间内停止

142
某砂轮的名称如下：DIN69120-450×100×127-A60K8V35,下列关于该砂轮的说法，哪项是错误的？

a) 外径为 450 mm
b) 砂轮宽度为 100 mm
c) 粒度为 60
d) 构造为 K
e) 所允许的圆周速度为 35 m/s

143
磨削时需要用到哪种冷却润滑剂？

a) 磨削油
b) 钻孔用油
c) 钻孔油乳化液
d) 切削油
e) 矿物油

144
下列关于磨削的说法，哪项是正确的？

a) 硬质工件材料应该选用硬砂轮
b) 硬度等级为 A 的砂轮特别硬
c) 软质工件材料应该选用软砂轮
d) 切削深度越小，砂轮的构造应该越开放
e) 干磨削时不允许佩戴防护眼镜

145
磨削钢通常应该选用哪种磨料？

a) 金刚砂
b) 白刚玉
c) 碳化硅
d) 普通刚玉
e) 金刚石

146
磨削钢时，工作速度通常为多大？

a) 18 m/s
b) 25 m/min
c) 35 m/s
d) 40 m/min
e) 60 mm/s

147
无心磨削时应该如何夹紧工件？

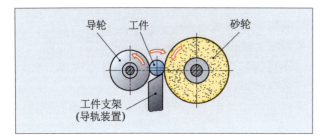

a) 三爪卡盘夹紧
b) 磁铁夹盘夹紧
c) 弹簧夹头夹紧
d) 机用虎钳夹紧
e) 不需要夹紧

148
磨砂机的作用是什么？

a) 用于切入磨削
b) 用于手工磨削
c) 用于无心磨削
d) 用于平面磨削
e) 用于分离磨削

精加工

● 珩磨和研磨

149
哪种加工方法不属于精密加工？

a) 长行程珩磨
b) 抛光
c) 外圆研磨
d) 短行程珩磨
e) 端面研磨

150
珩磨时应该选用哪种磨削物体？

a) 小直径的细颗粒平磨砂轮
b) 碗形砂轮
c) 盘形砂轮
d) 珩磨条
e) 磨棒

电火花蚀除

151
哪种加工方法不属于蚀除加工？

a) 电火花蚀除
b) 精密钻孔
c) 电火花沉入切割
d) 热倒角
e) 电火花切割

152
采用哪种加工方法会使硬质合金产生裂隙？

a) 借助研磨架进行研磨
b) 珩磨
c) 电火花蚀除
d) 精密钻孔
e) 拉削

机床的工装和夹具

153
下列关于平面夹具（深度夹具）的说法，哪项是正确的？

a) 可以加工工件的整个表面
b) 利用凹槽来夹紧工件
c) 为了避免在夹紧过程中工件向一边倾斜，需要额外的夹紧装置
d) 为了夹紧工件还需要额外的夹紧装置
e) 平面夹具适用于任意形状的工件

154

机械式装夹时,球面垫圈和锥形垫板的作用是什么?

a) 加大夹紧力
b) 允许夹钳轻微倾斜
c) 用于对拱形工件表面的加工
d) 方便对圆柱工件进行中心定位
e) 替代 T 型槽螺钉

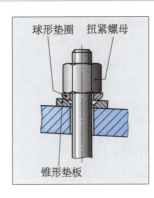

155

下图夹具特别适用于哪种加工?

a) 磨削以钢为原材料的小型工件
b) 使用铣刀头的端面铣削
c) 大切削量的逆铣
d) 对有色金属的精密磨削
e) 对黄铜进行小切削量铣加工

156

下图夹具如何命名?

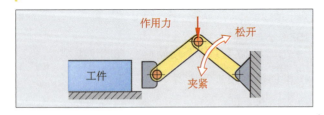

a) 偏心轮夹具
b) 凹形夹具
c) 曲杆夹具
d) 快速夹具
e) 角度夹具

157

下列关于液压夹具的显著特点的说法,哪项是错误的?

a) 夹紧力大
b) 所有夹紧位置的夹紧力是一致的
c) 占地面积大
d) 能快速形成夹紧力
e) 可以实现数字化控制

158

如下图所示,关于该夹紧装置的说法,哪项是正确的?

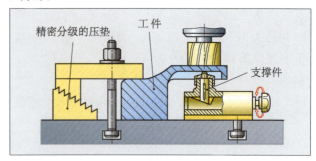

a) T 型螺栓应该尽可能靠近压板
b) 压板应该可以进行高度无级调节
c) 辅助元件可以进行高度无级调节
d) T 型螺栓和工件之间的距离应该尽可能大
e) 选择最长的夹紧钳

连接

159

关于下图连接方法的说法,哪项是正确的?

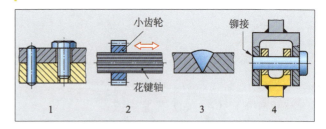

a) 图 1 属于移动式可拆卸连接
b) 图 2 属于不可拆卸固定连接
c) 图 3 属于移动式固定连接
d) 图 4 属于移动式不可拆卸连接
e) 图 2 和图 4 都属于固定连接

160

下列关于连接的相关说法,哪项是错误的?

a) 通过连接只会形成固定连接
b) 通过可拆卸连接,组装的零件可以在无损坏的前提下被拆除
c) 固定连接中,各个工件之间的位置是一致的
d) 不可拆卸连接中,在分离零件时会对连接件或者组件造成损坏
e) 移动式连接中,连接件的位置可以互相改变

161
下列关于压入式连接的说法,哪项是正确的?
a) 压入式连接是通过对内部零件进行加热而产生的
b) 纵向压入式连接时,为了使现有的粗糙尖端平整,内部零件的端面应该是尖角棱边
c) 使用电感加热仪器和油槽实现零件的加热
d) 液压式连接时,油压完全消失后会立即出现附着力
e) 压入式连接传送由材料决定的力和扭矩

162
压入式连接时,哪种操作规则是错误的?
a) 为了避免材料组织出现变化,必须遵守既定的加热温度
b) 带片状石墨的铸铁工件所允许的加热温度不能高于 200 ℃,因为石墨有可能会转化成石墨碳
c) 为了防止大型笨重零件发生扭曲变形,所以加热必须要保证均匀
d) 加热之前需要拆除所有热敏感零件,如密封件
e) 加热时可能会用到煤气燃烧器

163
下列关于黏结的说法,哪项是错误的?
a) 黏结需要较大的接合面
b) 黏结重叠长度最多达到板厚的 2 倍
c) 接合面必须保持干净和干燥
d) 承载能力主要取决于负荷的类型
e) 剥离负荷很容易导致黏结撕裂

164
与硬焊相比,黏结有什么优点?
a) 不会对材料的组织结构产生改变
b) 黏结的温度恒温性更好
c) 对接合点清洁的准备工作更少
d) 连接的零件能够更快地再加工
e) 能够达到更高的强度

165
黏结材料如何分类?
a) 分为热固性和热塑性物质
b) 分为天然的和人工合成材料
c) 分为用于钢和非铁金属的黏结材料
d) 分为热黏结剂和冷黏结剂
e) 分为热固性和非热固性材料

166
下列关于胶粘连接的负荷的说法,哪项是正确的?

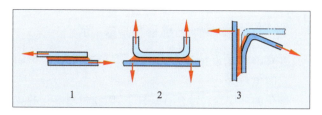

a) 图 1:对拉力不利的负荷
b) 图 2:对压力不利的负荷
c) 图 3:不允许的剥离负荷
d) 图 2:不允许的拉力负荷
e) 图 1:对剪切有利的负荷

167
软钎焊要求的温度是多少?
a) 182 ℃   b) 327 ℃
c) 450 ℃   d) 560 ℃
e) 723 ℃

168
液体焊料的作用是什么?
a) 防止焊缝出现腐蚀   b) 降低焊料的熔化温度
c) 降低焊接的工作温度 d) 分解焊料并阻止其生成
e) 提高毛细作用

169
下列关于液体焊料的相关说法,哪项是正确的?
a) 不允许对电子组件使用液体焊料
b) 要尽量避免使用液体焊料,因为它会导致腐蚀
c) 液体焊料能够防止腐蚀,但不会对腐蚀残余物产生分解作用
d) 钎焊的材料不会影响到液体焊料的选择
e) 液体焊料始终有酸性

170
乙炔气瓶的识别颜色是什么?
a) 蓝色   b) 灰色
c) 红色   d) 绿色
e) 黄色

171
下列关于处理气瓶的操作规则的说法,哪项是错误的?
a) 氧气瓶必须要隔离油和油脂
b) 所有的氧气瓶都必须防止强烈的热效应
c) 要防止气瓶翻倒和产生碰撞
d) 只有卸下减压阀并正确安装了防护罩之后才能进行运输
e) 单个气瓶进行氧气抽气时每小时决不允许超过 3 000 升

172

下列关于电弧焊的说法,哪项是错误的?

a) 所有的焊接方法都存在由焊条芯和外层涂料组成的电焊条
b) 熔化的外层涂料漂浮在焊缝上,阻止材料氧化起皮
c) 外层涂料在融化之后变成气体,这种气体能够稳定电弧
d) 焊条的外层涂料通常都含有能够提高焊缝的强度和韧性的合金元素
e) 焊渣能够防止焊接点迅速冷却,并由此避免焊接缝范围内的材料变脆

173

气体保护焊的哪种方法,将焊接条同时作为附加材料?

a) WSG 焊接
b) 钨极等离子焊接
c) WIG 焊接
d) WP 焊接
e) MSG 焊接

174

下列哪种焊接方法适用于焊接铝合金?

a) MAG 焊接
b) WIG 焊接
c) 气体熔化焊
d) 电子射束焊接
e) 电弧焊

175

如下图所示,哪项焊接位置的标记是错误的?

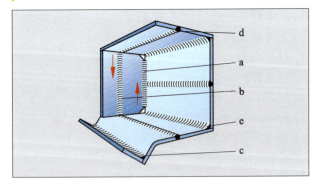

a) 上升位置
b) 下降位置
c) 横向位置
d) 突出部位置
e) 水平位置

176

下列关于焊接的说法,哪项是错误的?

a) 焊接时材料固定地连接在一起
b) 焊接适用于所有的金属
c) 通过加热和摩擦使接合点的材料呈液态或塑性状态
d) 大多数焊接的接缝都需要附加材料进行填充
e) 焊接属于不可拆卸连接

177

下列哪种焊接方法不属于压焊?

a) 电焊
b) 凸焊
c) 电弧焊
d) 滚焊
e) 摩擦焊

178

下列哪种焊接气体可燃?

a) 氢气
b) 氮气
c) 二氧化碳
d) 氩气
e) 氦气

179

下列哪种检验方法不适用于焊接连接的检验?

a) 颜色渗入法
b) 疲劳强度试验
c) 磁粉检验法
d) 超声波检验法
e) X 光检验法

180

下列关于气体保护焊的说法,哪项是正确的?

a) 金属气体保护焊时使用不会熔化的钨电极
b) 熔化极惰性气体保护焊时使用氦气或者氩气作为保护气体
c) 钨极惰性气体保护焊时始终使用直流电
d) 钨极惰性气体保护焊时使用熔化的交流电极
e) 钨极等离子焊接时,气体保护层会稳定等离子电弧,并保护熔池不被氧化

181

下列关于手工电弧焊的操作规则的说法,哪项是错误的?

a) 操作时禁止胳膊裸露
b) 操作时隔离工作场地,避免其他人员受到电弧伤害
c) 电焊时要求使用带有侧边保护的防护罩
d) 为了不阻碍缩水,冷却之后必须立即将焊渣清理干净
e) 清理焊渣时必须使用防护罩

生成加工方法

182

如何理解生成加工?

a) 挤压的金属粉末退火产生成形件
b) 塑料形变加工出固化的工件或者毛坯件
c) 无形状的材料作为工件上的固化涂层
d) 不成形的材料通过 CAD 体积模型变为实际成形件
e) 仅用于热固塑料成形件的加工

183
下列哪种应用领域不属于生成加工方法的应用？

a) 原型加工
b) 精密铸造、成形或者型模部件的加工
c) 对同样的零件进行中等批量的生产
d) 对少量的成品进行试生产
e) 对形状复杂以及有特殊功能要求的零件进行成品生产

涂层

184
采用哪种方法可使钢板形成薄的漆涂层？

a) 电镀
b) 金属化
c) 阳极氧化
d) 喷涂
e) 化学蒸发沉积涂层法

185
如何理解热喷涂？

a) 喷涂融化的涂层材料
b) 浇注流动的塑料
c) 喷涂加热的油漆
d) 金属的热浸涂层
e) 在高温下进行电镀

186
下列哪种涂层方法会通过沉积在工件表面产生涂层？

a) 车身喷油漆
b) 刀片进行 CVD(化学蒸发沉积涂层法)涂层
c) 铝零件进行阳极氧化处理
d) 金属层进行电镀涂层
e) 钢板进行锌涂层

187
哪幅图示是静电粉末涂层？

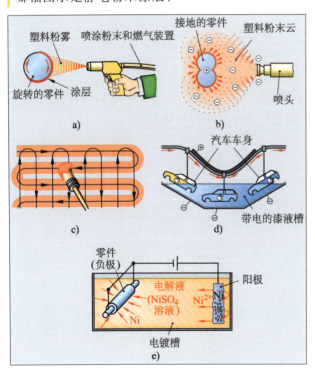

188
通过哪种电子化学涂层方法能在工件表面形成一层防腐蚀涂层？

a) 上釉
b) 镀膜
c) 热喷涂
d) 漫射
e) 电镀

189
为什么铝部件需要阳极氧化处理？

a) 为了改善温度稳定性
b) 为了填充磨损的表面
c) 为了提高耐磨强度
d) 为了形成一个用于喷漆的基础面
e) 为了在铝零件表面形成防腐蚀表层

190
为什么要抽吸车床所产生的冷却润滑剂雾气？

a) 为了回收冷却润滑剂
b) 为了避免人因为吸入冷却润滑剂雾气而对健康造成危害
c) 为了避免加工零件受到腐蚀
d) 为了保护车床
e) 为了给切屑除油

191
如何理解回收利用？

a) 通过便宜的大量采购,减少材料成本
b) 对废弃的材料进行收集、处理和再利用
c) 材料的浪费
d) 将冷却润滑剂从切屑里进行分离
e) 使用循环润滑

192
处理有害物质的每个步骤都包含不同措施,以下哪项措施和步骤不相符？

a) 清除：抽吸、分离并清除冷却润滑剂中的油和乳化剂
b) 避免：采用如三氯乙烯等制冷剂清洗工件
c) 减少：使用低溶解漆对工件进行喷漆
d) 清除：对不干净的金属加工进行清洁,清理毒气
e) 减少：通过粉末喷漆对金属件进行涂层处理

4 材料工程

4.1 材料与辅助材料概览

4.2 材料的特性及选择

1

请将铜、铁、钛、锌、镁、铅和铝分别归类到轻金属和重金属。

2

塑料的广泛用途建立在哪些特性的基础上?

3

如下图所示,该铣刀和被加工的工件分别由什么材料组成?说明理由。

4

工件质量为 6.48 kg,体积为 2.4 dm^3。请问:
a) 该工件的材料密度是多少?
b) 可能是哪种材料?

5

请描述钢棒的弹性-塑性变形特性。

6

请解释材料的屈服强度 R_e 和抗拉强度 R_m。

7

请列出 3 种工艺性能并分别列出适合此工艺性能的材料,再解释该特性。

8

如何防止金属零件被腐蚀?

9

材料主要分为哪三个类别?

10
请列出工程技术上使用的主要辅助材料。

11
选择零件材料时应遵循哪些原则？

12
请写出热线性膨胀和抗拉强度的计算公式。

13
请列出材料的 4 个物理性能并说明其含义。

14
选择材料时主要考虑哪些工艺性能？

15
使用含镉软焊料焊接时应采取哪些健康防护措施？

4.3　金属材料的内部结构

1
在显微镜下可以看到金属的哪些结构组织？

2
金属材料的原子是如何排列的？
金属原子之间是依靠何种力结合在一起的？

3
金属晶体有哪三种晶格类型？

4
晶体有哪些结构缺陷？

5
金属发生弹性变形和塑性变形的微观原理是什么？

6
由液态到固态的结晶过程是什么？

7
如何观察金属的结构组织？

8
纯金属与合金在结构组织和性能上有何差别？

9
金属的微观结构是什么？

10
体心立方晶格和面心立方晶格的区别是什么？

11
混合型晶体合金是什么？

4.4 钢和铸铁

● 生铁、钢的冶炼和再加工

1
如何理解钢的"精炼"？

2
采用哪些方法可以冶炼钢？

3
钢的后处理有什么作用？

4
脱氧对钢的结构有什么影响？

5
真空处理对钢的质量有什么影响？

6
与铸锭法相比,连铸法有哪些优点?

7
生铁转变成钢的过程中成分如何变化?

8
氧气顶吹法(LD法)炼钢的工作原理是什么?

9
通过电炉炼钢法可以冶炼哪些种类的钢?

10
为什么炼钢时除了生铁还要额外添加废钢铁?

11
如何理解"钢水脱氧"?

12
如何从钢水溶液中除掉溶解的气体?

13
重熔法的用途是什么?

14
钢经过精炼和后处理的产品是怎样的形态?

15
与冷轧相比,热轧有哪些优点?

16
热轧与冷轧时组织结构如何变化?

17
如何加工焊管?

3

请将下列材料名称：S355JR、42CrMo4、X30Cr13 归类到相应的钢组。

4

标准的材料名称有什么用途？

18

钢中的主要合金元素有哪些？

5

如何理解钢的缩写名称 S355J0？

6

一种非合金钢结构用钢的最小屈服强度为 275 N/mm^2，+20℃时冲击功为 27 J，请写出这种钢的缩写名称。

7

哪种钢的缩写名称为 DD03T？

● 钢的命名方法

1

根据用途划分的钢，其缩写名称是如何构成的？

8

请根据缩写名称 C45R 说明这种钢的类型及其特点。

9

如何理解材料名 36NiCrMo16？

2

如何区分合金元素含量<5%和≥5%的合金钢缩写名称？

10

乘数 4 用于合金钢中的哪些合金元素？请写出其缩写名称。

11

合金元素含量>5%时合金钢材料的缩写名称是如何组成的？

第一部分 工艺学试题

12 合金钢的元素含量为 0.5% 碳、20% 锰、14% 铬和少量钒,请写出其缩写名称。

13 请根据材料缩写名称 X38CrMoV5-1 说明这种钢的类型及其组成元素。

14 高速钢的缩写名称是如何组成的?

15 最小抗拉强度为 300 N/mm² 的片状石墨铸铁,其缩写名称是什么?

16 钢的材料代码如何组成?

17 材料代码中材料主组别钢和铸钢的代码是什么?

18 请将钢现行有效的材料代码和过去的材料代码进行对比。

19 如何理解下列钢:S235J0W、S460Q、E295、DX51D、C45E、28Mn6、HS2-9-1-8 的缩写名称?

20 有下列钢:USt37-2、Ck60、GTS-45-06、X6CrMo17、S12-1-4-5,它们的旧缩写名称表示哪些材料?

21 铸铁材料的代码是如何组成的?

● 钢的分类、用途和商业形式

1 钢根据哪些特征进行分类?

2 如何区分优质钢和普通钢?

3
钢划分为哪几个主要材质等级？

4
请列举出至少四种属于结构钢的钢组。

5
钢制品的名称由哪些部分组成？

6
请分别对非合金调质钢、合金渗碳钢、易切削钢和热作模具钢的缩写名称进行举例说明。

7
如何确定非合金钢、不锈钢和其他合金钢？

8
结构钢具备哪些特性？

9
非合金结构钢的主要用途是什么？

10
渗碳钢包含哪些成分？

11
哪些合金元素会影响易切削钢的特性？

12
调质钢具备哪些特性？请举例说明其用途。

13
不锈钢包含哪些成分？

14
如何理解薄板？

15
工具钢如何分类？

16

请借助简明机械手册确定 DIN1026-1-U120 法兰 U 型钢的倾斜率。

17

高速工具钢包含哪些合金元素？

18

如何理解简称"80kg Flach DIN 1017-60×14-S235JR"？

● 铸铁

1

请解释铸铁缩写名称 EN-GJL-200。

2

请解释铸铁的材料号 EN-JS1015。

3

析出石墨使片状石墨铸铁具备哪些特性？

4

相对于片状石墨铸铁，球形石墨铸铁有哪些优点？

5

请解释下列材料名称：EN-GJL-300、EN-GJMW-400-5、GE240。

6

如何区分白色可锻铸铁和黑色可锻铸铁？

7

哪些熔炉用于熔炼铸铁？

8
如何区分铸铁和钢？

9
哪些零件由球形石墨铸铁制成？

10
可锻铸铁有什么用途？

11
请分别将材料 EN-GJS-500-7（GGG-50）、GS-45、EN-GJMW-400-5（GTW-40-05）和 EN-GJL-250（GG-25）归类到组件管材、变速箱外壳、刀架溜板与虎钳，并说明理由。

4
镁料和钛料的特性是什么？

5
铝的密度和熔点是多少？

6
铝料的缩写名称是如何组成的？

7
铝合金如何分类？

8
哪些工件由塑性铝合金或铸造铝合金加工而成？

4.5　非铁金属

● 轻金属

1
非铁金属中铝、镁和钛的密度分别是多少？

2
哪种铝材料特别适用于高负载零件？

3
如何理解铝合金 EN AW-Al Zn5Mg3Cu？

9
铝合金包含哪些主要的合金元素？

10
塑性铝合金的铜含量和镁含量分别为 4% 和 1%，请写出该合金的缩写名称。

11
如何理解缩写名称 EN AC-Al Si12？

12
从缩写名称 EN AW-7020[AlZn4.5Mg1]中可以读取哪些信息？

13
哪些合金元素会影响铝合金的时效硬化？

14
铝合金如何进行时效硬化？

15
铝料切削加工时需满足什么条件？

16
镁合金的密度和强度是多少？

17
镁主要与哪些元素熔成合金？

18
请说明钛合金的强度特性。

19
钛的作用是什么？

20
切削加工镁合金和钛合金时要注意什么？

● 重金属

1
铜合金的缩写名称由哪些说明项组成？

2
请列出两种铜合金及其特性。

3
哪些重金属或者重金属合金适用于滑动轴承？

4
重金属铜、铬、锌、钨和铂有什么用途？

5
铜有哪些特性？

6
请分别解释缩写名称 CuZn38Mn1Al 和 CuZn40Pb2。

7
采取哪些措施可以提高铜锌合金的硬度？

8
硬质黄铜如何变软？

9
相对于铜锌合金（黄铜）而言，铜锡合金（青铜）有哪些突出的特性？

10
镍的用途是什么？

11
锌具有哪些特性？

12
锌可以应用于哪些领域？

13
由压铸锌合金制成的工件有哪些特性？

14
最重要的锡合金有哪些？

15
最重要的合金重金属有哪些？

4.6 烧结材料

1
如何理解烧结？

2
烧结成形件的加工步骤是什么？

3
烧结零件有哪些优点？

4
粉末冶金工具钢是如何制造的？

5

温度达到多少摄氏度时可以烧结?

6

哪些零件不可以通过烧结制造?

7

请列出由烧结材料制造的零件。

2

烧结的氧化铝有什么用途?

3

为什么钢零件采用陶瓷涂层?

4

哪些零件由氮化硅陶瓷加工而成?

4.7 陶瓷材料

1

陶瓷材料具有哪些特性?

4.8 钢的热处理

● 铁碳状态图

1

如下图所示,温度高于或低于 723℃ 时,含碳 0.8% 的钢是什么组织?

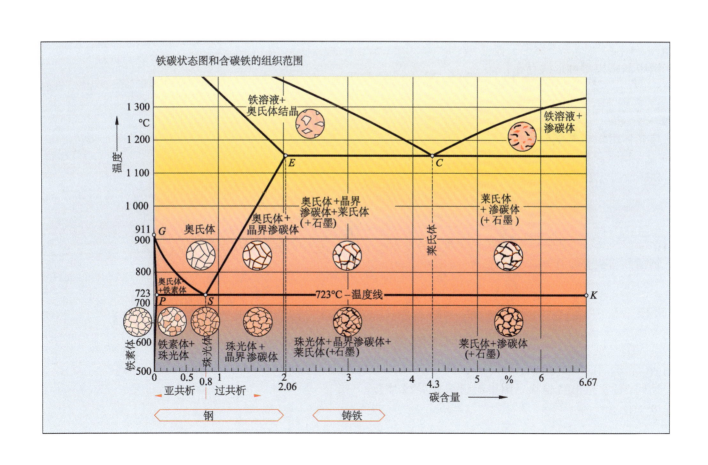

2
铸铁包含哪些组织成分?

3
从铁碳状态图中可以看出什么?

12
加热超过 723℃时,钢的体心立方晶格中有哪些变化?

4
碳含量 0.4%的钢有哪些组织成分?

● 退火、淬火

1
有哪些退火方法?

5
如果碳含量 1%的钢加热至 1 000℃,其组织会出现哪些变化?

6
未淬火钢中含有哪些组织类型?

7
如何理解铁碳状态图中的线?

2
如何消除粗晶粒组织?

8
钢中的碳以哪种形式存在?

9
珠光体组织由哪些成分组成?

3
淬火由哪些工序组成?

10
钢的共析成分是什么?

11
请问,温度超出铁碳状态图中的组织分界线时会发生什么?

8
热处理有哪些方法？

9
如何区分退火和淬火？

4
钢急冷时产生哪些组织？

10
淬火时，钢的晶格中有哪些变化过程？

5
哪些冷却介质可供使用？

6
非合金钢的淬火温度是多少摄氏度？

11
如何理解淬火深度？

7
车削件如何淬火变形？

12
如何实现变形小和无裂纹的淬火？

13
为什么急冷时有底孔的工件底部先浸入冷却液？

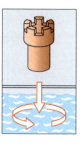

14
合金元素对钢淬火有什么影响？

15
工具钢淬火时使用哪些冷却介质？

16
如何区别非合金工具钢、低合金工具钢和高合金工具钢的淬透？

17
高合金钢回火有什么作用？

● 调质、表面淬火

1
钢制工件调质处理后有哪些特性？

2
调质由哪些工序组成？如何将其与淬火相区别？

3
从钢的调质曲线图中可以读取哪些数据？

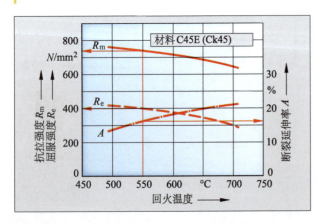

4
如果钢制工件 34Cr4 调质时回火至 550℃，该工件的屈服强度是多大？

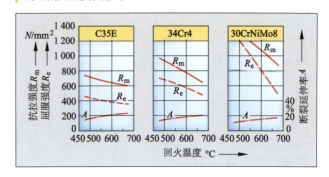

5
如何完成表面淬火？

6
渗碳淬火时如何使工件表面具有可淬火性？

7
渗碳有哪些方法？

8
渗碳淬火采用哪些方法？

9
如何理解渗氮？

10
渗氮层具有哪些特性？

11
现有一个锤子由工具钢 C80U 制成，如果要求其表面硬度在回火后至少达到 60HRC，请借助简明机械手册确定该材料的淬火条件。

非合金冷作工具钢的热处理							
钢种		淬火			表面硬度 HRC			
缩写	材料号	温度/℃	冷却剂	淬火后	回火温度		
					100℃	200℃	300℃
C45U	1.1730	800～820	水	58	58	54	48
C70U	1.1520	790～810	水	64	63	60	53
C80U	1.1525	780～820	水	64	64	60	54
C90U	1.1535	800～830	水	64	64	61	54
C105U	1.1545	770～800	水	65	64	62	56

12
调质钢如何调质才能达到理想的强度和韧性？

13
如何理解调质钢？

14
如何理解表面淬火？

15
哪些钢适用于表面淬火？

16
哪些热处理适用于渗氮钢？

17
如何理解碳氮共渗？

18
哪些铸铁具有可淬火性？

4.9 塑料

● 特性、分类、热塑性塑料、热固性塑料、弹性体

1
塑料具有哪些典型的特性？

2
哪些特性限制了塑料在工程技术方面的应用？

3
塑料分为哪几个组？

4
为什么热塑性塑料可焊接，而热固性塑料不可焊接？

5
如何理解缩写名称 PE、PA、PUR？

6
请列出 3 种热塑性塑料，并写出其名称、缩写名称以及典型用途。

7
为什么热固性塑料又称为可硬化塑料或者树脂？

8
如何理解共混聚合物？

9
聚氨酯树脂有哪些用途？

10
相对于非热塑性弹性体而言，热塑性弹性体有哪些优点？

11
加热时，通过哪些特性值可以测定塑料的不变形性？

12
与钢相比，塑料的拉伸强度和刚性（弹性模量）达到多少？

13
请说明乙烯分子组成聚乙烯高分子的过程。

14
制造塑料分为哪几个步骤?

15
如何理解聚合反应?

16
为什么热塑性塑料容易加工?

17
请列出最常用的热塑性塑料。

18
塑料加热时强度如何变化?

19
聚乙烯(PE)具有哪些特性?

20
哪些零件由聚酰胺(PA)加工而成?

21
哪种塑料类似于不易变形且透光的玻璃,可以加工成透明的零件?

22
聚四氟乙烯(PTFE)具有哪些特性?

23
请说明热固性塑料的内部结构?

24
通过哪些特性可以区分热固性塑料和热塑性塑料？

2
如何理解缩写名称 GFK、CFK？

25
环氧树脂具有哪些特性？

3
GFK 和 CFK 具有哪些特性？

26
弹性体具有哪些特性？

4
请说明什么是加工 CFK 零件的热模压法。

27
如何提高塑料零件的抗拉强度和刚性？

28
哪些机械特性值能说明塑料的强度特性？

5
请说明磨具的结构。

4.10　复合材料

1
与单一材料相比，复合材料具有哪些优点？

6
请说明复合型结构车身的不同材料。

7
复合材料有哪些类型？

8
纤维增强型复合材料中的纤维排列有什么作用？

9
请列出颗粒增强型复合材料。

10
请说明层合型复合材料的内部结构。

11
如何理解复合结构？请举例说明。

12
请说明 GFK 的制造方法。

4.11 材料检验

● 机械特性的检验

1
屈服点清晰的材料拉力试验时会得出哪些材料特性值？

测量长度 $L_u = 96.8$ mm。请计算屈服强度、抗拉强度和断裂延伸率。

2

请解释屈服强度 0.2%。

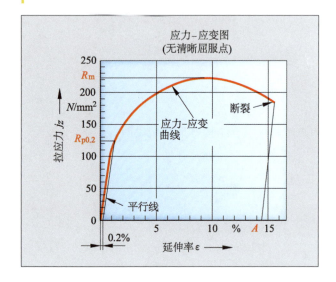

3

如何进行断口冲击韧性试验？

4

对一个拉力试样进行拉力试验（$d_0 = 16$ mm, $L_0 = 80$ mm）得出以下测量值：屈服应力 $F_e = 55\ 292$ N，最大拉力 $F_m = 96\ 510$ N，试样断裂后的

5

材料检验有哪些任务范畴？

6

车间检验包括哪些任务？

7

工艺检验有什么作用？

8

如何检验板材的深冲性能？

9

拉力试验时会产生哪种曲线图？

10

如何理解断裂延伸率 A？

第一部分 工艺学试题

11
哪两种材料与压力应力曲线有关？

12
如何理解抗拉强度 R_m？

13
拉力试验的试样初始直径为 10 mm，初始测量长度为 50 mm，拉力为 5 000 N 时，测量长度延伸 0.015 mm。请计算该材料的弹性模量。

14
如何计算抗剪强度？

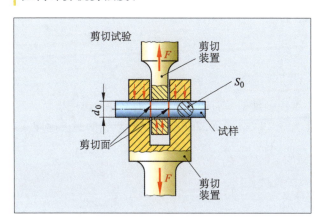

15
通过断口冲击韧性试验可以检测什么？

● 硬度检验

1
如何进行硬度检验？

2
请说明显微硬度试验的用途。

3
布氏硬度检验和维氏硬度检验适用于哪些材料？

4

与布氏硬度检验相比,马氏硬度检验有哪些优点?

5

维氏硬度检验(HV50)淬火钢工件得出压痕对角线为 0.35 mm 和 0.39 mm。请计算钢的维氏硬度。

6

哪些情况下宜采用移动式硬度检验?

7

如何理解硬度?

8

如何理解硬度参数的缩写名称 120 HBW 5/250/30?

9

如何理解硬度参数的缩写名称 190 HV 50/30?

10

维氏硬度检验有哪些优点?

11

如何进行洛氏硬度检验?

12

与布氏硬度检验和维氏硬度检验相比,洛氏硬度检验有哪些优点?

● 疲劳强度检验、零件检验

1

请说明疲劳断面的外观。

2

零件-运行负荷检验有什么作用?

3
如何进行超声波检验？

4
纤维方向和显微图像可显示出什么？

5
疲劳试验有什么作用？

6
从韦勒疲劳曲线中可以确定什么？

7
材料无损检验可以确定哪些材料缺陷？

8
金相试验有什么作用？

9
无损检验包括哪些方法？

● 塑料特性值检验

1
塑料的机械特性通过哪些机械特性值描述？

2
塑料受热时，通过哪些特性值测定形状的稳定性？

4.12 材料和辅助材料的环境问题

1
请分别列出5种危害健康并加重环境污染的材料和辅助材料。

2
从环境角度选择材料和辅助材料时要注意什么？

3
如何理解循环利用？

材料工程测试题

材料的概览、选择和特性

1

铁材料分成哪两个组?

a) 烧结金属和硬质合金　　b) 钢和铸铁
c) 重金属和轻金属　　　　d) 结构钢和工具钢
e) 自然材料和人工材料

2

硬质合金属于哪种材料组别?

a) 非金属　　　b) 铁金属
c) 重金属　　　d) 人造材料
e) 复合材料

3

抗拉强度的计算公式是什么?

a) $R_m = F_m \cdot S_0$　　　　b) $R_m = \dfrac{S_0}{F_m}$

c) $R_m = \dfrac{F_m}{S_0}$　　　　d) $R_m = \dfrac{L}{L_0}$

e) $R_m = \dfrac{F_e}{S_0}$

4

材料的生产技术特性可以说明什么?

a) 加热时的材料变化
b) 材料对环境的影响
c) 材料加工和生产时的合格性和特性
d) 零件出现技术缺陷时的材料变化
e) 材料腐蚀时的技术特性

5

下图哪项是指弯曲应力?

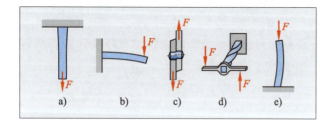

金属材料的内部结构

6

室温下,铁属于哪种晶格类型?

a) 体心立方晶格　　b) 六角晶格
c) 面心立方晶格　　d) 菱形晶格
e) 密排六方晶格

7

金属的内部结构是什么?

a) 结晶结构　　　b) 非结晶结构
c) 不规则结构　　d) 无序结构
e) 类似液体的结构

8

下图显示的是哪两种晶粒?

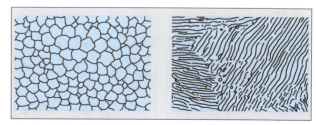

a) 左:树枝状,右:片状
b) 左:球状,右:片状
c) 左:片状,右:球状
d) 左:多面体,右:球状
e) 左:多面体,右:树枝状

生铁的冶炼、钢的生产

9

高炉冶炼生铁时哪些元素会脱矿?

a) 氮　　　b) 氧
c) 碳　　　d) 磷
e) 锰

10

哪种元素对炼钢生铁的断口组织影响极大?

a) 铬　　　b) 镍
c) 硅　　　d) 锰
e) 磷

11

如何冶炼钢?

a) 真空处理法　　b) 氧气顶吹法
c) 直接还原法　　d) 重熔法
e) 高炉冶炼法

12

钢脱氧的目的是什么?

a) 降低硫含量和磷含量
b) 消除气泡,使组织均匀
c) 渗入合金元素
d) 避免固化钢中的压力
e) 提高钢的可铸性

钢的命名方法

13
如何理解缩写名称 S355J0?

a) 结构钢,最小抗拉强度 355 N/mm²
b) 铁轨钢,最小屈服强度 355 N/mm²
c) 预应力钢,最小屈服强度 355 N/mm²
d) 结构钢,最小屈服强度 355 N/mm²
e) 铁轨钢,最小抗拉强度 355 N/mm²

14
碳含量 0.45% 的非合金钢,其缩写名称是什么?

a) C45
b) 45C
c) 45CC
d) X45C
e) CX45

15
碳含量 0.25%、铬含量 1%、钼和硫含量较低的非合金钢,其缩写名称是什么?

a) X25MnCr1-1
b) 25CMnCr1-1
c) 25MnCrMo2-5
d) X25CrMoS1-1
e) 25CrMoS4

16
含有钨 6%、钼 5%、钒 3% 和钴 8% 的高速钢,其缩写名称是什么?

a) XWMMoVCo 18-1-2-5
b) 18WMMoVCo 18-1-2-5
c) HS6-5-3-8
d) W18Mo1V2Co5
e) S5-2-1-18

17
如何理解缩写名称 St 37-2 中的数字?

a) 抗压强度-产品组别
b) 最小抗拉强度-产品组别
c) 断裂延伸率-产品组别
d) 化学成分
e) 最小弯曲强度-弯曲值

18
如何理解钢缩写名称中的前置字母 X?

a) 工具钢
b) 标注合金元素的实际百分比含量
c) 钢具有可固化性
d) 钢具有耐腐蚀性
e) 钢具有高抗拉强度

19
下列哪项表述属于标示标准的材料号?

a) 1.00.37
b) 100.37
c) 1 0037
d) 1.0037
e) 1.0.0.3.7

20
从缩写名称 EN-GJL-200 中能够推断出哪种材料和特性?

a) 片状石墨铸铁,最小抗拉强度 200 N/mm²
b) 球状石墨铸铁,抗拉强度 200 N/mm²
c) 球状石墨铸铁,屈服强度 200 N/mm²
d) 未脱碳退火可锻铸铁,碳含量 2%
e) 铸钢,最小抗拉强度 200 N/mm²

21
如何理解优质钢?

a) 不锈钢
b) 特殊的高强度钢
c) 电化学饱和钢
d) 特殊纯度的钢,特性已确定
e) 与银熔合的合金钢

22
下列哪项缩写名称表示渗碳钢?

a) 35S20
b) C80U
c) 32CrMo12
d) 16MnCr5
e) X100CrWMo4-3

钢的分类、用途和商业形式

23
细晶粒钢的哪种特性决定了其用途?

a) 耐腐蚀性
b) 耐磨性
c) 高屈服强度和焊接性
d) 淬透性
e) 延伸性

24
钢的哪种机械特性因碳含量上升而降低?

a) 抗拉强度
b) 抗剪强度
c) 刚性
d) 脆性
e) 弯曲强度

25
哪种钢含硫量不超过 0.3%？

a) 易切削刚 b) 渗碳钢
c) 调质钢 d) 弹簧钢
e) 渗氮钢

26
调质钢的碳含量是多少？

a) <0.05% b) 0.06%～0.18%
c) 0.2%～0.65% d) 0.8%～1.7%
e) 1.8%～2.1%

27
使用高速钢的工作温度不应超过多少？

a) 200 ℃ b) 400 ℃
c) 500 ℃ d) 600 ℃
e) 900 ℃

28
标准 T 型支架，符合 DIN 1025，材料：钢 S275JR，型材主尺寸：高度＝340 mm，长度＝5 000 mm，该支架的缩写名称是什么？

a) T 型材 DIN 1025-S275JR-T340×5 000
b) Z 型材 DIN 1025-S275JR-Z340×5 000
c) U 型材 DIN 1025-S275JR-U340×5 000
d) I 型材 DIN 1025-S275JR-I340×5 000
e) I 型材 S275JR-I340×5 000

铸铁

29
片状石墨铸铁的碳含量是多少？

a) 0.1%～0.8% b) 2.6%～3.6%
c) 1%～2% d) 0.5%～1.5%
e) 0.7%～2%

30
右图显示的是哪种组织？

a) 球状石墨铸铁
b) 晶界渗碳体铸铁
c) 非合金铸钢
d) 片状石墨铸铁
e) 退火的可锻脱碳铸铁

31
可锻软铸铁退火时有哪些过程或者变化？

a) 工件表层脱碳 b) 工件表层渗入碳
c) 工件脱氧 d) 工件表层渗入氮
e) 形成石墨碳

非铁金属

32
非铁金属熔成合金时会出现什么变化？

a) 熔点提高 b) 导电性提升
c) 耐腐蚀性降低 d) 抗拉强度提高
e) 延伸率降低

33
哪种材料的缩写名称为 CuZn40Al2？

a) 锌铜合金，铜含量 40%，铝含量 2%
b) 铜合金，锌含量 40%，铝含量 2%
c) 铝合金，铜锌含量 40%，铝含量 2%
d) 锡合金，铜含量 40%，铝含量 2%
e) 铜合金，锡含量 40%，铝含量 2%

34
一般情况下，纯铜不具有哪种特性？

a) 高抗拉强度 b) 良好的延伸率
c) 良好的导电性 d) 良好的导热性
e) 良好的耐腐蚀性

35
锌弯曲的最佳温度是多少？

a) 20 ℃ b) 60 ℃
c) 120 ℃ d) 250 ℃
e) 345 ℃

36
黄铜由哪些合金成分组成？

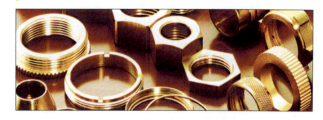

a) 铜和锡 b) 铜和锌
c) 铜、锡和铅 d) 铜、锡和镍
e) 铜、锌和镍

37
为什么铜锌合金具有良好的切削脆性？

a) 铜含量高 b) 添加硫
c) 添加镍 d) 添加铅
e) 添加锡

38
如何才能改善铜锌合金的抗拉强度?

a) 提高铜含量　　　b) 热成形
c) 冷成形　　　　　d) 退火并水冷
e) 退火并缓慢冷却

39
哪些铜合金最适用于滑动轴承?

a) G-CuZn35　　　　b) CuZn40Pb2
c) CuNi25　　　　　d) CuNi25Zn15
e) G-CuPb15Sn

40
精炼锌压铸合金制成的工件具有哪些特性?

a) 高强度　　　　　b) 良好的韧性
c) 良好的尺寸精确性　d) 热强度
e) 冷成形性

41
铅和铅合金不适用于哪种工件?

a) 轴承合金　　　　b) 滚动轴承体
c) X 射线防护板　　 d) 蓄电池板
e) 电线保护套

42
铝的密度是多大?

a) 1.7 kg/dm³　　　b) 2.7 kg/dm³
c) 4.5 kg/dm³　　　d) 7.2 kg/dm³
e) 7.8 kg/dm³

43
塑性铝合金(含镁 1%)的缩写名称是什么?

a) Al-Mg-1　　　　　b) EN AW-Al Mg1
c) DIN EN Alu-Mag　 d) DIN AlMg
e) Al99Mg1

44
含铜铝合金有哪些特性?

a) 耐腐蚀,良好的可铸性
b) 阳极氧化,软
c) 可淬透,抗拉强度高
d) 很软,耐腐蚀
e) 极好的延伸性

45
哪种材料的缩写名称为 MgAl8Zn?

a) 铝合金,最小强度 80 N/mm²
b) 可锻锌合金,铝含量 8%,少量镁
c) 可锻镁合金,铝含量 8%,少量锌
d) 铸造镁合金,锌含量 8%
e) 可锻铝合金,镁含量 8%,少量锌

46
下列关于钛的表述,哪项是正确的?

a) 易成形　　　　　b) 不耐腐蚀
c) 强度低　　　　　d) 熔点很低
e) 强度高,有韧性

烧结材料、陶瓷材料

47
烧结技术用于生产零件有哪些优点?

a) 特别适用于加工零件
b) 生产压模简单且价格便宜
c) 可以生产所有尺寸的零件
d) 得到准备安装且便宜的批量零件
e) 加工过程中零件淬火

48
对下列哪些因素有特殊高要求的烧结成形件在烧结后还需额外校准?

a) 强度　　　　　　b) 尺寸精准度
c) 延伸性　　　　　d) 组织成分
e) 多孔性

49
陶瓷材料不具有哪种特性?

a) 高硬度　　　　　b) 表面耐磨性
c) 冲击韧性　　　　d) 耐化学性
e) 电绝缘性

50
下列哪种特性会限制陶瓷材料的应用?

a) 抗压强度
b) 易受腐蚀性
c) 低密度
d) 冲击敏感性
e) 表面可滑动

51
以下哪项属于陶瓷材料?

a) 铝氧化物　　　　b) 钛锌
c) 塑料模压　　　　d) 烧结钢
e) 二氧化碳

钢的热处理

52

从铁碳状态图中可以看出什么？

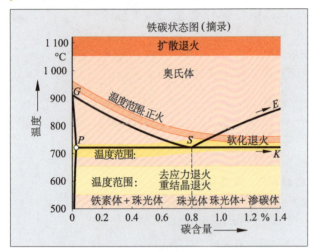

a) 工具钢的淬火和回火温度
b) 非合金工具钢的淬火深度
c) 调质处理之后不同温度下的抗拉强度和屈服强度
d) 淬火时温度时间序列
e) 不同温度下钢和铸铁的组织类型

53

从750℃冷却至20℃且含碳0.8%的钢包含哪种组织？

a) 珠光体　　　　　b) 马氏体
c) 铁素体　　　　　d) 奥氏体
e) 渗碳体

54

含量0.8%的钢通过723℃高温加热时会产生哪种组织？

a) 珠光体　　　　　b) 马氏体
c) 铁素体　　　　　d) 奥氏体
e) 渗碳体

55

铁材料的碳含量达到多少时，其范围处于铸铁和钢之间？

a) 2.86%　　　　　b) 0.8%
c) 2.06%　　　　　d) 4.3%
e) 1.86%

56

通过哪种退火方法可以消除受力变形的组织并形成新组织？

a) 球化退火　　　　b) 回火
c) 消除应力退火　　d) 扩散退火
e) 再结晶退火

57

钢淬火的工序是什么？

a) 加热、回火、淬火　　b) 退火、急冷、扩展
c) 加热、淬火、急冷、回火　d) 加热、急冷、退火
e) 退火、回火、急冷

58

哪种冷却介质的冷却效果最明显？

a) 水-油乳浊液　　　b) 流动空气
c) 聚合物的水乳浊液　d) 水
e) 油

59

淬火时，哪种钢根据冷却介质称作水淬火？

a) 非合金工具钢　　b) 低合金调质钢
c) 易切削钢　　　　d) 高合金钢
e) 高速钢

60

如何理解淬火深度？

a) 淬火零件的厚度
b) 淬火时加热表层的深度
c) 淬火表层的厚度
d) 渗碳层的深度
e) 淬火温度的深度

61

钢通过调质后具有哪些特性？

a) 高强度和刚性　　b) 平滑的表面
c) 耐腐蚀性　　　　d) 热强度
e) 高延伸性

62

如何理解调质？

a) 与其他金属熔合成合金
b) 缓慢冷却到一定温度时加热
c) 渗入碳
d) 淬火＋高温回火
e) 工件表层淬火

63

钢通过表面淬火处理后具有哪些特性？

a) 高强度　　　　　b) 高延伸性
c) 心部硬，表层软　d) 钢已淬透
e) 心部软，表层硬

64
渗碳处理时,哪种物质会渗入钢件表层?

a) 氢 b) 碳
c) 氮 d) 氧
e) 硫

65
哪种钢仅在碳渗入后才可固化?

a) 渗碳钢 b) 冷作工具钢
c) 弹簧钢 d) 调质钢
e) 热作工具钢

66
铁基体包含哪种可以使铸铁固化的组织?

a) 铁素体
b) 奥氏体
c) 铁素体和石墨
d) 珠光体或者铁素体-珠光体
e) 渗碳体

塑料

67
如何理解聚合反应?

a) 塑料精加工的方法
b) 通过电化学影响腐蚀
c) 化合物分解成化学元素
d) 同种分子聚集,形成高分子
e) 热塑性塑料挤压

68
什么是热塑性塑料?

a) 控制温度的装置
b) 加热变软的塑料
c) 淬火塑料
d) 表面淬火时的防护膏
e) 热浴槽淬火时的渗碳剂

69
下列关于热塑性塑料和热固性塑料的说法,哪项是正确的?

a) 高温下可成形和焊接
b) 不可被溶剂侵蚀
c) 作用温度超过300℃时分解
d) 注塑时成形较好
e) 加热不会变软

70
下列哪种塑料过热和燃烧时会产生充满辛辣气味的有毒氯气?

a) 有机玻璃(PMMA) b) 聚碳酸酯(PC)
c) 聚乙烯(PE) d) 聚苯乙烯(PS)
e) 聚氯乙烯(PVC)

71
哪种塑料会起泡沫?

a) 聚碳酸酯(PC)
b) 聚四氟乙烯(PTFE)
c) 聚苯乙烯(PS)和聚氨酯(PU)
d) 环氧树脂(EP)和甲醛树脂(PF/MF/UF)
e) 硅树脂塑料

72
下图零件可能由哪种塑料加工制成?

a) 聚苯乙烯(PS)
b) 环氧树脂(EP)
c) 聚酰胺(PA)或聚甲醛(POM)
d) 硅树脂
e) 有机玻璃(PMMA)

73
聚氨酯塑料不可以加工成哪些零件?

a) 性状稳定的滚轮和轴瓦
b) 耐温涂层
c) 硬弹性的齿形皮带和减振器
d) 软的电线保护套
e) 软的塑料零件

74
硅树脂塑料具有哪些特性?

a) 防水,比较耐高温
b) 特别便宜
c) 由高分子与碳链支架组成
d) 由改性天然物质组成
e) 不耐老化

75
哪种塑料特别适用于注塑？
a) 大多数热塑性塑料
b) 只有环氧树脂
c) 只有热固性塑料
d) 主要是弹性体
e) 主要是硅树脂

76
下列哪项特性值是关于温度升高时塑料尺寸稳定性的表述？
a) 抗拉强度　　　　b) 持续使用温度
c) 弹性模量　　　　d) 断裂延伸率
e) 维卡软化温度

77
塑料的强度主要通过什么方法提高？
a) 淬火　　　　　　b) 紫外光照射
c) 塑性　　　　　　d) 存储玻璃纤维
e) 起泡沫

78
哪种塑料具有高耐热性？
a) 聚乙烯（PE）　　b) 聚丙烯（PP）
c) 聚苯乙烯（PS）　d) 聚氯乙烯（PVC）
e) 聚酰胺（PA）

复合材料

79
玻璃纤维增强塑料具有哪些特性？
a) 软、胶状　　　　b) 硬、脆
c) 良好的成形性　　d) 密度高、延伸性大
e) 抗拉强度和尺寸稳定性大

80
哪种材料不属于复合材料？
a) 聚合物混凝土　　b) 硬质合金
c) GFK　　　　　　d) PVC
e) 电镀板

81
下列哪项不属于纤维增强复合材料的加工方法？
a) 手工层压　　　　b) 纤维树脂喷涂
c) 静电涂层　　　　d) 湿卷
e) 持续层压

材料检验

82
非合金钢通过火花试验可以说明哪种特性？
a) 抗拉强度　　　　b) 碳含量
c) 断裂延伸率　　　d) 钢密度
e) 屈服强度

83
弯曲试验（折弯试验）可以检验什么？
a) 成形性　　　　　b) 往复弯曲性
c) 回弹　　　　　　d) 断裂性
e) 弯曲强度

84
通过拉力试验可以确定什么？
a) 硬度和脆性
b) 拉伸性
c) 冲击韧性
d) 抗拉强度、屈服强度、断裂延伸率
e) 弯曲性

85
屈服强度 R_e 可以说明哪种材料特性？
a) 强度
b) 屈服应力,缺少时负荷增大
c) 断裂负荷极限
d) 断裂应力
e) 材料开始弹性变形的应力

86
抗拉强度 R_m 可以说明哪种材料特性？
a) 试棒中的最大力
b) 材料开始流动时的应力
c) 延伸强度
d) 材料能够承受的最大应力
e) 屈服强度

87
拉应力 σ_z 的计算公式是什么？
a) $\sigma_z = \dfrac{S_0}{F}$　　　　b) $\sigma_z = E \cdot \varepsilon$
c) $\sigma_z = F \cdot S_0$　　　　d) $\sigma_z = \dfrac{E}{\varepsilon}$
e) $\sigma_z = \dfrac{F}{S_0}$

88

端口冲击韧性试验可以确定哪种材料特性值？

a) 抗拉强度　　　　b) 弯曲强度
c) 消耗的冲击功　　d) 疲劳强度
e) 弹簧冲击硬度

89

维氏硬度检验时使用哪种压头？

a) 120°金刚石锥　　b) 136°金刚石锥
c) φ5 mm 的钢球　　d) 136°金刚石棱锥
e) φ1.5 mm 的硬质合金球

90

如何理解硬度缩写 640 HV30？

a) 维氏硬度 640，试验力 30 N，试验力的作用持续时间 10～60 s
b) 维氏硬度 640，试验力 294 N(30 kp)，试验力的作用持续时间 10～15 s
c) 维氏硬度 640，试验力 294 N(30 kp)，试验力的作用持续时间 10～30 s
d) 维氏硬度 30，试验力 640 N，试验力的作用持续时间 10～15 s
e) 维氏硬度 64，试验力 300 N，试验力的作用持续时间 10～15 s

91

如何理解硬度缩写 260 HBW 2.5/187.5/30？

a) 布氏硬度 187.5，钢球，直径 2.5 mm，试验力 260 N，检验时间 30 s
b) 布氏硬度 260，硬质合金球，直径 2.5 mm，试验力 1 840 N，检验时间 30 s
c) 布氏硬度 30，钢球，直径 2.5 mm，试验力 187.5 N，检验时间 30 min
d) 布氏硬度 2.5，硬质合金球，直径 260 mm，试验力 187.5 N，检验时间 30 s
e) 布氏硬度 260，试验力 2.5 N，硬质合金球，直径 187.5 mm，检验时间 30 s

92

洛氏硬度检验（HRC）有什么优点？

a) 所有 HRC 仅有一个压头
b) HRC 可以检验所有硬度的材料
c) 检验过程只需一个工作步骤
d) 硬度值可以直接在千分表上读取
e) 只需通过试验力进行检验

93

如何识别疲劳断裂？

a) 疲劳断面轻软光滑
b) 疲劳断面已磨损
c) 疲劳断面倾斜
d) 疲劳断面有颗粒和锯齿
e) 疲劳断面有断口、复原线和剩余面

94

下列哪种检验方法不属于无损检验？

a) 磁粉检验　　　　b) 着色渗透检验
c) 超声波检验　　　d) 油沸腾试验
e) 洛氏硬度检验

95

常见渗透法检验方法包括毛细法、吸入法和渗入法，常用于检验什么？

a) 材料缩孔　　　　b) 极细的裂纹
c) 组织变化　　　　d) 材料成分
e) 纤维方向

96

通过金相试验可以检验什么？

a) 材料的硬度　　　b) 材料的抗拉强度
c) 材料的组织　　　d) 磁性
c) 弹性极限

97

如下应力-应变图所示。X 和 Y 标记显示塑料的哪些机械特性值？

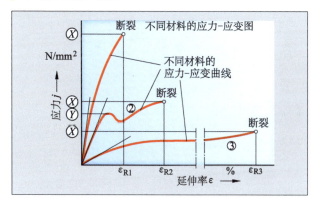

a) X：断裂延伸率，Y：抗拉强度
b) X：屈服应力，Y：抗拉强度
c) X：抗拉强度，Y：屈服应力
d) X：屈服应力，Y：断裂延伸率
e) X：延伸率，Y：拉应力

材料和辅助材料的环境问题

98

为什么金属垃圾要分类收集?

a) 保证企业的金属垃圾看上去井然有序
b) 便于更好地运输金属垃圾
c) 挑出还可以用于加工的零件
d) 尽可能便宜地再利用金属垃圾
e) 便于了解材料的消耗

99

如何处理消耗的辅助材料,比如老化油?

a) 燃烧
b) 用水稀释后倒入下水道
c) 与沙子混合后掩埋
d) 运往国外
e) 分类收集,交给生产商

5 机床技术

5.1 机床的分类

1
动力设备和工作设备有哪些主要功能?

2
请以手绘图方式解释内燃机的能量流。

3
哪些物理量用以描述机器的动能?

4
如何理解机器的效率?

5
一个模锻锤($m=1.2$ t)从 0.8 m 高处落到工件上时,模锻锤通过多大的能量撞击锻件?

6
一台升降机的电动机在运行过程中从电网获取的功率为 8.4 kW。电动机和升降机变速箱的总效率达到 82%。升降机在 20 s 内可以将多重的物品提升到 4 m 的高度?

7
什么是势能和动能?

8
请说明势能的计算公式。

9
请说明动能的计算公式。

10
如何理解物理功率?

11
一台装有驱动马达的泵从电网中获取的功率为 31.4 kW。由其提供的液体流功率为 23.7 kW。该泵的效率为多少?

12
请以压缩空气气缸为例解释"能量转换机器"的概念(见下图)。

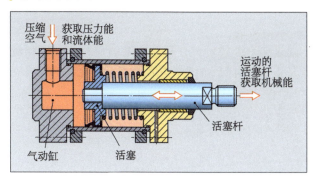

● 工作设备和数据处理装置

1

请以下图铣床为例,解释材料切削加工机床的概念。

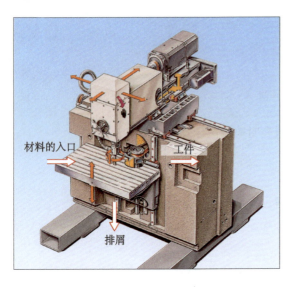

2

湿的散装材料用环形链条输送带送入一个 12 m 长的隧道炉中进行干燥处理。输送带必须以何种速度运行才能在 1.6 分钟内完成干燥?

3

计算密度的公式是什么?

4

电动机 3 秒转动了 36 圈,该电动机的转速是多少?

5

通过哪个公式可以计算输送带的质量流?质量流是指单位时间 t 内所输送的质量 m。

6

叶轮泵(见下图)的驱动装置所提供的能量在压力导管输出的过程中发生了哪些转换?

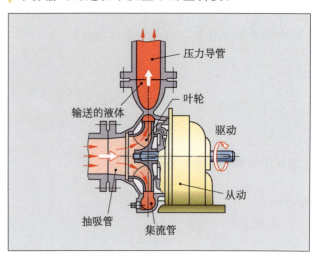

7

如何理解数据输入/处理/输出法则(EVA 法则)?

8

请明确说明物质平衡的用途。

第一部分 工艺学试题

9
请解释电动起重机的材料转换、能量转换和信息转换。

10
为什么加工机床属于工作设备？

11
哪些运输系统在加工装置中能够实现材料运输？

12
哪些电子数据处理装置在金属加工中起重要作用？

5.2 机床的功能单元

1
立式钻床由哪些功能单元组成？

2
请列举机床的三个基本功能及其所使用的部件。

3
CNC 车床的测量、调节和控制单元有哪些作用？

4
中央空调（见下图）具有哪些功能单元？

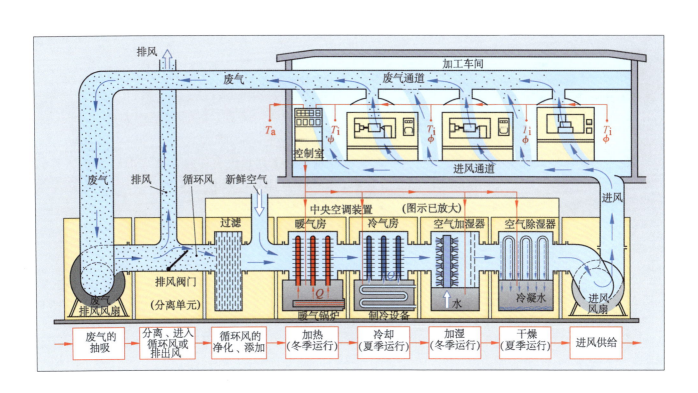

● 机床的安全装置

1
请列举三种安全开关,并描述其工作方式。

2
限位开关有哪些功能?

3
安全保护区如何发挥其作用?

4
保护性联轴器有哪些功能?

5.3 连接功能单元

● 螺纹

1
螺纹有哪些主要参数?

2
如何根据用途划分螺纹?

3
紧固螺纹有哪些作用?

4
如何理解螺旋线?

5
根据螺纹断面形状,螺纹可划分为哪几种?

6
如何判断左旋螺纹?

7
为什么梯形螺纹通常会被称为传动丝杠螺纹?

8
请解释下列螺纹名称的含义:M16、M24×1.5、M8-LH、R1¼、Tr36×12。

第一部分　工艺学试题

● 螺栓连接

1
根据头部形状螺钉分为哪些类型？

2
如何能在铝合金的内螺纹中传递较大的力？

3
为什么螺栓的拉应力不允许大于 R_e 或 $R_{p0.2}$？

4
螺栓的强度等级为 8.8，请问其最小抗拉强度和最小屈服强度是多大？

5
与强度等级为 10.9 的螺栓配合使用的螺帽必须具备多大的最小抗拉强度？

6
防松动保护与防脱落保护有什么区别？

7
为什么紧固力 F_v 完全利用时可以使用较小的螺栓直径？

8
现用强度等级为 12.9 的 M16 螺栓连接两块板，如果紧固力 $F_v = 110$ kN，那么 R_e 的安全系数是多少？

9
如果拧紧一个 M10 螺丝所需紧固力 $F_v = 70$ kN，同时效率达到 $\eta = 0.12$，请问必须选择多大的紧固力矩 M_A？

10
哪种情况下会使用内六角圆柱头螺钉？

11
螺栓根据螺杆部分形状分为哪些类型？

12
如何能够实现螺栓连接？

13
什么情况下会使用双头螺栓?

14
非切削加工成形的螺栓有什么优点?

15
膨胀螺栓有怎样的形状?

16
与其他螺栓相比,膨胀螺栓在动态负载方面有哪些优势?

17
螺栓连接有哪些紧固方法?

18
螺栓的紧固力至少为多大?

19
如何解释六角螺栓 ISO 4014-M12×50-10.9?

20
锁紧螺帽的作用是什么?

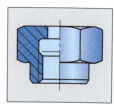

21
带槽螺母和盖形螺母的作用是什么?

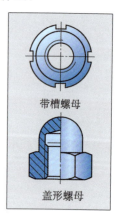

22
如何理解螺母的强度等级 6?

23
如何理解防压实保护?

24
防松动保护中的黏结剂具有什么作用?

5
锥形销的锥度是多大?

6
刻槽销和圆柱销有哪些区别?

● 销连接

1
定位销有哪些用途?

7
如何区分销的形状?

2
未淬火的圆柱销(DIN EN ISO 2338)的公差等级是什么?

8
定位销的优点是什么?

3
为什么盲孔需要使用带有纵向凹槽的圆柱销?

● 铆钉连接

1
如何根据铆钉连接所需要求进行分类?

4
8h8 圆柱销连接 8H7 孔时出现间隙配合,最大间隙和最小间隙分别是多大?

2
与焊接相比,铆钉连接有哪些优点?

3
在什么情况下会使用快装铆钉？

4
冲压铆钉有哪些优点？

● 轴-轮毂连接

1
轴-轮毂连接可以划分成哪些组别？

5
铆钉由哪些材料制成？

2
花键轴连接属于哪种类型的连接？

6
为什么零件与连接的铆钉应由相同材料制成？

7
如何通过锤击来实现铆钉连接？

3
平键连接与楔键连接有哪些区别？

4
平键连接中的转矩如何传递？

5
为什么平键连接不适用于冲击型负荷？

8
如何实现冷铆连接和热铆连接中每次的能量转换？

6
在什么情况下适合使用外花键连接？

7
环形弹簧夹紧式连接件的转矩如何传递？

8
为什么多边形轴连接所能传递的转矩大于花键轴连接？

9
使用哪种方式可紧固轮毂，以防止其轴向移动？

10
轴端挡圈有哪些功能？

11
平键如何加负荷？

12
哪种轴-轮毂连接特别适用于大转矩？

13
如何建立端面齿连接？

5.4 支撑和承重功能单元
● 摩擦和润滑材料

1
如果一个机床尾座的质量 $m=80$ kg，导轨的摩擦因数 $\mu=0.09$，则要移动一个机床尾座所需的力 F 至少应是多大？

2
摩擦分为哪几种类型？

3
向心球轴承中产生哪种类型的摩擦？

4
润滑材料的功能是什么?

5
滑动过程中出现粘辊(咬死)现象的原因是什么?

6
如何理解润滑材料的黏度?

7
哪些情况下适合使用固体润滑材料?

8
摩擦力的大小主要与哪些因素有关?

9
润滑材料应该具有哪些性能?

10
驱动($d=50$ mm)的主轴颈的转速达到 $n=350/\text{min}$,受力 $F_N=5$ kN(见右图)。摩擦因数 $\mu=0.10$。
a) 需要克服的摩擦力矩是多大?
b) 每分钟消耗摩擦功是多少?

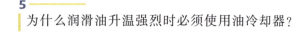

● 滑动轴承

1
产生粘滑(Stick-Slip)效应的原因是什么?

2
在液体动态润滑的滑动轴承中如何形成润滑油膜?

3
为什么液体静态润滑的滑动轴承运行时无磨损?

4
与液体动态润滑相比,液体静态润滑有哪些优点和缺点?

5
为什么润滑油升温强烈时必须使用油冷却器?

6
造成润滑油强烈升温的原因可能是什么?

7
润滑油循环润滑系统是如何运行的?

8
哪些材料可以用作轴承材料?

9
如果一根轴的轴颈尺寸 $d=30$ mm,$l=25$ mm,轴承能够承受的力 $F=9$ kN,那么哪些材料可以用作轴承材料?

允许压强 p_{zul}	
轴承材料	$p_{zul}/$ (N/mm^2)
SnSb12Cu6Pb	15
PbSb14Sn9CuAs	12.5
G-CuSn12	25
EN-GJL-250	5
PA66	7

10
一个直径为 40 mm 的轴颈在由铸铁制成的轴承中旋转运动(EN-GJL-250)。如果该轴承应承受的力 $F=7.5$ kN,那么轴承的长度 l 必须为多少?

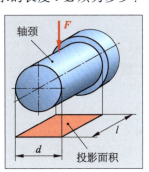

11
哪些材料可以制成免维护滑动轴承?

12
在液体动态润滑的滑动轴承中,不同阶段会出现固体摩擦、混合摩擦和液体摩擦。这些摩擦是如何产生的?

13
在什么情况下会使用滑动轴承中的液体静态润滑?

14
什么是多面滑动轴承?

15
装有转动片的轴向滑动轴承的用途是什么?

16
少维护滑动轴承和免维护滑动轴承的区别是什么？

17
油槽和油袋不允许装在滑动轴承的哪个位置？

● 滚动轴承

题 1~16 根据某泵轴的轴承结构（见下图）作答。

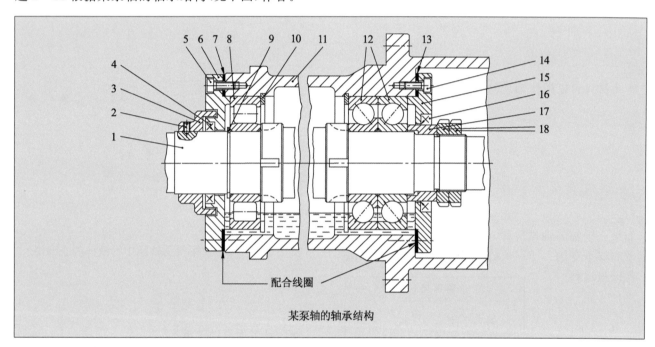

某泵轴的轴承结构

1
泵轴使用的是哪些类型的轴承？

5
出于何种原因，位置 3 凸至轴承盖的镗孔？

2
哪个轴承可用作浮动轴承？

6
图中标记的位置 4 和位置 16 有什么作用？

3
为什么在泵轴轴承中要求有浮动轴承？

7
如果泵轴（位置 1）始终以相同的力方向施加负荷的话，那么位置 8 哪个轴承环承受切向负荷？

4
这里使用的是哪种润滑类型？

8
如何才能使位置 10、12 和 15 之间无间隙？

9
如何装配轴承（位置 8）？

10
如果需要更换轴承(位置12),必须根据什么顺序拆卸轴承结构的各个零件?

11
螺纹销钉(位置2)的作用是什么?

12
为什么泵轴(位置1)在间隙轴套(位置17)范围内的直径小于位置12范围内的直径?

13
位置4范围内泵轴(位置1)的表面质量必须满足何种要求?

14
出于何种原因要求位置8和12的泵轴(位置1)轴环带槽?

15
如何才能简化承受切向负荷的轴承环(位置8)的装配?

16
为什么有一个槽位于外壳(位置11)的下侧位置?

17
与滑动轴承相比,滚动轴承有哪些优点和缺点?

18
为什么混合轴承在负荷相同的条件下升温却比传统滚动轴承低?

19
为什么承受切向负荷的轴承环使用过盈配合连接?

20
如何理解滚动轴承的运行间隙?

21
如何理解点负荷?

22
装配滚动轴承时必须注意哪些事项?

23
如果在配合时产生过盈配合，滚动轴承的装配将对轴承间隙产生哪些影响？

24
如何通过预加应力安装滚动轴承？

25
拆卸滚动轴承时必须注意什么？

26
滚动轴承使用哪些滚动体？

27
什么是混合轴承？

28
全陶瓷轴承有哪些优点？

29
如何区分滚子轴承和滚珠轴承的载荷能力？

30
什么情况下使用轴向轴承和径向轴承？

31
请说出可能导致滚动轴承过早损坏的原因。

32
为了简化向心球轴承 DIN 625-6208 安装至轴，应加热轴承，直到轴承直径增大 40 μm。请计算必须上升的温度。

● 磁性轴承

1
磁性轴承是如何工作的？

2
限动轴承有哪些作用？

第一部分　工艺学试题

3
与滚动轴承相比,磁性轴承有哪些优点?

2
根据其形状导轨分为哪些类型?

4
请说明磁性轴承的应用实例。

5
请说明推力磁性轴承的结构。

3
通过圆形导轨可以完成哪些运动?

4
如何理解封闭式导轨?

6
磁性轴承的调节回路如何运转?

5
开放式导轨有哪些缺点?

7
如何驱动磁性支承的刀具主轴?

● 导轨

1
导轨应具备哪些特性?

6

为什么液体动态润滑的导轨上常常出现混合摩擦?

7

为什么导轨上不希望出现粘滑(Stick-Slip-Effect)?

8

哪些导轨上可以避免出现粘滑?

9

不限制移动距离的滚动导轨如何运转?

10

为什么空气静态滑动导轨的摩擦小于液体静态滑动导轨?

11

如下图所示的液体静态导轨中,如果滑板受到负载时仍能通过力 F 保持在正确高度的位置上,需要使用哪几个配油腔?

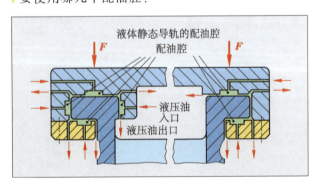

12

为什么滑板在力 F 增大时仍能保持在同一高度位置上(见题 11 图)?

13

若要使滑板在非垂直切削力作用下仍能保持在正确位置上,需要利用哪几个配油腔(见题 11 图)?

14

空气静态滑动导轨如何运转?

15

如何润滑滑动导轨?

16

如何构成抗扭曲的滚珠导轨?它为什么会抗扭曲?

17

与滑动导轨相比,滚动导轨有哪些装配优点?

18
滚动导轨和滑动导轨的主要应用范围是什么？

19
空气静态滑动导轨有哪些优点？

● 密封

1
密封分为哪些类型？

2
静止密封如何达到密封效果？

3
径向轴密封环有哪些用途？

4
迷宫式密封如何实现密封作用？

5
哪种成形密封件最常使用？

6
如何在轴向密封滑环上实现密封效果？

7
为什么径向轴密封环密封时压力差不宜过大？

8
密封材料必须具备哪些特性？

9
滑环密封上的滑动环使用哪些密封材料?

10
径向轴密封环位于直径为 42 mm 的轴上,并有防尘唇,请说明该密封环的标准名称。

● 弹簧

1
弹簧的用途是什么?

2
如果要求弹簧压缩 5.5 mm 所需的力应达到 400 N,那么该压簧的弹簧伸缩率应有多大?

3
弹簧分为哪些类型?

4
如何在弹簧力不变的条件下延长碟形弹簧的行程?

5
环形弹簧如何运转?

6
从弹簧的特性曲线走向中可以获得哪些信息?

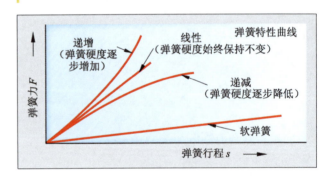

7
哪种弹簧可称为"软"弹簧?

8
气动弹簧的用途是什么?

5.5 能量传输功能单元

● 动轴和静轴

1
如何区分动轴和静轴？

2
动轴的直径取决于什么因素？

3
为什么动轴至少要由两个轴承支承？

4
动轴分为哪些类型？

5
为什么传动轴常常松开？

6
轴颈分为哪些类型？

7
万向轴的用途是什么？

8
曲轴的用途是什么？

● 联轴器

1
联轴器有哪些作用？

2
单片式圆盘联轴器如何运转？

3
哪种情况下使用弹性联轴器？

4
金属波纹管联轴器有哪些优点？

5
盘式联轴器如何进行离合？

6
卡槽式联轴器有哪些优点？

7
空程联轴器有什么作用？

8
通过联轴器能够补偿哪些轴偏移？

9
刚性联轴器有哪些用途？

10
哪些联轴器属于旋转刚性联轴器？

11
在什么情况下使用弹性联轴器？

12
安全销联轴器有什么用途？

13
在什么情况下使用盘式联轴器？

14
启动联轴器有什么作用？

15
形状连接的传动联轴器和摩擦力连接的传动联轴器有什么区别？

16
空程联轴器的结构是什么？

● 皮带传动

1
平面皮带传动有哪些特性?

2
三角皮带的外形有哪些?

3
如何理解侧面敞开的三角皮带?

4
有齿皮带传动的特点是什么?

5
皮带传动分为哪些类型?

6
如何理解在皮带传动下的打滑?

7
与平面皮带传动相比,三角皮带传动有哪些优点和缺点?

● 链条传动

1
原则上,链条的结构形式如何区分?

2
请说明链条不同于皮带的四个特性。

3
请说明层式套筒滚子链的结构及其优点。

4
齿链有哪些特征?请列举出一个应用领域。

5
在哪些情况下应使用链条传动?

6
链条传动的链轮如何排列更合理?

7
链条传动上的张紧轮有何用途?

8
链条传动中,链条分为哪些种类?

● 齿轮传动

1
齿轮的作用是什么?

2
如何理解齿轮的模数?

3
如何理解渐开线?

4
齿轮传动分为哪些基本形式?

5
斜齿啮合的直齿轮有哪些优点和缺点?

6
齿轮加工中的滚切法分为哪几种?

7
有两个直齿轮的齿轮传动有哪些基本参数?

8
如何计算直齿轮和锥形齿轮的分度圆直径？

9
需要生产一个从动轴用于起重装置，其有一对齿距 $a=270$ mm 的齿轮（见右图）。已知从动轴的齿数 $z_1=46$ 和齿顶圆直径 $d_{a1}=216$ mm。请计算以下数值：

a) 两个齿轮的模数 m。
b) 从动齿轮的齿数 z_2。
c) 从动齿轮的齿顶圆直径 d_{a2}。
d) 两个齿轮的节圆直径。
e) 齿顶间隙为 c 的两个齿轮的齿高 h。

10
装配锥形齿轮时要特别注意什么？

11
如何理解两个齿轮的"齿顶间隙"？

12
齿轮的齿面为哪种几何形状？

13
一个从动齿轮应有一个保护罩（见下图）。已知轴间距 $a=82.5$ mm，模数 $m=2.5$ mm 和齿数 $z_2=24$。每个齿轮的间隙为 10 mm 时，保护罩的宽度 x 必须为多大？

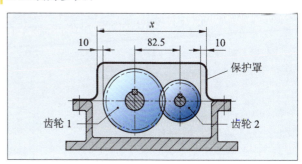

5.6 驱动单元
● 电动机

1
电动机根据电流类型分为哪些类型？

2
交流异步电动机的典型特性是什么？

3
请说明交流异步电动机的结构和功能。

4
为什么较大功率的交流异步电动机需要启动控制装置？

5
请说明加工机床主轴传动和进给传动的要求。

6
请说明直线电动机的结构。

7
电动机有哪些特性？

8
电动机如何产生磁场力？

9
哪些是常用的电动机？

10
如何才能控制三相交流电动机的转速？

11
交流异步电动机负载增大时会产生什么后果？

12
交流同步电动机有哪些性能？

13
通用电动机有什么作用？

14
交流同步电动机的换向器有哪些用途？

15
机床主轴通过内置电动机直接驱动有哪些优点？

16
哪些电动机用于进给传动装置（伺服电动机）？

17
进给传动必须满足哪些要求？

18
如何控制交流异步电动机和交流同步电动机的转速？

● 变速箱

1
变速箱有什么作用？

2
机械式变速箱可分为哪些结构形式？

3
如果驱动电动机只有一种转速，如何通过滑动齿轮变速箱实现 6 种不同的转速？

4
无级变速箱有哪些优点？

5
哪种变速箱可以使高传动速度变为低速？

6
滑动齿轮变速箱（见下图）转速 $n_1 = 910$ r/min 时，以 40 kW 的功率驱动。齿数为 $z_1 = 34$、$z_2 = 54$、$z_3 = 44$、$z_4 = 44$、$z_5 = 25$、$z_6 = 63$。

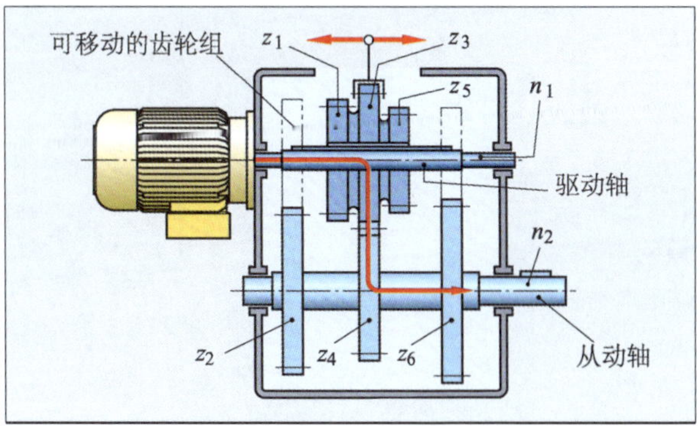

a) 各变速挡位的传动比是多大？
b) 变速箱传动效率为 92% 且处于最大传动比时，功率、转矩和转速各是多少？

8

为什么滑动齿轮变速箱运行时不可以切断电源?

9

通过转速控制的发动机驱动单挡齿轮变速箱(见右图)。已知在 100～2 500 r/min 转速范围内的恒转矩 $M_1 = 65$ N·m。齿轮变速箱的齿数为 $z_1 = 23$ 和 $z_2 = 81$,效率为 $\eta = 0.92$。则在最小的发动机转速和最大的发动机转速的输出功率 P_2、M_2 和 n_2 是多少?

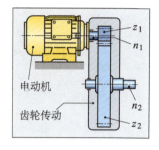

7

一台车床的主轴传动(见下图 a))按照图中所描绘的特性曲线运行(见下图 b))。

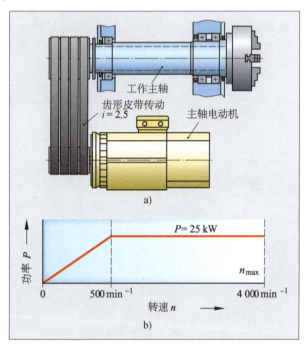

a) 电动机转速在 500 r/min、2 000 r/min 和 4 000 r/min 时的输出转矩是多大?

b) 电动机与主轴之间的齿形皮带传动比为 $i = 2.5$,它对主轴的转矩和转速有什么影响?

10

宽三角皮带变速箱中,两个锥形轮的有效直径可以在 $d_{min} = 80$ mm 与 $d_{max} = 400$ mm 之间无级调节。恒转速为 2 700 r/min 时驱动电动机功率为 4 kW。

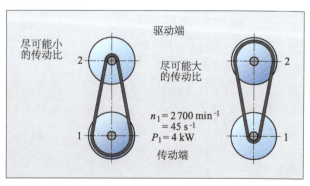

在以下情况下驱动轴的转速、皮带速度、功率和转矩是多大？

a) 最小的传动比。

b) 最大的传动比。

3

滚珠丝杠传动有哪些优点？

4

机床滑板以 $v=4\ 000$ mm/min 的速度移动，机床内滚珠丝杠传动的螺距 $P=4$ mm。则丝杆的转速应为多大？

5

请举例说明加工机床上的直线运动。

● 线性驱动

1

直线运动有哪些驱动类型？

6

运输带以 4.7 cm/s 的速度运送工件（见下图）。电动机转速为 980 r/min，运输带传动皮带轮的直径为 120 mm。则变速箱的传动比是多少？

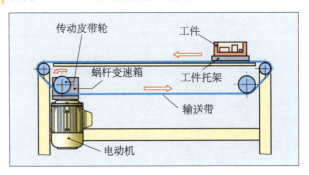

2

如何调节液压进给传动的速度？

机床技术测试题

机床的分类

1
如何理解技术系统中的动力机?
a) 强有力的机器
b) 产生力的机器
c) 转换能量的机器
d) 转换材料的机器
e) 消耗力量的机器

2
哪种机器是动力机?
a) 桥式起重机 　　b) 钻床
c) 淬火炉 　　　　d) 内燃机
e) 活塞式压缩器

3
计算效率使用哪个公式?
a) $\eta = P_{供给}/P_{输出}$
b) $\eta = P_{供给} \cdot P_{输出}$
c) $\eta = P_{输出}/P_{供给}$
d) $\eta = P_{供给} + P_{输出}$
e) $\eta = P_{供给} - P_{输出}$

4
请问以下哪种机器属于工作设备?
a) 钻床
b) 电动机
c) 空气压缩机
d) 袖珍计算机
e) 液动气压缸

5
用哪个公式计算材料的密度?
a) $\rho = \dfrac{S}{V}$
b) $\rho = m \cdot V$
c) $\rho = \dfrac{m}{V}$
d) $\rho = \dfrac{V}{m}$
d) $\rho = \dfrac{m}{t}$

6
下面哪种机器或设备不是电子数据计算机(EDV)?
a) 计算机数字控制(CNC)
b) 气动扳手
c) 加工-控制台
d) 硬度试验机的处理单元
e) 个人电脑

7
使用下面哪种设备可以不用输入数据到电子数据计算机(EDV)?
a) 计算机的键盘
b) 压力控制器的控制台
c) CNC 数控的操作界面
d) CAD 设备的打印机
e) 钻床的仪表板

机床的功能单元

8
哪种零件是能量传输单元?
a) 电动机
b) 机床床身
c) 变速箱
d) 机器外壳
e) 控制器

9
哪种零件是车床的加工单元?
a) 机床床身
b) 装有装夹装置(卡盘)的工作主轴以及装有夹具的刀具
c) 装有主轴的驱动电动机
d) 卡盘
e) 装有主传动装置和进给传动装置的 CNC 数控

连接功能单元

10
在零件清单上,六角螺栓名为 ISO 4014-M12×60-10.9。M12×60-10.9 的含义是什么?
a) 米制螺纹 M12,公称直径 60 mm,抗拉强度 900 N/mm²
b) 米制螺纹 M12,公称直径 60 mm,屈服强度 1 090 /mm²
c) 米制螺纹 M12,公称直径 60~109 mm
d) 米制螺纹 M12,公称直径 60 mm,抗拉强度 1 090 N/mm²
e) 米制螺纹 M12,公称直径 60 mm,强度等级 10.9

11
下面哪项按照图中从左到右的顺序正确列出了螺栓的名称？

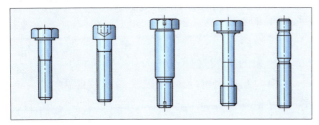

a) 内六角圆柱头螺钉、膨胀螺栓、六角螺栓、双头螺栓、铰孔螺栓

b) 内六角圆柱头螺钉、双头螺栓、膨胀螺栓、六角螺栓、铰制孔螺栓

c) 双头螺栓、膨胀螺栓、六角螺栓、内六角圆柱头螺钉、铰制孔螺栓

d) 六角螺栓、内六角圆柱头螺钉、铰制孔螺栓、膨胀螺栓、双头螺栓

e) 双头螺栓、铰制孔螺栓、六角螺栓、膨胀螺栓、内六角圆柱头螺钉

12
下面哪种扳手不能用于拧紧冠状螺帽？

a) 开口扳手　　　　　b) 套筒扳手
c) 梅花扳手　　　　　d) 钩形扳手
e) 双头螺母扳手

13
力矩扳手有什么用途？

a) 拧紧螺栓比使用其他的扳手要快

b) 通过使用力矩扳手可以节省螺栓保险装置

c) 可以调节正确的螺栓的预应力

d) 可以非常容易地拧松卡住的螺栓

e) 用力矩扳手主要调节轴承的轴向间隙

14
哪种螺栓不需要铰孔？

a) 圆柱销
b) 定位销
c) 已淬火的圆柱销
d) 带有内螺纹的锥形销
e) 带有纵向凹槽的圆柱销

15
在什么情况下使用已淬火的圆柱销 ISO 8734（DIN EN ISO 8734）？

a) 用于已淬火的活塞裙下内缘孔

b) 作为安全销

c) 主要对于没有通孔的活塞裙下内缘孔

d) 当孔不需进行铰孔时

e) 当严格要求精度和强度时

16
两块由铝合金制成的薄板需要相互铆接在一起，嵌入的铆钉应由下面哪种材料组成？

a) 纯铝　　　　　　b) 不生锈的钢
c) 黄铜　　　　　　d) 非合金钢
e) 跟薄板材料一样的铝合金

17
当铆接部分只能单面接触时，应使用哪种类型的铆钉？

a) 扁圆头铆钉　　　b) 盲铆钉
c) 半圆头铆钉　　　d) 开口铆钉
e) 半埋头铆钉

18
下列关于轴-轮毂连接的说法，哪项是错误的？

a) 平键连接以形状连接传递转矩

b) 多边形轴连接是预应力形状连接

c) 环形弹簧夹紧连接通过环形夹紧元件的相对夹紧实现

d) 花键轴连接用于大的冲击型负荷零件，如丝杆

e) 锥形连接以摩擦力连接传递转矩

19
半圆键零件用于哪些机械零件？

a) 用于圆盘形的零件

b) 用于锥形的轴肩

c) 用于长的圆柱形轴

d) 用于传递大的力的零件

e) 用于传递在交替方向的轴向力的零件

20
如下图所示，该连接属于哪种轴-轮毂连接？

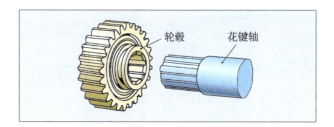

a) 平键连接　　　　b) 花键连接
c) 锯齿形零件连接　d) 端面齿连接
e) 圆楔零件连接

21

下面哪种零件不是轴的保险装置?

a) 弹性挡圈 b) 保护环
c) 轴端挡圈 d) 止推环
e) 带槽螺母

支撑和承重功能单元

● 摩擦和润滑材料

22

摩擦力与下面哪些因素无关?

a) 法向力 F_N b) 材料的配合
c) 滑动面的大小 d) 滑动面的表面质量
e) 摩擦类型

23

润滑材料不一定具有哪种特性?

a) 耐压 b) 内部摩擦力小
c) 抗老化 d) 透明
e) 有黏附能力

● 滑动轴承

24

下列关于滑动轴承的说法,哪项是正确的?

a) 在旋转的轴颈上产生的摩擦力作用在运动方向上
b) 在液体静态润滑的滑动轴承中通过轴颈的旋转运动产生润滑油膜
c) 配油腔和润滑孔位于受负荷的轴承面上
d) 高负荷的轴承通过滴油器提供润滑剂进行润滑
e) 在有油浴润滑的滑动轴承中,通过旋转部件将润滑油运输到润滑部位,如潜水环或润滑垫圈

25

哪种材料不适用于轴承材料?

a) 已淬火的钢 b) 烧结青铜
c) 铅合金 d) 聚酰胺塑料
e) 片状石墨铸铁

26

下列关于多层滑动轴承的说法,哪项是正确的?

a) 大部分由塑料组成
b) 必须具有至少 0.5 mm 厚的滑动层
c) 只用于当轴承不须承受大的力时
d) 有钢质外支承圈
e) 需要很大空间用于装配

● 滚动轴承

27

与滑动轴承相比,下列关于滚动轴承的说法,哪项是正确的?

a) 运行噪声小
b) 有较大的安装直径
c) 在相同制造尺寸下具有较大的承载能力
d) 更好地抑制振动
e) 对污染不敏感

28

下列哪种材料适用于生产相关滚动轴承的零件?

a) 铝合金适用于滚动体
b) 薄钢板适用于外壳
c) 球墨铸铁适用于滚动圈
d) 陶瓷适用于外壳
e) 铜适用于滚动体

29

滚动轴承的单个零件或者整个滚动轴承可以用陶瓷制成。下列相关说法正确的是?

a) 混合轴承的滚动圈由陶瓷制成
b) 在全陶瓷轴承中,所有的零件都是由碳化硅加工制成的
c) 陶瓷滚动体由氮化硅组成
d) 在陶瓷滚动体上的离心力比在钢质滚动轴承上的离心力大
e) 混合轴承由混合陶瓷组成

● 导轨

30

如下图所示,哪项说法是正确的?

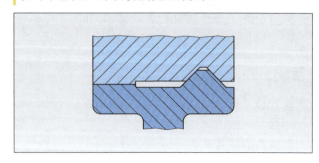

a) 该图是滚动导轨
b) 该图是燕尾槽形导轨
c) 该图是液体静态润滑导轨
d) 该图是组合式 V 型平面导轨
e) 该图是封闭式导轨

31
下列关于导轨的说法，哪项是正确的？
a) 液体静态润滑导轨的滚动体通常是球体
b) 静压空气润滑导轨使用润滑油作为润滑材料
c) 在滑动导轨中的滑动部件由金属制成，这样就不会出现粘滑（Stick-Slip效应）
d) 在塑料涂层的滑动导轨中，涂层始终在滑动件之间自由移动
e) 在静态液体或静压空气中润滑的滑动导轨不会出现粘滑效应

32
下列关于滚动导轨的说法，哪项是正确的？
a) 在滚动导轨上的摩擦与在滑动导轨上的摩擦一样大
b) 摩擦力的传递通过滚动体的润滑油楔来完成
c) 滚动体通常使用锥形滚子
d) 带圆形的导轨轨道的滚动导轨从不抗扭
e) 在很长的移动距离上，滚动体离开负荷区后，进入回程通道并重新回到负荷区

● 密封

33
下面哪种密封是静止密封？
a) 滑环密封   b) 曲径式密封
c) 密封垫   d) 径向轴密封
e) 槽形密封圈

34
密封没有哪项功能？
a) 密封不能减少摩擦
b) 密封不能保护活动的机床部件不受灰尘的污染
c) 密封不能防止压力损失
d) 密封不能防止润滑材料损失
e) 密封不能补偿密封面的不平整性

● 弹簧

35
哪种弹簧上的螺旋线紧密卷绕？
a) 圆盘弹簧   b) 碟形弹簧
c) 压力弹簧   d) 拉力弹簧
e) 钢板弹簧

36
气动弹簧如何操作？
a) 按压风箱里的水
b) 压缩空气并且重新膨胀
c) 在力的作用下，油从窄小的喷油嘴流走并且重新流回
d) 在力的作用下，空气从风箱漏出
e) 油水相混，然后分解

37
哪种弹簧的弹簧截面不是圆形的？
a) 螺旋拉簧   b) 扭杆弹簧
c) 螺旋压簧   d) 螺旋扭簧
e) 碟形弹簧

能量传输功能单元

38
用哪个机械元件可以传递转矩？
a) 动轴   b) 静轴
c) 螺栓   d) 螺栓
e) 传动杆

39
哪种轴用于旋转运动转换成短冲程直线往复运动？
a) 空心轴   b) 花键轴
c) 矩形花键轴   d) 曲轴
e) 软轴

40
为什么直径过渡过程中静轴有倒外圆或退刀槽？
a) 这样外表会更好看
b) 避免污垢堆积
c) 避免应力集中
d) 可更好地靠近轴承
e) 避免腐蚀

41
联轴器没有下面哪种功能？
a) 联轴器改变转速
b) 联轴器传递转矩
c) 弹性联轴器缓冲冲击
d) 联轴器连接两个动轴
e) 万向轴可以补偿轴偏移

42
用以下哪种联轴器，力传递能够临时中断？
a) 壳形联轴器   b) 圆盘联轴器
c) 片式联轴器   d) 万向联轴器
e) 圆弧齿联轴器

43
哪种联轴器不属于摩擦力联轴器？
a) 单膜片联轴器
b) 片式联轴器
c) 锥形联轴器
d) 爪式联轴器
e) 电磁式联轴器

44
安全销联轴器有哪些用途？
a) 通过材料连接静轴
b) 缓冲冲击
c) 与静轴相互紧密连接
d) 补偿两个静轴的轴向偏移
e) 保护机器部件不受损坏

45
皮带传动中，张紧轮必须位于什么位置？
a) 在松开的回行段
b) 在绷紧的回行段
c) 在大的皮带轮附近
d) 必须紧压在皮带的滚动面上
e) 必须在大的皮带轮上运行

46
三角皮带传动中，哪种皮带轮的槽角较小？
a) 传动的皮带轮
b) 从动的皮带轮
c) 有较小转速的皮带轮
d) 有最大允许直径的皮带轮
e) 有最小允许直径的皮带轮

47
当在传动中必须传递非常大的力时，应使用哪种链条？
a) 套筒链
b) 齿链
c) 单列套筒滚子链
d) 板式链
e) 多层套筒滚子链

48
哪种链条运行时噪声特别小？
a) 齿链
b) 滚子链
c) 多层套筒滚子链
d) 环形链
e) 套筒链

49
双轴在哪种齿轮传动中会出现相切？
a) 直齿轮传动
b) 圆盘齿轮传动
c) 人字齿轮传动
d) 圆锥齿轮传动
e) 蜗杆传动传动

50
使用哪种齿轮传动能在结构大小相同时实现大的传动比？
a) 直齿轮传动
b) 圆盘齿轮传动
c) 人字齿轮传动
d) 圆锥齿轮传动
e) 蜗杆传动

51
斜齿轮的齿在齿轮上如何排列？
a) 按在轴上的倾斜角
b) 螺旋形
c) 圆弧形
d) 蜗状线
e) 渐开线

52
如右图所示，该齿轮类型是什么？
a) 直齿啮合齿轮
b) 斜齿啮合蜗杆传动
c) 人字形齿啮合斜齿轮
d) 双斜齿啮合蜗杆
e) 斜齿啮合锥齿轮

53
下图中标记 c 的名称是？

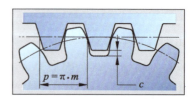

a) 模数
b) 齿顶间隙
c) 齿顶高
d) 齿距
e) 齿顶圆直径

驱动单元

54

如下图所示为一台电动机的功率铭牌。该电动机有哪些特性数据?

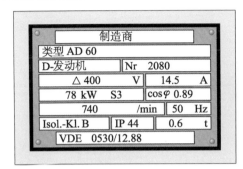

a) 额定电压 740 V,额定电流 14.5 A,额定功率 78 kW
b) 额定电压 400 V,额定电流 78 A,额定功率 14.5 kW
c) 额定电压 400 V,额定电流 14.5 A,额定转速 78 min^{-1}
d) 额定电压 60 AD,额定电流 400 A,额定功率 78 kW
e) 额定电压 400 V,额定电流 14.5 A,额定功率 78 kW

55

如何理解交流异步电动机的转差率?

a) 转子绕组的一种特殊的绕组类型
b) 在绕组中的电流感应
c) 转子绕组的短路
d) 旋转磁场的转速与转子的转速之差
e) 转矩的下降

56

大型电动机装有启动控制装置是出于什么目的?

a) 为了快速地启动
b) 为了在高速运行时减少电流的消耗
c) 为了缓慢地启动
d) 为了节省能量
e) 为了避免过热

57

使用变速箱不能改变哪项运转参数?

a) 功率   b) 转速
c) 旋转方向   d) 转矩
e) 传动比率

58

一个由 3 级主传动和 2 级副传动组成的滑动齿轮变速箱有多少个换挡位?

a) 5   b) 3
c) 4   d) 6
e) 8

59

一台现代化车床的主轴传动由什么组成?

a) 由变级电动机和齿轮摩擦传动组成
b) 由带有无挡齿轮变速箱的转速固定的电动机组成
c) 由转速固定的电动机和宽三角皮带变速箱组成
d) 由控制转速的电动机和离合变速箱组成
e) 由带有滑动齿轮变速箱的转速固定的电动机组成

6 电工学

6.1 电流回路
6.2 电阻电路

1
电流有哪些效应？请分别举例说明。

2
要测量电流和电压，分别使用哪种测试仪器？

3
如果馈电线上接的负载在下列两种电路中断开，会产生什么后果？
a) 串联电路（见下图左）。
b) 并联电路（见下图右）。

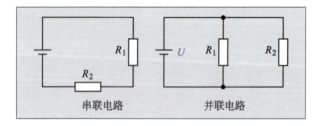
串联电路　　并联电路

4
为什么单位和家里的所有电器都必须并联？

5
电流流动要满足哪些前提条件？

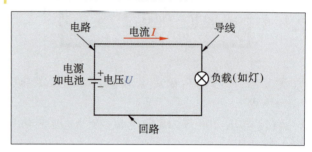

6
电流回路中三个重要的参数是什么？

7
电压的测量单位是什么？

8
如何确定电流的方向？

9
哪种电源用于驱动 CNC 设备？哪种电源用于缓冲数据存储器？

10
什么是验电仪(试电笔)?

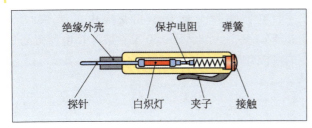

11
请解释该参数:铜 ρ_{el} 的特定电阻为 $0.017\,9\,\Omega \cdot mm^2/m$。

12
请解释欧姆定律的含义?

13
电阻的单位是什么?

14
热水器在 230 V 电压下电流为 3 A,其电阻多大?

15
加热线圈电线长 6 m,电压为 230 V,流进的电流为 2.9 A,出于强度原因考虑,电线直径不能小于 0.2 mm。所接电线的电阻率为多大?

16
请说明串联电路中计算电流、电压和电阻的公式(见下图)。

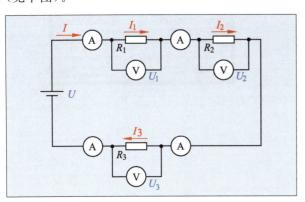

17
请说明并联电路中计算电流、电压和电阻的公式(见下图)。

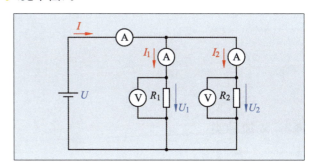

18
如何在高电压和高电流强度下保护电器?

19
通过单个电阻代替 $R_1 = 60\,\Omega$ 和 $R_2 = 90\,\Omega$ 两个并联电阻。请计算该等效电阻?

20
有一电器,其电阻 $R = 20\,\Omega$,在 2~6 A 之间可平稳调节电流。若再接一个滑动电阻 R_s,这个滑动电阻的最大值和最小值为多少?

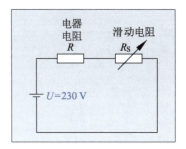

21

如何直接和间接测出负载损耗功率？

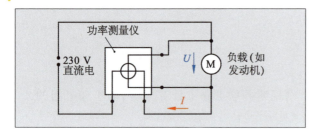

6.3 电流种类

1

电流有哪些不同类型？

2

请画出直流电和交流电的电压-时间关系图。

3

如何连接三相交流电源中的负载？

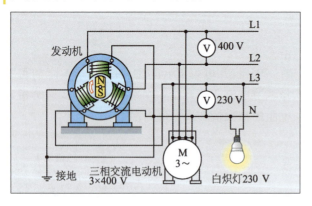

6.4 电功率和功

1

一台电器铭牌上标有单相交流电的参数：$P=60$ W，$\cos\varphi=0.8$，$U=230$ V。请计算电器运行时的电流。

2

一台三相电机的工作电压 $U=400$ V，电流为 3.5 A，功率因数 $\cos\varphi=0.83$。求电机的功率。

3

一台交流电机的功率 $P=1$ kW，工作电压 $U=230$ V 时电流为 5 A。求电机的功率因数。

4

一台三相电机的工作电压 $U=400$ V，功率 $P=5.5$ kW，功率因数 $\cos\varphi=0.83$。求电机运行中的电流 I。

5

一台用电硬化炉的连接功率为 25 kW，带纯欧姆电阻，以每周 5 天、每天 9 h 的时长来运行。若每千瓦时的电费是 0.11 €，每周损耗电能的总费用是多少？

6

由电机功率图（见下图）可以读出哪些参数？

6.5 过电流保护装置

1 保险丝的作用是什么？

2 微型断路器的结构是什么？

3 电机保护开关（热继电器）有什么作用？

4 什么是绝缘保护装置？

5 发生电流意外事故的原因是什么？

6 电流流经人体会产生什么影响？

7 为什么电线不允许修补？

8 在带 PE 导体的电网（TN 网）中，人体触碰接机壳的电器时如何实施保护？

9 哪些设备针对接触电压数值过高规定了保护措施？

10 如何识别电器的保护等级？

11 如何实现 CEE 插座连接的不可互换性？

6.6 电气设备的故障

6.7 电气设备的保护措施

1 单相交流电电网或三相交流电电网有哪几种类型的输电线？

2 计算流经电器的三相交流电功率使用什么公式？

3 如何计算电器电功的损耗？

4

请说明保险的种类及其作用。

5

请说明短路、接地、导线短路和接机壳发生在什么情况下。

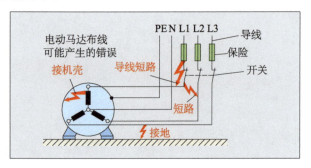

6

设备接机壳时，电路网中的地线有什么作用？

7

接有地线的电器上标有何符号？

8

FI 断路器的工作原理是什么？

9

CEE 插座有哪些保护措施？

CEE-插座

6.8　电器使用说明

● 导体、绝缘体、半导体、电子零件

1

哪些是好的导电体？

2

请列举几种绝缘材料。

3

半导体由什么材料组成？

4

半导体二极管主要应用于哪些方面？

5

晶体管的作用是什么？

6

什么是集成开关电路（IC）？

● 磁学

1
如何理解磁和电磁?

2
两块条形磁铁的两极产生哪些力?

3
有电流流经的导体周围有哪些磁感线?

4
把一个铁芯推进线圈时,线圈磁场会发生什么变化?

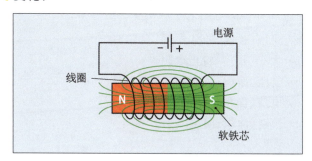

5
电磁铁应用于哪些方面?

电工学测试题

1

金属导体的电阻大小取决于哪些因素?

a) 面积、长度、导体材料、温度
b) 大小、长度、特定电阻
c) 电压、面积、长度和温度
d) 电流、面积、特定电阻
e) 长度、面积、温度

2

哪种装置以电流的磁性作用为基础?

a) 双金属恒温器 b) 加热线圈
c) 蓄电池 d) 电镀液
e) 三相交流电动机

3

以下哪个过程会导致电流的化学作用?

a) 阳极的氧化(阳极氧化)
b) 感应淬火
c) 盐浴淬火炉的供暖
d) 荧光灯的运作
e) 用电阻温度计测量温度

4

以下哪个符号表示三相电流?

a) 3～ b) ≈
c) ～ d) —
e) ≃

5

哪幅电路图表示电阻纯串联?

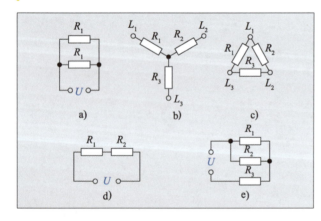

6

题5的哪幅图表示电阻纯并联?

7

电镀时主要使用哪种电流?

a) 交流电 b) 直流电
c) 三相电流 d) 高频电流
e) 涡流

8

开关S换向至编号2,电阻R_2接到电路(见右图)。请计算电路通电时直流电路的总电阻。

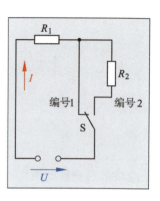

a) $R = \dfrac{1}{R_1} + \dfrac{1}{R_2}$

b) $R = R_1 + R_2$

c) $R = R_1 + \dfrac{1}{R_2}$

d) $R = \dfrac{1}{R_1} + R_2$

e) $R = R_1 = R_2$

9

以下哪种情况,图中电路电阻R_1可能会烧掉?

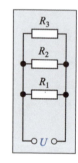

a) 总电压U变大
b) 总电压U变小
c) 总电流I变大
d) 总电流I变小
e) 没有任何改变

10

将电压表接在图中电路的哪个位置可以测量负载上的电压降?

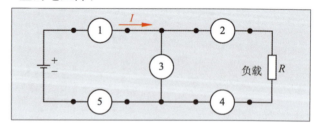

a) 1 b) 2
c) 3 d) 4
e) 5

11

通过哪种测量仪可以测量电压和电流?

a) 电压表 b) 电流表
c) 电阻表 d) 瓦特表
e) 多用表(通用测量仪)

12

从一台交流电动机的铭牌(见下图)中能够读取运行参数。电机的额定功率是多少?

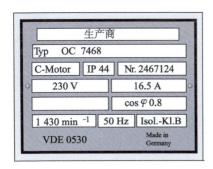

a) 3.036 kW b) 4.518 kW
c) 11.709 kW d) 16.595 kW
e) 6.027 kW

13

如何计算直流负载的功率?

a) 通过测量电压和电流计算 $P=\dfrac{U}{I}$

b) 通过测量电压和电流计算 $P=\dfrac{I}{U}$

c) 通过测量电压和电流计算 $P=U \cdot I$

d) 通过测量电流和功率因数 $\cos\varphi$ 计算 $P=\dfrac{U \cdot I}{\cos\varphi}$

e) 通过测量电流和电阻计算 $P=R \cdot I$

14

为了计算取暖器的功,需要哪些数值?

a) 电压和电流
b) 电压和功率
c) 功率和接通时间
d) 电压和电阻
e) 电流和接通时间

15

测量计数器的功使用哪种单位?

a) kW b) N·m
c) V·A d) kΩ
e) kW·h

16

哪种说法描述了保险丝的典型属性(见右图)?

a) 负载后的固定时间段内保险丝防御性地切断机器电源
b) 负载时保险丝熔断并且中断供电
c) 负载时有一个立即关闭的机械装置和一个长时间负载关闭的机械装置
d) 用于保护电动机
e) 测量引线和回线中的电流以及在电流异常的情况下可以断开电路

17

电动机保护开关要安装在哪里?

a) 直接安装在发动机前面
b) 直接安装在发动机后面
c) 电机电源线前
d) 发动机外壳上
e) 发动机线圈上

18

什么情况下电器有接机壳?

a) 满足两种情况:通电和导体相触
b) 通电时导体直接与地连接
c) 置身于电压中,触碰到导体的外壳
d) 一台电器没有断电
e) 保障机器用电安全的保险丝损坏

19

下列不属于电器保护的设备或措施的选项是哪项?

a) 电路中的电压测试表
b) 通过变压器断开连接
c) 绝缘机器所有金属部分
d) 保险插座的连接
e) 机器和电网中的 PE 线

7 装配、调试和维护

7.1 装配技术

1 流水线装配有哪些优点？

2 如何理解固定式装配？

3 为什么大型机器要进行固定工位装配？

4 装配变速箱时一般要注意哪些规则？

5 为什么必须小心谨慎地装配密封件？

6 什么情况下，滚动轴承的外圈必须要先于内圈安装？

7 机器试运行的目的是什么？

8 装配之前必须准备哪些部件和辅助工具？

9 装配之前如何准备零部件？

10 完整装配一个大型机器需要哪些步骤？

11 装配可以按哪些组合形式进行？

12 为了简化装配，用哪种装置适当加热待装的滚动轴承？

第一部分　工艺学试题

13
安装锥齿轮时，如何检查锥齿轮齿面的接触印痕？

14
如何安全越过弹簧槽、安装径向轴密封环？

15
为什么应对角拧紧机器零件的螺丝？

16
如何理解符合安装规则的结构？

17
装配计划包含哪些部分？

18
装配划分为哪些组合形式？

19
装配自动化有哪些作用？

7.2　调试

1
请阐述一个生产设备的设计流程。

2
请列举几个安装机器或者装置的重要条件。

3
调试气动装置时，要检查哪些重要部分？

4
调试时如何确定故障？

5
验收机器或设备时要完成哪些检验？

7.3 维护

● 工作范围、定义、维护方案

1
加工技术方面的维护包含哪些措施?

2
大型企业和小型企业在维护措施上有什么区别?

3
以轿车轮胎为例,请阐述磨耗和磨耗允许量的概念。

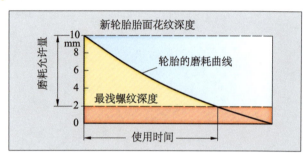

4
通过维护可以达到哪些经济目的?

5
企业的压缩空气站常常会更换机油滤清器,这涉及到哪种维护措施?

6
请以床身倾斜式车床为例列举每种维护方案。

6
运输机器时要注意什么?

7
如何理解机器或设备调试时的故障?

8
哪些数据资料必须出现在机器铭牌上?

7
哪种维护方案最适合企业?

8
周期性、应急性和临时性维护各有什么优缺点?

9
如何检验"智能车刀"(可转位刀片)是否达到磨耗极限?

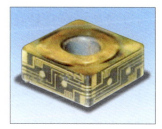

10
机床维修包括哪些工作?

11
如何理解预防性维护?

12
如何理解应急性维护?

● 保养

1
为什么保养工作也属于预防性维护措施?

2
每天加工结束后,机床要进行哪些日常保养工作?

3
从机床的维护保养方案可以了解到哪些保养说明?

4
为什么保养时必须使用机床制造商规定的润滑剂?

5
用哪种工具清洁机器?

6
机床维修保养时要遵守哪些工作规则?

7
为什么要将机器的日常保养工作记录在保养清单上?

● 检查、维修和改进

1
检查有哪些作用？

2
检查有哪些类型？在哪个时间点进行检查？

3
请列举加工过程中机床操作员的一些简单的检查方法。

4
有哪些检查机器的客观分析和诊断方法？

5
如何理解维修？如何进行维修？

6
如何获得改进机床薄弱处的数据？

● 找出故障点和故障源

1
查找故障源有哪些方法？

2
可以借助哪些材料找出导致机床发生故障的原因？

7.4 腐蚀和防腐蚀

1
氧化腐蚀时会发生什么反应？

2
在腐蚀电池中发生了哪些电化学腐蚀过程？

3
如何区分腐蚀类型?

4
哪些措施可以避免切削加工过程中产生腐蚀?

5
涂覆防腐保护漆之前如何处理钢表面?

6
什么是腐蚀电池?

7
为什么金属镀层的保护层出现裂缝时,保护层和基本金属都会受到腐蚀?

8
什么是选择性腐蚀?

9
哪些材料在空气中具有耐腐蚀性?

10
电化学腐蚀和化学腐蚀的区别是什么?

11
在哪些条件下会发生电化学氧化腐蚀?

12
如何理解金属防腐保护设计?

13
如何在下一道加工程序之前对刚切削加工的工件进行防腐保护?

14
牺牲阳极的阴极保护法的作用是什么?

15
如何完成热镀锌？

16
防腐保护涂漆是如何组成的？

7.5 损伤分析和避免损伤

1
有哪些方法可以确定零件损伤的原因？

2
零件损伤之后，如何避免零件再次损伤？

3
哪些原因会导致下列故障？如何避免以后再次出现？

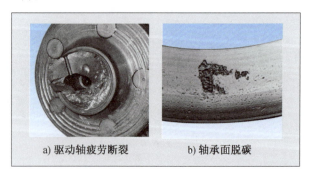
a) 驱动轴疲劳断裂   b) 轴承面脱碳

4
如何辨别疲劳断裂？

5
焊缝缺陷有哪几种类型？

6
腐蚀部位经常发生零件断裂。如何区分腐蚀类型？

7.6 零件的负荷和强度

1
如何区分负荷类型？

2
如何理解材料强度？

3
哪些措施用于避免切口应力集中效应?

4
为什么允许应力必须小于标准极限应力?

5
如何理解动态负荷?

6
零件的切口集中应力取决于什么?

7
拉力静态负荷时,由韧性材料制成的零件其标准极限应力是多少?

8
钻头上的主负荷属于哪种类型?

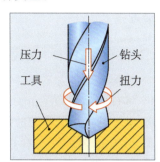

9
如何理解材料的弹性?

10
材料样品经过拉力试验得出以下测量值:$d=10\ mm$,$L_0=100\ mm$,拉力的屈服强度 $F_e=27\ 882\ kN$,最大拉力 $F_m=38\ 485\ kN$,断裂后的测量长度 $L_u=122\ mm$。请计算:

a) 屈服强度 R_e。

b) 抗拉强度 R_m。

c) 断裂伸长 A。

d) 哪些非合金结构钢表明计算参数?(见简明机械手册)

装配、调试和维护测试题

装配技术

1

下列关于装配技术的说法，哪项是正确的？

a) 装配计划包含零部件的生产时间规定
b) 零件的装配顺序由安装工人确定
c) 组件是指预试装配的两个零件
d) 由于运输困难，由客户自己完成最终装配
e) 在对机器进行检查、运输和维修时，会将已完成的装配进行拆卸

2

下列关于装配组合形式的说法，哪项是错误的？

a) 流水线装配时，组件或者机器在传动带或者悬挂轨道上流动或在固定的工位装配
b) 固定式装配时，机床在一个工位上完成大部分零件的装配
c) 流动式流水线装配时，待装配的产品从工人身边经过
d) 固定式装配时，零件、预装部件以及装置必须运送到装配工位
e) 固定式流水线装配时，装配工人要到各个装配工位上执行装配工作

3

下列关于锥齿轮装配的描述，哪项是错误的？

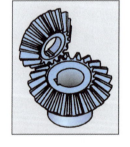

a) 锥齿轮啮合时通过试连接确定装配位置
b) 锥齿轮的齿轮之间的啮合可以通过快速来回转动锥齿轮完成
c) 用厚薄规测量出正确的装配尺寸
d) 安装锥齿轮时将它们的齿轮预过盈啮合
e) 表面承压曲线图会随着齿轮轻微轴向移动而改变

4

下列关于装配自动化的说法，哪项是错误的？

a) 自动化可以在生产紧张时保证后续订单
b) 自动化可以提高产品的质量
c) 自动化可以提高生产效率
d) 自动化可以缩短装配时间
e) 自动化可以提高企业的利润

5

装配滚动轴承时要注意什么？以下哪项答案是正确的？

a) 防蚀油要擦洗干净
b) 原则上连接力要施加在轴圈外环
c) 为使温度一致，尽可能在装配前 24 小时拆除原包装
d) 要求固定在一个位置的滚动轴承最高温度不能超过 300℃
e) 连接力最大的轴承环要尽可能最先装配

6

装配密封件时要注意什么？以下哪种做法是错误的？

a) 组件和密封件在装配之前要上油
b) 在不利的装配情况下使用装配芯棒，如装配使用的套管
c) 装配前，必须在溶解槽内清洗所有密封件的表面
d) 装配时不要使用带有锋利边角的工具
e) 密封件不可以拧得太紧

7

机器试运行有哪些目的？

a) 确定选用的油是否适用
b) 确定环境温度到达多少，机器可以运转
c) 确定机器填充的油量应该是多少
d) 确定装配的滚动轴承是否合适
e) 确定运行期间产生的温升是否保持在规定极限范围内

8

为达到更高的加工精度和保证机床安全运转，以下哪个选项对于场地和布局来说是不必要的要求？

a) 机床的底座不应该有任何晃动
b) 机床不应该出现单面的升温或者冷却
c) 机床应该全方位开放
d) 机床不能暴露于日光之下
e) 机床与墙壁要保持足够的安全距离

9

以下在机器铭牌上没有涉及的说明是哪项？

a) 机器的规格参数 b) 机器的主要尺寸
c) 价格 d) 零件加工范围的尺寸
e) 生产商和出厂年限

维护

10
以下哪个选项中的工作内容都属于保养？
a) 测量、检查、诊断
b) 清洁、补充、润滑、校准
c) 评估、分析、记录
d) 检查、决定、存档
e) 测量、维修、更换

11
如何理解组件的磨耗允许量？
a) 表示达到最低磨耗允许量时应更换新的零件
b) 表示使用零件的时间
c) 表示零件的储备
d) 表示达到最大磨耗允许量时零件磨损
e) 表示使用磨耗量的允许时间

12
下图展示了可转位刀片的磨耗曲线。当使用时间达到 13 分钟时，磨耗允许量是几毫米？

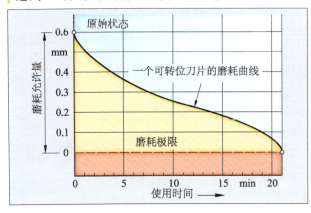

a) 0.5 mm
b) 0.35 mm
c) 0.6 mm
d) 0.3 mm
e) 0.4 mm

13
下列哪项措施属于预防性维护？
a) 组件出现磨损后，更换损伤的零件
b) 定期更换磨损件
c) 工具要定期更换
d) 润滑材料要定期更换
e) 固定时间后报废机器

14
下列关于临时性维护的说法，哪项是正确的？
a) 显示了维护措施的可计划性
b) 限制的利用量大约为磨耗允许量的一半
c) 零件磨耗允许量利用最大化
d) 工件的利用量大于磨耗允许量
e) 不需要用到检测技术，如必要的检修方法

15
机床操作员如何定期维护加工中心？
a) 每小时一次
b) 每周一次
c) 大约运行 100 h 后
d) 每个班次一次
e) 每个工作间歇进行

16
以下哪项措施有助于找出机器的故障？
a) 调整定程
b) 所有润滑点都要润滑
c) 注意机器运转的异常
d) 读取油位
e) 确定成品的尺寸偏差

17
检查机床时应检查什么？
a) 机床的磨损状况
b) 润滑油的储备状况
c) 机床视觉上的总体印象
d) 机床的能源效应
e) 机床的生产程序

18
下列哪项工作属于机床的维修？
a) 整体清洁机床并上油
b) 检验机床的加工精确度
c) 确定组件（工件）的磨耗允许量
d) 了解机床单个组件故障的发生频率
e) 维修或更换磨损或已损伤的工件

19
如何理解机床的设置运行？
a) 根据加工运行的主轴校准机床
b) 在加工厂房安装机床
c) 机床安装完成一会后再运行机床
d) 机床安装完后就启动机床
e) 将设置机床作为新的加工步骤

20
下列哪项措施不适用于找出故障源？
a) 检查是否过热
b) 检查电压
c) 检查工件成品的尺寸
d) 目视检查机床的固定位置
e) 注意机床运转是否正常

腐蚀和防腐蚀

21
以下哪项属于腐蚀？
a) 磨损而冲蚀材料
b) 油漆脱落
c) 氧反应
d) 酸溶解
e) 通过化学或电化学反应毁坏金属材料

22
相对于铁而言，以下哪种金属在电镀元素中形成正极？
a) 铝
b) 锌
c) 镁
d) 铜
e) 锰

23
以下哪些材料组合处存在腐蚀元素？
a) 钢零件油漆层上的损伤处
b) 在钢和塑料的接触处
c) 纯金属接缝处
d) 两块粘在一起的钢板之间
e) 铝零件和钢零件接触处

24
以下哪项属于材料的钝化？
a) 工件表面硬化
b) 工件涂漆
c) 工件表面的防腐蚀保护，如使钢含铬元素
d) 工件表面淬火
e) 表面镀锌

25
如何理解穿晶腐蚀？
a) 无绝缘夹层的不同金属间的腐蚀
b) 金属晶间沿晶界的腐蚀破坏
c) 腐蚀破坏穿过金属晶间
d) 掺入的金属杂质的腐蚀
e) 上述答案都是错误的

26
满足什么条件可以保证非合金钢不会被腐蚀？
a) 置放在工业气体中
b) 暴露在海洋空气中
c) 置放在干燥的室内
d) 置放在海水里
e) 置放在乡间空气中

27
不锈钢都包含哪种合金成分？
a) 锰
b) 铬
c) 铝
d) 钨
e) 铜

28
如何在两个加工步骤中对非合金钢进行防腐保护？
a) 水洗
b) 浸入防腐保护油
c) 涂上油漆
d) 阳极氧化
e) 电镀

29
什么是磷化处理？
a) 磷化处理钢表面
b) 在钢表面涂一层磷层
c) 涂上磷
d) 电镀碳酸盐溶液
e) 阳极氧化

30
什么是防腐保护装置？
a) 计划性的除锈装置
b) 从底层开始多层涂漆的装置
c) 防腐处理的装置
d) 特别活性物质组合的装置
e) 热镀锌装置

31
保护层被破坏后，哪种涂料金属防止底层生锈的效果最好？
a) 铜
b) 铅
c) 镍
d) 锡
f) 锌

32
铝零件上的阳极氧化层是由什么组成的？
a) 清漆
b) Al_2O_3
c) FeOOH
d) 防护保护油
e) 铝碳酸磷

损伤分析和避免损伤

33
下图中显示的是哪种损伤？
a) 零件断裂
b) 粗纹理结构
c) 淘蚀
d) 熔析和缩孔
e) 焊缝缺陷

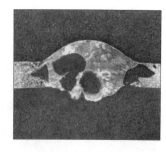

34

零件上出现了超负荷损伤,采取什么措施可以避免零件再次出现损伤?

a) 机床以一半的生产速度运行
b) 采用负载承载性能更高的材料生产零件
c) 频繁检查新零件
d) 在机床上通过"间隙"安装组件
e) 在新零件上涂上保护漆

零件的负荷和强度

35

铣削时,铣刀刀柄承受哪种类型的载荷?

a) 拉力和扭力
b) 压力和弯曲力
c) 剪切力和压力
d) 弯曲力和扭力

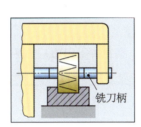

e) 平面压力和压力

36

右图中显示的是哪种载荷类型?

a) 静态载荷
b) 动态波动载荷
c) 动态交变载荷
d) 一般动态载荷
e) 动态重复载荷

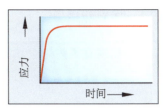

37

下列哪个公式用于计算钢制零件的允许应力?

a) $\sigma_{zul} = v \cdot R_e$
b) $\sigma_{zul} = \dfrac{v}{R_e}$

c) $\sigma_{zul} = \dfrac{R_e}{v}$
d) $\sigma_{zul} = R_e \cdot v$

e) $\sigma_{zul} = \dfrac{1}{R_e} \cdot v$

8 自动化技术

8.1 控制和调节

1
连接控制有哪些特性？

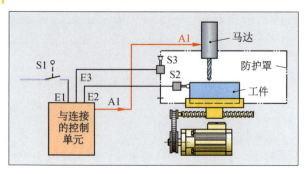

2
如何区分过程控制的两种类型？

3
如何区分编程型程序控制和连接型程序控制？

4
如何区分非连续调节器和连续调节器？

5
P 调节器以及 I 调节器各有什么属性？

6
连续调节器的差动部分（D 部分）有什么作用？

7
请列举出 PID 控制器的两个应用实例。

8
受时间影响的控制技术有哪些优点和缺点？

9
下面的方框图描述了什么内容？

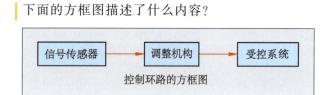

控制环路的方框图

10
请列举构成控制装置的元件、参数及其概念。

第一部分 工艺学试题

11
请以调节工作台位置为例解释调节的概念（见下图）。

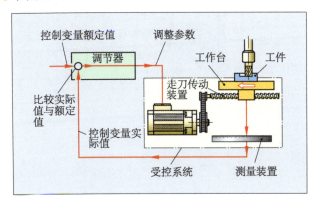

8.2 控制系统的基础知识和基本元件

1
如何标记数字信号？

2
与二进制信号相比，模拟信号有哪些优点和缺点？

3
同时按下两个按钮，设备才能进入运行状态。请通过功能图（线路符号）、真值表和功能方程式来描述必要的信号连接。

真值表

E1	E2	A1

线路符号

功能方程式：

4
如何理解信号处理中的控制技术？

5
为什么控制和调节时控制件和能量件分离？

6
如何区分功能方块图和功能图？

7
接口没有信号时，控制灯会发光。请通过功能图、真值表和功能方程式描述必要的信号连接。

真值表

E1	A1

功能图

功能方程式：

8
通过哪些方法可以连接控制信号？

9
一台运输设备可以通过两地按钮开关启动。请通过功能图、真值表和功能方程式来表示必要的信号连接。

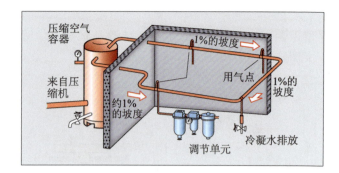

真值表			功能图
E1	E2	A1	

功能方程式：

10

功能图可以显示什么？

11

请根据电路图（见右图）创建真值表、功能图和功能方程式。

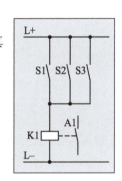

3

压缩空气处理单元有什么作用？

4

哪些气动控制系统使用无油压缩空气？

5

无活塞杆的气缸有哪些优点？

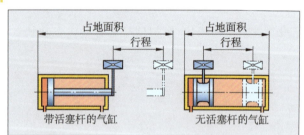

8.3 气动控制

● 组件、元件

1

气动系统有哪些优点？

2

压缩空气管网有哪些要求？

6

哪些零部件可以调节气缸速度？

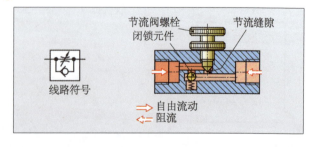

7
请绘制 5/3 换向阀的图解符号,中间位置的所有接口都已隔断,仅通过一个把手操作。

8
换向阀可以进行哪些信号连接?

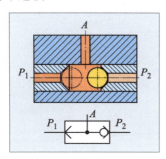

9
为什么双压阀的功能视为"与"连接?

10
限压阀和调压阀有什么作用?

11
如何理解气动系统?

12
气动系统有哪些缺点?

13
一个直径为 100 mm 的压缩空气气缸,效率为 90%,p_e=7 bar 时有效的活塞作用力是多少?

14
流量控制阀有哪些功能?

15
哪些地方会运用气动马达?

16
请简述活塞式压缩机的工作原理。

17
气动设备中的高压贮气瓶有哪些作用?

18
请说明气动系统中最常使用哪两种结构的气缸以及两者之间的区别。

19
气动气缸终端位置的消声器有哪些作用?

20
气动阀分为哪些类别?

21
请解释 3/2 换向阀的符号。

22
如何标记气动阀的气口?

23
换向阀有哪些控制方法?

24
右图显示的是哪种阀?

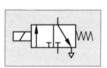

25
控制单作用气缸需要哪种阀?

26
通过哪种气动阀能够实现"与"连接?

27
使用哪种阀控制双作用气缸?

28
通过哪种气动阀可以实现"或"连接?

29
请简述气动调压阀的工作原理。

30
气动系统由哪些主要结构组成?

31
请解释以下功能图(摘录)的内容。

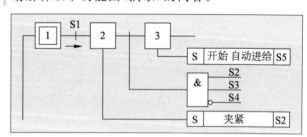

32
请简述真值表中所显示的控制流程。

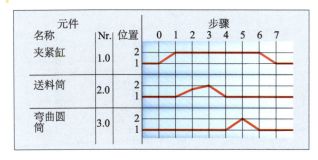

33
如何通过两个 3/2 换向阀来实现"与"连接的单独作用？

34
请从职业领域中列举两台发射复合、模拟或数字信号的设备。

35
开环控制环路由哪些控制元件组成？

36
当 4 个输入信号 E1～E4 等待处理时，应出现输出信号 A。如何实现这个气动阀以及带继电器线路的逻辑连接？

● 气动控制的原理

1
如何区分连续动作和保持动作？

2
请解释"步骤变量 X3"。

3
如何表示 GRAFCET 图中的延时？

4
请将带储存作用动作的起重装置 GRAFCET 图补充完整。

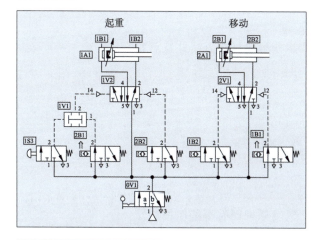

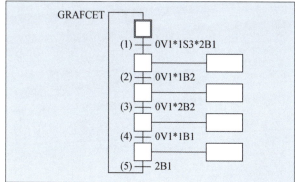

5

请将下列功能图(见下图)的真值表补充完整。

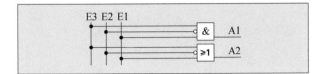

真值表

E1	E2	E3	A1	A2

6

如何命名气动原理图中的元件?

7

气缸上有相同标记的信号传感器有哪些优点?

8

运作滑轮杠杆有哪些缺点?

9

气动原理图有哪些作用?

10

请解释下图中所描述的控制装置。

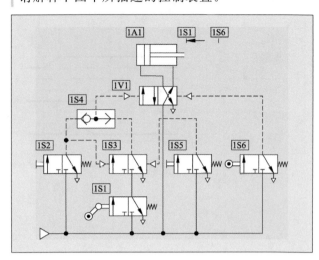

11

功能方块图能够实现哪些用途?

12

请创建气动控制示例题 13 a)的简化功能方块图(仅气缸)。

● 气动控制示例

13

如下图所示为装配和加工机床。请绘制出：

a) 气动原理图，包括带滑轮杠杆的换向阀。

b) 气动原理图，不包括带滑轮杠杆的阀。

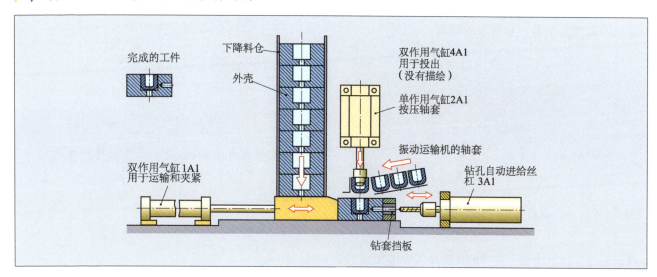

● 真空技术

1
在处理技术中真空系统实现哪些功能？

2
请说明真空发生器上喷射泵的原理？

3
请说明处理技术中吸力夹具的优点及其应用领域。

4
夹具作用于光滑而干燥的塑料件，夹具真空度为 0.8 bar（见右图）。夹具表面积为 20 cm²，夹具与玻璃的摩擦因数为 0.6。请计算吸力夹具的理论垂直牵引力 F_V 和水平牵引力 F_H。

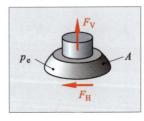

4
行程开关和接近开关有什么区别？

5
与电磁控制开关相比，电子元件有哪些优点？

6
请以 NC 铣床和照相机为例说明传感器的用途。

7
带电磁控制触点的开关称为继电器或保护器。请说明继电器的工作原理。

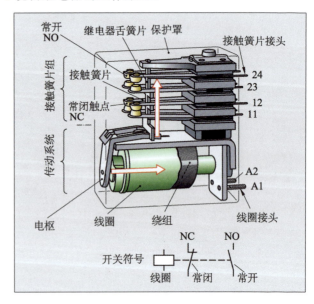

8.4 电气动控制

● 电气触点控制的元件

1
通过哪种方式产生电气信号？

2
电气触点如何根据其作用分类？

3
按钮与开关之间有什么区别？

8
继电器有什么作用?

9
如何图示和标记电路图中的继电器?

10
为什么自锁电路图中通过带复位弹簧的换向阀控制气缸?

11
与时间相关的电磁开关称为时间继电器。时间继电器分为哪两种类型?

12
电磁阀为电气动转换器。请解释电磁阀的功能作用。

13
请说明急停开关的作用。

14
请说明急停按钮的外形及其安装方法。

● 信号元件——传感器

1
如何理解"传感器"?

2
请说明控制技术中传感器的作用?

3
如何区分主动式传感器和被动式传感器?

4
根据输出信号类型,传感器分为 3 种类型。请简单说明这 3 种类型。

5
电感位移传感器用于测量位移。请描述其工作原理。

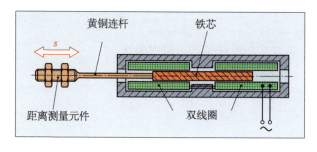

6

请描述电感传感器的功能。

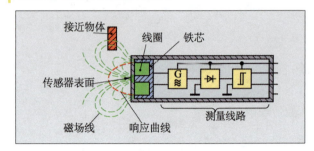

7

光电传感器根据结构类型分成 3 种。请说明这 3 种类型。

8

为什么在一个光电的光纤传感器中工件表面对光线检测的距离会产生很大影响？

9

请说明光电传感器的应用领域。

10

如何根据测量原理区分超声波传感器和光电传感器？

11

根据工作原理传感器分为接触型传感器和非接触型传感器。请说明接触型传感器的工作原理。

12

请解释图中的开关符号。

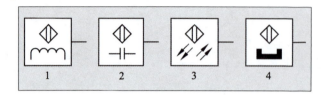

13

请解释气动传感器的工作原理。

● 使用端子板布线

1

电气动或存储编程控制中通过端子板上的单个端子布线能够实现哪些目标？

2

端子接线图主要由哪些部分组成？

● 电气动控制示例

1

请解释图示发动机控制。

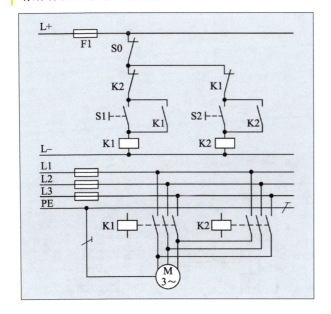

2

急停电路中有哪些电路技术要求？

3

电路图（见右图）显示电气信号通过自锁装置储存。为了删除自锁装置，需在位置1或位置2安装一个常闭触点。

a) 当位置1或位置2安装了常闭触点，这种自锁装置称为什么？

b) 这种情况下的信号储存会出现什么明显区别？

c) 请针对这些情况制定相应的真值表和功能图。

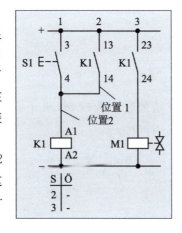

● 阀岛

1

什么是电气动阀岛？

2

哪种电子连接技术用于阀岛？

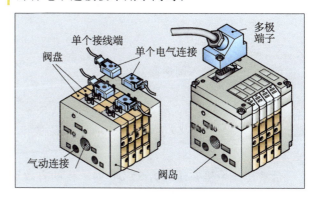

8.5 液压控制

1

液压液有哪些作用？

2

定量泵驱动和调节泵驱动有哪些区别？

3

请说明液压蓄能器的结构。

4
哪种情况下使用预控换向阀?

5
可解锁单向阀有什么用途?

6
如何区分节流阀与调速阀?

7
一台液压压力机在压力为 80 bar 时产生的有效活塞力 $F=100$ kN(见下图)。

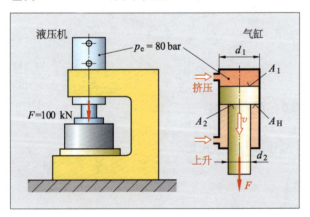

a) 若压力机的有效作用系数 $\eta=0.92$,活塞直径为多少?
b) 请从下列标准直径序列中选择液压缸:50、70、100、140、200、280、400(单位:mm)。
c) 当活塞杆直径为活塞直径的一半、活塞直径和气缸供给的体积流量为 38.5 L/min 时,活塞的移动速度是多少?

8
气动-液压增压器(见下图)通过 $p_{e1}=6$ bar 驱动。

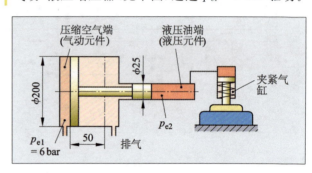

a) 如果忽略摩擦损耗,作用在液压端的压力有多大?
b) 增压器的效率为 85% 时压力为多大?
c) 活塞行程为 50 mm 时,增压器输出的液流体积为多大?

9
请创建进给控制(见下图)的元件清单(含元件名称)。

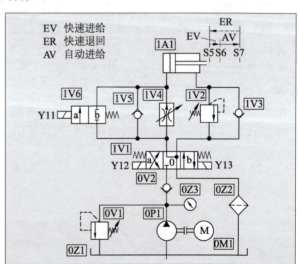

12
保养控制系统时（见题 11 图）必须打开或关闭哪些阀门？

10
现向圆工作台上的液压缸供给液压油（见下图）。位置 1、2 和 3 分别需要哪种螺栓连接？

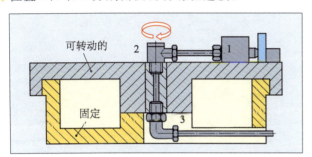

13
与气动相比，液压有哪些优点和缺点？

14
液压液有哪些要求？

11
液压缸在液压控制系统中有哪些运动过程？与此同时，阀有哪些功能？

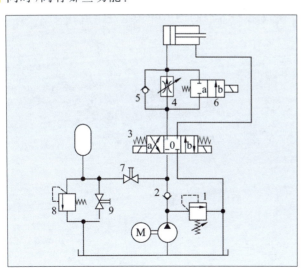

15
如何根据柱塞元件的类型来划分液压泵？

16
如何调节径向活塞泵中的体积流量？

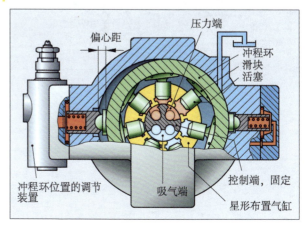

17
比例阀的工作原理是什么？

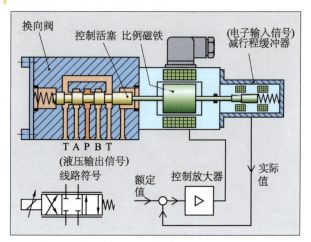

19
要把题 11 图的控制系统替换成带比例换向阀的控制系统，请把原理图补充完整。

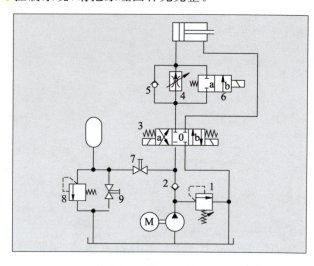

18
选择液压元件时哪些特性参数起决定性作用？请根据电路图作答。

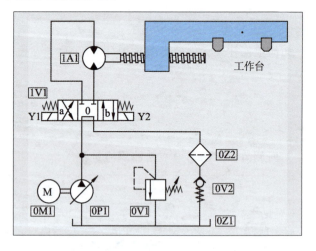

8.6 可编程控制器(SPS)

1
如何区别编程型程序控制与连接型程序控制？

2
模块化 SPS 控制器由哪些组件组成？

3
为什么在 SPS 编程之前要先列出一张 I/O 分类清单？

第一部分 工艺学试题

4

请为下列连接控制制作一份分类清单、功能设计表和指令列表。当放入一个工件,传感器 B1 检测到时,在按钮 S1 或者按钮 S2 控制下,夹紧装置中的双作用气缸伸出。

5

SPS 控制和继电器控制有什么区别?

6

如何区别编程语言中的功能图和指令列表?

7

请创建提升装置(见下图)的流程图、分类清单、功能图和指令列表。

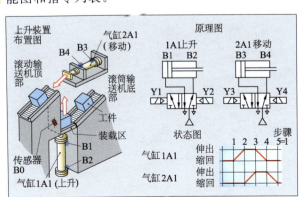

8

SPS 的处理单元(中央处理器)有哪些作用?

9

SPS 的输出组件有哪些作用?

10

SPS 的光电耦合器有什么用途?

11

哪些外围设备属于可编程控制器?

12
编辑 SPS 程序时使用哪种编程语言？

13
哪三种以用户为导向的编程语言运用于 SPS？

14
指令列表中的控制指令"0E10"由哪些部分组成？

15
为什么 SPS 中使用标示？

16
如下图所示为连接。

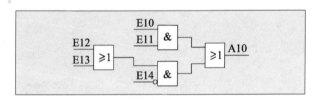

a) 请画出单个连接的功能图。
b) 请列出单个连接的指令列表。

17
如何理解 SPS 技术中的信号反向？

18
控制技术中最常出现的要求就是储存快速出现的信号。需要使用哪种储存功能？

19
请说明 SR 触发器和 RS 触发器运算程序间的差异。

20
请列举并说明模块化 SPS 控制的 3 个时间函数。

8.7 自动化中的控制技术

1
工业机器人能够达到几个自由度?

2
哪些机器人类型可以产生直线运动轴和旋转运动轴?

3
请说明工业机器人中的3种传感器及其作用。传感器的种类包括角度行程传感器、光栅、探测器、接近传感器。

4
请解释工作点 TCP 的概念。

5
机器人上使用哪些结构型式的传动装置?

6
如何区别 LIN 移动指令和 PTP 移动指令?

7
请列举保护工业机器人工作空间的方法。

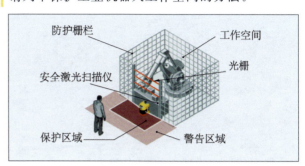

8
处理系统分为哪几部分?

9
请说明控制功能分为哪几种。

10
如何简单地图示控制功能?

11
生产工件的控制过程中哪些流程是必不可少的？

12
如何理解工业机器人的"工作空间"？

13
什么是旋转变压器？

14
通过机器人程序可以确定机器人的移动和流程及其外围设备。在线编程和离线编程的区别是什么？

15
请列举并解释工业机器人结构所产生的 6 个功率特征。

16
工业机器人的特征和特性取决于什么因素？

17
如何区分机器人上的坐标系？

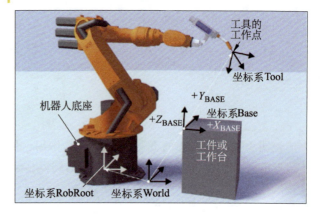

自动化技术测试题

控制和调节

1

通过哪种特点区别调节和控制？

a）根据程序调整流程
b）只能用电调整
c）调整需要穿孔卡片和穿孔带
d）调整时产生反作用
e）可以借助数据处理设备调整

2

下列关于非连续控制器的说法，哪项是正确的？

a）非连续控制器始终占据 P 部分
b）每个输入信号有相对应的输出信号
c）非连续控制器有两个工作位置
d）非连续控制器完整地平衡误差
e）非连续控制器比一个连续调节器更能够恰当地保持调节量

3

下列关于控制器的说法，哪项是正确的？

a）控制器实际值与理论值的偏差会被修正
b）控制器有一个完整的有效流程（调节回路）
c）控制器中调节量对调整参数产生持续反作用
d）控制器中实际值与理论值的偏差不会被修正
e）控制器和调节器的流程相同

4

下列关于顺序控制的说法，哪项是正确的？

a）顺序控制时，通过组件确定程序流程
b）顺序控制时，逐步消除运动过程
c）顺序控制时，通过程序确定上升流程
d）顺序控制时，当信号逻辑相互连接后，满足切换条件
e）顺序控制时，满足接通条件下，开始后续工作步骤

5

下列哪项表述描述了比例调节器（P 调节器）？

a）P 调节器很快对信号的改变做出反应，产生稳定状态误差
b）P 调节器比 I 调节器慢，完整地排除误差
c）快速调节误差时，P 调节器短时间改变调整参数并重新复位原始数值
d）P 调节器作用迅速并能完全消除误差
e）P 调节器调整如直流电动机的转速

6

下列哪个符号表示通用调节器？

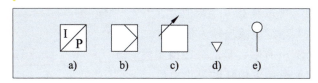

7

控制技术中"EVA"的原理是什么？

a）数据输入、数据移动和数据损毁
b）数据输入、数据检测和数据输出
c）电加工任务
d）输入、输出接口
e）数据输入、数据加工、数据输出控制的基础和元件

8

1"bit"是指什么？

a）最小的二进制信息单元
b）最小的模拟信息单元
c）1 兆的信息单元
d）1 个二进制信息单元
e）1 个二进制时间信息

9

哪个函数方程符合功能图？

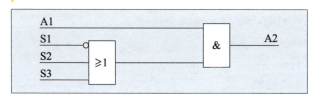

a）$A1 \wedge (\overline{S1} \vee S2 \vee S3) = A2$
b）$A1 \vee (\overline{S1} \wedge S2 \wedge S3) = A2$
c）$A1 \wedge (S1 \vee \overline{S2} \vee \overline{S3}) = A2$
d）$A1 \wedge (S1 \wedge S2 \wedge \overline{S3}) = A2$
e）$A1 \vee (S1 \wedge S2 \wedge S3) = A2$

10

表格中描述的是哪种连接？

E1	E2	A1
0	0	0
0	1	0
1	0	0
1	1	1

a）与
b）或
c）非
d）或非
e）与非

11
信号形式分为模拟信号、数字信号和二进制信号。哪种说法描述的是数字信号？
a) 可取两个数值或状态
b) 可取任意一个数值
c) 稳定地改变输入值
d) 由有限数量的分段值组成
e) 描述了信息的最小单位

12
哪些基础功能可以实现全部的信号连接？
a) 与、或、单独的或
b) 或、否定、与-非
c) 与、或、非
d) 与、或、储存
e) 与、或、否定

13
6个输入端的真值表有多少个组合值？
a) 2个　　　　b) 6个
c) 12个　　　c) 32个
e) 64个

14
如何通过"或"实现"与"功能？
a) 通过一个继续的"与"项接通
b) 通过否定在"或"项所有的输入端和输出端
c) 通过否定输出端的信号
d) 通过否定输入端的全部信号
e) 这是不可能的

气动控制

15
下列关于压缩空气供应的说法，哪项是错误的？
a) 压缩空气供应作为管道供应来布置
b) 气管横截面积应尽可能选择大的，最多产生 0.2 bar压力损失
c) 为了排出冷凝水，要落差布线
d) 水平或垂直布线，为了空气更好地流动
e) 对于压缩空气的供应没有任何要求

16
右图标记是指哪种元件？
a) 不带回位弹簧的单作用气缸
b) 带差动活塞的双作用气缸
c) 全部行程可调活塞速度的双作用气缸

d) 双作用气缸，带控制触点的环形磁铁
e) 带两侧终端位置可调节的减振器

17
下列关于元件（阀门）的说法，哪项是正确的？

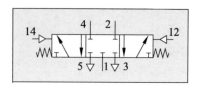

a) 带气动定心的 5/2 换向阀
b) 带弹簧定心的 5/2 换向阀
c) 带气动定心的 5/3 换向阀
d) 带弹簧定心的 5/3 换向阀
e) 在进气控制接口中连接接口1与接口2

18
右图中标志是指哪种阀？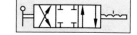
a) 脉冲控制的 4/2 换向阀
b) 磁性控制的 4/3 换向阀
c) 磁性控制的 4/2 换向阀
d) 手柄控制的 5/3 换向阀
e) 手柄控制的 4/3 换向阀

19
以下关于组件的说法正确的是？
a) 流量一侧方向被隔断
b) 流量两侧方向被控制
c) 流量一侧方向被控制，另一侧被阻挡
d) 两侧方向都有流量
e) 流量减少和调节

20
右图中显示的是哪种控制类型？
a) 带预调的电磁铁控制
b) 压缩空气控制
c) 无预调的电磁铁控制
d) 踏板
e) 液压控制

21
以下哪项不是处理单元的作用？
a) 空气冷却
b) 空气过滤
c) 减压
d) 空气油雾
e) 以上所述都不符合

题 22～题 27 基于下面的原理图。

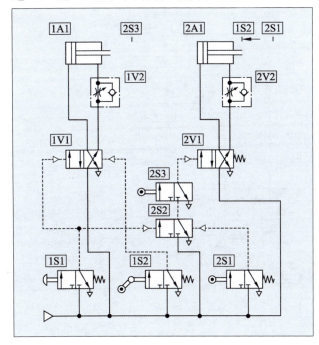

22
通过什么操作信号元件 1S2？

a) 把手
b) 踏板
c) 保险杆
d) 行程凸轮和滚轴
e) 滚轴，只在一个方向起作用

23
在程序运行过程中，如果上述草图中活塞杆 1A1 的控制被强制推回，会发生什么情况？

a) 活塞杆 2A1 在快速传动中缩回
b) 活塞杆 2A1 以节流速度缩回
c) 程序不受干扰继续运行
d) 活塞杆 2A1 缩回后程序停止更新
e) 活塞杆 1A1 立即缩回

24
信号元件 1S2 何时启动？

a) 活塞杆 1A1 前行时
b) 活塞杆 1A1 退回时
c) 活塞杆 2A1 前行时
d) 活塞杆 2A1 退回时
e) 活塞杆 2A1 前行和退回时

25
下列关于阀门 2V1 的表述，哪项是正确的？

a) 通过压缩空气减压和回位弹簧控制 4/2 换向阀
b) 通过压缩空气进气和回位弹簧控制 5/2 换向阀
c) 通过压缩空气进气和回位弹簧控制 4/2 换向阀
d) 通过压缩空气进气和回位弹簧控制 3/2 换向阀
e) 通过压缩空气减压和回位弹簧控制 5/2 换向阀

26
由压缩空气控制的阀 2V1 何时启动？

a) 驱动信号元件 1S1 时
b) 抵达活塞缸 1A1 终端位置时，信号元件 1S1 首先被驱动
c) 抵达活塞缸 1A1 终端位置时，信号元件 2S1 首先被驱动
d) 抵达活塞缸 2A1 终端位置时，信号元件 2S1 首先被驱动
e) 在活塞缸 2A1 的回程中

27
关于图中所示的控制，哪项说法是正确的？
短时间按下信号元件 1S1 之后，则

a) 活塞杆 1A1 伸出并且保持伸出状态，直到 2A1 伸出又缩回为止
b) 活塞杆 1A1 伸出并且保持伸出状态，直到活塞杆 2A1 伸出两次又重新缩回为止
c) 活塞杆 1A1 伸出又重新缩回，然后活塞杆 2A1 伸出并缩回
d) 活塞杆 1A1 伸出，然后活塞杆 2A1 伸出，活塞杆 1A1 缩回，活塞杆 2A1 缩回
e) 活塞杆 2A1 首先伸出并缩回

28
下列关于气动的观点，哪项是正确的？

a) 小的气缸直径获得大的活塞作用力
b) 活塞速度不取决于反作用力
c) 节流阀可以调节始终不变的活塞速度
d) 活塞可以在低活塞速度下突然移动
e) 活塞速度降低会始终阻断空气进入

题 29～题 34 基于下面的气路图。

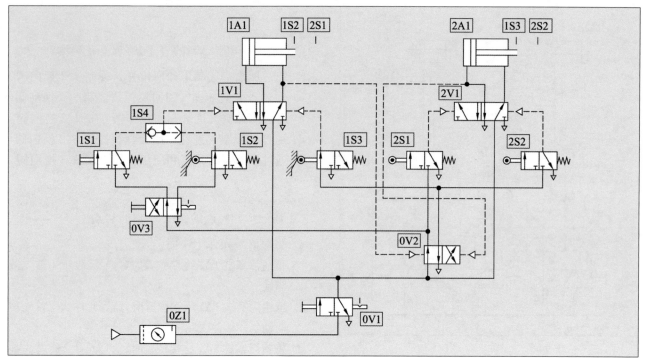

29

阀 0V2 有什么作用？

a) 气缸 1A1 的进程控制 b) 气缸 1A1 的回程控制
c) 气缸 2A1 的进程控制 d) 气缸 2A1 的回程控制
e) 信号关闭

30

阀 0V3 有什么作用？

a) 是设备的截止阀
b) 促使单行程转换成自动运行
c) 控制气缸 1A1 的回程
d) 是急停开关
e) 在设备中是多余的

31

下列关于控制的观点，哪项是正确的？

a) 阀 1S2 作为单行程
b) 工件 0Z1 是截止阀
c) 阀 0V1 为主阀
d) 阀 0V1 为急停开关
e) 阀 0V2 为急停开关

32

关于控制流程中第三个步骤的说法，哪项是正确的？

a) 气缸 1A1 缩回
b) 气缸 1A1 伸出
c) 气缸 2A1 伸出

d) 气缸 2A1 缩回
e) 气缸 1A1 和 2A1 缩回

33

信号元件 1S2 有什么作用？

a) 控制气缸 1A1 在自动操作中的进给
b) 控制气缸 1A1 在自动操作中的回程
c) 控制气缸 1A1 的单进程
d) 控制气缸 1A1 的单回程
e) 信号关闭

34

下列哪种说法是正确的？

a) 信号元件 2S1 必须有单作用滚轮
b) 信号元件 1S2 和 1S3 必须有单作用滚轴
c) 阀 0V1 必须有回位弹簧
d) 信号 1S4 作为信号连接
e) 阀 0V2 在气缸 2A1 回程时转换

35

下列关于元件（阀门）的说法，哪项是正确的？

a) 为安全阀
b) 调节带接口 P 气管的压力
c) 调节带接口 A 导线的压力
d) 调节恒定的体积流量
e) 限制接通工作元件的速度

36

右图表示气动设备的哪个零件?

a) 减压阀
b) 气源处理单元
c) 空气压缩机
d) 换向阀
e) 可调节流阀

37

下图中的气缸可以选择性地从 2 个位置启动。
图中不包含标志 a)～d) 中的哪项?

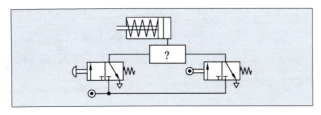

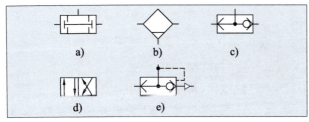

38

气动中使用的延时阀是由哪些组件装配而成的?

a) 一个 3/2 换向阀和储气器
b) 一个 3/2 换向阀、单向节流止回阀和一个小的储气器
c) 单向节流止回阀和储气器
d) 一个 5/3 换向阀、一个单向节流止回阀和储气器
e) 一个满足要求的 4/2 换向阀

39

下列哪项真空技术的符号表示单极真空发生器?

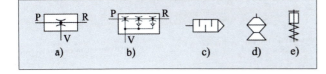

电气动控制

40

关于电流与控制能量的压缩空气的比较,下列哪项说法是正确的?

a) 压缩空气比电流便宜
b) 电子信号更慢
c) 控制设备需要更多的气动组件
d) 通过继电器控制的逻辑连接更简单
e) 电流作为控制能量不能转换

41

下列哪项线路符号表示带卡槽的手动开关?

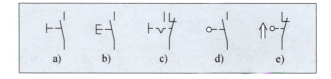

42

下列哪个线路符号表示带转换触头的继电器?

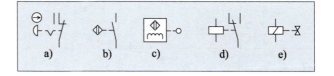

43

下列关于继电器的说法,哪项是正确的?

a) 帮助人们接通高于 1 kW 的导线
b) 继电器是电磁铁控制的触点
c) 继电器的励磁线圈为 230 V 电压
d) 继电器不可替代信号的逻辑连接
e) 继电器不能用于信号储存

44

下列关于主动传感器的说法,哪项是正确的?

a) 主动传感器中通过能量转换产生电能
b) 主动传感器中从外部产生的电子量受到非电子干扰参数的影响
c) 主动传感器仅作为接触传感器
d) 主动传感器有线圈,线圈通过外部能量供应产生磁场
e) 主动传感器是模拟传感器

45

下列哪个标志表示无接触的磁性复合接近开关?

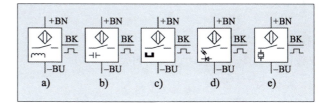

电气控制

题 46～52 基于下面的电路图。

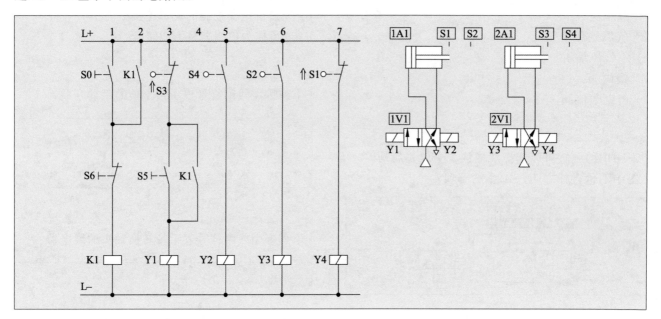

46

下列关于电流通路 7 中信号元件 S1 的说法，哪项是正确的？

a) 信号元件 S1 启动磁铁 Y1
b) 信号元件 S1 在启动状态下绘制
c) 信号元件 S1 控制气缸 2A1 的进程
d) 信号元件 S1 控制气缸 1A1 的回程
e) 信号元件 S1 引起持续运转

47

下列关于电流通路 2 中触点 K1 的说法，哪项是正确的？

a) 触点 K1 引起持续运转（自动操作）
b) 触点 K1 引起 Y1 的自动锁止
c) 触点 K1 中断程序运行
d) 触点 K1 开始单循环
e) 触点 K1 受气缸 1A1 驱动

48

按下列哪个开关开始单次循环？

a) 开关 S0
b) 开关 S2
c) 开关 S4
d) 开关 S5
e) 开关 S6

49

按下列哪个开关启动设备的自动控制？

a) 开关 S0
b) 开关 S2
c) 开关 S4
d) 开关 S5
e) 开关 S6

50

关于启动图中设备的条件，哪项是正确的？

a) 两个气缸缩回，按下开关 S6
b) 两个气缸缩回，按下开关 S0 或 S5
c) 气缸 1A1 缩回，气缸 2A1 伸出并按下开关 S5
d) 两个气缸缩回，在按下开关 S0 后必须按下 S5
e) 两个气缸伸出，按下开关 S0

51

通过电流通路 2 中触点 K1 产生的电路是？

a) 急停电路
b) 双向电路
c) 单向电路
d) 安全电路
e) 自锁电路

52

按下哪个开关停止设备的持续运行？

a) 开关 S0
b) 开关 S2
c) 开关 S4
d) 开关 S5
e) 开关 S6

液压控制

53

通过比较液压设备和气动设备，液压设备的优点是什么？

a) 购置和运行成本更少
b) 活塞力大，活塞移动速度可调整
c) 环境污染的危险性小
d) 工作压力小，更容易密封
e) 活塞移动速度快

54
温度升高对液压油的属性有什么影响?

a) 加大管内摩擦损失
b) 增加耐时效性
c) 减低黏度
d) 增加黏度
e) 改善泵的效率

55
下列哪种泵不能制作成可变体积容量的泵?

a) 齿轮泵　　　　b) 叶片泵
c) 径向活塞泵　　d) 轴向活塞泵
e) 斜盘泵

56
关于稳定体积容量的泵,下列哪项说法是正确的?

a) 保持油黏度的恒定
b) 保持压力的恒定
c) 保持通电伺服电机转速的恒定
d) 给出恒定的体积流量
e) 可在恒定转速下驱动

57
哪种元件能够不依赖于反作用力,平稳地调节工作速度?

a) 齿轮泵
b) 可调输出电流的流量控制阀
c) 可调节流阀
d) 单向节流止回阀

58
以下哪项说法与液压油不符?

a) 把泵的能量传递到执行器
b) 润滑可移动的内部零件
c) 排放杂质和热能
d) 防金属件生锈
e) 为脉冲形状的压力波产生的蒸汽

59
黏度测量的单位是什么?

a) 升每分钟　　　　b) 平方毫米每秒
c) 立方厘米每小时　d) 牛顿每立方毫米
e) 巴

60
哪种类型的泵为调节泵?

a) 外齿轮泵　　　b) 叶片泵
c) 内齿轮泵　　　d) 径向活塞泵
e) 齿轮液压马达

61
下列关于液压储油器的表述,哪项是错误的?

a) 液压储油器存储液压油,直到气缸停止运行
b) 储存超速传动中附加的液压油
c) 不能从短时间内停止运转的泵中取下
d) 能够平衡泄露损失
e) 可减轻压力冲击

62
图示和线路符号描述的是哪种阀门?

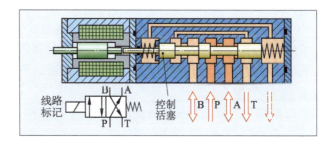

a) 电磁驱动 4/2 换向阀
b) 电磁驱动 4/3 换向阀
c) 电磁驱动 5/2 换向阀
d) 4/2 换向阀
e) 3/2 换向阀

63
下图气动元件符号和图示描述的是哪种阀?

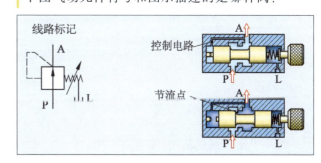

a) 限压阀　　　　b) 减压阀
c) 预控压力阀　　d) 顺序阀
e) 止回阀

题 64、题 65 基于下面的原理图。

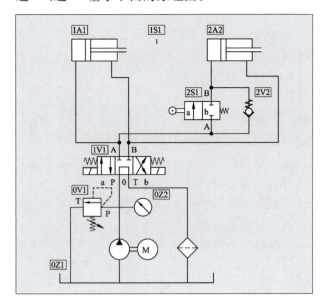

64

气缸 1A 的活塞杆到达前侧终端位置后,气缸 2A 的活塞杆才伸出。两个气缸的活塞杆应同时重新缩回。为什么气缸没有根据原理图中所描述的程序停止?

a) 控制两个气缸的活塞杆需要预控的 4/3 换向阀
b) 因为阀门 1S 和 2V 互换
c) 因为 1V 阀门的接口 A 和接口 B 的工作线路互换
d) 因为阀门 1S 在起始位置未启动
e) 因为阀门 2V 的接口调换了

65

图示电路图中不包含以下哪个零件?

a) 4/2 换向阀
b) 无负载的止回阀
c) 2/2 换向阀,通过电磁控制
d) 限压阀
e) 可调液压泵

66

下列关于比例阀的说法,哪项是正确的?

a) 用于液压马达的快速加速
b) 作用于体积流量的分段调整
c) 把模拟输入信号或数字输入信号转换成相应的液压输出信号
d) 能够改变体积流量的方向
e) 仅能作为限压阀

67

以下哪种液压软管的安装是错误的?

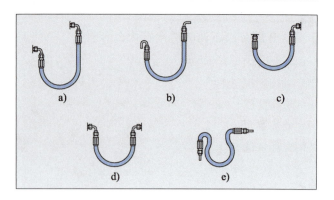

可编程控制器(SPS)

68

下列关于可编程控制器(SPS)的说法,哪项是正确的?

a) 仅能够处理模拟输入信号
b) 更改程序时必须要重新布置接口
c) 程序输入通过分开的编程器完成
d) 控制只能用于电子设备
e) 程序流程通过大量的硬件确定

69

哪项答案说明了 SPS 使用的编程语言?

a) AWL、KOP、FUP
b) AWF、KOP、FUP
c) AWP、KOL、FUL
d) AOL、KWP、FUL
e) AOF、KOL、FMP

70

下列关于 SPS 的 I/O 分配清单的说法,哪项是正确的?

a) 每个输入端分配一个输出端
b) 每个输入端分配一个功能
c) 每个功能分配一个输出端
d) 每个输入端和输出端分配一个功能
e) 每个输入端和输出端分配一个开关元件

71

下列哪组指令列表符合功能图?

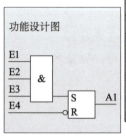

功能设计图	指令列表				
	a)	b)	c)	d)	e)
E1	UE1	UE1	UE1	UNE1	UE1
E2	UE2	UNE2	UNE2	UE2	UE2
E3	UE3	UE3	UE3	UE3	UNE3
E4	SA1	RA1	SA1	RA1	SA1
	ONE4	OE4	OE4	ONE4	ONE4
	RA1	SA1	RA1	SA1	RA1

72
下列哪个函数方程符合题71中所描述的功能图?
a) $A1 \wedge (\overline{S1} \vee S2 \vee S3) = A2$
b) $A1 \vee (\overline{S1} \wedge S2 \wedge S3) = A2$
c) $A1 \wedge (S1 \vee \overline{S2} \vee \overline{S3}) = A2$
d) $A1 \wedge (S1 \wedge S2 \wedge \overline{S3}) = A2$
e) $A1 \vee (S1 \wedge S2 \wedge S3) = A2$

73
关于下图元件符号的表述,哪项是正确的?

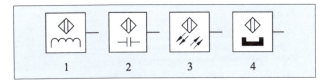

a) 图1:传感器检测热能
b) 图2:传感器检测所有靠近的材料
c) 图3:传感器检测喷水
d) 图4:传感器通过凸轮启动
e) 无正确答案

74
下列关于 GRAFCET 图的表述,哪项是正确的?

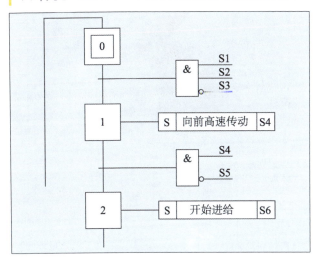

a) 步骤1和步骤2保存在储存器S4和S6中
b) 步骤1和步骤2延迟
c) 步骤0为设备的起始位置
d) 步骤2通过S6关闭
e) 步骤1通过S4关闭

75
下列关于题74中 GRAFCET 图的表述,哪项是正确的?
a) 当信号传感器S1、S2和S3表现为状态1时,设备启动
b) 当信号传感器S1、S2和S3表现为状态0时,步骤1被删除
c) 当信号传感器S4和S5表现为状态1时,步骤2被删除
d) 当步骤1关闭,信号传感器S5表现为状态0时,步骤2被删除
e) 当信号传感器S4或S5表现为状态1时,步骤2被删除

76
下列表格中描述的是 SPS 控制的哪种逻辑基本运算?

线路标记 DIN EN 60617	真值表	FUP/FBS	AWL	KOP
E1 & A E2	E2 E1 A / 0 0 0 / 1 0 0 / 0 1 0 / 1 1 1	E0.0 & A4.0 E0.1 =	U E 0.0 U E 0.1 = A 4.0	E0.0 E0.1 A4.0 ‖ ‖ ( )

a) 恒等
b) 否定
c) 与
d) 或
e) 异或

77
下列表格中描述的是 SPS 控制的哪种自锁电路?

FUP/FBS	AWL	KOP
A4.0 ≥1 E0.0 & A4.0 E0.1 =	U(O A 4.0 O E 0.0) U E 0.1 = A 4.0	A4.0 E0.1 A4.0 ‖ ‖ ( ) E0.0 ‖

a) 控制性删除
b) 设定
c) 主导设定
d) 复位主导
e) 储存

78
下列表格中描述的是 SPS 技术中的哪种储存功能?

FUP/FBS	AWL	KOP
E0.0 A4.0 S	U E 0.0 S A 4.0	E0.0 A4.0 ‖ (S)

a) 主导设定
b) 复位储存
c) SR 触发器
d) RS 触发器
e) 带标志位的或

自动化中的控制技术

79
下列关于工业机器人的说法,哪项是正确的?
a) 小型装配机器人中的直线轴通常受液压控制
b) 传感器具有感应作用,当机器人高于运行温度时会停止运行
c) 轴的传动通常使用三相交流同步电动机
d) 位置测量系统可检测垂直多关节机器人的线性移动
e) 控制设备必须通过储存程序控制和监督运动过程

80

如下图所示，该机器人属于哪种类型？

a) 垂直多关节机器人　　b) 龙门机器人
c) 直线轴机器人　　　　d) 水平悬臂机器人
e) 全方位移动机器人

81

垂直多关节机器人不能执行哪项工作？

a) 焊接　　　　d) 去毛刺
b) 装配　　　　e) 涂漆
c) 锯

82

下列关于生产设备的表述，哪项是正确的？

a) 机械手可投入焊接工作
b) 直线轴机器人有 2 个直线轴和 1 个旋转轴
c) 由于龙门机器人定位精度高，可作为测量机器人投入使用
d) 水平悬臂机器人主要作为装配机器人投入使用
e) 垂直多关节机器人有方形的工作空间

83

下列关于机器人功率特征的说法，哪项是错误的？

a) 轴越多，机器人越灵活
b) 工作空间描述机器人移动空间的可能性
c) 额定负载总是小于最大负载
d) 定位精度为最大偏差，在一个位置重复移动实现的定位精度为最大偏差
e) 轴的移动速度按比例计算构成机器人速度

84

传感器是工业机器人的感觉器官，工业机器人使用大量不同功能的传感器。下列关于其分类的观点，哪项是错误的？

a) 角度行程传感器用于确定位置
b) 光栅监督安全
c) 电感接近开关监督机器人的工作空间
d) 按钮控制工件轮廓
e) 开关传感器控制组件

85

为了说明工业机器人轴移动的空间点位置，需要不同的坐标系。机器人编程中不会运用哪种坐标系？

a) WORLD
b) ROBROOT
c) KUGELKS
d) BASE
e) TOOL

86

如下图所示，该工业机器人的移动方式通过哪种指令编程？

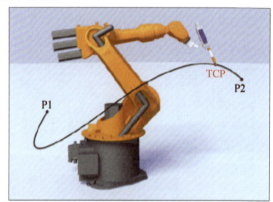

a) PTP
b) LIN
c) CONT
d) CIRC
e) HOME

87

工业机器人在线编程时，部分安全装置失效。下列哪项特殊保护措施与设置模式不符？

a) 使用手工编程的优选电路（相对于机器人设备的总系统）
b) 降低功率和限制速度
c) 启动手工编程的急停按钮
d) 启动控制面板的使能开关
e) 使用软件开关可以违规通过安全护栏

9 自动化加工

9.1 计算机数字控制(CNC)

9.1.1 数控机床(NC)的特点

1

调节驱动电动机的转速有哪些方法？

2

对于进给驱动有哪些要求？

3

为什么进给驱动需要有两个调节回路？

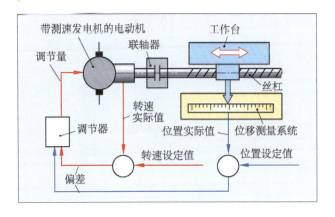

4

如何区分直接式位移测量与间接式位移测量？

5

直接式位移测量系统有哪些优点？

6

机床断电对增量式位移测量系统有何影响？

7

绝对式位移测量系统有哪些优点？

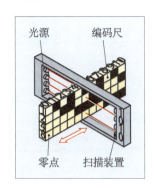

8

在什么情况下需要通过接口向计算机数字控制(CNC)系统输入数据？

9

适配控制装置的作用是什么？

10

请解释 NC、CNC、DNC 缩写的含义。

11

CNC 控制系统的操作面板有哪些功能？

12

请列举 CNC 加工的主要优点。

13

CNC 机床的进给传动需要满足哪些要求?

9.1.2 坐标、原点和基准点
9.1.3 控制类型、刀具补偿

1

如果在车床 Z-20 上编程,刀具应向哪个方向运动(见下图)?

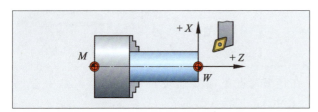

2

车床工作主轴的旋转运动是可控的。

a) 旋转轴如何标识?

b) 如果设定旋转角度为 30°,工作主轴应沿着哪个方向旋转?

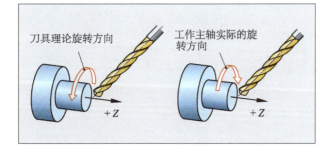

3

立式铣床的机床工作台在 X 轴和 Z 轴两个方向上运动(见下图)。

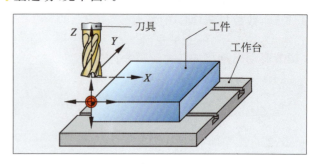

a) 如果编程规定为 X100,机床工作台应向哪个方向运动?

b) 如果编程规定为 Z-10,机床工作台应向哪个方向运动?

4

为什么数控机床需要一个参考点?

5

参考点位于数控车床的指定位置(见下图)。

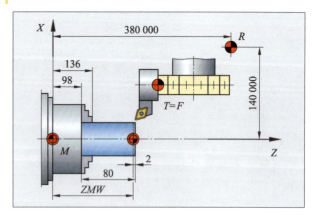

a) 如果移动该参考点时没有有效的刀补值,那么该参考点会覆盖数控机床的哪个基准点?

b) 如果该参考点移动,会显示出哪些坐标值? X 坐标显示为直径。

6

如果无有效的原点偏移,那么输入控制系统的坐标尺寸与哪个原点有关?

7

卡盘尺寸(见题 5 图)已规定。如果工件的原始长度为 80 mm,请计算原点偏移的单值(需要车端面 2 mm)。

8

车锥度时至少需要哪种控制系统?

9

请解释内部刀具检测与外部刀具检测的区别。

10

在刀具预调仪上检测两把刀具(见下图)。请求出两把刀具的刀具补偿值 X 和 Z,以及正确的前置符号。

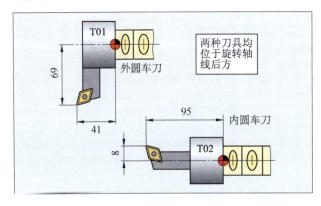

11

CNC 机床上的参考点有什么作用?

12

通过哪些路径条件选择刀具补偿?

13

编程员如何确定工件原点?

14

CNC 机床坐标系的原点位于什么位置?

15

如何进行原点偏移?

16

CNC 机床上有哪些控制类型?

17

点位控制适用于哪些机床?

18

为什么轮廓控制时数控机床的所有轴需要单独传动?

19

请为下图基准点命名并说明其含义。

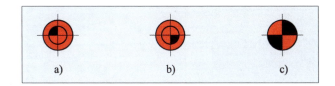

9.1.4 CNC 编程

1
CNC 程序中的 G 代码有什么作用?

2
请解释模态 G 代码的作用。

3
如果以恒定的切削速度 $v_c = 220$ m/min 车削一个工件,其程序指令是什么?

4
为什么子程序的坐标大部分都使用增量尺寸输入?

5
请求出多孔圆盘中从点 1 至点 5 的绝对尺寸极坐标。

点	R	φ
1		
2		
3		
4		
5		

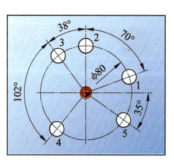

6
现采用极坐标对轴螺栓(见下图)的外形轮廓进行编程,请求出极角 1 至 5。

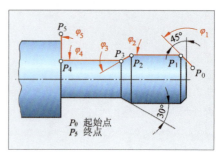

路径	φ
$P_0 \Rightarrow P_1$	
$P_1 \Rightarrow P_2$	
$P_2 \Rightarrow P_3$	
$P_3 \Rightarrow P_4$	
$P_4 \Rightarrow P_5$	

7
控制系统若要执行圆形轮廓需要哪些数据?

8
用直径为 63 mm 且装有 9 个刀片的铣刀头铣一块钢板,切削速度为 120 m/min,每齿进给量为 0.15 mm。请问必须使用哪些字编写转速 n 和进给速度 v_f 的程序?

9

请确定圆弧（见下图）的各几何函数和圆心点参数。

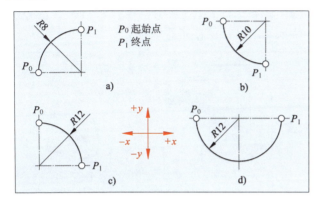

圆	G	I	J
a)			
b)			
c)			
d)			

10

请编写精车工件轮廓（见下图）的程序段，只需编写必要的路径条件、坐标和圆心点参数的程序。

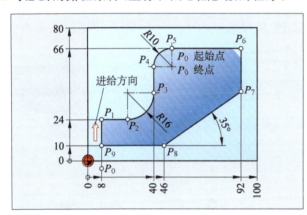

路径	G	X	Y	I	J
$P_0 \Rightarrow P_1$					
$P_1 \Rightarrow P_2$					
$P_2 \Rightarrow P_3$					
$P_3 \Rightarrow P_4$					
$P_4 \Rightarrow P_5$					
$P_5 \Rightarrow P_6$					
$P_6 \Rightarrow P_7$					
$P_7 \Rightarrow P_8$					
$P_8 \Rightarrow P_9$					

11

请编写精车轴颈（见下图）的程序段，包括路径条件、坐标和半径的圆心点参数。

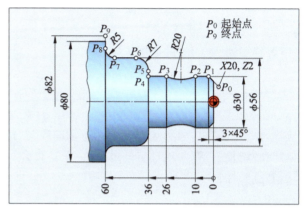

路径	G	X	Z	I	K
$P_0 \Rightarrow P_1$					
$P_1 \Rightarrow P_2$					
$P_2 \Rightarrow P_3$					
$P_3 \Rightarrow P_4$					
$P_4 \Rightarrow P_5$					
$P_5 \Rightarrow P_6$					
$P_6 \Rightarrow P_7$					
$P_7 \Rightarrow P_8$					
$P_8 \Rightarrow P_9$					

12

如何理解 CNC 程序中的"一个字"？

13

如何表示 CNC 机床的路径条件？

14

一个 CNC 程序段里包含哪些信息？

15

如何理解路径条件 G90？

16
如何理解增量或链式尺寸？

17
请解释 G94 与 G95 的区别。

18
圆形加工运动时，圆和圆心点坐标通常编程为"绝对"和"增量"。哪些地址字母包含了 X、Y 和 Z 的圆心点坐标？

19
为什么车端面和车锥面时要使用路径条件"G96"？

20
通过哪些地址字母可以标明开关信息？

21
哪些数值必须输入 CNC 铣床的控制程序，以实现刀具补偿？

22
什么是"模态指令"G 代码？

23
在车削件上的什么位置确定工件原点？

9.1.5 循环程序和子程序
9.1.6 数控车床的编程

1
为了能够执行 SRK（切削半径补偿），哪些量必须输入到刀具补偿存储器中？

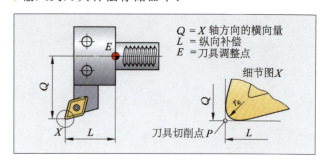

2
通过有效切削半径补偿设置刀具（见下图），请确定待编程的纵向车削坐标值 Z 和端面车削坐标值 X。

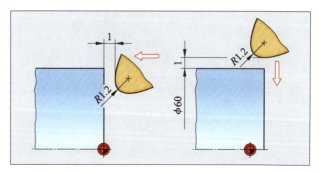

3
如果没有激活切削半径补偿（SRK），车削件上（见下图）哪些轮廓元素会出现尺寸偏差？

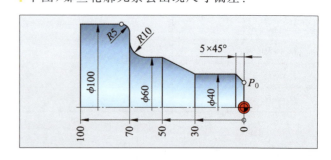

4
请绘制草图说明:为什么车削时没有切削半径补偿(SRK)会出现轮廓错误?

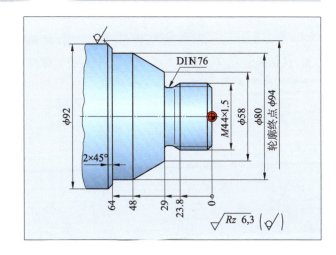

5
车削时,控制程序需要哪些信息进行切削半径补偿?

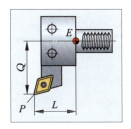

6
"子程序"和"加工循环"有什么区别?

7
为什么子程序坐标大多使用增量方式?

8
为什么车螺纹时需要进入和退出距离?

9
进入和退出距离的长度取决于哪些量?

10
通过哪些措施可以缩短车螺纹时的进入和退出距离?

11
如下图所示为轴。请编写粗车和精车轴螺栓的程序段及其精车轮廓子程序。

12

现以 $v_c=150$ m/min 车加工轴(见题 11 图)的螺纹,机床特性值 K 达到 600/min。请确定车螺纹循环程序的参数。

3

请编写车削螺纹轴轮廓(见下图)的子程序。

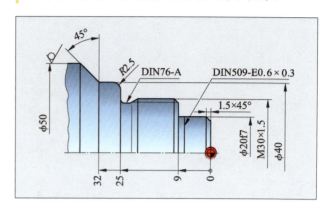

● 数控车床的编程

1

如下图所示,请用极坐标编写精车轮廓的程序。

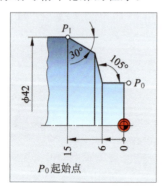

P_0 起始点

2

如下图所示,请用极坐标和过渡半径编写凸肩的程序。

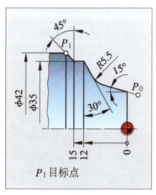

P_1 目标点

4

如果车削的切槽有斜角或圆弧,为什么要测量切槽刀的两个刀尖?

5

请借助刀具(下表)创建加工螺纹轴(见题 3 图)的安装调整单和零件程序。

所使用的刀具		
刀具号	刀 具	
T606	端面车刀 $r_\varepsilon 0.8$ HC-P20,左旋	
T707 T808	偏刀 $r_\varepsilon 0.6$ 偏刀 $r_\varepsilon 0.4$ HC-P20,左旋 55°	
T1111	螺纹车刀 HC-P20,右旋	过顶夹紧

9.1.7 数控铣床的编程
9.1.8 编程方法

1

请确定下图所示位置的原点偏移坐标值。

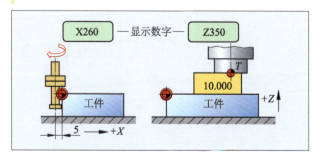

2

加工循环程序结束时,刀具位于哪个位置?

3

现顺铣一个矩形槽(见下图),请定义铣矩形槽循环程序并用 G79 将它调至给出的位置。

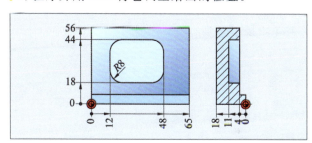

4
采用右旋铣刀进行顺铣时,用哪一种 G 代码可以激活轨迹补偿?

5
激活轨迹补偿后,铣刀中心点应该到达哪个位置?

所需刀具		
刀具号	刀 具	
T1	数控定心钻头ϕ16 高速钢,右旋	
T4	立铣刀ϕ25 HC-P20;$Z=3$	
T12	麻花钻头ϕ8.5 高速钢,右旋	

6
请描述粗铣时预留精铣加工余量的两种方法。

7
精铣时,铣刀必须通过哪种方式到达轮廓线,才能避免出现不必要的轮廓标记?

8
模拟计算机数字控制(CNC)程序有何作用?

9
车间编程系统有哪些优点?

10
请编写轮廓铣和渗碳钢盖板钻孔(见下图)的零件程序,刀具见下表。

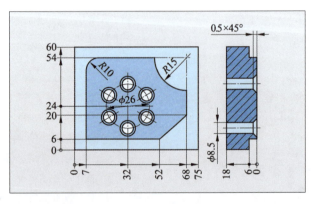

11

安装调整单包含哪些参数？

12

如图所示，由材料 S235JR 制成的工件上要铣一个 3 mm 深的字母"C"。请编写凹板的子程序 L80，并描述程序语句。

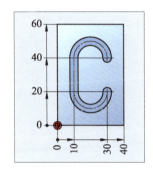

13

根据 PAL，五轴加工时围绕三个主轴的旋转轴如何命名和归类？

14

如何确定旋转轴的正旋转方向？

15

如下图所示，如何命名 CNC 车床上①和②标记的轴？

16

在五轴 CNC 铣床上，B 轴通过旋转运动类型分为两种加工方法。如何区别？

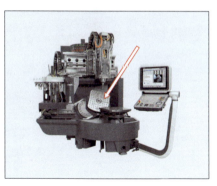

17

如何根据轴的位置命名下图加工机床？

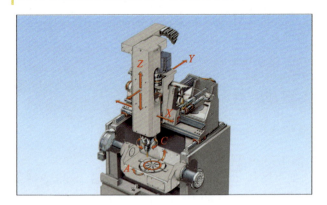

18

请解释以下五轴CNC铣床零件程序摘录的内容：

N34 G17 CM－90
N35 G56
N36 T1 TC1 F636 S3160 M3 M6
N37 G73 ZA－20 R30 D5 V2 W2 AK0 AL0
DB80 O1 Q1 H1

9.2 自动化加工设备

1

哪些市场条件需要柔性生产线？

2

自动化柔性生产线的物资运输是通过什么机器来完成的？

3

车削加工中心通过哪些部件来保证其自动化运行？

4

耐用度监测是如何运作的？

5

如何在CNC机床上监测刀具磨损？

10

加工中心和柔性生产单元之间的区别是什么?

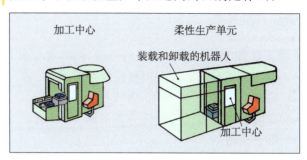

6

通过哪些加工装置可以达到高生产率？通过哪些加工装置可以达到高灵活性？

11

如何通过测量电气的功率消耗监测加工机床上的刀具磨损？

7

如何理解 Just-in-time（适时）生产？

12

CNC 车床上的自动化棒料进给装置是如何运行的？

8

计算机集成制造有哪些特征？

13

加工机床供给任意毛坯件时，CNC 车床如何进行装载和卸载？

9

加工中心的自动化控制有哪些基本组件？

14

为什么柔性加工系统是输送通道和 CNC 机床之间的妥协方案？

自动化加工测试题

CNC 控制系统

1

将工件放到一台数控冲床的指定位置,冲压并随后进行再次定位。这是哪种控制类型?

a) 轮廓控制 b) 直线控制
c) 点位控制 d) 位置控制
e) 指令控制

2

一台数字轮廓控制的机床在任何情况下都必须满足什么条件?

a) 通过线性尺寸进行位移测量
b) 通过自动同步机进行位移测量
c) 通过穿孔纸带进行数据输入
d) 具有特殊的导轨
e) 具有分开可调的进给传动

3

一台数字控制的车床是直线控制的,下列哪项陈述与之相符?

a) 该车床只能加工圆柱形和倒角约 45° 的工件
b) 该机床特别适合加工圆锥形工件
c) 该机床能加工任意类型的锥形和圆形工件
d) 除了圆形还能车削任意曲线形
e) 该机床能加工球体

4

检测 CNC 机床的刀具是出于什么目的?

a) 测量出的刀具尺寸需用于轮廓程序
b) 测量出的刀具尺寸需用于更换磨损刀具
c) 测量出的刀具尺寸需用于确定刀具磨损
d) 通过机床存储器中存储的刀具尺寸能够不通过使用的刀具完成工件轮廓的编程
e) 上述陈述均不正确

5

如何命名 CNC 机床上主轴的方向?

a) A b) B c) X
d) Y e) Z

6

下列关于 2D 轮廓控制的描述,哪项是正确的?

a) 这种控制不能加工圆形轮廓
b) 这种控制只能在 XY 平面插补
c) 这种控制能在所有层面同时插补
d) 这种控制只能在 XZ 平面插补
e) 这种控制可在三个主平面的任意两个插补

7

下列关于参考点的表述,哪项是正确的?

a) 必须在每个程序开始前回参考点
b) 在绝对位移测量系统中,每一次开启机床后必须回参考点
c) 参考点只存在于没有机床原点的机床上
d) 在增量位移测量系统中,每一次开启机床后必须回参考点
e) 参考点是工件补偿值的基准点

8

CNC 控制系统的插补器有什么作用?

a) 使通过不精准的输入而产生的轮廓偏差一致
b) 计算起始点和目标点之间必要的轮廓点
c) 计算编程的曲面零件缺少的转接点
d) 计算平方数和根数
e) 由编程的切削速度计算出主轴的转速

9

刀具补偿尺寸与什么相关?

a) 与机床原点和参考点之间的距离有关
b) 与刀具基准点和切削点之间的距离有关
c) 与刀具基准点和参考点之间的距离有关
d) 与刀具基准点和机床原点之间的距离有关
e) 与刀具基准点和工件原点之间的距离有关

10

下列关于工件原点的描述,哪项是正确的?

a) 在绝对度量时,所有尺寸都与这个点有关
b) 在增量度量时,所有尺寸都与这个点有关
c) 工件原点不能移动
d) 工件原点始终是数字控制程序的起始点
e) 工件原点和机床原点始终一致

11

CNC 程序语句中首字母 I,J 和 K 有什么含义?

a) 它是子程序开始的标识
b) 它是循环程序的组成部分
c) 它标识圆心点位置
d) 它用于标识切削深度数据
e) 它是直线插补的组成部分

12

如何理解数字控制的车床和铣床中的 G40、G41 和 G42？

a) 刀具轨迹补偿和切削半径补偿
b) 原点移动
c) 调用加工循环
d) 刀具长度补偿
e) 选择恒定的切削速度和主轴转速

13

刀具位于车削中心前，下列哪项语句正确描述了 P_0 到 P_1（见右图）的圆弧编程？

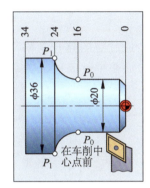

a) G03 X36 Z−24 I−8 K0
b) G02 X36 Z−24 I8 K0
c) G03 X36 Z−24 I0 K−8
d) G02 X36 Z−24 I0 K8
e) G02 X18 Z−24 I8 K0

14

车床上的路径条件 G96 有什么含义？

a) 点位控制情况　　b) 主轴顺时针旋转
c) 主轴逆时针旋转　　d) 恒定切削速度
e) 转速 $\min^{-1}$

15

如图所示，哪项程序语句 N30 正确描述了 P_4 至 P_5 的路径（刀具位于切削中心后）？

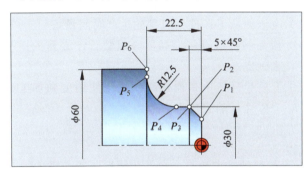

a) G02 X60　Z−22.5　I12.5　K−12.5
b) G03 X60　Z−22.5　I12.5　K−12.5
c) G02 X55　Z−22.5　I12.5　K0
d) G03 X55　Z−22.5　I12.5　K0
e) G02 X55　Z22.5　I0　K−12.5

16

哪些结构元素在精切削时需要切削半径补偿？

a) 圆柱面和平面
b) 所有不与轴平行的轮廓元素
c) 锥形平面
d) 圆形
e) 所有磨削余量的表面

17

车床上的刀架基准点位于什么位置？

a) 滑板头的止动面
b) 转塔头的旋转中心
c) 转塔头的导轨上 X 轴方向
d) 转塔头的导轨上 Z 轴方向
e) 车床的参考点

18

车削程序中的 G92 S2500 参数有什么含义？

a) 最大切削速度 2 500 m/min
b) 最大主轴转速 2 500 $\min^{-1}$
c) 恒定切削速度 2 500 m/min
d) 选择的主轴转速 2 500 $\min^{-1}$
e) 恒定转速 2 500 $\min^{-1}$

19

下列哪项补偿值在车刀上是不必要的？

a) 横放的 Q 到 X 轴的距离
b) Z 轴的刀具长度补偿 L
c) 车刀切削主偏角 φ
d) 切削半径 r
e) 刀具切削点 P 到切削半径圆心点的位置

20

如图所示，哪个车床基准点是正确的？

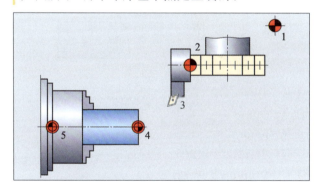

a) 1 ≙ 刀架基准点
b) 2 ≙ 刀具切削点
c) 3 ≙ 机床原点
d) 4 ≙ 工件原点
e) 5 ≙ 参考点

21
下列哪个 CNC 车床参考点的图标是正确的？

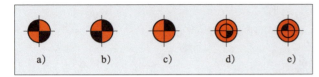

22
在什么情况下,在铣加工程序中运用子程序是有利的？

a) 轮廓上需要一个精加工尺寸时
b) 工件形状需要多次加工形成铣削件时
c) 子程序值得推荐用于所有循环程序时
d) 需要使用许多不同铣刀时
e) 铣床装有水平轴时

23
下列哪个主轴方向对应的 Z 轴方向是正确的？

a) 卧式升降台铣床＝Z 轴垂直方向
b) 卧式床身铣床＝Z 轴垂直方向
c) 立式升降台铣床＝Z 轴水平方向
d) 立式升降台铣床＝Z 轴垂直方向
e) Z 轴是各种铣床的垂直方向

24
沿着 NC 定位中心钻加工的工件外轮廓倒角为 2.5×45°（见下图）。刀具存储器中要输入哪项铣刀半径？铣削深度的程序段哪项是正确的？

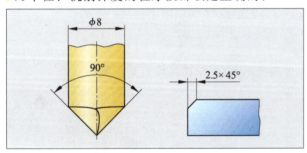

a) $R=4mm; Z=-4$
b) $R=5mm; Z=-2.5$
c) $R=5mm; Z=-4$
d) $R=4mm; Z=-2.5$
e) $R=2.5mm; Z=-2.5$

25
指令 G17、G18、G19 在数字控制铣床上的含义是什么？

a) 刀具轮廓补偿参数
b) 确定圆弧插补
c) 为直线和圆弧插补选择平面
d) 选择加工循环
e) 选择原点偏移

26
什么情况下会用到数字控制铣床的第四个轴？

a) 数字控制圆台的控制
b) 分度头的传动
c) 成形模加工
d) 键槽刀具的传动
e) 铣床不可能有超过三个轴

27
通过哪项路径条件,能使铣刀轴不在工件轮廓上而是平行偏移完成等距离移动？

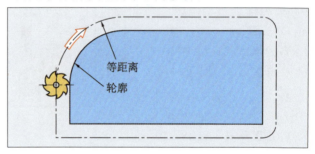

a) G02
b) G03
c) G04
d) G41
e) G42

28
下列关于经济性生产的说法,哪项是不正确的？

a) 应该为所有成品建立尽可能大的库存量
b) 应该只是生产在此刻需要的多个成品
c) 应该使从毛坯件到成品的生产时间最短
d) 成品的批量应该根据下一组装程序必需的成品来确定
e) 低的单件造价是通过高的机床使用度和加工每个零件低的总成本来达到的

29
下列哪种特点最符合自动化柔性制造的描述？

a) 专业人员自己完成多个工作步骤
b) 专业人员手动更换刀具和毛坯件
c) 工件和刀具的材料流是通过联网的运输和搬运系统完成的
d) 专业人员通过检查监视刀具磨损
e) 工件加工将通过机床操作人员与师傅协商后手动完成

30

下列哪项机床零件不用于自动化加工中心?

a) 刀具库
b) 刀具更换器
c) 五面加工的圆分度工作台
d) 工件托盘更换器
e) 主轴头

31

下列哪项机床零件用于自动化 CNC 车床?

a) 传动的工作主轴
b) 刀架滑板
c) 排屑装置
d) 扭转且微振的床身
e) 封闭的机器外壳

32

下列哪项不属于自动化机床上监测设备的任务?

a) 刀具耐用度监测
b) 主轴传动的用电功率测量
c) 刀具光学断裂检查
d) 每日电流耗损测量
e) 工件尺寸监测

33

下列关于柔性加工的描述,哪项是错误的?

a) 柔性加工单元由加工中心和一个循环存储器组成
b) 柔性加工系统由很多相同类型的或不同类型的加工机床通过运输系统相互连接组成
c) 柔性加工岛是在车间划定范围内由不同机床和其他工作站随意连接而成的,以便尽可能完整地加工同类零件
d) 柔性加工单元的工件存储站在限定时间段内为机床提供毛坯件和接受制成件
e) 由于柔性加工系统成本高,导致经济效益较低

34

下列哪种运输系统不属于典型的自动化柔性制造装置?

a) 转动关节机器人
b) 叉车
c) 辊式运输机
d) 管道式地面运输机
e) 轨道式地面运输机

35

下列关于生产设备的相关描述,哪项是正确的?

a) 输送通道具有较大的生产灵活性
b) 柔性加工单元的生产力高于所有加工设备
c) 标准机床的生产力高于所有加工设备
d) 柔性加工系统不仅生产力较高,还具有较大的灵活性
e) 加工中心的生产力高于所有加工设备

10 技术项目

10.1~10.4 项目载体的基础

1
为什么要采取综合性任务设计组织项目？

2
请列出项目的五个特征。

3
哪些行为步骤属于完整的职业行为？

4
为什么初始阶段称为项目前期阶段？

5
请列出定义阶段五个要解释清楚的有关项目的内容。

6
在制定项目目标的过程中需要注意什么？

7
在项目规划的过程中，如何考虑内容、时间以及成本这3个方面？

8
如何理解"高"风险？

9
项目控制有哪些步骤？

10
如何结构化且合理地完成项目？

11
如何区分非营利项目和经济项目？

12
请列举三个非营利性项目的例子。

13
如何理解在项目工作中的"里程碑"？

14
请列举在项目工作中出现的五个里程碑。

15
在安排项目团队成员时需要注意什么?

16
如何区分在客户-供货商关系中的产品建议书和产品责任书?

4
自动添加标签的作用是什么?

17
由于唯一性和复杂性,项目存在影响进度的风险,从而威胁到整个项目的成功。请列出五个风险。

5
使用分节有哪些好处?

10.5 记录技术项目

● 文字处理

1
各种办公应用程序之间的数据交换有哪些基本方式?

6
页面的基本结构是在页面布局中设置的,请列出五个页面布局的参数。

7
文档模板的作用是什么?

2
相比文档模板,格式模板有何不同?

● 电子表格、演示软件

1
请解释一下在电子表格中的表格与工作表的区别。

3
请说明调整文本、段落以及字符格式时可以设置的四个参数。

2
请解释单元格相对引用和绝对引用的区别。

3

通过以下电子表格程序中的表达方式可得到哪项数值？（注：F1＝1、F2＝2、F3＝3 等）

a) F24 /12

b) F36^2

c) SUM(F1:F7;F9:F20)

4

理解概念"优先"并计算下列输入公式。（注：G1＝10、G2＝20、G3＝30 等）

a) 80－G9＋G20/2

b) G100/2＋30

c) G200/(48＋52)

d) SUM(G1:G5)^2＋G10^2－(G12－G10)^8＋G100－G20^2

5

通过以下电子表格程序中公式得到哪项数值？

a) AVERAGE VALUE(B1;B10;B20)

b) IF(AND(OR(B8＞B7; B6 ＞ B7)); (AND (B6＞B5;B3＜B4));"Yes";"No")

6

请说明幻灯片可以含有哪些内容。

7

在幻灯片结构和幻灯片布局中主要有哪些注意事项？

8

请解释"应用软件"的概念并在软件领域进行分类。

9

请列出并概述程序中最重要的五个部分。

10

如何构建数据库程序？它的用途是什么？

11

在创建演示文稿时需遵守哪些教学的基本原理？

12
圆形面积图和柱状图特别适合显示哪些内容？

13
图表（如曲线图）可以显示什么内容？

● 技术制图

1
缩写 DIN 是什么意思？

2
国际通用的标准有哪些优点？

3
零件图包含哪些信息？

4
零件清单包含哪些标注？

5
使用哪些数据格式可将 CAD 数据导入到演示文稿中？

6
什么是分解图？

7
为什么要制订维护计划？

8
如何理解 FEM 负荷计算？

9
请解释 CAD-CAM 一体化。

10
后处理器有哪些作用？

11

如图所示为滚轮轴承,请制订出完整的装配计划。

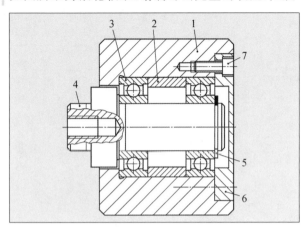

装配计划	
合同-Nr. 2238	
名称:滚轮轴承	
序号	工作步骤
1	
2	
3	
4	
5	
6	
7	
8	
9	
10	

技术项目测试题

项目载体的基础

1
下列哪项特征不属于项目定义？
a) 唯一性（无重复）
b) 时间、人员以及资金限制
c) 只有一个人完成一个项目
d) 区分、完整规定
e) 复杂性高

2
从处理步骤可以系统地开发出解决问题的结构化工作方法，下列哪项处理步骤不属于完整的专业处理？
a) 信息收集
b) 实施
c) 评价
d) 预算
e) 计划

3
技术项目可以根据不同的标准划分，下列哪个例子属于非盈利项目？
a) 机床的设计和制造
b) 企业工作时间的改变
c) 职业学校学习领域中的打孔机的设计和制造
d) 高等学校研究电动汽车使用的电池
e) 分析载货车的燃油消耗

4
下列关于工程阶段的说法，哪项是正确的？
a) 定义阶段的目标就是确定下一个步骤的负责人
b) 初始阶段包含确定该项目的所有任务和决定
c) 在计划阶段制定出大体文案并修改细节
d) 在实施阶段结束之后项目就结束了
e) 在实施阶段中完成项目结束报告

5
如何理解项目控制中的"里程碑"？
a) 里程碑是项目的开始日期和完成日期
b) 里程碑是规划、监测以及项目结构化过程的角点
c) 里程碑描述从发现问题直到解决问题的过程
d) 完整的职业行为中的第五个步骤就是里程碑的描述
e) 设计任务书所描述的目标就是里程碑

6
下列哪项主题不属于项目结束会议？
a) 回顾、反省和回馈
b) 从项目过程中吸取对日后项目有用的经验
c) 客户满意度报告
d) 活动开幕的计划
e) 闭幕式

7
项目目标必须定义为 SMART，关于 SMART 这个概念，下面哪项描述是正确的？
a) 明确性、可衡量性、可达成的、符合实际、时间限制
b) 快速、可行性、普通的、正确的、时间限制
c) 特定的、间接的、可达成的、符合实际、行动力
d) 自我监控、分析、技术报告
e) 注重实际性、可行性、可达成的、正确的、价高的

记录技术项目

8
办公软件包中的所有应用窗口结构统一，下图在应用窗口中用①标注的那一行其名称是什么？

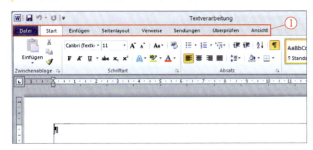

a) 标题栏
b) 状态栏
c) 菜单栏
d) 滚动条
e) 应用程序栏

9
如何理解办公软件包中的"对象链接"？
a) 数据从一个应用转换到另外一个应用，原文件变化了，复制的文件发生改变
b) 将一个应用（例如，Word）复制到另外一个应用（例如，Excel）上
c) 把网上的链接添加到一个对象上（例如，图表）
d) 数据从一个应用转换到另外一个应用，原文件变化了，复制的文件也发生改变
e) 通常理解为办公软件包中各个应用之间的数据交换

10
下列哪项是电子表格中的串联运算符号?
a) ＋　　　　　　　　b) ＝
c) <>　　　　　　　　d) &
e) %

11
如果单元格 F12 是数字"5",那么电子表格表达式 F12^2 得出的数值是什么?
a) 25　　　　　　　　b) 24
c) 6　　　　　　　　d) 120
e) 10

12
如何理解文字处理的格式?
a) 格式是软盘扇区的划分
b) 格式是文件名的确定
c) 格式是文本外形设计
d) 格式是插入文本到文本
e) 格式是设置自动换行和换页

13
数据库系统有什么用途?
a) 保存运行系统
b) 保存用户程序
c) 保存不同类型的文本,如信笺
d) 保存结构一致的数据,如地址
e) 计算机不同运行系统的连接

14
下列哪种应用软件不属于标准软件?
a) 文字处理　　　　　b) PLC 编程
c) 电子表格　　　　　d) 数据库
e) 演示软件

● 技术制图

15
下列哪项说法是正确的?
a) 零件图不包括任何关于零件的标注
b) 圆形面积图特别适合说明百分比数值
c) 分解图是零件图的特殊形式
d) 从工作计划中可以得出加工步骤的顺序
e) 保养计划包括停工期限

16
哪种类型的技术图纸包含加工工件所需的所有标注?
a) 零件图　　　　　　b) 组件装配图
c) 总装图　　　　　　d) 分解图
e) 零件清单

17
下列关于分解视图的说法,哪项是正确的?
a) 分解视图经常用于备件目录
b) 分解视图显示零件的细节
c) 分解视图是零件加工的基础
d) 只有训练有素的专家才认识分解视图
e) 分解视图不适合用于组件概览

18
缩写 DIN ISO 的含义是什么?
a) 德国标准
b) 采用 DIN 标准的欧洲标准(EN)
c) 采用 DIN 标准的国际标准(ISO)
d) 不加修改的国际标准和德文版的欧洲标准
e) 国际版的德国标准

19
CAD-CAM 一体化系统指的是什么?
a) 计算机综合管理和所有操作的控制
b) 计算机辅助绘画
c) 计算机辅助绘画、计划和加工一体
d) 计算机辅助的商业的企业组织
e) 计算机辅助的质量规划

20
下列关于后置处理器的说法,哪项是正确的?
a) 借助后置处理器读取 CAM 系统的数据生成控制专用的数控程序代码,由此控制加工机床的数控加工
b) 用后置处理器同步两个旋转轴(A 和 B)与三个主轴(X、Y 和 Z)
c) 切换功能用于数控机床后置处理器的切换命令,在数控机床上该切换功能与机床反馈的信息相连接并且转换成用于开关装置的控制命令
d) 在 PCL 系统中,借助后置处理器确定控制进程
e) 后置处理器是一种光学数据储存器

第二部分　专业数学试题

1 专业数学基础

1.1 三分律、百分比和利息的计算

1
切削师生产一个工件需要 4.5 分钟,那么 6 个小时他总计生产多少个工件?

2
加工中心每小时生产 8 副刀架,共重 20 kg。请计算出托盘上 56 副刀架的总质量。

3
某企业 3 台自动车床每周消耗 7.5 吨材料。如果自动车床为 5 台,4 周总计消耗掉多少材料?

4
铣床上铣一个工件所需时间为 2 min 30 s。那么每小时能铣多少个工件?提示：1 min＝60 s；1 h＝60 min＝3 600 s

5
锯板材时会产生 8.5％的边角料。若要加工 176 kg 的板材,会产生多少边角料?

6
切削师在车床上加工时,车削的 625 个工件中有 15 个要返工。请计算出百分比。

7
某金属加工公司使用信用卡购买了一台价格为 48 000 元的折边机,其中 80％的费用用信用卡借贷,利息为 7.3％。

a) 计算用信用卡借贷的金额。
b) 计算每月的利息。
c) 若该借贷卡在五年内要还清,每月要偿还多少本金?

1.2 等式转换

1
$R=\dfrac{\rho \cdot l}{A}$,求 ρ。

2
$U=I \cdot R$,求 I。

3
$W_k=\dfrac{1}{2}m \cdot v^2$,求 v。

2 物理计算

2.1 量的换算

1

请将以下单位换算成米（m）：6.8 mm、5 μm、0.24 cm。

2

请问 3/4 英寸等于多少毫米？

3

请将以下单位换算成 cm^3：0.25 m^3、2 360 mm^3。

4

请问 2.5 kg 是多少克？3.42 t 是多少千克？

5

请计算角度 20°45′30″ 与 45°30′45″ 的总和？

6

90° 减去 36°40′30″ 等于多少？

7

在角度制中，0.18° 是几分（′）几秒（″）？

8

12°36′54″ 转换成小数是多少度？

2.2 长度和面积

1

一个底板的尺寸为 840 mm×620 mm×65 mm，现要用 1∶5 的比例尺将其画出。请问，所画出的尺寸是多少？

2

一个正方形的边长 l=36 mm，请计算正方形的面积 A 和周长 U。

3

一个正方形的面积 A 为 9 082.09 cm^2，请问这个正方形的边长 l 是多少毫米？

4

直径为 34 mm 的圆棒上要粗铣一个正方形，请计算正方形的边长 s。

5

如果要在一个吊环上粗铣一个对应边边长为 32 mm 的六边形，请计算吊环的直径。

6
圆的面积为 2 355 mm²,请计算圆直径 d 和周长 U。

7
钢门上有一个斜撑。如果门长 $l=1.10$ m,宽 $b=2.10$ m,请计算对角线 e。

8
直角三角形的一直角边 $a=27$ mm,斜边 $c=45$ mm。请计算另一直角边 b 和角度 α、β。

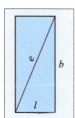

9
三角形的面积 $A=17.94$ cm²,底边 $l=78$ mm,请计算高 b。

10
梯形面积 $A=780$ mm²,高 $b=26$ mm,如果下底 $l_1=37$ mm,请计算上底 l_2。

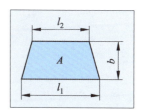

11
请计算车削加工时的切削横截面。

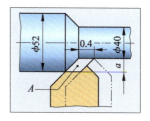

2.3 体积、密度、大小

1
有一根底面为正方形的黄铜棒条,正方形边长 $a=40$ mm(如下图),现要用它加工一个质量 $=2$ kg 的四边形工件,请计算四边形工件的长度 l。(黄铜的密度 $\rho=8.5$ g/cm³)

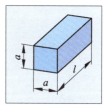

2
一个铅制圆柱平衡锤(如下图)高 5 cm,质量 1.8 kg,如果铅的密度 $\rho=11.34$ g/cm³,请问其直径是多少?

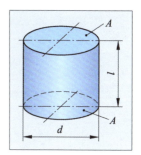

3

铸铁管长 $l=3.5$ m,外直径 $d=80$ mm,壁厚 $s=15$ mm,请计算其质量。($\rho=7.2$ g/cm³)

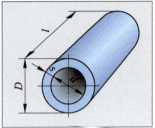

4

一个锥形量杯要装 1/2 L 的水,如果杯口直径 $d=120$ mm,请问量杯深度 h 是多少?

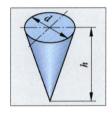

5

一卷钢丝质量为 1.85 kg,如果钢丝直径 $d=2$ mm,密度 $\rho=7.85$ g/cm³,请问这卷钢丝有多长?

6

一个铸铁外壳的密度 $\rho_G=7.25$ g/cm³,质量 $m_G=21.75$ kg。现有一个相同的轻金属合金外壳,密度 $\rho_L=2.65$ g/cm³,问它的质量 m_L 是多少?减轻的质量百分比是多少?

7

一个滚动轴承有 18 颗滚珠,滚珠直径 $d=8$ mm,密度 $\rho=7.85$ kg/dm³。请计算滚动轴承的质量。

8

如图所示,IPB 托架(IPB 220)长度为 8.2 m,请计算托架的质量。

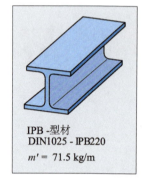

IPB -型材
DIN1025 - IPB220
$m'=71.5$ kg/m

2.4 直线运动及圆周运动

1

机床工作台的进给速度 $v_f=1\,100$ mm/min,请将其换算成以 m/s 为单位。

2

塑料压铸机压铸铸件的速度为 12 cm/s,铸件长 2 500 m,则该塑料压铸机必须运作多长时间?

3

砂轮的外直径 $d=240$ mm,允许的圆周速度为 32 m/s,则驱动马达的转速最大可达到多少?

4

两辆汽车之间的距离为 330 km,相向而行。其中一辆车的速度为 90 km/h,另一辆车的速度为 75 km/h,则两辆汽车相遇要用多长时间？相遇点离两辆汽车各自的出发点分别有多远？

2

一把铣刀杆支撑在工作主轴的主轴承(A)和对向轴承(B)上,两个轴承之间相隔 420 mm。铣刀的中部与主轴承相距 180 mm,其切削力为 4 kN。在轴承 A(主轴承)和 B(对向轴承)上会出现多大的力？

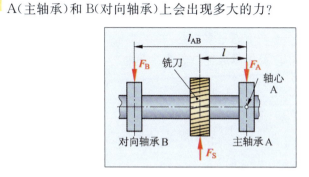

5

数控钻床要按照第 1 个钻孔的工序钻第 2 个孔(如下图),最多用 0.8 s 就能够钻出第 2 个孔,则平均加工速度最低是多少(mm/min 或 cm/s)？

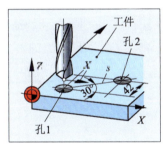

2.6 功、功率、效率

1

一名工人在 20 s 内用定滑轮将一个质量为 60 kg 的重物提高了 3 m(如下图)。在提升作业中,重物做了多少功？工人在提高重物时的功率是多少？

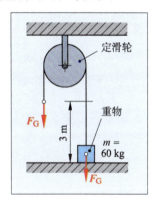

2.5 力、扭矩

1

在一个点上有两个同向的力 $F_1 = 40$ N 和 $F_2 = 80$ N 及一个反向的力 $F_3 = 60$ N(如下图)。垂直力 $F_4 = 80$ N。请计算合力 F_R。

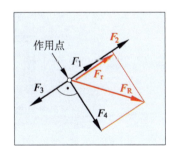

2

一台涡轮传动装置的输入功率 $P_1 = 25$ kW,如果输出功率 $P_2 = 18$ kW,则总效率 η 为多少？

2.7 简单机械

1

一件重物的重力 $F_G = 2\,400$ N，现要用下图中给出的滑轮组将其抬高 2 m。下滑轮与挂钩的重力为 250 N。问

a) 牵引力是多少？
b) 要把承载绳拉长多少米？

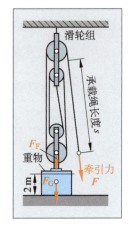

2

一个双端杠杆的杠杆臂 $l_1 = 85$ mm, $l_2 = 1\,275$ mm。现要在较短的杠杆臂上施加力 $F_1 = 750$ N。为了保持平衡，请问在较长的杠杆臂上施加的力 F_2 为多大？

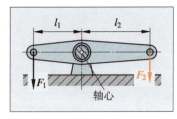

3

一个斜面的长度 $s = 6$ m，高度 $h = 1.2$ m。为了防止一个质量为 408 kg 的圆柱形滚轮滚落下来，请问制动力 F 为多大？（不考虑摩擦力）

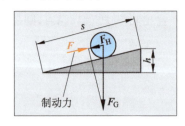

4

如下图所示，带梯形螺纹 Tr 28×5 的螺纹主轴在一根 0.6 m 长杠杆上的力 $F_1 = 250$ N。当总效率 $\eta = 0.3$ 时，主轴夹住工件的力 F_2 是多少？

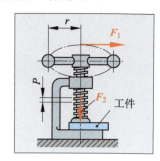

2.8 摩擦力

1

轴承（如下图）的受力 $F_N = 2\,000$ N。如果：

a) 一个滑动轴承的动摩擦因数 $\mu_1 = 0.03$；
b) 一个滚动轴承的滚动摩擦因数 $\mu_2 = 0.002$。

则用于克服摩擦力的力 F_R 分别是多少？

2.9 压力、浮力、气压

1

有人在直径为 16 mm 的活塞上用 200 N 的力抽取一种液体。请计算液体中的压力 p。

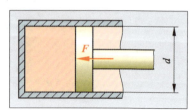

2

一个矩形淬火槽的内部长度为 600 mm,宽度为 400 mm,高度为 500 mm,装满了油。请计算淬火槽底部的静液压力 p 和作用力 F。(油的密度 $\rho = 0.91\ g/cm^3$)

3

有一个铸模芯,先要将其熔化并浇铸到一个直径为 92 mm、长度为 220 mm 的钻孔中。如果液态金属的密度为 $7.2\ kg/dm^3$,则这个水平放置的铸模芯的浮力 F_A 为多大?

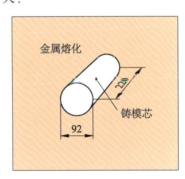

4

一个容积为 50 L 的压缩气体瓶内充满了 181 bar 的焊接气体,当温度为 20℃且常压为 1 bar 时,能够取出的气体体积是多少?

2

一个铸铁飞轮的直径 $d = 3.2\ m$,如果它收缩 2%,铸模的直径 d_1 为多少?

3

将一个质量为 12.5 kg 的钢制工件从 20℃加热到 780℃,要提供多少热量?

4

如果硬煤的单位热值 $H_u = 30\ 000\ kJ/kg$,且在熔炉里的燃烧效率为 65%,那么在一个熔炉里燃烧 12 kg 的硬煤产生多少热量?

5

有 20℃的铜质量为 3.2 kg,现将其加热熔化,要提供多少热量 Q?

2.10 热膨胀、热量

1

20℃时,一个黄铜环的内径 $d_1 = 320\ mm$,如果加热到 300℃后将其热套,它的直径 d_2 为多少?($\alpha_{黄铜} = 0.000\ 018\ K^{-1}$)

3 强度计算

1

一根 E360 圆钢，屈服强度 $R_e = 355$ N/mm²，相对应的拉力为 98 000 N。若要求不超过允许应力，则求圆钢的直径。（安全系数为 1.6）

2

M12 螺丝的强度等级为 8.8，安全系数为 2，请计算相应的拉力。已知：螺丝 M12-8.8，$v=2$。从简明机械手册得知，M12-8.8 的横截面（应力断面）$A_s = 84.3$ mm²，屈服强度 $R_e = 640$ N/mm²。

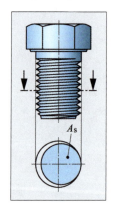

3

一个载重为 22 500 kg 的压力机要用 4 个底座置放。若允许压应力 $\sigma_{d\,zul} = 20$ N/mm²，求底座横截面积的大小。

4

机床进给时，圆柱销承受剪切负荷，当其直径为 3 mm，允许剪切应力为 90 N/mm² 时，可以传递多大的力？

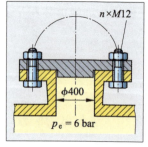

5

轴承中凸出的轴以间距为 180 mm 承受载荷 9 600 N。若轴上的弯曲应力不能超过 84 N/mm²，请计算轴的直径。

6

稳压器支管内径为 400 mm，内部气压为 6 bar。螺丝允许应力不超过 $\sigma_{z\,zul} = 75$ N/mm²，请计算支管盖 M12 螺丝的数量。

4 加工制造技术的计算

4.1 尺寸公差和配合

1

已知一个孔的标注尺寸 $N = 64$ mm，极限尺寸 $ES = -14$ μm，$EI = -33$ μm。请计算最大尺寸 G_{oB}、最小 G_{uB} 以及公差 T_B。

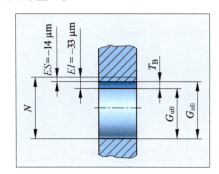

2

图纸上标注配合 B75H7/n6。请查阅简明机械手册计算下列数值：

a) 极限偏差；
b) 最大间隙和最大过盈。

4.2 成形

1

将一个板材厚度为 2 mm 的折弯件弯曲 90°，弯曲半径为 4 mm，工件长臂部位的长度 $a = 25$ mm，短臂部分的长度 $b = 12$ mm，请计算延伸长度 L。

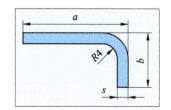

2

请计算下图折弯件的延伸长度（不考虑补偿值 v）。

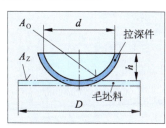

3

一个球扇形的板材罩要拉深，罩边缘直径 $d = 100$ mm，罩高 30 mm，请计算板材直径 D。

4

将一块尺寸为 80 mm×120 mm 的扁钢锻造成长 140 mm 且尺寸为 40 mm×60 mm 的阶梯（如下图）。

a) 在不考虑氧化皮的情况下加工阶梯，l_1 应该为多长？
b) 在考虑氧化皮的情况下，长度增加 12%，原始长度 l_R 应该为多少？

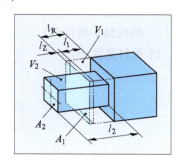

4.3 切割

1

将一块厚度为 1.5 mm，抗剪切强度 $\tau_{aB}=325$ N/mm² 的板材剪切成下图形状。

a) 这个孔的剪切板落料模孔 D 大小为多大（带后角的落料模孔）？

b) 用于剪切的凸模尺寸 d 为多大？

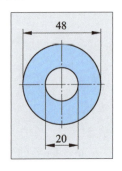

2

使用冲裁模具剪切一块直径为 320 mm 的垫片（如下图），材料为 4 mm 厚的钢板，其最大抗剪切强度 $\tau_{aB}=360$ N/mm²，则所要求的剪切力 F 有多大？

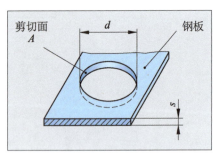

3

将 0.5 mm 厚的板材剪切出下图成形件。

请确定下列数值：

a) 边缘宽度 a 和间隙宽度 e。（查简明机械手册得出）

b) 板材宽度 B。

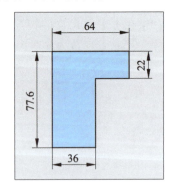

c) 板材单次冲裁进给量。

d) 单次冲裁的利用系数 η。

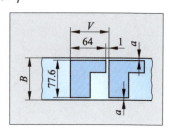

4.4 切削加工时的切削速度和转速

1

车外圆加工直径为 100 mm 的轴，当切削速度为 18 m/min 时，每分钟转速为多少？

2

加工外径 $d=150$ mm 的涡轮轴时切削速度 $v_c=60$ m/min。则根据车床转速参考表，转速应该为多大？

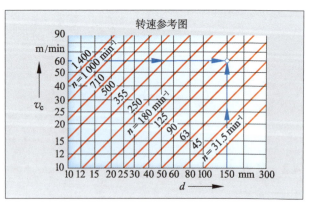

3

使用直径 $d=60$ mm 的端面铣刀,已知其切削速度 $v_c=18$ m/min,请计算铣刀主轴转速。

3

使用端面铣刀加工导轨(原材料为 C60)。已知切削横截面 $A=2.4$ mm^2,切削力 $F_c=2\,450$N,切削速度 $v_c=70$ m/min。

a) 求铣刀的功率;
b) 当铣床的最小有效功率为 78% 时,求铣床发动机的驱动功率;
c) 求切削体积。

4

当圆盘锯片的转速为 20 min^{-1}、切削速度为 25 m/min 时,其允许的最大直径为多少?

4.5 切削时的切削力和功率

1

使用原材料为 80-DIN 1013-E295 的棒料车加工 $d=74$ mm 的轴。已知主偏角 $\chi=70°$,进给量 $f=0.4$ mm,切削速度 $v_c=140$ m/min,刀尖切削力为 2 400 N/mm^2。求切削深度 a、切削厚度 h、切削力 F_c 和切削功率 P_c?

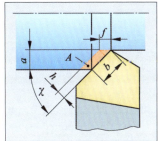

4.6 车锥体

1

当某锥体的长度为 200 mm、最大直径为 400 mm、最小直径为 300 mm 时(见下图),请计算该锥体的锥度比。

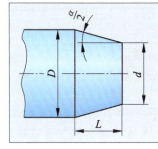

2

使用转动小拖板的方法车加工锥体。已知:该锥体的最大直径为 200 mm,最小直径为 120 mm,总长度为 140 mm(见下图),请计算出锥体的设置角度(主偏角)$\dfrac{\alpha}{2}$。

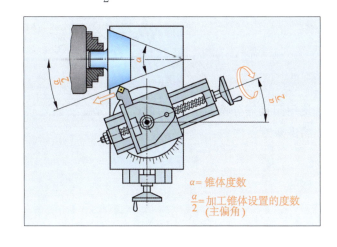

2

加工题 1 中的轴时分别有驱动功率为 8 kW、10 kW 和 12 kW 的车床可供使用。如果上述车床的有效系数只达到 82%,使用哪台车床可以完成轴的加工?

3

一把锥形铰刀的总长度为 220 mm,锥体部分长度为 130 mm,直径 $D=34$ mm,$d=30$ mm(见下图)。请计算加工该锥体部分时尾座的调节值 V_R。

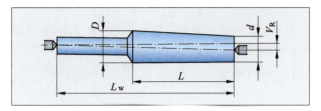

4.7 使用分度头等分

说明:

在以下关于分度头的计算中,默认分度头的传动比 $i=40$。

有以下不同孔数的分度盘:

分度盘 Ⅰ:15、16、17、18、19、10。
分度盘 Ⅱ:21、23、27、29、31、33。
分度盘 Ⅲ:37、39、41、43、47、49。

1

在轴的端面铣加工直接等分的 8 个槽,使用 24 孔的分度盘时,如何设置等分间距?

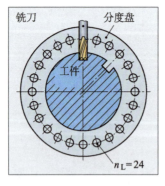

2

使用间接等分铣加工 35 齿的齿轮,分度手柄要转动多少?

3

借助差分分度头等分 67 齿的齿轮,辅助等分数为 70。现有的交换齿轮为:22、24、28、32、36、40、44、48、56、64、72、86 和 100。求:n_K 和 $\dfrac{z_t}{z_g}$。

4.8 主要机动时间、成本计算

1

在一块厚度为 34 mm 的铸铁铁板上加工 12 个直径为 20 mm 的孔,已知钻头转速为 160 min,进给量 0.2 mm。假设每个孔钻孔需要 0.5 min,钻头横截面积为 $0.3 \times d$,不考虑钻头在每个孔之间的行程,请计算出主要机动时间 t_h 和辅助机动时间 t_n。

2

车外圆加工直径为 100 mm,车削长度为 300 mm 的工件,已知进给量为 0.6 mm,切削速度为 30 m/min,请计算出主要机动时间。可以在车床上选择以下转数:31.5—45—63—90—125—180—250—355—500—710—1 000—1 400 $\min^{-1}$。

3

铣加工时的行程为 600 mm。查简明机械手册得出进给速度 $v_F=100$ mm/min。当走刀次数为 2 次时,主要机动时间为多少?

4

导轨长度 $l=640$ mm，宽度 $b=80$ mm 的铣床工作台经过粗铣加工至磨削余量 $t=0.1$ mm。对其进行横向行程 $f=4$ mm，进给速度 $v_f=8.16$ m/min 的圆周平面磨削。已知砂轮宽度为 24 mm，超程 20 mm，请计算出磨削宽度 B、进给行程 L、行程次数 n（每分钟多少次）、主要机动时间 t_h。

5

使用 CNC 车床加工完成工件数量为 150 的订单。机床的调试时间为 1.5 h，每个工件的加工时间为 3.5 min。已知：机床每小时的运行成本为 62 €，人员工资每小时为 18.40 €。加工成本为人员工资成本的 220%。求：

a) 完成订单所需要的时间；
b) 单个工件的生产成本；
c) 单个工位每小时的成本。

6

企业接到加工订单：生产 2 500 个工件。每个工件可收入 275.30 €。已知：变化成本（材料支出、工资支出、能源支出）共计 $K_v=182.40$ €/件，生产该订单的总固定支出（薪金、机床利息、折旧费）为 $K_f=217\ 500$ €。请计算出：

a) 利润率 DB；
b) 要生产多少工件才能达到收益支出平衡 G_s；
c) 企业是否应该接受该订单？

5 机械元件的计算

5.1 螺纹

1

用 6 个 M12 螺丝固定盖子并压紧一个橡胶密封圈。当螺丝转动 1.5 圈时,求橡胶密封圈的厚度。

2

一台带滚珠丝杠驱动器的加工中心其刀库在运行。滚珠丝杠驱动器的螺距为 10 mm,转速为 60 min^{-1}。请计算出刀库的走刀速度(m/min)。

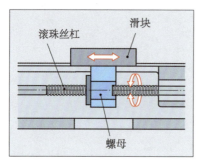

5.2 皮带传动

1

直径为 270 mm 的主动轮转速为 420 min^{-1}。当从动轮转速为 1 260 min^{-1} 时,求传动比 i 和直径。

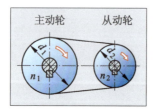

2

砂轮的圆周速度是 30 m/s(见下图),直径是 300 mm,通过转速为 1 440 min^{-1} 的电动机和直径为 70 mm 的皮带轮进行驱动。求砂轮的转速以及砂轮轴上皮带轮的直径。

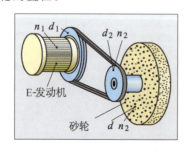

5.3 齿轮传动

1

齿轮传动的传动比是 1.6,从动轮的齿数为 72(见下图)。请计算出主动轮的齿数。

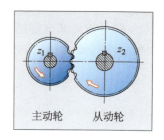

2

涡轮传动的传动比(见下图)为 24∶1,蜗杆的 2 个齿(挡位)以 300 min^{-1} 的转速转动。请计算出涡轮的齿数及其转速。

3

车床主轴的驱动由电动机、皮带传动和齿轮-离合器驱动串接(见下图)。电动机的额定转速为 1 440 min^{-1}。当离合器驱动齿轮 z_1/z_2 通电时,电动机处于额定转速的工作主轴转速是多少?

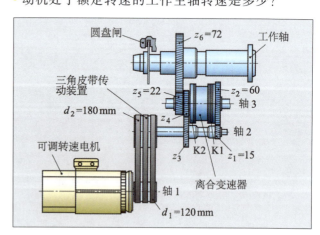

5.4 齿轮尺寸

1

由 2.5 mm 的模数铣削成 24 齿的齿轮（见下图），请计算出分度圆直径 d、齿顶圆直径 d_a 和齿高 h（齿槽深度）。齿顶间隙 $c = 0.2 \cdot m$。

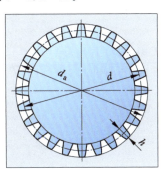

2

两个齿轮（外啮合齿轮）的轴间距是 107.5 mm（见下图），由 2.5 mm 模数铣削成一个齿数为 32 的齿轮，求另一个齿轮的齿数、分度圆直径和齿顶圆直径。

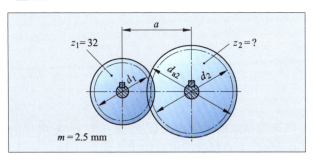

6 电工学的计算

1

一段长 800 m 的铜线电阻为 5.6 Ω,求电线横截面积。

2

汽车前照灯的电阻为 5 Ω,接通一个 12 V 电压的电池时,求流经灯的电流的大小。

3

在 230 V 电压的电源插座中并联一个多接口导线板,有 3 个 40 W、75 W 和 300 W 的用电器与其并联。则

a) 每个负载的电压是多少?
b) 每个负载流经的电流是多少?

4

一台取暖器的铭牌详细参数为 $U=230$ V、$I=2.4$ A。请计算取暖器从电力网中获取的功率 P。

5

供暖油槽中的加热线圈接在 230 V 电源中,电流为 2.0 A。按照每天 8 h,电费为 0.12 €/(kW·h)进行计算,加热线圈的电阻大小和每日产生的电费是多少?

6

已知一台交流电动机参数:$U=230$ V,$I=16$ A,$\cos\varphi=0.82$,$\eta=87\%$。求:

a) 电网中的功率 P_1;
b) 电动机产生的功率 P_2。

7

一台三相异步电机的额定功率牌给出以下参数(见下图)。

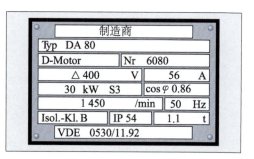

求:

a) 电网中电动机的功率;
b) 电动机的额定功率;
c) 电动机的效率;
d) 电动机的转速;
e) 额定频率;
f) 保护等级及其图形符号。

7 自动化技术的计算

● 气动和液压

1

外径 35 mm 的活塞（见下图）在液压缸中移动，活塞杆直径为 20 mm。当液压油体积流量 $Q = 4$ L/min 时，求活塞伸出和缩回的平均速度。

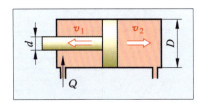

2

一个单作用气缸的直径为 50 mm，活塞行程为 40 mm（见下图），超压为 6 bar，冲程数为 28 min^{-1}。

a) 请计算 6 bar 压缩空气所需要的体积流量。

b) 体积流量多大时与外界空气相符合。

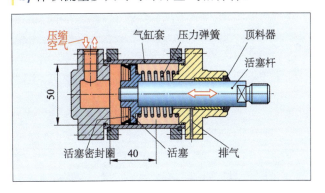

3

已知液压油压力为 100 bar，效率为 80%，作用力为 40 kN，求液压缸活塞直径。

● 逻辑连接

1

压力驱动装置只能在压力机（见下图）中运行，当左手按下压力机开关 S0（E1＝1）并且右手也同时按下压力机开关 S1（E2＝1）时，则

a) 如何连接信号 E1 和 E2 才能接通电路？

b) 请给出线路符号（功能图）、真值表和功能方程式。

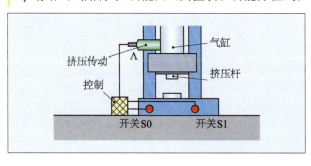

8 CNC 技术的计算

1

在一台数控模具机上加工如下图所示的板。

a) 求所缺角度 α、β 和尺寸 x_1、x_2、x_3；

b) 求直角坐标点 P_1、P_2、P_3、P_4。

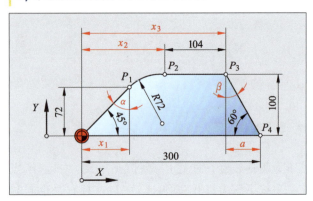

2

请标明底板上各点的坐标（见下图）。

a) 绝对尺寸和增量尺寸的直角坐标；

b) 绝对尺寸和增量尺寸的极坐标。

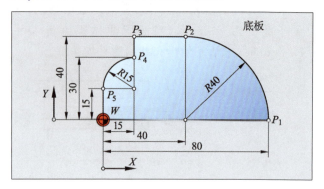

专业数学测试题

技术数学

● 比例法、百分比计算、利息计算

1

4个装配工人需要用9天的时间来装配机床。那么，少1个装配工人完成该项工作需要用多长时间？

a) 6.75 天　　　　　　b) 12 天
c) 14.4 天　　　　　　d) 15 天
e) 18 天

2

培训薪酬从320 € 上升至336.25 €。请问增加的百分比是多少？

a) 6.98%　　　　　　b) 3.61%
c) 5.5%　　　　　　　d) 5.08%
e) 13.33%

3

当输入功率 $P_1 = 32$ kW、输出功率 $P_2 = 24$ kW 时，一台2齿的蜗杆传动效率 η 是多少？

3.1

下面哪项计算公式（带百分比）是正确的？

a) $\eta = \dfrac{P_2}{P_1} \times 100\%$　　b) $\eta = \dfrac{P_2 \cdot P_1}{100\%}$

c) $\eta = \dfrac{100\%}{P_1 \cdot P_2}$　　　　d) $\eta = \dfrac{P_1}{100\% \cdot P_2}$

e) $\eta = \dfrac{P_1}{P_2} \cdot 100\%$

3.2

下列哪项是 η 的正确结果？

a) 13.3%　　　　　　b) 72%
c) 75%　　　　　　　d) 87%
e) 96%

4

当利率是6.5%时，本金5600 € 存放9个月的利息是多少？

4.1

下面哪项利息计算公式是正确的？

a) 利息＝本金・月数・12/(100・利率)
b) 利息＝本金・利率・12/(100・月数)
c) 利息＝利率・月数・12・100/本金
d) 利息＝利率・12・100/(本金・月数)
e) 利息＝本金・利率・月数/(100・12)

4.2

下列哪项利息答案是正确的？

a) 125.35 €　　　　　b) 154.80 €
c) 273.00 €　　　　　d) 485.33 €
e) 929.93 €

物理学计算

5

将公式 $\Delta V = \dfrac{V \cdot (p_1 - p_2)}{p_{amb}}$ 转换成 p_2，下列哪项是正确的？

a) $p_2 = p_{amb} - \dfrac{\Delta V}{V} \cdot p_1$　　b) $p_2 = \dfrac{V \cdot (p_1 - p_{amb})}{\Delta V}$

c) $p_2 = p_1 - \dfrac{\Delta V}{V} \cdot p_{amb}$　　d) $p_2 = \Delta V \cdot p_{amb} - V \cdot p_1$

e) $p_2 = (\Delta V \cdot p_{amb} - V \cdot p_1) \cdot V$

6

如果已知角度16.57°减少了9°52′45″，那么余角是多少？

6.1

如何用度、分和秒来表示角度16.57°？

a) 16°30′27″　　　　b) 16°34′12″
c) 16°50′0.07″　　　d) 16°50′7″
e) 16°57′0″

6.2

余角是多少？

a) 6°37′42″　　　　　b) 6°41′27″
c) 6°57′15.07″　　　　d) 6°57′22″
e) 7°4′15″

7

第一种情况：将45°和5′量块的顶角放在一起。
第二种情况：将3°40′和20′量块的顶角放在一起。
第三种情况：将第一种情况得到的角度与第二种情况得到的角度交错叠加在一起。

7.1

第一种情况产生的角度是？

a) 44°51′　　　　　　b) 45°10′
c) 45°5′　　　　　　　d) 45°55′
e) 43°55′

7.2

第二种情况产生的角度是？

a) 3°20′　　　　　　　b) 3°40′20″
c) 2°39′44″　　　　　d) 20°40′3″
e) 4°

7.3
第三种情况产生的角度是?
a) $48°45'20''$ b) $47°15'40''$
c) $42°20'20''$ d) $41°24'40''$
e) $41°19'40''$

8
长 $l=84$ mm 和宽 $e=33$ mm 的长方形的对角线是多少?

8.1
哪项公式用于计算对角线 e?
a) $e=\sqrt{(l+b)^2}$ b) $e=\sqrt{(l-b)^2}$
c) $e=\sqrt{2 \cdot l \cdot b}$ d) $e=\sqrt{l^2-b^2}$
e) $e=\sqrt{l^2+b^2}$

8.2
下面填入的计算数值哪项是正确的?
a) $e=\sqrt{(84mm)^2+(33mm)^2}$
b) $e=\sqrt{(84mm+33mm)^2}$
c) $e=\sqrt{2 \cdot 84mm \cdot 33mm}$
d) $e=\sqrt{(84mm-33mm)^2}$
e) $e=\sqrt{(84mm)^2-(33mm)^2}$

8.3
8.3　关于 e 的整数结果哪项是正确的?
a) 71 mm   b) 75 mm
c) 77 mm   d) 90 mm
e) 117 mm

9
梯形的面积是 4 080 mm²，其短边长度 $l_2=56$ mm、高度 $b=60$ mm。

9.1
哪项公式用于计算面积?
a) $A=\frac{l_1+l_2}{b} \cdot 2$ b) $A=\frac{l_1-l_2}{2 \cdot b}$
c) $A=\frac{l_1-l_2}{b} \cdot 2$ d) $A=\frac{l_1+b}{2} \cdot l_2$
e) $A=\frac{l_1+l_2}{2} \cdot b$

9.2
哪项转换公式用于计算 l_1?
a) $l_1=\frac{2(l_2-b)}{A}$ b) $l_1=\frac{2(l_2+b)}{A}$
c) $l_1=\frac{A \cdot b}{2 \cdot l_2}$ d) $l_1=\frac{A \cdot b}{2}-l_2$
e) $l_1=\frac{2 \cdot A}{b}-l_2$

9.3
l_1 等于多少?
a) 72 mm   b) 80 mm
c) 96 mm   d) 104 mm
e) 112 mm

10
液压活塞的直径 D 为 72 mm。当作用的活塞环面积 A 为 3 267 mm² 时,活塞杆的直径 d 必须为多少?

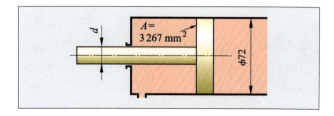

10.1
根据哪项公式可以计算活塞环(环形表面)的面积 A?
a) $A=\frac{\pi \cdot D^2}{4}-d^2$ b) $A=\frac{\pi \cdot D^2}{4}+d^2$
c) $A=\frac{\pi \cdot d^2}{4}-D^2$ d) $A=\frac{\pi}{4}(D^2-d^2)$
e) $A=\frac{\pi}{4}(D^2+d^2)$

10.2
哪项转换的公式用于计算活塞杆的直径 d?
a) $d=\frac{\pi}{4}\sqrt{D^2-A}$ b) $d=\frac{4}{\pi}\sqrt{D^2-A}$
c) $d=\sqrt{D^2-\frac{4 \cdot A}{\pi}}$ d) $d=\sqrt{\frac{\pi \cdot D^2}{4}-A}$
e) $d=\sqrt{\frac{4 \cdot A}{\pi}-D^2}$

10.3
下列哪项是活塞杆直径 d 的整数结果(单位:mm)?
a) 28 mm   b) 32 mm
c) 34 mm   d) 58 mm
e) 56 mm

11
用哪项公式计算圆锥的体积 V、底面面积 A 和高度 h?
a) $V=3 \cdot A \cdot h$ b) $V=6 \cdot A \cdot h$
c) $V=A \cdot h$ d) $V=\frac{A \cdot h}{3}$
e) $V=2 \cdot A \cdot h$

12

直径 $d=30$ mm 的铜球中心有一个通孔直径 $d_1=8$ mm。请问,该铜球的体积 V 和质量 m 是多少?(孔的长度 l 大约是铜球的直径 d,铜球的密度 $\rho=8.9$ g/cm³)

12.1
根据哪项公式计算通孔的铜球体积 V?

a) $V=\dfrac{\pi \cdot d^3}{4}-\dfrac{\pi \cdot d_1^2}{6} \cdot l$

b) $V=\dfrac{6 \cdot d^3}{\pi}-\dfrac{4 \cdot d_1^3}{\pi \cdot l}$

c) $V=\dfrac{4 \cdot d^3}{\pi}-\dfrac{d_1^2}{\pi \cdot 6} \cdot l$

d) $V=\dfrac{\pi \cdot d^2}{6}-\dfrac{d_1^2}{\pi \cdot 4} \cdot l$

e) $V=\dfrac{\pi \cdot d^3}{6}-\dfrac{\pi \cdot d_1^2}{4} \cdot l$

12.2
下列哪项是体积 V 的正确答案?

a) 4.56 cm³ b) 12.63 cm³
c) 34.28 cm³ d) 49.12 cm³
e) 20.2 cm³

12.3
根据哪项公式计算铜球的质量 m?

a) $m=V+\rho$ b) $m=V-\rho$
c) $m=\dfrac{V}{\rho}$ d) $m=V \cdot \rho$
e) $m=\dfrac{\rho}{V}$

12.4
通孔铜球的质量是多少克?

a) 40.6 g b) 112.40 g
c) 179.8 g d) 305.1 g
e) 437.2 g

13

汽车在 35 min 内行驶了 73 km。请问速度 v 是多少(单位:km/h)?

13.1
计算速度用下列哪个公式?

a) $v=\dfrac{s}{t}$ b) $v=\dfrac{t}{s}$
c) $v=t \cdot s$ d) $v=s-t$
e) $v=s+t$

13.2
下列答案哪项是正确的?

a) 100 km/h b) 110 km/h
c) 120 km/h d) 130 km/h
e) 140 km/h

14

活塞冲程为 39 mm 的内燃机的转速是 4 200 r/min。

14.1
哪项公式用于计算曲轴传动的平均活塞速度(见右图)?

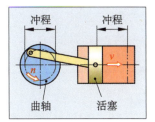

a) $v_m=s \cdot n$

b) $v_m=\dfrac{s \cdot n}{2}$

c) $v_m=\dfrac{2 \cdot s}{n}$

d) $v_m=2 \cdot s \cdot n$

e) $v_m=\dfrac{2 \cdot n}{s}$

14.2
平均活塞速度是多少?

a) $v_m=2.73$ m/s b) $v_m=1.37$ m/s
c) $v_m=5.46$ m/s d) $v_m=0.001$ m/s
e) $v_m=3.59$ m/s

15

起重机在时间 $t=50$ s 内把质量为 2 242.6 kg 的机床抬起至高度 $h=4.5$ m。

15.1
该过程中做了多少功?

a) 22 000 J b) 24 450 J
c) 26 500 J d) 90 000 J
e) 99 000 J

15.2
该过程中起重吊钩上有效功率是多少?

a) 0.530 kW b) 1.800 kW
c) 1.900 kW d) 1.980 kW
e) 20.000 kW

15.3
当起重机的效率 η 为 0.7 时,传动电动机必须要提供多少功率?

a) 0.760 kW b) 12.2 kW
c) 2.83 kW d) 1.43 kW
e) 3.2 kW

16

双端杠杆的力臂 $l_1=65$ mm 和 $l_2=520$ mm，在最短的杠杆力臂上承受的负荷 $F_1=8\,000$ N。在最长的杠杆力臂上必须产生多少力 F_2，才能达到平衡？

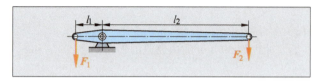

16.1

使用下列哪项基本公式？

a) $F_2 \cdot l_1 = F_1 \cdot l_2$　　b) $F_1 - l_1 = F_2 - l_2$

c) $F_1 \cdot l_1 = F_2 \cdot l_2$　　d) $F_1 + l_1 = F_2 + l_2$

e) $\dfrac{F_1}{l_1} = \dfrac{F_2}{l_2}$

16.2

下列 F_2 的转换公式哪项是正确的？

a) $F_2 = \dfrac{F_1 \cdot l_1}{l_2}$　　b) $F_2 = \dfrac{F_1 \cdot l_2}{l_1}$

c) $F_2 = \dfrac{l_1 \cdot l_2}{F_1}$　　d) $F_2 = \dfrac{F_1 \cdot l_1}{l_2}$

e) $F_2 = \dfrac{F_1}{l_1 + l_2}$

16.3

力 F_2 是多少？

a) 120 N　　b) 900 N

c) 1 000 N　　d) 1 150 N

e) 1 200 N

17

用 184.7 N 的弹簧力将限压阀（见下图）的关断元件保持关闭的状态。该圆形的关断元件受负荷的面积为 154 mm²。问在多大压力下开启气阀？

a) 8.3 bar

b) 9.3 bar

c) 11.5 bar

d) 12.0 bar

e) 14.7 bar

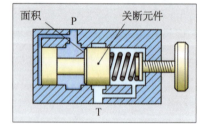

18

长 100 mm 的钢制工件加工不久之后的温度为 40℃。如果工件加工之后直接用千分尺测量，温度降到 20℃，那么测量误差是多大？钢的线性热膨胀系数 $\alpha_{st}=0.000\,012/℃$

a) 0.018 mm　　b) 0.024 mm

c) 0.038 mm　　d) 0.048 mm

e) 0.056 mm

19

由铝合金 EN AW-Al Si12(a) 制成的直径为 480 mm 的皮带轮通过压铸制成。如果铝合金的收缩量为 1.25%，皮带轮铸造模型的直径必须为多少？

a) 470 mm　　b) 474 mm

c) 486 mm　　d) 494 mm

e) 496 mm

强度计算

20

直径为 26 mm 的圆棒由 S235JRG2(St37-2) 制成，屈服强度 $R_e=225$ N/mm²，安全系数为 1.8 时，圆棒受到拉力。该圆棒允许负荷的最大拉力 F_{zul} 是多少？

20.1

下列哪项公式用于计算 F_{zul}？

a) $F_{zul} = S \cdot v$

b) $F_{zul} = \dfrac{\pi d^2}{4} \cdot R_e$

c) $F_{zul} = \dfrac{S}{R_e}$

d) $F_{zul} = \dfrac{\pi \cdot d^2}{4} \cdot \dfrac{R_e}{v}$

e) $F_{zul} = \dfrac{S \cdot v}{R_e}$

20.2

F_{zul} 是多少？

a) 25.8 kN　　b) 66.4 kN

c) 88.4 kN　　d) 180.1 kN

e) 230.7 kN

21

作用在冲压凸模面积 $A=12$ mm×18 mm 顶部的切削力 $F=21\,600$ N。

21.1

下列哪项公式用于计算表面压强 p？

a) $p = F \cdot A$　　b) $p = \dfrac{A}{F}$

c) $p = \dfrac{F}{A}$　　d) $p = \dfrac{F \cdot A}{2}$

e) $p = F + A$

21.2

关于 p 的结果哪项是正确的？

a) 10 N/mm²　　b) 21.6 N/mm²

c) 100 N/mm²　　d) 216 N/mm²

e) 1 000 N/mm²

22

屈服强度 $R_e = 285$ N/mm²、宽 25 mm 的 E295 (St50-2)圆形拉杆受到 30 kN 的拉力。安全系数为 2。

22.1

哪项公式用于计算允许拉力？

a) $\sigma_{z\,zul} = \dfrac{R_e}{v}$ b) $\sigma_{z\,zul} = R_e \cdot v$

c) $\sigma_{z\,zul} = \dfrac{v}{R_e}$ d) $\sigma_{z\,zul} = t \cdot v$

e) $\sigma_{z\,zul} = \dfrac{t}{v}$

22.2

允许使用的最大拉力是多少？

a) 80 N/mm² b) 100 N/mm²

c) 142.5 N/mm² d) 190 N/mm²

e) 500 N/mm²

22.3

哪项公式用于计算所需的断面面积？

a) $S = \dfrac{\sigma_{z\,zul}}{F}$ b) $S = \dfrac{F}{\sigma_{z\,zul} \cdot v}$

c) $S = F \cdot \sigma_{z\,zul}$ d) $S = \dfrac{F \cdot v}{\sigma_{z\,zul}}$

e) $S = \dfrac{F}{\sigma_{z\,zul}}$

22.4

其拉杆的厚度必须是多少？

a) 2.5 mm b) 8.42 mm

c) 9.6 mm d) 12.30 mm

e) 14.1 mm

加工技术计算题

23

对于配合 90H7/j6 的极限值为 H7 = 0 和 +35 μm, j6 = +13 μm 和 −9 μm。

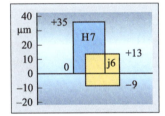

23.1

最大过盈尺寸是多少？

a) −9 μm b) −13 μm

c) −22 μm d) −35 μm

e) −44 μm

23.2

最大间隙是多少？

a) 0 b) 9 μm

c) 13 μm d) 44 μm

e) 48 μm

24

如图所示，角板由 2 mm 厚的金属片加工而成。

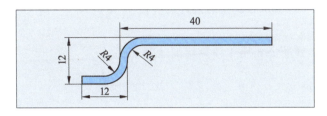

24.1

根据 DIN 6935，补偿值 v 是多少（单位：mm）？（查简明机械手册可得）

a) 3.7 b) 4.2

c) 4.5 d) 4.9

e) 5.9

24.2

哪项公式用于计算弯曲长度？

a) $L = a + b + c + n \cdot v$ b) $L = a + b - c - n \cdot v$

c) $L = a \cdot b \cdot c - n \cdot v$ d) $L = a - b + c + n \cdot v$

e) $L = a + b + c - n \cdot v$

24.3

其弯曲长度是多少？

a) 44 mm b) 48.5 mm

c) 51 mm d) 53.5 mm

e) 55 mm

25

从条状薄板剪出两排成形件（见下图）。

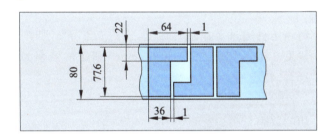

25.1

条状进给量是多少？

a) 65 mm b) 102 mm

c) 104 mm d) 128 mm

e) 130 mm

25.2

其利用率是多少？

a) 72.7% b) 82.8%

c) 75.4% d) 83.6%

e) 81.3%

26
当切削速度不允许超过 $v_c = 30$ m/s 时，$d_s = 250$ mm 的砂轮的允许的转速 n_s 是多大？

26.1
哪项公式用于计算切削速度 v_c？

a) $v_c = d_s \cdot n_s$
b) $v_c = \dfrac{d_s}{\pi \cdot n_s}$
c) $v_c = \dfrac{\pi \cdot d_s}{n_s}$
d) $v_c = d_s + \pi \cdot n_s$
e) $v_c = \dfrac{\pi \cdot n_s}{d_s}$

26.2
n_s 转换公式填入的计算数值哪项是正确的？

a) $n_s = 1\,800$ m/min $\cdot \pi \cdot 0.25$ m
b) $n_s = \dfrac{1\,800 \text{ m/min}}{\pi \cdot 0.25 \text{ m}}$
c) $n_s = \dfrac{\pi \cdot 1\,800 \text{ m/min}}{0.25 \text{ m}}$
d) $n_s = \dfrac{1\,800 \text{ m/min}}{\pi + 0.25 \text{ m}}$
e) $n_s = \dfrac{1\,800 \text{ m/min} \cdot 0.25 \text{ m}}{\pi}$

26.3
转速 n_s 是多少？（取整数，单位：min）

a) 1 440 min
b) 2 292 min
c) 3 920 min
d) 4 000 min
e) 6 400 min

27
铸钢工件通过车床进行加工，进给 0.6 mm，切削深度 3 mm，切削速度 120 m/min。机床的效率为 70%，特定的切削力 $k_c = 1\,800$ N/mm²。

27.1
切削效率是多少？

a) 4 830 W
b) 5 220 W
c) 5 735 W
d) 6 216 W
e) 6 480 W

27.2
电动机的驱动功率是多少？

a) 6 216 W
b) 8 190 W
c) 8 822 W
d) 9 257 W
e) 9 863 W

28
一圆锥孔的尺寸 $D = 52$ mm，$L = 125$ mm，$C = 1:20$。

28.1
哪项基本公式用于计算锥度 C？

a) $C = \dfrac{D-L}{d}$
b) $C = \dfrac{D-d}{L}$
c) $C = \dfrac{d-L}{D}$
d) $C = \dfrac{L-d}{D}$
e) $C = \dfrac{D-d}{2 \cdot L}$

28.2
哪项公式用于计算允许的最大预钻孔直径 d？

a) $d = \dfrac{D-L}{C}$
b) $d = D - 2 \cdot L \cdot C$
c) $d = D \cdot C + L$
d) $d = L - D \cdot C$
e) $d = D - C \cdot L$

28.3
直径 d 是多少？

a) 51.86 mm
b) 48.8 mm
c) 45.75 mm
d) 42.6 mm
e) 39.5 mm

29
在直径 $D = 24$ mm 和长度 $L_W = 300$ mm 的轴上通过调节车床尾座来加工长 $L = 120$ mm、直径 $d = 20$ mm 的锥体（见下图）。

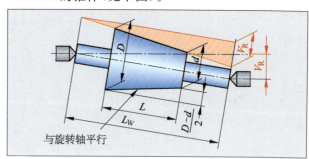

29.1
锥度 C 是多大？

a) 1 : 27.3
b) 1 : 30
c) 1 : 40
d) 1 : 50
e) 1 : 54.5

29.2
车床尾座应该调节多少？

a) 0.8 mm
b) 3.2 mm
c) 5 mm
d) 5.5 mm
e) 8.8 mm

29.3
哪项公式用于计算最高允许尾座调节 V_{Rmax}？

a) $V_{Rmax} = \dfrac{C}{2} \cdot L_W$
b) $V_{Rmax} = \dfrac{L_W}{50}$
c) $V_{Rmax} = \dfrac{L_W}{25}$
d) $V_{Rmax} = \dfrac{C}{2} \cdot L$
e) $V_{Rmax} = \dfrac{C}{2} \cdot L \cdot L_W$

29.4
尾座最高允许调节多少?

a) 4 mm   b) 5 mm
c) 6 mm   d) 7 mm
e) 8 mm

30
使用间接件在轴上加工两个槽,其角度偏移量为 29°15′(见右图)。分度头的传动比是 $i = 40:1$;多孔盘有 15、16、17、18、19 和 20 个孔。

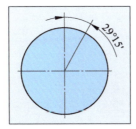

30.1
哪项公式用于计算曲柄回转数 n_k?

a) $n_k = \dfrac{i}{360° \cdot \alpha}$ b) $n_k = \dfrac{360° \cdot \alpha}{i}$

c) $n_k = \dfrac{i}{\alpha}$ d) $n_k = \dfrac{\alpha}{9°}$

e) $n_k = \dfrac{9°}{\alpha}$

30.2
哪项分数不是表示角度 29°15′?

a) $\dfrac{82°}{3}$ b) $\dfrac{117°}{4}$

c) $\dfrac{146°}{5}$ d) $\dfrac{175°}{6}$

e) $\dfrac{223°}{8}$

30.3
哪两个 n_k 的计算结果是正确的?

a) $2\dfrac{5}{15}$ 和 $2\dfrac{6}{18}$ b) $2\dfrac{9}{18}$ 和 $2\dfrac{10}{20}$

c) $3\dfrac{12}{16}$ 和 $3\dfrac{15}{20}$ d) $3\dfrac{4}{16}$ 和 $3\dfrac{5}{20}$

e) $3\dfrac{3}{15}$ 和 $3\dfrac{4}{20}$

31
轴由材料 S235JRG2(钢 37-2)加工而成,其直径 $d = 40$ mm、长度 $l = 1.2$ m,精车削时转速 $n = 318$ min,每转进给量 0.8 mm。

31.1
哪项公式用于计算总使用时间 t_h?

a) $t_h = \dfrac{L \cdot f}{i \cdot n}$ b) $t_h = \dfrac{i \cdot n}{L \cdot f}$

c) $t_h = \dfrac{L \cdot i}{f \cdot n}$ d) $t_h = \dfrac{f \cdot i}{L \cdot n}$

e) $t_h = \dfrac{f \cdot n}{L \cdot i}$

31.2
每刀所需时间是多少?

a) 3 min   b) 4.7 min
c) 6.5 min   d) 8.5 min
e) 8.7 min

32
在轴上铣削加工一个长 70 mm、宽 18 mm 的平键(A 型,圆面)闭合槽(见右图)。轴槽深 7 mm,每刀进给量 $a = 0.5$ mm,进给速度 $v_f = 140$ mm/min。

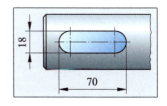

32.1
刀具路径 L 是多少?

a) 52 mm   b) 61 mm
c) 70 mm   d) 79 mm
e) 88 mm

32.2
哪项公式用于计算总使用时间 t_h?

a) $t_h = L \cdot i \cdot v_f$ b) $t_h = \dfrac{L \cdot v_f}{i}$

c) $t_h = \dfrac{i \cdot v_f}{L}$ d) $t_h = \dfrac{v_f}{L \cdot i}$

e) $t_h = \dfrac{L \cdot i}{v_f}$

32.3
t_h 是多少?

a) 0.2 min   b) 0.37 min
c) 3.2 min   d) 5.2 min
e) 37.7 min

机械零件

33
用外径 d 减去螺距 P 和齿顶双间隙 a_c 的和,计算出梯形螺纹的内径 d_3(见下图)。

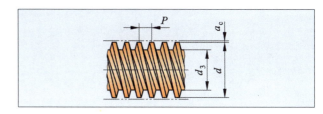

33.1
根据上述,如何用公式来表示 d_3?

a) $d_3 = d - P + 2 \cdot a_c$ b) $d_3 = d - (P + 2 \cdot a_c)$
c) $d_3 = d - 2 \cdot P \cdot a_c$ d) $d_3 = d - (P - 2 \cdot a_c)$
e) $d_3 = d - P - 2 - a_c$

33.2
齿顶间隙 $a_c = 0.25$ mm 的梯形螺纹 Tr28×5 的内径是多少?

a) 17.5 mm   b) 19.25 mm
c) 20.5 mm   d) 22.5 mm
e) 23.5 mm

34
双速比的皮带传动(见下图)的总传动比应为 1:15。

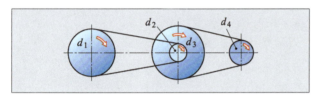

34.1
下列哪项公式表示总传动比?

a) $i = \dfrac{d_2 \cdot d_4}{d_1 \cdot d_3}$ b) $i = \dfrac{d_2 \cdot d_3}{d_1 \cdot d_4}$
c) $i = \dfrac{d_1 \cdot d_2}{d_3 \cdot d_4}$ d) $i = \dfrac{d_1 \cdot d_3}{d_2 \cdot d_4}$
e) $i = \dfrac{d_1 \cdot d_4}{d_2 \cdot d_3}$

34.2
当 $d_1 = 400$ mm、$d_2 = 100$ mm、$d_3 = 450$ mm 时,最后的从动轮 d_4 必须是多少?

a) 60 mm   b) 75 mm
c) 120 mm   d) 180 mm
e) 270 mm

35
齿轮传动的驱动转速 $n_2 = 60$ min。该驱动齿轮的转速 $n_1 = 120$ min、齿数 $z_1 = 40$(见下图)。

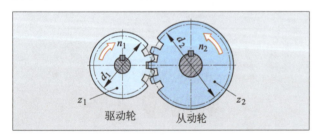

35.1
哪项基本公式用于计算齿轮传动?

a) $n_1 : z_1 = z_2 : n_2$ b) $n_1 : n_2 = z_1 : z_2$
c) $n_1 \cdot z_2 = n_2 \cdot z_1$ d) $n_1 \cdot n_2 = z_1 \cdot z_2$
e) $n_1 \cdot z_1 = n_2 \cdot z_2$

35.2
使用哪项转换公式计算 z_2?

a) $z_2 = \dfrac{n_1 \cdot z_1}{n_2}$ b) $z_2 = \dfrac{n_2 \cdot z_1}{n_1}$
c) $z_2 = \dfrac{n_2 \cdot n_1}{z_1}$ d) $z_2 = \dfrac{z_1}{n_2 \cdot n_1}$
e) $z_2 = \dfrac{n_1}{n_2 \cdot z_3}$

35.3
驱动齿轮必须有多少齿(z_2)?

a) 20   b) 45
c) 60   d) 80
e) 90

36
在双速比 $n_1 = 900$ min^{-1} 的齿轮传动中,最后的从动轮转速 $n_4 = 120$ min^{-1}。第一对齿轮的传动比 $i_1 = 2.5 : 1$。

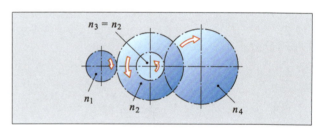

36.1
哪项公式用于计算总传动比 i?

a) $i = \dfrac{n_1}{n_4}$ b) $i = \dfrac{n_4}{n_1}$
c) $i = \dfrac{n_1}{n_4 \cdot i_1}$ d) $i = \dfrac{n_1 \cdot i_1}{n_4}$
e) $i = \dfrac{n_4 \cdot i_1}{n_1}$

36.2
总传动比 i 是多少?

a) 0.333 : 1   b) 3 : 1
c) 0.133 : 1   d) 7.5 : 1
e) 9 : 1

36.3
哪项公式用于计算单传动比 i_2?

a) $i_2 = \dfrac{n_1}{n_4 \cdot i}$ b) $i_2 = \dfrac{n_1}{n_4}$
c) $i_2 = \dfrac{n_4}{n_1}$ d) $i_2 = \dfrac{i}{i_1}$
e) $i_2 = \dfrac{i_1}{i_4}$

36.4
算出的单传动比 i_2 是多少？

a) $0.333:1$ b) $0.133:1$
c) $1:1$ d) $7.5:1$
e) $3:1$

37
如图所示为齿数（线数）$z_1=3$ 的蜗杆驱动齿数 $z_2=96$ 的涡轮。涡轮转速 $n_2=90$ min。

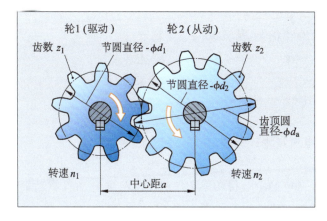

37.1
哪项公式用于计算涡轮的转速 n_1？

a) $n_1=\dfrac{n_2 \cdot z_2}{z_1}$ b) $n_1=\dfrac{z_1 \cdot z_2}{n_2}$

c) $n_1=\dfrac{n_2 \cdot z_1}{z_2}$ d) $n_1=\dfrac{n_2}{z_1 \cdot z_2}$

e) $n_1=\dfrac{z_2}{n_2 \cdot z_1}$

37.2
蜗杆的转速 n_1 必须是多少？

a) $2\,820$ min^{-1} b) $2\,880$ min^{-1}
c) $3\,100$ min^{-1} d) $3\,200$ min^{-1}
e) $3\,520$ min^{-1}

37.3
哪项公式用于计算传动比 i？

a) $i=\dfrac{n_2}{n_1}$ b) $i=\dfrac{z_2}{z_1}$

c) $i=\dfrac{z_1}{z_2}$ d) $i=\dfrac{z_1 \cdot n_1}{z_2}$

e) $i=\dfrac{z_1 \cdot n_2}{z_2}$

37.4
算出的 i 是多少？

a) $0.036:1$ b) $0.031:1$
c) $9:1$ d) $28:1$
e) $32:1$

38
齿数 $z=48$、齿顶圆直径 $d_a=125$ mm 的齿轮需进行铣削加工（见下图）。

38.1
哪项公式用于计算齿顶圆直径 d_a？

a) $d_a=m \cdot (z+2)$ b) $d_a=2 \cdot (m+z)$
c) $d_a=z \cdot (m+2)$ d) $d_a=2 \cdot m+z$
e) $d_a=2 \cdot z+m$

38.2
由哪项转换公式可算出模数 m？

a) $m=\dfrac{d_a-2}{z}$ b) $m=\dfrac{d_a+2}{z}$

c) $m=\dfrac{d_a-z}{2}$ d) $m=\dfrac{d_a}{z+2}$

e) $m=\dfrac{z_2}{n_2 \cdot z_1}$

38.3
根据哪项模数铣削齿轮？

a) $m=1.5$ mm   b) $m=2.5$ mm
c) $m=3$ mm   d) $m=4$ mm
e) $m=5$ mm

39
根据模数 $m=3$ mm 铣削的两个外啮合的直齿轮中心距 $a=135$ mm。第一个齿轮的齿数 $z_1=36$。

39.1
哪项公式用于计算中心距 a？

a) $a=\dfrac{2 \cdot (z_1+z_2)}{m}$ b) $a=\dfrac{z_1+z_2}{2m}$

c) $a=\dfrac{2 \cdot (z_1+m)}{z_2}$ d) $a=\dfrac{z_1 \cdot (z_2+2)}{m}$

e) $a=\dfrac{m \cdot (z_1+z_2)}{2}$

39.2
哪项转换公式用于计算 z_2？

a) $z_2=\dfrac{2 \cdot a}{m}-z_1$ b) $z_2=\dfrac{2 \cdot z_1}{m}-a$

c) $z_2=\dfrac{a-z_1}{2m}$ d) $z_2=\dfrac{2 \cdot a}{z_1}-m$

e) $z_2=\dfrac{2 \cdot (a-m)}{z_1}$

39.3
算出的 z_2 是多少?

a) 27 b) 45
c) 54 d) 63
e) 72

电气技术计算题

40
从电网中获得功率 $P_1=0.8$ kW 的电动机驱动油泵。电动机的效率 $\eta_1=85\%$,泵效率 $\eta_2=80\%$。

40.1
哪项公式用于计算油泵的输出功率?

a) $P_2=\dfrac{\eta_1}{\eta_2}$ b) $P_2=P_1\cdot\dfrac{\eta_2}{\eta_1}$

c) $P_2=\dfrac{\eta_1}{P_1\cdot\eta_2}$ d) $P_2=P_1\cdot\eta_1\cdot\eta_2$

e) $P_2=\dfrac{\eta_2}{P_1\cdot\eta_1}$

40.2
油泵的输出功率是多少?

a) 0.362 kW b) 0.544 kW
c) 0.753 kW d) 0.850 kW
e) 0.986 kW

41
电压为 230 V 时,退火炉的电热丝流经的电流为 10 A。

41.1
电阻等于多少?

a) 230 Ω b) 23 Ω
c) 2.3 Ω d) 0.23 Ω
e) 0.043 Ω

41.2
电热丝接收的电功是多少?

a) 2.3 kW b) 23 kW
c) 0.23 kW d) 230 kW
e) 2 300 kW

42
直流电动机的功率铭牌如下图所示。

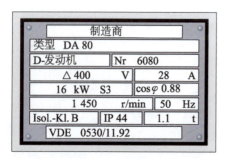

42.1
该功率铭牌没有标明什么信息?

a) $U=400$ V
b) $I=28$ A
c) $P=18$ kW
d) $\cos\varphi=0.88$
e) $n=1\,450$ r/min

42.2
从电网上获取的功率是多少?

a) 17.07 kW
b) 12.98 kW
c) 9.86 kW
d) 14.86 kW
e) 29.57 kW

42.3
电动机的效率是多少?

a) 84%
b) 96%
c) 86%
d) 90%
e) 94%

43
如图所示,电压 $U=230$ V、电阻 $R_1=250$ Ω 的电路流经的电流 $I=1.5$ A。

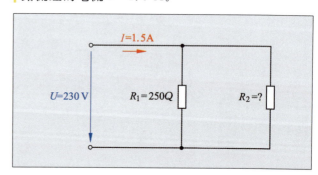

43.1
并联电阻的总电阻是多少?

a) 6.5 Ω b) 460 Ω
c) 92 Ω d) 153.3 Ω
e) 230 Ω

43.2
电阻 R_2 是多少?

a) 96 Ω b) 396 Ω
c) 196 Ω d) 296 Ω
e) 420 Ω

44

电压为 42 V 的电路中,两个电阻 $R_1 = 50\ \Omega$、$R_2 = 70\ \Omega$ 串联(见下图)。该电路的电流是多少?

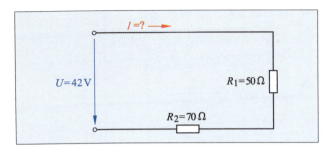

a) 0.84 A b) 1.24 A
c) 0.35 A d) 3.50 A
e) 0.60 A

自动化技术
● 液压和气动

45

外径为 50 mm、活塞杆直径为 20 mm 的双作用气动活塞在大气压力为 6 bar、效率为 80% 下运转。

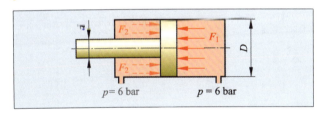

45.1
哪项公式用于计算活塞力?

a) $F = \dfrac{\eta}{A \cdot p_e}$ b) $F = \dfrac{A \cdot p_e}{\eta}$
c) $F = \dfrac{p_e \cdot \eta}{A}$ d) $F = \dfrac{\eta \cdot A}{p_e}$
e) $F = p_e \cdot A \cdot \eta$

45.2
该活塞力 F_1 是多少?

a) 724 N b) 896 N
c) 942 N d) 1 024 N
e) 1 178 N

45.3
该回缩力 F_2 是多少?

a) 775 N b) 792 N
c) 935 N d) 1 025 N
e) 1 200 N

46

液压机装有面积为 6.4 cm² 的活塞泵和面积为 286 cm² 的压力活塞(见下图)。

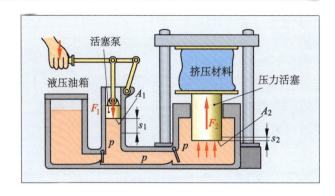

46.1
哪项公式用于计算活塞力?

a) $\dfrac{F_1}{F_2} = \dfrac{A_2}{A_1}$ b) $\dfrac{F_2}{F_1} = A_2 \cdot A_1$
c) $F_1 \cdot F_2 = A_2 \cdot A_1$ d) $\dfrac{F_2}{F_1} = \dfrac{A_2}{A_1}$
e) $\dfrac{F_1}{F_2} = A_1 \cdot A_2$

46.2
为了能让压力活塞产生 1 400 N 的力,必须要用多大的力来按压活塞泵?

a) 31.3 N b) 62.6 N
c) 24.1 N d) 56.8 N
e) 82.6 N

● 逻辑连接

47

通过装配传送带两端的任意开关键(E1、E2 与控制台 E3)可以启动装配传送带的驱动电动机(见下图)。下列哪项开关符号正确显示了控制系统的连接?

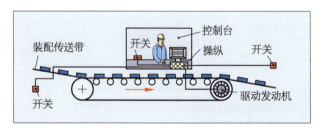

(a) 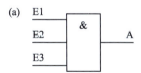 (b)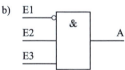

(c) 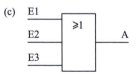 (d)

(e)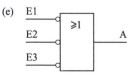

计算机数字技术(CNC)

48

在右图所示的轴上,由点 P_1 到点 P_2 切削倒角。点 P_1 的绝对坐标是多少?($X \triangleq$ 直径)

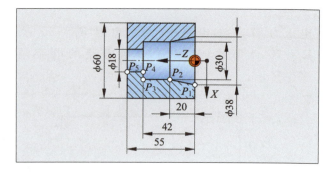

a) X0　　　　Z0
b) X0　　　　Z−12
c) X−36　　Z0
d) X−24　　Z−12
e) X−60　　Z−12

49

在 CNC 车床上加工下图工件。

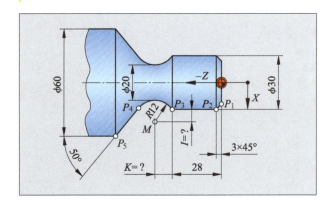

49.1

点 P_4 的绝对坐标是多少?($X \triangleq$ 直径)

a) X25　　　Z−45.4
b) X25.6　　Z−447
c) X28.6　　Z−46.9
d) X29.3　　Z−44.2
e) X30　　　Z−42.7

49.2

半径 R12 中心点 M 的 I 和 K 坐标是多少?

a) I5　　　K−12
b) I7　　　K−9.7
c) I7.7　　K−7.7
d) I9.2　　K−7
e) I12　　　K−5

50

在 CNC 车床上加工工件(见下图)。为了创建程序,必须输入点 P_1 到点 P_2 的增量坐标。下列哪项计算错误?

a) P1：X19　　Z0
b) P2：X−4　　Z−20
c) P3：X0　　Z−22
d) P4：X−6　　Z0
e) P5：X0　　Z13

51

下图所示的工件在 CNC 铣床加工。

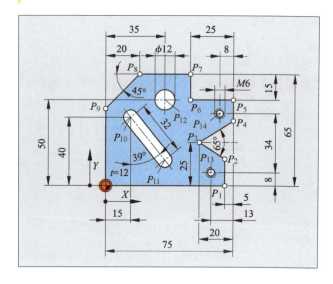

51.1

点 P_6 的绝对坐标是多少?

a) X25　　Y50
b) X50　　Y50
c) X50　　Y55
d) X55　　Y−15
e) X30　　Y50

51.2

点 P_9 的绝对坐标是多少?

a) X0　　Y45
b) X0　　Y50
c) X0　　Y55
d) X20　　Y45
e) X20　　Y50

51.3

点 P_{11} 的绝对坐标是多少？

a) X35.1　　Y15.1
b) X39.9　　Y14.1
c) X39.9　　Y19.9
d) X40.9　　Y14.1
e) X40.9　　Y15.1

51.4

点 P_2 的绝对坐标是多少？

a) X70　　Y9.6
b) X70　　Y12.3
c) X70　　Y12.7
d) X70　　Y15.4
e) X70　　Y16.9

附表　物理量和测量单位（SI 基本单位）

基本量 导出量	DIN 1304 符号	基本单位和导出单位 SI 基本单位名称	基本单位和导出单位 DIN 1301 符号	关　系
长度 路径（行程）	l s	米	m	1m＝10 dm＝100 cm＝1 000 mm
面积	$A、S$	平方米	m^2	$1 m^2 = 10\ 000\ cm^2 = 1\ 000\ 000\ mm^2$
		亩	a	$1 a = 100\ m^2$
		公顷	ha	$1\ ha = 100\ a = 10\ 000\ m^2$
体积	V	立方米	m^3	$1\ m^3 = 1\ 000\ dm^3 = 1\ 000\ 000\ cm^3$
		升	L	$1\ L = 1\ dm^3 = 0.001\ m^3$
平面角（角度）	$α、β、γ\cdots$	度	°	$1° = 60' = 3\ 600''$
		分、秒	′、″	$1' = 1°/60 = 60''$ $1'' = 1'/60 = 1°/3\ 600$
		弧度	rad	$1\ rad = \dfrac{180°}{π} = 57.295\ 78°$
质量 称量结果	m	千克	kg	$1\ kg = 1\ 000\ g$
		克	g	$1\ g = 0.001\ kg$
		吨	t	$1\ t = 1\ 000\ kg$
密度（与体积有关的质量）	$ρ$	千克每立方米	kg/m^3	$1\ 000\ kg/m^3 = 1\ t/m^3 = 1\ kg/dm^3 = 1\ g/cm^3$
温度	$T、Θ$ $t、θ$	开氏温度	K	$0\ K ≙ -273℃$
		摄氏度	℃	$0℃ ≙ 273K$
时间 （时间间隔、持续时间）	t	秒	s	
		分、小时、天	min、h、d	$1\ min = 60\ s$ $1\ h = 60\ min = 3\ 600 s$
速度	$v、u$	米每秒	m/s	$1\ m/s = 60\ m/min = 3.6\ km/h$
加速度 重力加速度	a g	米每二次方秒	m/s^2	$g = 9.81\ m/s^2 = 9.81\ N/kg$
频率	$f、ν$	赫兹	Hz	$1 Hz = 1\ s^{-1} = 1/s$
旋转速度 转速	n	每秒转数 每分钟转数	s^{-1} min^{-1}	$1\ s^{-1} = 60\ min^{-1}$ $1\ min^{-1} = 1/60\ s^{-1}$
力 重力、摩擦力	F $F_G、G、F_R$	牛顿	N	$1\ N = 1\ kg·m/s^2$
扭矩	M	牛顿·米	N·m	
压强	p	帕斯卡	Pa、hPa	$1\ Pa = 1\ N/m^2；1\ hPa = 100\ Pa = 1\ mbar$
		巴	bar	$1\ bar = 1\ 00\ 000\ N/m^2 = 10\ N/cm^2$
机械应力	$σ$ t	牛每二次方毫米	N/mm^2	$1\ N/mm^2 = 1\ MN/m^2$
能、功 热量	$E、W$ Q	焦耳	J	
		焦耳	J	
功率	P	焦每秒	J/s	$1\ J/s = 1\ N·m/s = 1\ W$
电流	I	安培	A	
电压	U	伏特	V	$1\ V = 1\ W/A$
电阻	R	欧姆	Ω	$1\ Ω = 1\ V/A$
电能	W	瓦·秒	W·s	$1\ W·s = 0.277\ 8·10^{-6}\ kW·h$
		千瓦·时	kW·h	$1\ kW·h = 3600\ 000\ W·s$
功率	P	瓦特	W	$1\ W = 1\ A·V；1\ kW = 1\ 000\ W$
物质的量（化学的计算单位）	n	摩尔	mol	$1\ mol$ 大概相当于 $6·10^{23}$ 个物质所含的原子或分子
发光强度	I_V	坎	cd	大约相当于烛光的光度

第三部分 技术制图试题

1 基于学习载体"滚轮轴承"的技术制图试题

题1～题18与下图滚轮轴承有关。

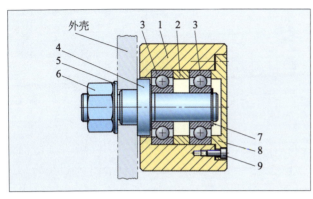

Pos.	数量	名称	材料、标准缩写	备注、毛坯尺寸
1	1	滚轮	C45E	Rd 95×66
2	1	定距环	E235+C	圆管-55×ID39-EN10305-1-E235+C
3	2	向心球轴承	DIN625-6304-2RS	
4	1	阶梯轴	E295	Rd50×110
5	1	垫圈	ISO7090-20-200HV	
6	1	六角螺母	ISO8673-M20×1.5-8	
7	1	挡圈	DIN471-20×1.2	
8	1	轴承端盖	E295	Rd85×20
9	4	圆柱头螺钉	ISO4762-M4×10-8.8	

说明：可以使用专业书、技术制图手册、简明机械手册和计算器，以完成学习载体的相关习题。图纸未按比例绘制。

1

请解释六角螺母(Pos.6)的标准名称。

2

请说明向心球轴承(Pos.3)的宽度、外径和内径。

3

向心球轴承的哪种圈承载旋转负荷，哪种圈承载集中载荷？并说明理由。

4

如果公差等级为7，滚轮负荷较"低"。请说明滚轮(Pos.1)孔的公差代号。

5

如果轴承外圈(Pos.3)的基本尺寸为0，公差为13 μm，请计算连接滚轮(Pos.1)和向心球轴承(Pos.3)的最大间隙与最大过盈。

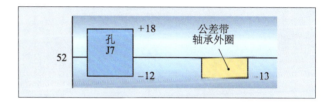

6

请绘制出左侧向心球轴承范围内阶梯轴的退刀槽(E型)草图。请计算宽度 f、深度 t_1 和半径 r（剩余应力）。请将尺寸与相应公差填入草图，并说明退刀槽的标准名称。

7

请绘制出挡圈(Pos.7)凹槽范围内的阶梯轴(Pos.4)，并填写槽宽 m、槽直径 d_2 以及槽与阶梯轴(Pos.4)右侧平面之间的最小距离。阶梯轴的倒角为1.5×45°，槽直径的公差等级为h11。

8

阶梯轴(Pos.4)上为螺纹 M20×1.5 的螺纹退刀槽 DIN 76-A。请将螺纹退刀槽的直径和长度填入草图。

9

请确定阶梯轴(Pos.4)槽的位置尺寸[从左侧向心球轴承(Pos.3)的装置到挡圈(Pos.7)的负荷面],并将尺寸填入草图。

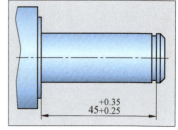

10

阶梯轴(Pos.4)直径 20h6 处标有位置公差(见下图)。请分别解释图中间和右侧所填写的内容。

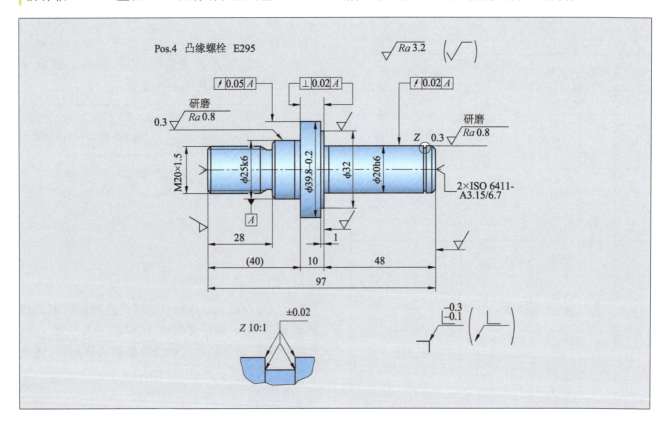

11

请确定轴承端盖(Pos.8)上圆柱头螺钉(Pos.9)的沉孔尺寸,并将其填入草图。

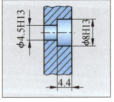

12

阶梯轴(Pos.4)上标有以下表面参数。请解释其含义。

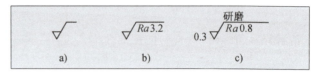

13
请解释图 a) 和图 b)。

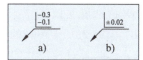

14
如果螺纹深度 $l=8$ mm,请计算滚轮(Pos.1)处 M4 螺纹底孔的最小深度。

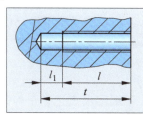

15
检验圆柱头螺钉(Pos.9)的长度。轴承端盖(Pos.8)螺栓头支承面与滚轮(Pos.1)车削平面之间的距离 $s=4.4$ mm。请计算螺栓的最小长度 l。

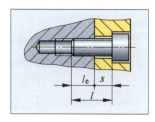

16
请确定阶梯轴(Pos.4)直径 25k6 上退刀槽的坐标点 $P_1 \sim P_3$,并将其填入表格。

点	X(φ)	Z
P_1		
P_2		
P_3		

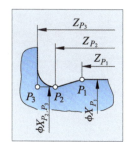

17
根据附图加工 10 个滚轮轴承。请在工作计划中列出阶梯轴(Pos.4)的工作步骤。

加工阶梯轴(Pos.4)的工作计划		
序号	工作步骤	刀具、测量工具、辅助工具
1		车刀、中心钻、游标卡尺
2		右偏车刀、游标卡尺
3		右偏车刀
4		螺纹车刀、螺纹环规
5		右偏车刀、千分尺、极限卡规、游标卡尺、量块
6		切断刀、量块

18
安装滚轮轴承。请制订安装计划并说明必要的工具和辅助工具。

滚轮轴承的安装计划		
序号	工作步骤	刀具、测量工具、辅助工具
1		
2		
3		
4		
5		
6		
7		
8		
9		

2 技术制图试题

1

根据 DIN EN ISO 5457,A3 图纸的纸张大小是多少?

a) 841 mm×1 189 mm　　b) 594 mm×841 mm
c) 420 mm×594 mm　　　d) 297 mm×420 mm
e) 210 mm×297 mm

2

下列哪项表述是正确的?

a) 剖面上的平面被称为阴影面
b) 轴线下 60°用细实线在截面上画阴影线
c) 尺寸值和文字说明的阴影线不连续
d) 如果剖切面上的边缘线落在中线上,那么边缘线不应标出
e) 剖面线必须始终标明

3

根据 DIN ISO 5456,如何绘制工件的等轴测投影图?

a) 边长比 1∶1∶1,角度 30°和 30°
b) 边长比 1∶1∶0.5,角度 7°和 42°
c) 边长比 1∶1∶2,角度 7°和 42°
d) 边长比 1∶1∶1,角度 0°和 45°
e) 边长比 1∶1∶1,角度 30°和 30°

4

根据 DIN ISO 5455,标准的缩小比例是多少?

a) M 1∶5　　　　　b) M 5∶1
c) M 2∶5　　　　　d) M 1∶4
e) M 1∶2.5

5

根据 DIN 406,尺寸值画线表示什么?

a) 特别说明该尺寸
b) 公差为 0.1 mm 的成品尺寸
c) 订购者对该尺寸实施特殊检查
d) 该尺寸未按比例描绘
e) 收货人会 100%检查该尺寸

6

下列哪项表述是错误的?

a) 点画线用于标记截面曲线
b) 同一个工件上的所有截面以相同方式画阴影线
c) 弯曲线显示为宽实线
d) 两点画线用于标记位于截面之前的零件
e) 用宽实线显示表面结构,如滚花

7

下列哪项表述是正确的?

a) 方框中的尺寸未按比例绘制
b) 必须绘制螺纹沉孔,并标注尺寸
c) 最好在零件图中显示工件的加工情况
d) 用对角线(粗实线)标记配合面
e) 用细实线显示可见棱边线

8

图纸的哪些区域要画阴影线?

a) 实心点和空心点处画阴影线
b) 只在切割时产生金属屑的位置画阴影线
c) 整个工件上都必须画阴影线
d) 只在实心点处画阴影线
e) 以上答案都不正确

3 视图试题

注：视图结构符合 DIN ISO 5456-2 投影法 1，即大多数欧洲国家使用的图示法。

1

下列哪幅图是与技术制图中的工件相符的轴测投影图？

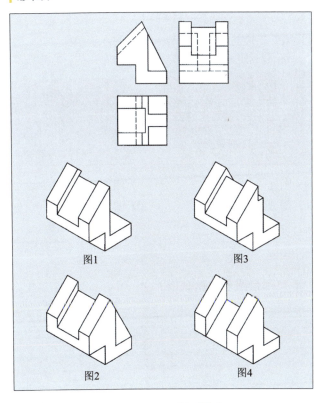

a) 图 1
b) 图 2
c) 图 3
d) 图 4
e) 全都不是

2

下列哪幅图表示左视图？

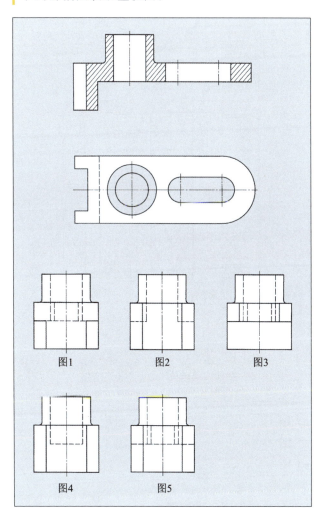

a) 图 1
b) 图 2
c) 图 3
d) 图 4
e) 图 5

3

下列哪幅图表示俯视图？

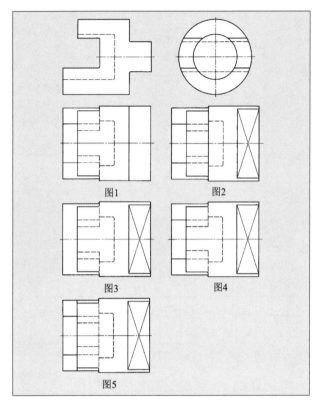

a）图 1   b）图 2
c）图 3   d）图 4
e）图 5

4

下列哪幅图表示左视图？

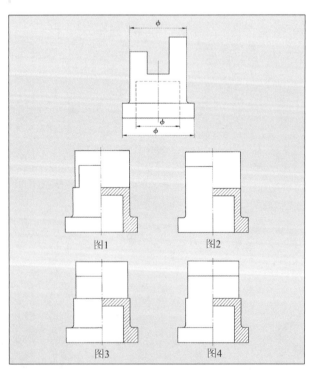

a）图 1   b）图 2
c）图 3   d）图 4
e）全都不是

5

下列哪幅图表示左视图？

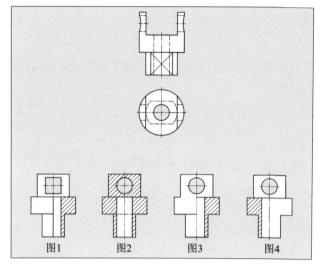

a）图 1   b）图 2
c）图 3   d）图 4
e）全都不是

6

下列哪幅图表示俯视图？

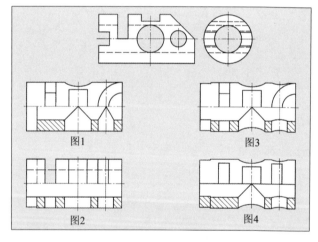

a）图 1   b）图 2
c）图 3   d）图 4
e）全都不是

7

下列哪幅图表示左视图？

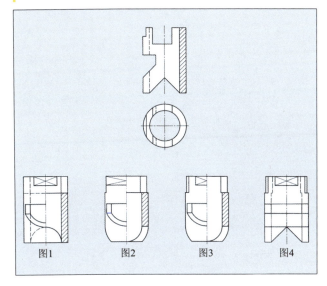

a）图 1　　　　　　　　b）图 2
c）图 3　　　　　　　　d）图 4
e）全都不是

8

下列哪幅图表示工件轴测投影图的主视图？

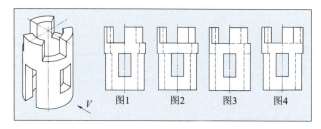

a）图 1　　　　　　　　b）图 2
c）图 3　　　　　　　　d）图 4
e）全都不是

参考答案

第一部分 工艺学试题

1 检测技术

1.1 量和单位

1

在国际单位制中,已明确规定以下基本量:长度 l、质量 m、时间 t、热力学温度 T、电流 I、发光强度 I_v。

2

长度的基本单位是米(m)。1 米是指 1/299 792 458 s 的时间内光在真空中走过的距离。

3

"微"=百万分之一。例如,1 微米(μm)=百万分之一米。其他物理学单位的字首如下表所示。

字首		系 数	
M	兆	百万倍	10^6 = 1 000 000
k	千	千倍	10^3 = 1 000
h	百	百倍	10^2 = 100
da	十	十倍	10^1 = 10
d	分	十分之一	10^{-1} = 0.1
c	厘	百分之一	10^{-2} = 0.01
m	毫	千分之一	10^{-3} = 0.001
μ	微	百万分之一	10^{-6} = 0.000 001

4

物体的质量取决于它的材料量,与该物体所处的地点无关。

5

质量的基本单位是千克(kg)。

6

质量 m=1 kg 的物体受到的重力为 9.81 N。

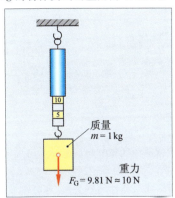

7

常见的温度单位是摄氏度(℃)。

8

周期 T 是指均匀重复一个动作所用的时间。例如,钟摆的摆动或砂轮的转动。

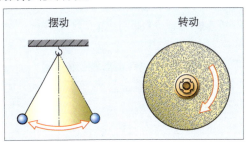

9

频率是指 1 s 内一个动作重复的次数。基本单位是 1/s 或者 Hz,1/s=1 Hz。旋转频率 n(转速)是指每秒或者每分钟转动的圈数。

1.2 测量技术基础

1

系统性误差导致测量值出现错误,即:系统性误差使得测量值偏离正确方向。偶然性误差造成测量值不精确,即:偶然性误差使得测量值出现偏差。如果量与方向已知,可以补偿系统性测量误差。偶然性误差则无法补偿。

2

使用千分尺测量块规,将显示的误差与块规的正确数值进行对比,确定千分尺的系统性测量误差。

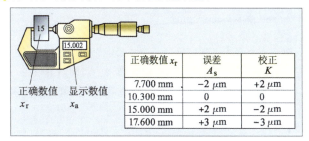

系统误差 A_s 为显示数值与块规数值的差。

3

测量薄壁工件时因测量力卡尺与工件间出现弹性变形,显示的测量数值往往会小于实际的工件尺寸。

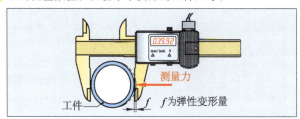

4

如果测量仪表与工件由不同材料制成,因膨胀系数不同,标准温度差异会导致测量误差。标准温度为 20℃ 时,所有测量仪表、量规和工件应处于规定的公差范围之内。

5

比如,因测量力过大、螺距误差、标准温度保持恒定以及测量表面磨损导致千分尺产生系统性误差。比如,因脏物、毛刺或者测量力变化导致偶然性误差,无法用量和方向解释。

6

选择车间的测量仪表时,根据与工件公差的比例关系,可以忽略测量误差。在实验室校准测量仪表时要校正系统性误差并尽可能降低偶然性误差。

7

如果千分表通过块规回零,而块规的基本尺寸无限接近于要检测的测量值,那么因温度、整体量具和测量力引起的系统性误差会变得很小。因此,测量误差很小。

8

铝制工件相对于钢制的整体量具(比如,游标卡尺和千分尺)而言,线膨胀系数较大。也就是说,如果不符合标准温度,工件和整体量具的尺寸会出现不同的变化。测量钢制工件时标准温度的偏差出现问题较少,工件和测量仪表的线膨胀系数几乎相同,因此,测量误差极小。

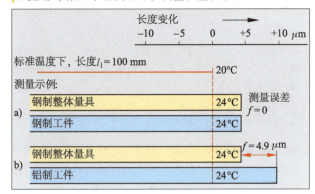

9

$\Delta l = l_1 \cdot \alpha \cdot \Delta t$

$\Delta t = 25℃ - 20℃ = 5℃$

$\Delta l = 100 \text{ mm} \cdot 0.000\ 016\ 1/℃ \cdot 5℃$

$\quad = 0.008 \text{ mm} = 8\ \mu m$

10

测量误差最大不超过尺寸公差或形状公差的10%。误差过低的测量方法没有必要且过于昂贵。如果测量较高,当尺寸不在公差范围内时,会导致过多的工件被判定为"合格零件"或者"废品"。

11

测量仪表的不精确性近似等于1个刻度分度值(0.01 mm)。该测量不精确性只适用于校准千分表时符合车间常见的测量条件,并且由高水平的检验员完成测量。

12

通过检测,可确定被检对象是否符合所要求的尺寸和几何形状。检测分为测量与检验。

13

测量是将测量仪表与尺寸(比如长度或者角度)进行对比。检验是将形状或长度与量规进行对比。

14

测量不精确性描述的是偶然性与未知/不确定的系统误差。在车间进行测量时应选择使用恰当的测量仪表,使误差保证在允许的范围之内。

15

如果观察者读取数值时视角倾斜,会产生测量误差。

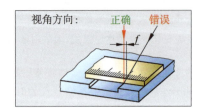

1.3 长度检测工具

● 刻度尺、直尺、角尺和量规

1

刀口形直尺和刀口形角尺的测量刃要求拥有极高的直线度,最好将测量刃进行研磨。

2

质量控制需要可以提供测量值的工具,通过公差内测量值的情况控制加工程序。量规检测得不出测量值,无法确定检测结果是合格品还是废品。

3

根据泰勒原则,量规通端可以检测工件的尺寸和形状。极限卡规只能检测尺寸,无法检测形状。

4

极限卡规的止端标有红色标记,有短的试验缸,刻有上极限偏差。止端标有"不合格"。

5

每次检测时通端滑过工件的测量面,而止端仅仅用于废品零件的检测,故通端比止端磨损得快。

● 块规、游标卡尺和千分尺

1

尺寸97.634 mm可以由以下块规组合:

1.004 mm + 1.030 mm + 1.600 mm + 4 mm + 90 mm

组合块规时从尺寸的最后一个数字开始,也就是从尺寸最小的块规开始。

2

从精确度而言,块规的公差等级"K"较小。精确度"K"的块规可以用于校准其他块规,精确度"0"的块规可以用于校准测量仪表。

3

因为这样钢制块规将处于冷焊状态。钢制块规的附着时间不可以超过8小时。

4

显示回零可以简化任意位置的测量。可以不用再计算已知设定值的测量变量之差或者两个测量值的差异,这些差值可以直接显示。

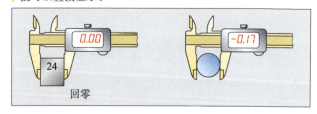

5

过快地转动测量螺杆会导致测量结果出现误差。

6

陶瓷块规的热膨胀特性与钢类似,耐磨性极佳。且其耐腐蚀,无须特殊保养,无法焊接。

7

与游标相比,读取圆形刻度盘的数值更为快捷和可靠。粗略分度值在直尺上读取,而精确分度值在圆形刻度盘上读取。

8

首先测量出一个孔的直径,然后显示回零,接着测量最大孔距,两者相减,即可得出相同直径的孔间距。

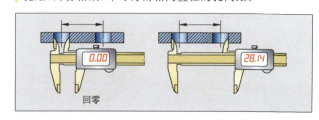

9

与钢制块规相比,硬质合金块规的耐磨度是其耐磨度的20倍,热膨胀率低了50%。

10

使用游标卡尺可以测量外径、内径以及深度。因为测量用途较广且操作简单,游标卡尺成为金属加工时最重要的量具。

11

电子数显游标卡尺通过发光数字显示测量值,这样可以避免读数误差。除此之外,电子数显游标卡尺通过按键可以实现显示回零并保存测量值。

12

出现测量误差是由于测量仪表存在误差,比如测量螺杆的螺距误差与间隙、测量面的平行度与平面度误差。其他属于应用性误差,比如由工件倾斜、测量力过大使尺架弯曲、标准温度偏差、工件脏或者有毛刺导致的误差以及读数误差。

13

以下操作规则适用于游标卡尺的测量:
- 测量面和检测面应保持干净,无毛刺。
- 如果测量点处的读数难以识读,可以固定游标,然后小心地取下游标卡尺平视读取读数。
- 避免因温度因素、测量力过大(倾斜误差)和游标卡尺斜置引起的测量误差。

14

联轴器将测量力限制在5~10 N之间。由于测量螺杆螺距较小,扭力增大,以至于缺少联轴器时测量力过大而产生误差。

15

通过检查整个测量范围的系统误差绘制测量线图。同时,确定块规规定理论值的显示误差并将其填入条图。如此选定理论值,可以检测不同旋转角度下的测量螺杆。

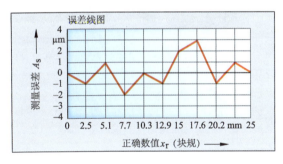

16

测量值17.6 mm与理论值偏差+3 μm。因此,工件尺寸为17.597 mm。为了得到工件尺寸,要减去测量值的正误差,加上测量值的负误差。

17

千分尺的零件主要包括带测砧的尺架、固定套筒、微分套筒、测微螺杆和联轴器。千分尺上有联轴器,因此测量力不会超出规定值。

● 内径检测仪表、千分表、触杆式检测表、精密指针式检测表

1

三线式内径检测仪表自动定中心并在孔内自动校准。两点式内径检测仪表要通过往返运动找到与孔中心线垂直的固定点。

2

测量杆运动的机械传动比会引起摩擦,测量杆伸入时摩擦变大,导致测量力增大。鉴于此原因,测量杆伸入和伸出时会显示不同数值。

3

触杆式检测表的触头属于可回转式触头,特别适用于难以接触的测量点。

4

与千分表相比,使用精密指针式检测表检测出的圆度和径向跳动更加准确。

5

$f_L = M_{wmax} - M_{wmin} = 12\ \mu m - (-2\ \mu m) = 14\ \mu m$

6

工件尺寸通过块规校准,千分表回零,检测工件时与校准尺寸的尺寸差异可以直接识读。与绝对测量相反,对比测量时由于测量杆路径较小,因此出现的测量误差也较小。

7

运动转变通过齿条和齿轮,路径通过齿轮传动装置放大。

8

最精准的机械式长度检测仪表是刻度分度值<1 μm的精密指针式检测表(精密触针)。精密指针式检测表上有传动杆系统,传动杆通过齿弧和小齿轮将测量杆运动转移至指针式检测表。

● 气动式测量仪表、电子式测量仪表和光电式测量仪表、坐标测量仪的多功能传感器技术

1

气动式测量的优点如下:
- 因压缩空气而产生的测量力很小,几乎可以忽略不计。
- 测量可靠且快捷,重复精度高。
- 压缩空气可清除测量点黏着的切削液、润滑油或者研磨膏。
- 测量无须接触。

2

测量厚度时使用两个检测触头,比如要测量的板材位于两个触头之间。由于测量点上仅仅是触头的点状接触,所以形状误差对测量值并无影响。

3

因为测量滑轨的运动不会影响测量结果,所以测量直径的精度较高。

4

使用激光干涉仪检测定位精度(见下图)。

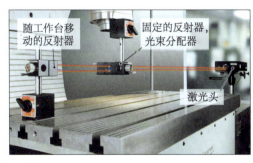

5

相同时间内,光学传感器触及工件的测点是接触式触头的20倍。以光学方式采集的图像以数字化光点(像素)的形式保存到图像存储器中。

6

扫描时,可以更快采集测量物的表面,每秒最多可以触到200个测点。扫描时,形状检测的精度随着点密度的增大而提高。

7

使用光电式检测仪表测量长度时光束对受检物体进行无接触扫描,从而掌握检测情况。例如,光电式轴测量仪表根据阴影照相法获取圆形零件的轮廓(图)。通过平行光束,接收器中出现一个阴影轮廓,其尺寸与工件尺寸相符。

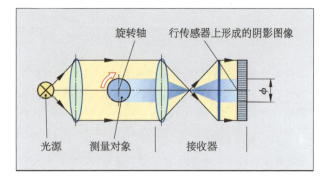

8

静态式接触、动态式接触和测量式接触。立式长度测量仪表根据其功能安装路径测量系统的坐标测量仪。

9

与普通的检测方法相比,使用坐标测量仪时无须校准工件,弯曲面可以检查形状,使用坐标测量仪测量的流程是自动的。使用测量程序可以通过少许点的检测确定工件位置并将其保存于计算机中。

10

通过气动式测量仪表可掌握测量喷嘴上与流动阻力有关的压力变化或者流量变化。
因测量值接收器测量误差引起动压头变化,压力表显示压力差或者流量测量仪表显示流动空气量的变化。

11

带电感测量触头的电子式长度测量仪表具有以下优点:
- 灵敏度高。
- 显示范围相对较大。
- 测量误差小。
- 小型测量触头可以安装至难以接触的位置。
- 可以通过加减法对比两个测量值。
- 测量信号应用于分类、分级以及记录。

12

最重要的组件是带增量刻度的玻璃比例尺和测量头。

1.4 表面检测

1

评估表面粗糙度可使用比较样块法。工件表面与标准样件的对比前提:材料必须相同并采用了相同的加工方法,比如车削。

2

因为半径为 $2\ \mu m$ 的针尖可以更好地接触工件表面细小的沟槽。理想的探针形状是 $60°$ 或者 $90°$ 的圆形针尖状锥体。

3

根据材料比曲线图可以判断峰值范围的磨合时间、核心范围的润滑滑动特性以及细波纹范围的润滑油储存能力。理想状态:峰值较小,核心范围内的材料比较大,储存润滑油的细波纹充足。

4

极限波纹长度和总测量区段可以通过标准值表格进行推断,从细波纹宽度这列可以找出进刀 0.2 的这一行,直接读取对应的 λ_c 和 I_n 数值。

RS_m/mm	$R_z, R_{max}/\mu m$	$R_a/\mu m$	$\lambda_c/\mu m$	$(I_r/I_n)/\mu m$
>0.04~0.13	>0.1~0.5	>0.02~0.1	0.25	0.25/1.25
>0.13~0.4	>0.5~10	>0.1~2	0.8	0.8/4
>0.4~1.3	>10~50	>2~10	2.5	2.5/12.5
表格数值:$\lambda_c=0.8$ mm;$I_n=4$ mm				

5

因为通过进料装置中的倾斜度设置,标准面与工件表面平行对齐。位置倾斜严重时要仔细调节标准面。

6

上面第 2 个的表面形状最适合滑动轴承,该表面形状中仅有平峰值、高材料比以及充足吸收润滑油的细波纹。

7

刀具或者工件的振动引起波度,刀具切削刃的形状或者进给量较大引起粗糙度,波度和粗糙度导致工件形状与理想式几何形状出现偏差。

8

在表面粗糙度形状中过滤了波度。出现粗糙度是由于加工过程中存在进给量和切屑。

9

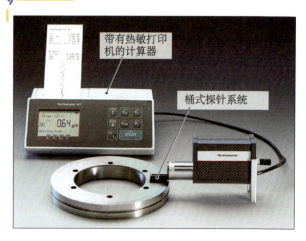

该图为便携式检测仪,装有桶式探针系统和带热敏打印机的计算器。
优点:携带方便,可以在任何地方安装使用。
缺点:由导向头部分过滤的波度和形状误差无法采集,因为机械式直线运动时该检测仪只能检测表面粗糙度。

10

因刮痕改变最大的是 R_{max},R_{max} 是总测量区段内最大表面粗糙深度的单个数值。

11

加工过程中存在理想式几何表面误差,通过真实表面可以确定该误差。实际表面是指通过测量采集的表面。

12

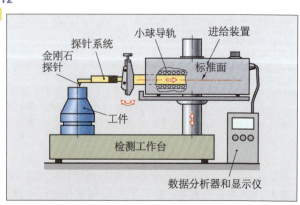

参考答案

表面的形状误差通过金刚石探针采集(见上图)。进给装置引导探针系统通过表面。同时,探针的位置变化转变为电子信号,从而传到显示器或者表面形状显示仪。

13

在工件表面预计出现最差测量值的位置检测。检测周期性表面形状时,如车削的表面形状,选择的探针扫描方向要与细波纹方向垂直。检测细波纹方向交替更换的非周期性表面形状时,如磨削或者研磨形成的表面形状时,探针扫描方向可任意选择。

14

相应标志的斜线处已经填入了缩写符号与对应的数值。

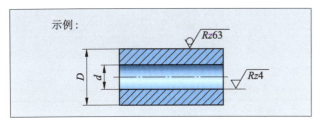

外径 D:带平均表面粗糙度且未经过切削加工的表面小于或者等于 63 μm。

内径 d:带平均表面粗糙度且经过切削加工的表面小于或者等于 4 μm。

1.5 公差和配合

1

公差范围相对于零线的位置通过基本偏差标注。基本偏差是指靠近零线的偏差。

2

长度尺寸的未注公差如下表所示。

标称尺寸范围(mm)的极限偏差(mm)						
公差等级	0.5~3	3~6	6~30	30~120	120~400	400~1 000
f 精细	±0.05	±0.05	±0.1	±0.15	±0.2	±0.3
m 中等	±0.1	±0.1	±0.2	±0.3	±0.5	±0.8
c 粗糙	±0.2	±0.3	±0.5	±0.8	±1.2	±2
v 很粗糙	—	±0.5	±1	±1.5	±2.5	±4

下极限尺寸为 24.9 mm,上极限尺寸 25.1 mm。

3

ISO 公差参数中的公差数值取决于公差等级和公称尺寸。

4

配合分为间隙配合、过盈配合和过渡配合。

5

基孔制配合中所有孔的尺寸使用基本偏差 H 加工,基轴制配合中所有轴均使用基本偏差 h 加工。

6

配合尺寸	ES、es/μm	EI、ei/μm
ϕ40H7	+25	0
ϕ40m6	+25	+9

$P_{SH} = G_{oB} - G_{uW} = 40.025$ mm $- 40.009$ mm
$\quad = +0.016$ mm

$P_{ÜH} = G_{uB} - G_{oW} = 40.000$ mm $- 40.025$ mm
$\quad = -0.025$ mm

7

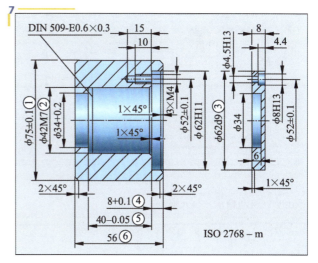

a)

No.	工件尺寸	最大尺寸	最小尺寸	公差
1	ϕ75±0.1	75.1	74.9	0.2
2	ϕ42M7	42.00	41.975	0.025
3	ϕ62d9	61.900	61.826	0.074
4	8+0.1	8.1	8.0	0.1
5	40−0.05	40.00	39.95	0.05
6	56	56.3	55.7	0.6

b)

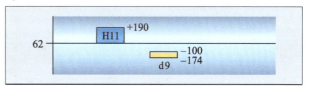

$P_{SH} = G_{oB} - G_{uW} = 62.190$ mm $- 61.826$ mm
$\quad = +0.364$ mm

$P_{SM} = G_{uB} - G_{oW} = 62.000$ mm $- 61.900$ mm
$\quad = +0.100$ mm

c)

$P_{SH} = G_{oB} - G_{uW} = 42.000$ mm $- 41.989$ mm
$\quad = +0.011$ mm

$P_{ÜH} = G_{uB} - G_{oW} = 41.975$ mm $- 42.000$ mm
$\quad = -0.025$ mm

8

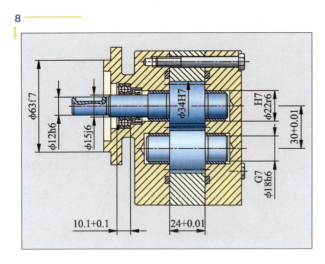

a)

ϕ18G7(滑动轴承)/ h6(轴)

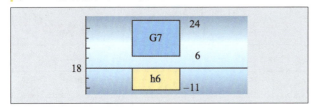

孔的尺寸：

$T_B = ES - EI = 24 \ \mu m - 6 \ \mu m = 18 \ \mu m$

孔的极限尺寸：

$G_{oB} = N + ES = 18 \text{ mm} + 0.024 \text{ mm} = 18.024 \text{ mm}$

$G_{uB} = N + EI = 18 \text{ mm} + 0.006 \text{ mm} = 18.006 \text{ mm}$

轴的公差：

$T_W = es - ei = 0 - (-11 \ \mu m) = 11 \ \mu m$

轴的极限尺寸：

$G_{oW} = N + es = 18 \text{ mm} + 0 \text{ mm} = 18.000 \text{ mm}$

$G_{uW} = N + ei = 18 \text{ mm} + (-0.011 \text{ mm}) = 17.989 \text{ mm}$

最大间隙：

$P_{SH} = G_{oB} - G_{uW} = 18.024 \text{ mm} - 17.989 \text{ mm} = +0.035 \text{ mm}$

最小间隙：

$P_{SM} = G_{uB} - G_{oW} = 18.006 \text{ mm} - 18 \text{ mm} = +0.006 \text{ mm}$

b)

ϕ22H7(盖)/ r6(滑动轴承)

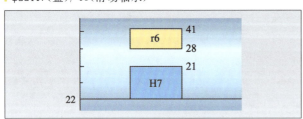

孔的尺寸：

$T_B = ES - EI = 21 \ \mu m - 0 \ \mu m = 21 \ \mu m$

孔的极限尺寸：

$G_{oB} = N + ES = 22 \text{ mm} + 0.021 \text{ mm} = 22.021 \text{ mm}$

$G_{uB} = N + EI = 22 \text{ mm} + 0 \text{ mm} = 22.000 \text{ mm}$

轴的公差：

$T_W = es - ei = 41 \ \mu m - 28 \ \mu m = 13 \ \mu m$

轴的极限尺寸：

$G_{oW} = N + es = 22 \text{ mm} + 0.041 \text{ mm} = 22.041 \text{ mm}$

$G_{uW} = N + ei = 22 \text{ mm} + 0.028 \text{ mm} = 22.028 \text{ mm}$

最大过盈：

$P_{uW} = G_{uB} - G_{oW} = 22 \text{ mm} - 22.041 \text{ mm} = -0.041 \text{ mm}$

最小过盈：

$P_{uW} = G_{oB} - G_{uW} = 22.021 \text{ mm} - 22.028 \text{ mm} = -0.007 \text{ mm}$

c)

24+0.01(板)/24−0.01(齿轮)

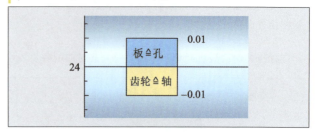

板的公差：

$T = ES - EI = 0.01 \text{ mm} - 0 \text{ mm} = 0.01 \text{ mm}$

板的极限尺寸：

$G_{oB} = N + ES = 24 \text{ mm} + 0.01 \text{ mm} = 24.01 \text{ mm}$

$G_{uB} = N + EI = 24 \text{ mm} + 0 \text{ mm} = 24 \text{ mm}$

齿轮的公差：

$T = es - ei = 0 - (-0.01 \text{ mm}) = 0.01 \text{ mm}$

齿轮的极限尺寸：

$G_{oW} = N + es = 24 \text{ mm} + 0 \text{ mm} = 24.00 \text{ mm}$

$G_{uW} = N + ei = 24 \text{ mm} + (-0.01 \text{ mm}) = 23.99 \text{ mm}$

最大间隙：

$P_{SH} = G_{oB} - G_{uW} = 24.01 \text{ mm} - 23.99 \text{ mm} = +0.02 \text{ mm}$

最小间隙：

$P_{SM} = G_{uB} - G_{oW} = 24 \text{ mm} - 24 \text{ mm} = 0$

d)

ϕ12h6(轴)/ϕ12H7(皮带轮)

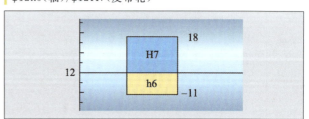

孔的尺寸：

$T = ES - EI = 18 \ \mu m - 0 \ \mu m = 18 \ \mu m$

孔的极限尺寸：

$G_{oB} = N + ES = 12 \text{ mm} + 0.018 \text{ mm} = 12.018 \text{ mm}$

$G_{uB} = N + EI = 12 \text{ mm} + 0 \text{ mm} = 12.000 \text{ mm}$

轴的公差：

$T_W = es - ei = 0 - (-11 \ \mu m) = 11 \ \mu m$

轴的极限尺寸：

$G_{oW} = N + es = 12 \text{ mm} + 0 \text{ mm} = 12.000 \text{ mm}$

$G_{uW} = N + ei = 12 \text{ mm} + (-0.011 \text{ mm}) = 11.989 \text{ mm}$

最大间隙：

$P_{SH} = G_{oB} - G_{uW} = 12.018 \text{ mm} - 11.989 \text{ mm} = +0.029 \text{ mm}$

最小间隙：

$P_{SM} = G_{uB} - G_{oW} = 12 \text{ mm} - 12 \text{ mm} = 0$

9

主要用于刀具、机床和汽车制造业。

10

更换标准零件是指更换与生产类型及时间无关且无返修的工件。

11

公差带位置使用字母标记。孔的公差带位置用大写字母 A～Z,轴的用小写字母 a～z。公差等级 6～11 内,公差扩展了基本偏差 ZA、ZB 和 ZC 或者 za、zb 和 zc。除此之外,所有标称尺寸具有公差等级,公差对称于零线且通过 JS 或 js 标记。

12

规定分为 20 个公差等级,分别使用不同的数字 01～18 标注。数字越大,公差越大。

13

公差等级 5～11 用于机械制造中的配合尺寸(参见下表)。

ISO 公差等级的应用领域	
ISO 公差等级	5　6　7　8　9　10　11
应用领域	机床、机床制造和车辆制造
加工方法	研磨、车削、铣削、磨削、精轧

14

大部分一般公差的说明标注丁文字区的"允许偏差"一栏,如"ISO 2768-m"。

1.6 形状和位置检测

1

最大的径向跳动误差与公差值 t_L 相比。公差值 t_L 是指两个假想的同轴圆柱体之间的距离,其轴与基准轴一致。

2

圆度测量是检测圆度是否位于两个同心圆内。径向跳动是检测径向跳动相对于基准轴的误差。

3

在毫米范围内仔细校准基准轴可以显著提高测量精度。

4

圆柱形要位于两个同轴圆柱体之间,二者之间的径向距离为 0.01 mm。$D = 30.000$ mm ($R = 15.000$ mm)且 $d = 29.98$ mm ($r = 14.99$ mm)时最大误差为 0.01 mm;圆柱形正好在公差范围之内。$\frac{\phi 30.00 - \phi 29.98}{2} = 0.01$ mm。

5

在 V 型铁上夹紧传动轴的主轴颈可以检测传动轴的功能,径向跳动可以使用千分表检测。

6

a) 工件在三爪卡盘上夹得太紧导致圆度误差。

b) 如果在 90°V 型铁上测量套筒,那么变差是圆度误差的两倍,等于 14 μm。

7

三线法检测螺纹时请遵守以下操作规则:
- 选择测量附件和测量线要考虑螺距和螺纹啮合角。
- 转动测量附件和测量线支架时要轻巧,便于调节螺距的方向。

8

沿着轴向方向用油粉笔画一条窄线,然后逆着工件方向转动工件锥度上的锥套。如果粉笔线均匀消失,说明形状完全一致。

9

导致工件形状和位置误差的因素有:刀刃材料磨损、加工热量、刀具导向、工件的固定应力、切削力、挤压力和夹紧方式错误。工件尺寸和形状误差对零件可接合性的影响大于表面粗糙度。

10

公差元素的所有位置都要在公差区以内。如果只测量少量位置,元件的零部件可能会在公差区之外。

11

确定锥度误差最简单的方法是使用气动式测量仪。

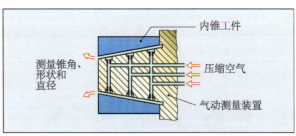

锥度测量仪配备了精密指针式显示器或者电感式探针,可以测量固定间距的锥度角或者两个检测直径。

12

螺纹量规仅仅检测螺纹的可旋入型。"符合量规"的螺纹接触不到侧面,可指出直径及螺纹啮合角的问题。

13

形状公差限制是与轴的直线度、平面度、表面循环管路的圆度和形状精确性相关的误差。形状公差可以分为平面形状公差、圆形形状公差和轮廓形状公差。

14

"公差区"是指公差范围,一个几何元素(比如线、平面)的全部点位于该范围内。平面公差区位于间距为 t 的两个假想平行面之间。所有工件表面的点要位于这两面之间。

15

检测平面度可以使用刀口尺或者平板玻璃。检测平行度可以使用千分表或者精密指针式检测表(见下图)。

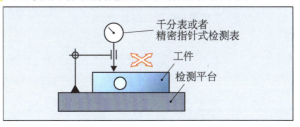

16

刀口形直尺用于检测平面度。在整个表面上沿着不同方向移动刀口形直尺,通过光隙可辨认不平整度。

17

最常检测的是 90°角。除此之外，还有固定的 45°、60°和 135°角。根据形状分为平角尺、直角尺和刀口形角尺。用量规检验磨床属于固定角度、特殊形状的呈现。

18

确定螺纹的参数有：外径（标称直径）、螺纹中径、螺纹内径、螺距、螺纹啮合角。

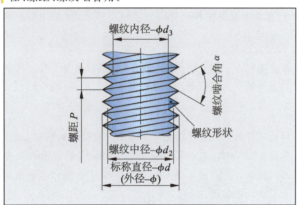

螺纹中径、螺纹啮合角和螺距决定螺纹质量。

19

螺纹量规仅检测螺纹的可旋入性。符合量规的螺纹可以显示螺纹量规无法确定的误差：螺距、直径与螺纹啮合角的误差。使用量规检测螺纹操作很简单。

20

外螺纹量规分为螺纹卡规和螺纹极限卡规。内螺纹量规分为螺纹塞规和螺纹极限塞规。

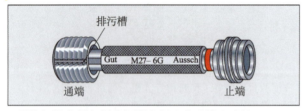

螺纹极限卡规与螺纹极限塞规上有通端和止端。

21

检测螺距可以使用螺纹样板、游标卡尺或者精密指针式螺纹测量仪以及坐标测量仪。

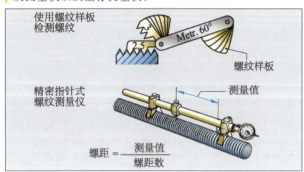

使用螺纹样板检测光隙，使用游标卡尺或者螺纹测量仪测量多个螺距，并用测量值除以螺距数。

22

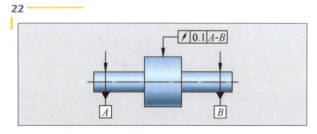

旋转时每个垂直测量平面上相对于基准轴 $A-B$ 的径向跳动误差不可以超过 $t=0.1$ mm。标注的位置公差为跳动公差。

23

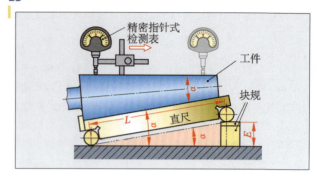

正弦尺由两个与直尺固定连接的圆柱形块规组成。滚轮之间的距离 $L=100$ mm。直尺和工件按图设置，以保证移动精密指针式检测表测量工件时不会出现任何偏差。使用公式 $E=L\cdot\sin\alpha$ 和 $\alpha=\arcsin(E/L)$ 可以计算出块规 E 以及角度 α。

2 质量管理

A 部分

1

通过质量管理可以提高产品质量，降低生产成本。通过质量管理可以向客户提供优良的产品质量、诚信的供货约定以及令人信赖的客户服务和咨询服务。除此之外，通过质量管理可预先确定企业的质量目标，包括组织计划、工作用具的准备以及相关责任的定义。

2

质量管理的工作范围：质量计划、质量控制、质量保证和质量改进。通过质量控制链可以阐明。

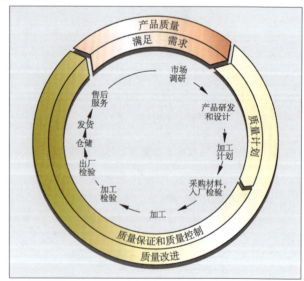

为实现质量目标，所有员工必须承担本职工作范围内应尽的责任。

3

DIN EN ISO 9000 阐明质量管理体系中重要的质量原则，并规定了质量管理方面的专业术语。DIN EN ISO 9001 规定了针对质量管理体系的各种要求。DIN EN ISO 9000 和 DIN EN ISO 9001 属于 ISO 9000 标准系列。

4

例1：盘形弹簧的弹簧变形曲线。

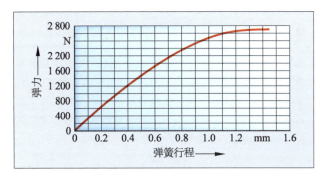

该曲线表明弹力 F 和弹簧行程 s 之间的关系，压缩弹簧时力的消耗随着弹簧行程的增大而增大，弹力与弹簧行程不成正比。

例2：2000年至2009年德国商品出口额。

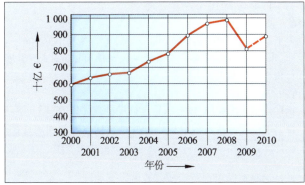

该图表明2000～2009年德国的商品出口额（单位：10亿欧元）。2000～2008年出口额始终保持上升的态势，2009年受到金融危机的影响下跌。2010年市场经济复苏，重新计算处于上升态势的出口配额。

例3：电动自行车销量的发展。

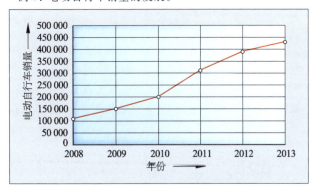

该图表明2008～2013年电动自行车在德国的销量。随着蓄电池、驱动技术的发展以及人类环保意识的增强，销量一直在增长。

5

检查数量特性可以得出不同数值，比如工件尺寸或者工件的数量。检查质量特性可以得出检测结果，比如"合格"或"不合格"；"优秀""良好"或"糟糕"。

6

"零缺陷战略"要求生产线上的每一个零件无缺陷，只有这样才可以保证生产线终端得到的产品完美无缺。

7

关键缺陷可能对人员造成危险或者造成不安全的局面，或在出现损坏的情况下导致高昂的后果成本，比如汽车上有缺陷的制动装置或者转向系统出现腐蚀。

次要缺陷预计不会实质性降低规定目的的可使用性，比如汽车油漆缺陷或者车窗玻璃升降器操作困难。

8

缺陷汇总卡通过计数线列出缺陷的数量。

气缸装配的零件供应 月份：2014年3月	
缺陷类型	缺陷频度
气缸表面损坏	3
缺少底盖螺纹	1
法兰孔未扩孔	11
活塞杆螺纹未倒角	7
减震活塞的半径太小	4
活塞杆表面缺陷	16
密封端盖的元件损坏	4
O型环供货错误	2
总计	48

计数线统计表通过计数线采集持续质量特性的测量值数量，比如直径尺寸。

序号	直径范围 d/mm	每个直径测量值的数量
1	60～60.02	2
2	60.02～60.04	9
3	60.04～60.06	16
4	60.06～60.08	27
5	60.08～60.10	31
6	60.10～60.12	23
7	60.12～60.14	12
8	60.14～60.16	3
9	60.16～60.18	2
10	60.18～60.20	0

9

帕累托分析法根据缺陷出现的频率对缺陷或者缺陷原因进行分级，该分析法表明，在众多缺陷中，大多数情况下只有少数几个出现的频率很高（见下图）。也就是说，仅排除少数几个非常重要的问题或缺陷，很大程度上可以降低缺陷频率。

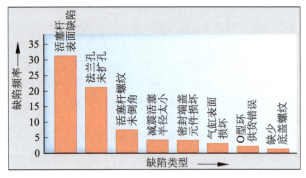

B 部分

1
- 检验数量低,要处理的数据量较小,通过统计法可以完成关于总批次的安全报告。
- 检验费用低。

损坏测试时抽样检验是唯一合理的方法。

2
统计式过程控制的目标是:及早识别和发现系统偏差,以便能够准时介入加工过程,避免产生废品。此外,通过质量控制卡可以实时监督并控制加工过程。

3
如果 $C_p = C_{pk}$,那么过程平均值位于上限值与下限值的公差带中线,也就是说,过程很理想地位于中心。
$C_p = C_{pk}$ 不代表过程能力得到保证。
如果 C_p 与 C_{pk} 小于 1,那么各个测量值位于公差带之外。
如果 C_p 与 C_{pk} 的特性值太大,比如 C_p 与 C_{pk} 等于 3,那么加工过于昂贵,因为公差带仅有小面积可以利用。

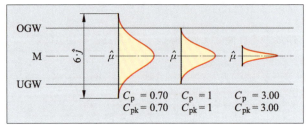

与此同时要长期保证,所有测量值位于公差带之内,C_p 应大于 1.33。

4
超过极限值时必须排除影响变量。自上次抽样检验以来,所有加工的零件均应接受 100% 检验、修整或者作为废品清理。

5
平均值-极差卡($\bar{X}-R$ 卡)适用于人工使用。上轨填入中间值 $\bar{X}$,下轨填入极差 R。这些特性值很容易确定,因此,此类控制卡适用于无计算机情况下位置和偏差的简单监视。

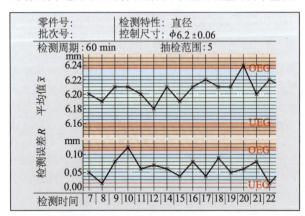

6
认证是指独立且公认的认证机构经过检查认可企业质量管理的方法,该方法满足 DIN EN ISO 9001 的要求。认证按照国际 ISO 9000 标准系列完成。

7
质量控制的目标是通过预防性、监督性和纠正性措施满足质量要求并找出产品缺陷的原因,以实现最佳经济效益。质量控制时应在规定的时间间隔内从正在运行的加工过程中提取抽检样品进行检测。如果检测数值和要求的数值有偏差,应立即采取措施,避免产生缺陷零件。

8
质量保证的主要目的是证实生产过程中的质量要求已得到满足。

9
机床能力是指机床在相同条件下能够加工零缺陷零件的能力。机床能力是过程能力、统计过程控制和使用质量控制卡的前提条件。

10
引入质量控制卡前、机床和生产工具投入使用或变动之前、机床验收时、刀具和设备更换以及维修保养之后,需进行机床能力检验。

11
统计式过程控制的目的是:通过抽样检查优化的加工过程,使出现故障时实现零缺陷生产并维持优化过的加工过程。统计式过程控制显著降低大批量生产的检测费用。

12
通过质量控制卡可以简单有效地监督生产。

13
技术革新可以理解为新发明或者新型加工过程,通过技术革新可取得跳跃式进步。"持续改进过程"(日语:KAIZEN)是指通过小幅度的进步改进质量并降低成本。

14
加工过程中的干扰因素包括同事变动、机床热变形、磨损和材料更换等。

15
抽样 21~27 中的抽样序列表示"趋势",抽样 7~13 表示"走向"。"趋势"可以理解为 7 个依序先后上升或下降的数值,"走向"可以理解为 7 个依序先后位于中线的上侧或下侧的数值。

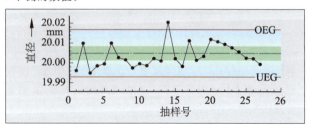

16
出现趋势(见下图)时必须中断加工过程,找出故障原因并排除。

17
$l_1 = 79.95$ mm, $l_2 = 80.25$ mm, $l_3 = 80.15$ mm, $l_4 = 80.00$ mm, $l_5 = 80.10$ mm.

$$\bar{x} = \frac{l_1 + l_2 + l_3 + l_4 + l_5}{n}$$

$$= \frac{(79.95 + 80.25 + 80.15 + 80.00 + 80.10)\text{mm}}{5}$$

$= 80.09 \text{ mm}$

$\tilde{x} = 80.10 \text{ mm}$

$R = x_{max} - x_{min} = (80.25 - 79.95) \text{ mm} = 0.30 \text{ mm}$

18

质量审计是指系统而独立地检验已制成零件的质量，其目的是发现薄弱环节，敦促改进并检验其有效性。质量审计由独立且合格的审计员根据计划实施。

19

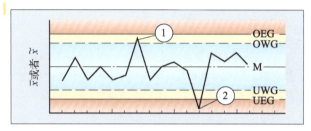

点1：该特性值位于警告极限与干扰极限之间。存在系统变动的危险，对此，必须缩短检测隔离周期。

点2：该特性值位于干扰极限之外。生产必须终止，自上次抽样后生产的零件要接受100%检测。分拣出缺陷零件并排除缺陷原因。

3 加工制造技术

3.1 工作安全

1

安全标志分为禁止标志、号令标志、警告标志和救护标志。
- 禁止标志为圆形，白红黑色。
- 号令标志为圆形，蓝白色。
- 警告标志为三角形，黄黑色。
- 救护标志为正方形或矩形，绿白色。

2

通过防护眼镜、防护挡板、防护罩和防护屏来避免眼睛的伤害。每个工作人员都必须要熟悉和遵守安全操作及事故防护制度。

3

人为失误和技术上的失误会导致事故发生。人为失误如对危险的认识模糊和态度轻率；技术上的失误如材料疲劳导致事故的发生。

4

安全防护措施或设备有以下几点。
- 保护绝缘：对所有通电零件进行绝缘处理。
- TN-系统的安全保护措施：将所有电力设备的外壳与保护线PE线相连接。
- 保护连接：用电设备外壳连接保护线PE线。
- 保护性分离：电力设备通过变压器将电流分离出来。
- 保护开关：由电力开关保护电力设备。

5

工位事故防护制度用于防止对人员和设备造成伤害。同业工伤事故联合会为每一个职业部门颁布需要遵守的事故防护制度。

6

禁止标志是圆形的，它将禁止的行为画成黑色的图像显示在白色的底色上，并用红色的边框框起来。用红色横杠对禁止的行为打上叉。

7

通过排除危险、屏蔽及标记危险地点和预防危险来避免事故的发生。企业里的每位员工都应该共同协作共同努力，以避免事故的发生。

8

- 操作机床或者运行的设备时必须穿戴紧身的防护服。
- 遮盖齿轮、心轴、轴和互相交错的零件，防止他人触碰。
- 不允许撤掉安全保护装置和保护设施。
- 进行加工时必须使用发网或其他盘发工具，防止头发散落。
- 磨削加工时必须使用防护眼镜。
- 氧气瓶的阀和连接件必须远离油脂和油。
- 运输气瓶时必须使用保险盖。
- 不允许修补电力保险装置。
- 若受轻伤要及时采取专业的措施，若受重伤需要及时就医。
- 防止事故好于处理事故。

3.2 加工方法的分类

1

加工方法分为以下几个大类：造型、成形、分离、连接、涂层、改变材料特性。

2

造型
加工方法：浇铸
将液体金属注入模中待其冷却硬化而成型

成形
加工方法：拉深
利用凸模将板型金属材料拉伸为圆柱体

分离
加工方法：铣削
通过铣刀分离材料碎屑并产生工件形状

连接
加工方法：螺栓连接
通过螺栓连接两块工件

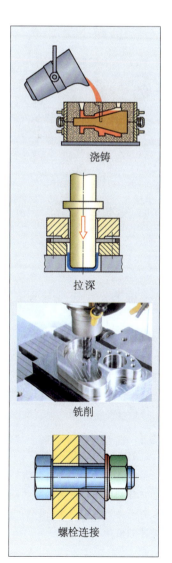

涂层
加工方法：电泳漆
通过电流把无形状的材料作为固定附着层涂覆在汽车车身表面

改变材料特性
加工方法：淬火
通过加热和急冷将钢制工件淬火

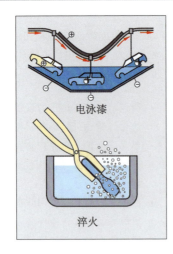

3
例如，切割、车削、钻孔、锯、磨以及腐蚀都属于分离。

4
例如，螺栓连接、胶粘、钎焊、焊接、挤压和浇铸都属于连接。

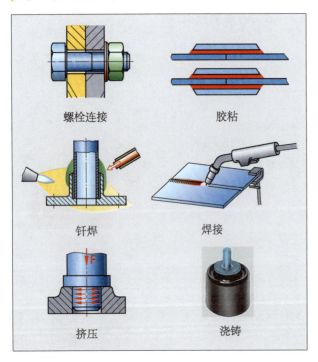

5
例如，焊接、钎焊、螺栓连接、涂漆和电镀都属于可以增大材料黏合性的加工方法。

6
压力成形和拉深成形属于成形加工方法大组。

7
可以通过分子重排、分拣、产生材料颗粒的方法来改变固体的材料特性。

3.3 铸造

1
采取其他的加工方法经济性不高或者不可行，尤其当需要充分利用铸件材料的某些特性（如良好的滑动性能）时，便需通过铸造生产工件。铸造是将液体金属浇铸至生产工件的模中。

2
由于冷却过程中铸件出现收缩，所以模的尺寸一定较大。如果加工过程中不考虑铸件的收缩，铸件尺寸将过小。

3
泥芯用于隔出铸件的空腔和侧凹。
在泥芯座处固定和调整泥芯。

4
相对于手工造型铸件，机器造型铸件在尺寸方面更加精确，并且表面质量也更高。只有中批量生产时，机器造型铸件才具有经济性。

5
首先，将一层塑料薄膜覆盖在模上，通过热辐射加热进行热定型。塑料薄膜在真空的作用下紧贴在模表面，经过振动压实型砂，盖上第二层塑料膜后，通过真空抽吸将型砂最终压实。
关闭真空砂箱内的真空后便可以起模。另外一半砂箱制作完毕之后，合并两个半边砂箱，并在保持砂箱内的真空状态下浇铸。

6
压力铸造适用于大批量生产有色金属薄壁工件。

7
将采用石蜡或者塑料作浇铸模型来进行装配。多次浸泡在一种糊状的陶瓷性物质中并喷淋陶瓷粉末，干燥之后通过溶解来分离木模材料（石蜡）。为了使铸模具有承受浇铸所需的强度，把用陶瓷粉末覆盖层制成的空心模具在1 000℃的高温下进行焙烧。

8
造型时可能会出现铸疤和错型。浇铸和冷却时通常会出现夹渣、气体空腔（气孔）、缩孔、偏析和铸件应力。

9
铸模用于浇铸，考虑到冷却收缩的尺寸，其尺寸大于加工的铸件尺寸（见图）。

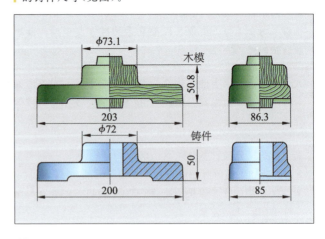

10
通过冒气口排出铸模中的空气，这样能平衡铸模砂箱内的液体的收缩，这种平衡能避免出现空腔（缩孔）。冒气口的横截面要足够大，以使它内部的液体金属最终冷却。

11
离心铸造将液体金属注入一个剧烈旋转的钢铸模中。注塑金属通过离心力被均匀地甩在铸模壁上，并在壁上冷却。

● 塑料的成形和再加工

1

热塑性塑料：挤压成形和注塑。热塑性泡沫材料有额外的起泡工艺。

热固性塑料和弹性塑料：挤压成形、压铸、起泡、限定尺寸，也可以采取注塑。

热塑性塑料：有特殊的再成形加工方法——挤出吹塑成形，应用于生产空心体零件，如瓶、桶、罐。薄膜吹塑用于生产薄膜，压延(热轧)用于生产塑料片材，如塑料跑道及厚塑料膜。

2

通过挤压吹塑成形可以生产出型材、管材、棒材、板材等成形件。

3

注塑机由机床单元、增塑单元和注塑单元以及打开和关闭单元组成(见下图)。

4

注塑模具闭合，装有喷嘴的增塑缸驶至模具的注塑口，将流动液态塑料原料注入模具(见下图)。

当塑料原料在冷却的模具里凝固之后，增塑缸驶回，模具打开，工件顶出。模具关闭，并开始新一轮的塑料注塑加工。

5

重要的加工参数有：塑料的熔化温度、模具的温度、注塑压力。

6

不同的泡沫材料有不同的加工方法。

- 聚苯乙烯泡沫材料的加工方法：对含发泡剂的细颗粒聚苯乙烯发泡并利用热蒸汽将泡沫注入模具。
- 聚氨酯泡沫材料的加工方法：把混合原料注塑进模具进行加工。

7

不可黏结或者黏结性很差的塑料有聚乙烯(PE)、聚丙烯(PP)、聚四氟乙烯(PTFE)和硅树脂。

8

塑料管可以通过摩擦、加热元件及热气焊接。

9

通过注塑可以在一个工作流程里生产出小型或中等大小复杂造型的热塑性工件。典型的注塑性工件有：小型机器的外壳、齿轮、桶、啤酒箱等。

10

过低的熔化温度将导致原料不能注满模具的空腔而产生废品。

11

热成形的方法适用于生产热塑性塑料的大型和薄壁零件，如冰箱外壳、浴缸等。

12

挤压机是一种可持续运行的蜗杆挤压设备，成形喷嘴挤压出了塑料原料，变成一根无尽长的棒料。在经过校准段后棒料获得了准确的形状，经过下一段冷却段最后凝固。

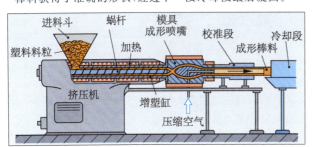

13

采用挤压吹塑的方法可以在一个多步骤的工作流程中生产空心体。由一个带喷嘴的挤压机将热的、具可塑性的软管工件挤压进对开模中。闭模之后通过压缩空气对软管工件进行吹制，使软管工件吹胀而紧贴在模具内壁上，经冷却脱模。

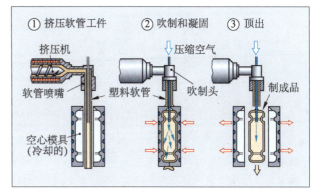

14

塑料可以通过螺栓连接、卡接式连接、铆接、浇注以及胶粘的方法进行连接。热塑性塑料还可以通过焊接来进行连接。

15

塑料外壳内的零件或塑料外壳的组件大部分通过卡接式连接或者螺钉连接进行连接。

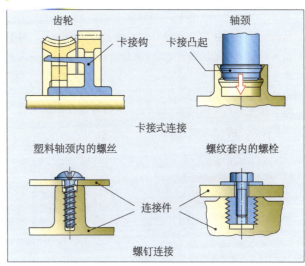

螺钉连接是可拆卸的，卡接式连接分为可拆卸的和不可拆卸的连接。塑料组件中位置固定的金属件，如螺纹轴套、套管、轴颈通过浇铸的方法在组件内进行连接。

16

具有优良黏性的塑料有：聚氯乙烯(PVC)、聚甲基丙烯酸甲酯(PMMA)(有机玻璃)、聚苯乙烯(PS)、聚碳酸酯(PC)、环氧树脂(EP)、聚氨酯(PU)。

17

超声波焊接适用于薄壁的热塑性塑料，如冰箱外壳、汽车内部车厢以及薄膜的连接。

18

相对于金属来说，塑料热容量小、导热性差。应采用厂商给出的切削条件和冷却方法，一般来说，加工时切削速度高，进给小。加工时选择带合理几何参数的刀具。

3.4 成形

1

折弯件弯曲部分的长度相当于中心线的长度。延伸长度是由弯曲部分的若干局部长度组成的。

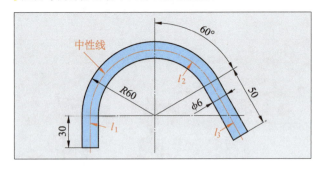

2

过小的弯曲半径将导致弯曲发生区域出现裂痕以及横截面变形。最小弯曲半径的大小取决于材料和板材的厚度，参考简明机械手册。

3

回弹系数取决于材料及板材厚度和弯曲半径的比例。弯曲工件时，工件必须要有弯曲裕度，弯曲裕度是指弯曲后工件的弹性回弹量。

4

拉深模具由拉深凸模、压紧装置和拉深模组成。中心定位能保证切割在正确的位置上。

5

拉深时容易出现底部裂痕、皱褶、线状缺陷（拉痕）。导致拉深时出现缺陷的因素有：拉深模具、拉深过程或拉深材料本身。

6

最大拉深系数是两次拉深之间产生的所允许的最大直径比例。如果拉深系数过大，则需要多次拉深。

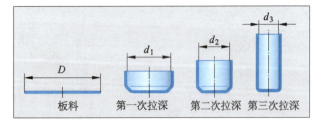

7

最大拉深系数取决于材料的强度、板材的厚度、拉深凸模和拉深边缘半径、压紧装置的压边力以及所使用的润滑剂。

8

液压式拉深（见下图）有以下优点：

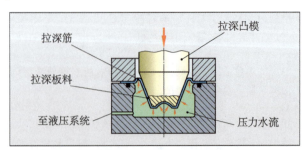

- 由于板材的组织变形控制在拉深筋范围内，所以其可达到的拉深系数大于传统拉深方法的拉深系数。
- 底部半径内板厚的变化非常小，因此可拉制很小的半径。
- 因为没有模具间的摩擦痕迹，所以拉深件的表面质量更好。
- 通过降低拉深模具的成本和减少拉深次数，可降低加工成本。

9

热锻压温度取决于材料，非合金钢材的锻压温度取决于含碳量（见下图）。

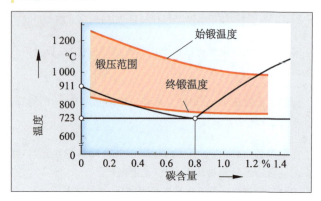

过高的锻压温度将燃烧材料，低于终锻温度会导致工件产生裂纹。

10

模锻的优点有：

- 加工余量小。
- 生产效率高。
- 可以生产加工出复杂的锻件。
- 可以用于批量重复生产。

模锻是在模锻锤或压力机上用锻模将金属坯料锻压加工成形的方法。

11

通过模锻可以生产出转向轴（见右图）、曲轴、凸轮轴、连杆、扳手等。

12

螺纹成形时，只是对材料进行塑性形变处理，加工过程不会使材料的纤维走向发生变化。材料强度通过塑性形变提高（见下图），该螺纹的承载力明显高于切削加工的螺纹。

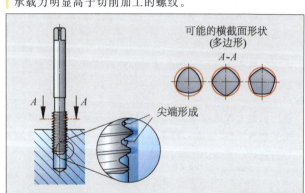

螺纹挤压适用于抗拉强度小的材料，通过挤压成形能提高强度。

13

冲挤的材料必须具有良好的形变塑形能力。含碳量小的金属适合于冲挤加工，如 C10、铝、铝合金、铜、软铜合金、锡和铅。

14
在成形加工时材料会产生变形抗力,为了得到工件的形状,需要使其塑性形变。

15
成形加工不会中断材料纤维走向,材料的强度会得到提高,可以生产出表面光洁度好并且公差范围小的复杂工件。成形会改变材料的几何形状。

16

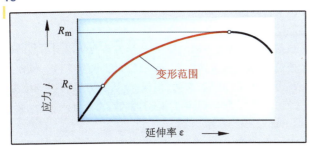

变形范围位于屈服强度 R_e 和抗拉强度 R_m 之间,屈服点低和延伸率高的材料特别适用于成形。

17
热成形需要在锻造温度范围内进行,小的成形力就可以产生大的形变;冷成形需要大的成形力,可达到的形变相对较小。热成形不会改变材料的强度和应力;冷成形因结构变化,从而提高了材料强度并减小了材料应力。

18
通过中间退火可以避免冷成形产生的冷作硬化。通过中间退火可以将冷成形导致的结构扭曲重新回归到合理的状态。

19
中心轴线是指在折弯时既不会产生延伸也不会产生压缩的工件区域。

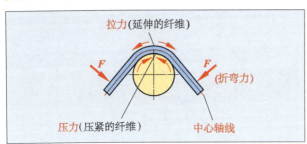

大的弯曲半径弯曲时中心轴线处于工件的中间,小的弯曲半径弯曲时中心轴线向内部推移。

20
a) $l = \dfrac{D_m \cdot \pi \cdot \alpha}{360°} = \dfrac{132\text{mm} \cdot \pi \cdot 270°}{360°} = 311 \text{ mm}$

b) $V = A \cdot l = \dfrac{d^2 \cdot \pi}{4} \cdot l$
$= \dfrac{(8\text{mm})^2 \cdot \pi}{4} \cdot 311 \text{ mm} = 15\,633 \text{ mm}^3$

c) $m = V \cdot \rho$
$m = 15.633 \text{ cm}^3 \cdot 2.7 \text{ g/cm}^3 = 42.2 \text{ g}$

21
a) 比例 $r_2 : s$:
$r_2 : s = 2.5 \text{ mm} : 1 \text{ mm} = 2.5$(左)
$r_2 : s = 16 \text{ mm} : 1 \text{ mm} = 16$(右)

b) 回弹系数 k_R:
$k_{R左} = 0.99$
$k_{R右} = 0.96$

c) 弯曲工具的角度 α_1:
$\alpha_{1左} = \dfrac{\alpha_2}{k_{R左}} = \dfrac{90°}{0.99} = 90.9°$
$\alpha_{1右} = \dfrac{\alpha_2}{k_{R右}} = \dfrac{75°}{0.96} = 78.1°$

d) 工具弯曲半径的大小:
$r_1 = k_R \cdot (r_2 + 0.5 \cdot s) - 0.5 \cdot s$
$r_{1左} = 0.99 \cdot (2.5 \text{ mm} + 0.5 \cdot 1 \text{ mm}) - 0.5 \cdot 1 \text{ mm}$
$= 2.47 \text{ mm}$
$r_{1右} = 0.96 \cdot (16 \text{ mm} + 0.5 \cdot 1 \text{ mm}) - 0.5 \cdot 1 \text{ mm}$
$= 15.34 \text{ mm}$

22
a)

当弯曲角度 $\alpha = 90°$ 时的补偿值 v							
弯曲半径 r/mm	当板材厚度 s(mm)为下列值时,各弯曲半径的补偿值 v/mm						
	0.4	0.6	0.8	1	1.5	2	2.5
1	1.0	1.3	1.7	1.9	—	—	—
1.6	1.3	1.6	1.8	2.1	2.9	—	—
2.5	1.6	2.0	2.2	2.4	3.2	4	4.8

$L = l_1 + l_2 + l_3 - n_1 \cdot v_2 - n_2 \cdot v_2$
$= (8 + 20 + 20) \text{ mm} - 1 \cdot 2.4 \text{ mm} - 1 \cdot 2.1 \text{ mm}$
$= 43.5 \text{ mm}$

b) $r_{2左} : s = 1.6 \text{ mm} : 1 \text{ mm} = 1.6$
$r_{2右} : s = 2.5 \text{ mm} : 1 \text{ mm} = 2.5$

c)

回弹系数表								
弯曲件的材料	比例 $r_2 : s$							
	1	1.6	2.5	4	6.3	10	16	25
	回弹系数 k_R							
DC 04	0.99	0.99	0.99	0.98	0.97	0.97	0.96	0.94
EN AW-AL CuMgI	0.98	0.98	0.98	0.98	0.97	0.97	0.96	0.96
EN AW-AL SiMgMn	0.98	0.98	0.97	0.96	0.95	0.93	0.90	0.86

$k_{R左} = 0.98$
$k_{R右} = 0.97$

d) $\alpha_{1左} = \dfrac{\alpha_2}{k_{R左}} = \dfrac{90°}{0.98} = 91.83°$(左)
$\alpha_{1右} = \dfrac{\alpha_2}{k_{R右}} = \dfrac{90°}{0.97} = 92.78°$(右)

e) $r_1 = k_R \cdot (r_2 + 0.5 \cdot s) - 0.5 \cdot s$
$r_{1左} = 0.98 \cdot (1.6 + 0.5 \cdot 1) \text{ mm} - 0.5 \cdot 1 \text{ mm}$
$= 1.56 \text{ mm}$
$r_{1右} = 0.97 \cdot (2.5 + 0.5 \cdot 1) \text{ mm} - 0.5 \cdot 1 \text{ mm}$
$= 2.41 \text{ mm}$

23
a) $A_1 = \dfrac{d^2 \cdot \pi}{4} + d_1 \cdot \pi \cdot h$
$= \dfrac{(50 \text{ cm})^2 \cdot \pi}{4} + 40 \text{ cm} \cdot \pi \cdot 35 \text{ cm}$
$= 6\,361.7 \text{ cm}^2$

$A_1 = A_2$

$A = \dfrac{D^2 \cdot \pi}{4}$

$D = \sqrt{\dfrac{4 \cdot A^2}{\pi}} = \sqrt{\dfrac{4 \cdot 636\ 1.7\ \text{cm}^2}{\pi}} = 90\ \text{cm}$

b) $\beta_{1max} = 1.85$

c) $\beta_1 = \dfrac{D}{d_1}$

$d_1 = \dfrac{D}{\beta_1} = \dfrac{900\ \text{mm}}{1.85} = 486\ \text{mm}$

$\beta_2 = \dfrac{d_1}{d_2} = \dfrac{486\ \text{mm}}{400\ \text{mm}} = 1.22$

拉深系数为 1.3（不需要中间退火），因此只需要 2 次拉深。

24

导致杯体底部出现裂痕的原因可能是：拉深模间隙过小；压紧装置压边力过大；拉深速度过快；拉深系数过大；拉深凸模和拉深凹模的圆角半径过小。导致垂直皱边的原因可能是：拉深模间隙过大；压紧装置压边力过小；拉深凹模的圆角半径过大。

25

a)

拉深材料的拉深系数		
拉深材料	可达到的拉深系数	
	β_{1max}（第1次拉深）	β_{2max}（第2次拉深）
		无中间退火 / 有中间退火
DC 01	1.8	1.2 / 1.6
DC 04	2.0	1.3 / 1.7
EN AW-Al Mg 1 w	1.85	1.3 / 1.75

$\beta_{1max} = 2$（根据上表可知）

b) $\beta_1 = \dfrac{D}{d_1}$

$d_1 = \dfrac{D}{\beta_1} = \dfrac{260\ \text{mm}}{2} = 130\ \text{mm}$

$\beta_2 = \dfrac{d_1}{d_2} = \dfrac{130\ \text{mm}}{120\ \text{mm}} = 1.08$

拉深系数为 1.3，只需要两次拉深。

c) $A_1 = \dfrac{D^2 \cdot \pi}{4}$

$A_2 = \dfrac{d^2 \cdot \pi}{4} + d \cdot \pi \cdot h$

$A_2 = A_1$

$\dfrac{D^2 \cdot \pi}{4} = \dfrac{d^2 \cdot \pi}{4} + d \cdot \pi \cdot h$

$h = \dfrac{\dfrac{D^2 \cdot \pi}{4} - \dfrac{d^2 \cdot \pi}{4}}{d \cdot \pi} = \dfrac{\dfrac{(260\ \text{mm})^2 \cdot \pi}{4} - \dfrac{(120\ \text{mm})^2 \cdot \pi}{4}}{120\ \text{mm} \cdot \pi}$

$= 110.8\ \text{mm}$

26

模锻加工不会使工件的材料纤维中断，因此相比其他中断材料纤维走向的加工方法，模锻加工出的工件强度更高。模锻能够生产出高强度、高负荷的工件。

27

模锻加工能够加工出造型复杂、精度要求高、经济性高的工件，且加工材料损耗小。

28

自由锻时材料可以自由流动，模锻中全部或者大部分材料被封闭在模具内部，因此模锻生产出的工件尺寸形状更加精确。自由锻通常用于生产单个工件和模锻工件的预制。

29

低于锻压温度使材料可塑性降低，造成工件出现裂痕。锻压时，温度应该保持在始锻温度与终锻温度之间，以获得细颗粒结构。

30

根据驱动方法的不同，不同的成形方法会使用到不同的机器设备，如机械式压力机、液压压力机、机动锻锤。机械式压力机可用于模锻、弯曲、拉深；液压压力机可用于拉深、冲挤和挤压；机动锻锤可用于自由锻、模锻。

31

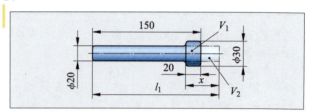

螺钉头部的体积（V_1）通过长度变形×棒料得出。棒料截面的体积和螺钉头部的体积一致（$V_1 = V_2$）。

$V_1 = \dfrac{D^2 \cdot \pi}{4} \cdot h = \dfrac{(30\ \text{mm})^2 \cdot \pi}{4} \cdot 20\ \text{mm} = 14\ 137\ \text{mm}^3$

$V_1 = V_2$

$V_2 = \dfrac{d^2 \cdot \pi}{4} \cdot x$

$x = \dfrac{4 \cdot V_2}{d^2 \cdot \pi} = \dfrac{4 \cdot V_1}{d^2 \cdot \pi} = \dfrac{4 \cdot \dfrac{D^2 \cdot \pi}{4} \cdot h}{d^2 \cdot \pi} = \dfrac{D^2}{d^2} h = 45\ \text{mm}$

$l_1 = 130\ \text{mm} + 45\ \text{mm} = 175\ \text{mm}$

32

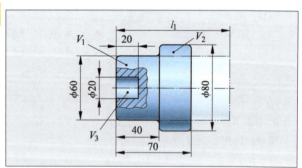

$V = V_1 + V_2 - V_3$

$V_1 = \dfrac{d^2 \cdot \pi}{4} \cdot h = \dfrac{(60\ \text{mm})^2 \cdot \pi}{4} \cdot 40\ \text{mm} = 113\ 097\ \text{mm}^3$

$V_2 = \dfrac{D^2 \cdot \pi}{4} \cdot h = \dfrac{(80\ \text{mm})^2 \cdot \pi}{4} \cdot 30\ \text{mm}$

$= 150\ 797\ \text{mm}^3$

$V_3 = \dfrac{d_1^2 \cdot \pi}{4} \cdot h = \dfrac{(20\ \text{mm})^2 \cdot \pi}{4} \cdot 20\ \text{mm} = 6\ 283\ \text{mmm}^3$

$V = V_1 + V_2 - V_3$

$= 113\ 097\ \text{mm}^3 + 150\ 797\ \text{mm}^3 - 6\ 283\ \text{mm}^3$

$= 257\ 611\ \text{mm}^3$

$V = \dfrac{d^2 \cdot \pi}{4} \cdot l_1$

$$l_1 = \frac{4 \cdot V}{d^2 \cdot \pi} = \frac{4 \cdot 257\,611 \text{ mm}^3}{(60 \text{ mm})^2 \cdot \pi} = 91 \text{ mm}$$

3.5 切割

1

剪刀剪切时随着刀具的切入,材料变形并产生弹性,随后剪切材料的横截面,最后再剪切剩余的横截面。在剪切的过程中将出现单个圆弧。

2

最大剪切强度为

$\tau_{aBmax} = 0.8 \cdot 520 \text{ N/mm}^2 = 416 \text{ N/mm}^2$

查简明机械手册得出

$U = 0.04 \text{ mm}$

3

根据导柱的类型可以将剪切模具分为不带导柱的剪切模具和带导柱的剪切模具。可以通过导板、刀片或者支柱对刀具进行导向。

4

a) 带孔的圆盘,此类工件适合使用连续冲模进行生产。

b) 工件的外部轮廓位于孔的周边,此类工件适合使用组合剪切模具进行生产。

c) 工件切面要求无毛刺,此类工件适合使用精密剪切模具进行生产。

d) 带折弯的工件,此类工件适合使用复合模具进行生产。

5

使用预热火焰可以将材料的切割点加热到燃点温度。钢铁的燃点温度大约为 1 200 ℃。

6

可以通过气割、激光切割和水流切割的方法对非合金金属进行切割。

由切割材料的厚度和所需的切割边质量决定采用哪种方法进行切割。

7

正确的切割速度下会产生一条垂直切割缝;如果出现斜的切割缝,则代表切割速度过高;如果在切割部分的下部边缘形成了熔渣飞边,则意味着切割速度过低。

8

- 等离子熔融切割:不锈钢、EN AW-ALCu Mg3。
- 激光切割:不锈钢、EN AW-ALCu Mg3、泡沫材料、陶瓷。
- 水流切割:不锈钢、EN AW-ALCu Mg3、泡沫材料。

9

注意遵守下列操作规范:

- 噪声防护(可以通过在水槽中切割或者向等离子射束喷水等措施降低噪声)。
- 有害气体防护(可通过抽气的方法减少有害气体)。
- 对强烈紫外线的防护(可通过防护眼镜和加防护盖等措施来避免强烈的紫外线)。

10

激光束由气体或晶体产生,通过一套透镜系统聚焦在工件表面一块很小的面积上,产生高密度的能量。

11

激光切割适用于金属和非金属材料的分离切割。

通过直径为 0.1～0.2 mm 的激光光束聚焦在材料上,将切削材料加热到燃点温度。

12

- 激光熔融切割时,激光光束熔融的材料被一股惰性气体(通常是氮气或氩气)吹离切割缝。
- 激光气割时,激光束把材料加热到燃点温度,在材料燃烧的同时,加入氧气射束,以便把氧化物吹离切割缝。

13

4 000 bar 高压下产生 0.1～0.5 mm 的切割水流,从工件的一个切割缝开始切割材料。为了增强水流的侵蚀效果,通常混合石英砂之类的射束物质。切割水流在水泵供给的 4 000 bar 的压力下由切割头引导。水流射束与石英砂等混合并喷射入切割缝。

14

水流切割可以切割分离金属、有色金属、塑料、复合材料、层压材料和纺织材料。

3.6 切削加工

3.6.1 基础知识
3.6.2 使用手动工具加工工件

1

切屑的形成主要受到切削前角 γ 的影响,加工时将根据材料来选择切削前角的大小,切削前角越大,切屑越长。小的甚至是负的切削前角将产生大的楔角,以切入硬质材料。通过负的切削前角可以切断切屑。

2

画线时要注意下列操作规则:

- 画线线条必须清晰。
- 按照图纸的加工尺寸进行画线。
- 尽可能画细线,不可以损坏工件表面。

3

数显高度尺是光电子的增量测量方法,以玻璃尺作为量具,感应头读出刻度尺的刻度。数显高度尺可以在任何的高度设置为零,通过加减求出测量尺寸。

4

装夹锯条时,应保证所有的锯齿都朝向进给方向。

锯时角度和力要小。使用三角锉可以减小锯时的阻力。

5

使用大的齿距锯时,使锯齿左右交替弯曲能保证锯条不被卡住,自由进出工件。

6

锯加工时需要遵守下列操作规范:

- 装弓锯锯条时要直且紧绷,锯条的齿距必须朝向进给方向。
- 工件必须尽可能地装在靠近切割点的位置。
- 锯加工时应该利用整个锯条而不只是锯条的某一段。

7

线锯使用一个紧绷在锯架上的窄条细齿锯来回锯工件,适用于锯加工金属板材、型材和小的工件。

8

十字交错型的纹路能够保证锉刀均匀地切削材料,避免凹槽和单面锉刀。主锉纹和辅锉纹与锉刀轴线相互交错并呈一定的斜角。

9

凿齿锉刀的前角为负,起到刮研的作用(见下图)。大多数情况下,齿距较大时,铣齿锉刀的前角为正,起到切割的作用(见下图)。

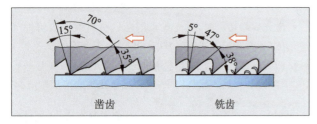

铣齿锉刀适用于软材料（如木材或者塑料等）的加工。

10

标明 25.4 mm（1 英尺）长的锯条上的锯齿数量，齿数越多表示齿距越小。

11

加工薄壁工件应使用齿距小（多齿数）的锯条。使用大齿距的锯条切入薄壁工件时容易导致锯条卡入工件并崩坏锯齿。在切入工件时应至少保证 3 个锯齿同时切入。

12

锉刀是由锉身、锉刀手柄、锉刀梢部组成的（见下图）。

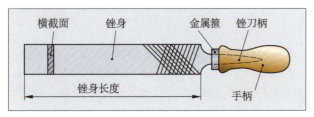

锉齿均匀地分布在硬化的锉身上，锉刀的标注长度是指锉身长度。

13

- 锉纹稀疏分布的锉刀适用于软的材料，适于进行粗加工或加工余量大的工件。
- 锉纹紧密分布的锉刀适用于硬的材料，适于进行精加工或加工余量小的工件。

锉纹条数由数字 1～8 表示，数字越大，锉齿越小。

14

该夹具用于平面工件的倒角。
该夹具有一个倾斜的钳口并装夹于虎钳中。

3.7　使用机床加工工件

1

切削刀具的刃应该具备以下特点：硬度高、耐磨强度高、韧度高、刀具刀刃呈楔形。考虑到机床加工时的温度，切削刀具的刀刃必须在高温下耐磨。

2

没有后角将在后切削面与加工工件表面之间产生大的摩擦力。

3

软材料，例如铝。加工时需要大的前角和后角，采用大的前角和后角，从而减小楔角，进而提高刀刃的耐用度。

4

加工硬且脆的加工材料（如冷硬铸铁）、脆的切削材料（如切削陶瓷）。小的或者负的前角和小的后角导致大的楔角，防止蹦刀。

5

主要的角度包括：后角 α、楔角 β、前角 γ。需要根据切削材料和切削方法来确定各个角度的大小。

6

$\gamma = 90° - \alpha - \beta = 90° - 10° - 68° = 12°$
前角、后角和楔角共计 $90°$。

7

刀具切削刃由切削面和后切削面的刀刃构成。刀具有主切削刃和副切削刃。
主切削刃指明进给方向，主切削刃和副切削刃之间是刀尖。

8

加工工件材料的硬度和强度确定楔角大小，小的楔角适用于加工软质材料，大的楔角适用于加工硬质材料。

9

材料越软切削前角越大。大的切削前角有利于切屑的形成，但是会降低切削棱边的稳定性。

10

主要的影响因素包括材料的强度、韧度和硬度。上述特性将影响到切削速度、进给、进给量的大小以及切削材料、切削几何参数和冷却液的选择。

11

切削加工性采用下列标准评价：
- 工件的表面光洁度和尺寸精度。
- 切屑的形成和切削力。
- 刀具的使用寿命和磨损度。

切削材料的应用范围和切削的参考值都是根据以上因素确定的。

12

对比 S235 和 EN AW-AL Mg3 的强度。刀具切削刃上的力取决于待加工材料的强度和刀具切削刃的角以及切削横截面的大小和形状。结构钢 S235 的抗拉强度为 340～470 N/mm²，铝合金 EN AW-AL Mg3 的仅为 180 N/mm²。因此，EN AW-AL Mg3 的切削力明显要小。

13

已知切入力 $F = 3\,500$ N。

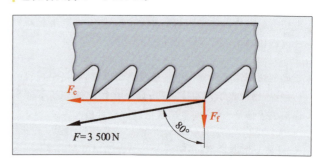

$$\sin\alpha = \frac{F_c}{F}$$

$$\cos\alpha = \frac{F_f}{F}$$

$F_c = F \cdot \sin 80° = 3\,500 \text{ N} \cdot 0.984\,8 = 3\,447$ N
$F_f = F \cdot \cos 80° = 3\,500 \text{N} \cdot 0.173\,65 = 608$ N

14

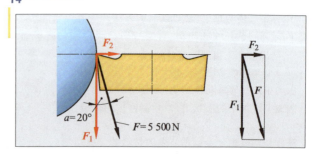

$$\sin\alpha = \frac{F_2}{F}$$

$$\cos\alpha = \frac{F_1}{F}$$

$F_1 = F \cdot \cos 20° = 5\,550 \text{ N} \cdot 0.939\,7 = 5\,168 \text{ N}$

$F_2 = F \cdot \sin 20° = 5\,550 \text{ N} \cdot 0.342\,0 = 1\,881 \text{ N}$

3.7.1 切削材料

1 与硬质合金(HM)相比,高速钢(HSS)的耐磨强度和硬度低(见下图)。如果选择和硬质合金一样大小的切削速度会导致高速钢刀刃损坏。

2 P20 和 K20 属于不同硬质合金的主要类别,P 用于长切屑材料,K 用于短切屑材料。字母后面的数字是指硬质合金的耐磨强度与用途。小的附加数字(如 01)代表高的耐磨强度,大的附加数字(如 50)代表低的耐磨强度。

3 混合陶瓷(Al_2O_3 和 TiC)比氧化物陶瓷坚硬,具有更好的耐温变性。

4 多晶金刚石(PKD)涂层的刀具特别适用于有色金属及其合金材料、复合材料和硬质材料的精加工。
金刚石不适用于含铁材料(如钢铁和铸铁)的切削加工,因为钢铁会吸收金刚石晶格的碳元素,并由此造成刀具的磨损。

5 金属材料的加工使用高速钢、涂层硬质合金以及非涂层硬质合金、切削陶瓷、金刚石和多晶体作为切削材料。需要以加工工件的材料和切削材料的经济性为标准选择切削材料。

6 热硬度是指高温下材料的硬度,切削材料的热硬度不同。因为切削加工过程中会产生高热能,故切削材料必须保证在高温的情况下仍然有足够的硬度。

7 体积小、形状特殊或者前角大的刀具以及不能使用可转位刀片的刀具使用高速钢。例如,钻头、铣刀、成形刀具(或热性塑料的加工)。

8
- 优点:高的耐热硬度和耐磨强度。
- 缺点:不能适应温度剧烈变化,易碎。

陶瓷刀具能在一般的切削条件下,或在没有冷却液的高速切削情况下加工。

9 带涂层的刀具耐磨强度高、使用寿命长。高速钢和硬质合金都可以采用氮化钛、碳化钛、氮碳化钛、氧化铝作为涂层材料。

10 硬质合金的硬度和韧度由硬质碳化物和软质金属黏合剂中钴的含量确定。TiC、WC 和 TaC 的含量会影响材料的硬度和耐磨度。钴含量越大,材料的耐磨强度越高。

11 细晶粒硬质合金和金属陶瓷特别适用于钢铁和铸铁的精加工,这些切削材料比硬质合金耐磨强度高,比切削陶瓷坚固。

12 硬质合金分为 P、M 和 K 三个主要类别(见下表),根据耐磨强度和韧度分为 01~50 不同的类别。

硬质合金的主要类别		
主要类别		用途	特点
P 用于长切屑的材料,如钢、可锻造铁	01 10 20 30 40 50	精加工 仿形车加工 粗加工	耐磨强度增加 ↑ 韧度增加 ↓
M 用于长切屑和短切屑的材料,如不锈钢、易切削钢	10 20 30 40	精加工 仿形车加工 粗加工	耐磨强度增加 ↑ 韧度增加 ↓
K 用于短切屑的材料,如铸铁、有色金属、经过淬火的钢	10 20 30 40	精加工 仿形车加工 粗加工	耐磨强度增加 ↑ 韧度增加 ↓

3.7.2 冷却润滑剂

1 含添加剂的乳化液能改善其自身性能。通常使用乳化剂、防锈剂、防腐剂和高压添加剂作为添加剂。

2 冷却润滑剂使用不当会引起皮肤发炎或过敏,冷却润滑剂中的水和油会导致皮肤干燥,抗微生物剂会引起过敏反应。

3 在没有冷却的情况下进行干切削加工,要求材料必须具有足够高的热硬度。

4 需要根据加工方法、切削速度、切削刀具材料和切削加工的材料来选择冷却液。此外,在使用冷却液时也需要注意健康保护和环境保护,正确处理废弃的冷却液。

5 水溶性冷却液主要应用于需要冷却作用大于润滑作用的加工。

6 水溶性冷却润滑剂主要成分是水包油型乳化液或者无机材料的溶液,例如碳酸钠或一氧化三钠与水的混合物,水溶性冷却润滑剂主要发挥水的冷却作用。非水溶性冷却润滑剂(切削油)主要由带添加剂的矿物油组成,原因是需要发挥油的润滑作用。
水溶性冷却润滑剂适用于高切削速度的切削加工,非水溶性冷却润滑剂适用于高切削力的切削加工。

7

钻孔、扩孔、沉孔所用冷却润滑剂	
材料	冷却润滑剂
钢铁、铜、锌、铝、铝合金、铜合金	水溶性冷却润滑剂
锰钢>10%Mn	切削油或干切削
灰口铸铁、韧性铸铁	干切削或水溶性冷却润滑剂
镁及镁合金、热固性塑料、粗纤维塑料	压缩空气
钛和钛合金	切削油
热塑性塑料	水溶性冷却润滑剂或水

针对每种加工方法列出的表格比通用表格细致详细。

8
使用过的冷却润滑剂必须进行专业处理,将固体废弃物和金属屑在分离器中分离,将含油部分从冷却润滑剂中分离,积累的滤渣、油泥和剩余的水油混合物必须由专员回收。

9
在机械加工成本中,使用冷却润滑剂的成本(包括维护和回收处理)通常大于刀具成本,通常为7%～8%(见下图)。

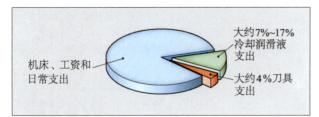

10
微量润滑的优点有:
- 润滑剂消耗小。
- 工作环境更干净,对操作工人无健康伤害,环境损害小。
- 工件干燥,切屑干净,无须再做清理。
- 无须维护和回收冷却润滑剂。
- 提高了刀具的使用寿命。

3.7.3 锯

1
锯条齿距的选择主要依据所加工工件的材料,大齿距适用于软的材料,小齿距适用于硬的材料。薄壁材料也需要小齿距的锯条。

2
加工直径500 mm以内的半成品通常使用经济的弓锯锯床。由于带锯锯床锯切缝很窄,工件材料损失小。采用硬质合金的锯条可以对合金钢进行加工。圆锯锯床适用于加工直径140 mm以内的半成品,圆锯片加工的工件表面光洁度较高。

3
采用交错分布的锯齿或者波浪形的分齿,金属圆形锯片要经过高度打磨、顶锻或者装配扇形齿轮。小锯齿的锯条一般会采用波浪形分齿。

4
将锯片的锯齿交替地向左和向右进行弯曲(见下图),交错的锯齿能够保证大锯齿锯条自由无障碍地进出。

3.7.4 钻孔、攻丝

1
切削速度v_c是由钻孔方法、工件材料和所要求的加工质量决定的。可以参考下表获取正确的加工参数。

钻孔深度达到钻头直径的3倍时HSS麻花钻的参考切削值					
工件材料的抗拉强度R_m	v_c/(m/min)	根据孔直径ϕ确定的f/mm			冷却
		2～5	5～10	10～16	
钢 $R_m<700$ N/mm²	25～30	0.1	0.20	0.28	E
钢 R_m为700～1 000 N/mm²	15～30	0.07	0.12	0.20	E

续表

钻孔深度达到钻头直径的3倍时HSS麻花钻的参考切削值					
工件材料的抗拉强度R_m	v_c/(m/min)	根据孔直径ϕ确定的f/mm			冷却
		2～5	5～10	10～16	
钢 $R_m<1 000$ N/mm²	10～15	0.05	0.10	0.15	E、S
灰口铸铁 120～260 HB	25～30	0.14	0.25	0.32	E、M、T
铝合金 短切屑	40～50	0.12	0.20	0.28	E、M
热塑性塑料 R_m为700～1 000 N/mm²	25～30	0.14	0.25	0.36	T

- 在使用带涂层刀具的情况下切削速度可以提高20%～30%。
- E=乳化液(10%～12%),S=切削油,M=微量润滑,T=干切削

2
钻斜面上的孔,所加工的表面不均匀,钻预钻孔以及镗孔时需要调节切削速度和进给量。

3
在钻孔直径范围不超过20 mm、钻孔深度最大至钻头直径的5倍的情况下通常使用麻花钻。

4
大多数麻花钻的顶角为118°。

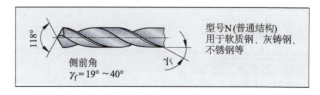

5
一般情况下可以采取减小切削速度和减小进给量的方法来减少主要刀刃的磨损。其他的辅助方法有:选择耐磨强度高的切削刀具材料;优化冷却液;提高刀具和工件的稳定性。

6
磨尖的刀尖可以减小横刀刃的长度并且产生小的进给力。横刀刃的剩余长度最小应为钻头直径的10%,以避免钻头刀尖崩刀。

7
与无涂层麻花钻相比,HSS-涂层麻花钻使用寿命更长,此外,可达到的表面光洁度更高。HSS-涂层麻花钻适用于除了严重磨损的纤维增强塑料(如玻璃纤维增强塑料)以外的所有材料。

8
全硬质合金钻头适合于加工硬质材料和易磨损的材料,即使在高切削速度情况下它的使用寿命也很长。由于其高刚性,不需要在钻孔前进行预钻中心孔,也不需要使用钻套。

9

扩孔是对钻过的孔进行再加工和精加工,扩孔刀具能够优化孔的尺寸、形状、位置精度以及表面光洁度。

10

麻花钻的钻孔深度最大可达 5×钻头直径,深钻可以在少量的加工步骤内钻孔至 100×钻头直径的范围。通过对加工点的冷却润滑可以达到大的单位时间切削量,除此之外,也可以达到高的尺寸精度(IT8)和表面光洁度($R_z = 2\ \mu m$)。

11

钻孔刀具分为 N、H 和 W 几类。对于加工普通韧度和硬度钢铁材料,硬的短切屑的材料和软的长切屑的材料所使用的刀具不一样。

12

预钻孔可以避免钻头位移跑偏、降低进给力。预钻孔的直径最小为最后所使用钻头的横刀刃的直径。

13

要注意保证刀柄、锥套和紧固锥套无损坏和干净,即使是很小的杂质也会导致钻头产生晃动并且损害刀柄、锥套或者主轴。

14

刀尖角度为 118°,侧前角为 10°~19°。

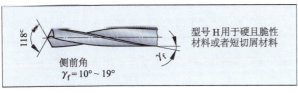

小的侧前角产生大的楔角。

15

麻花钻有两个主要切削刃、两个副切削刃和横刀刃。横刀刃在钻头顶尖连接了两个主切削刃。

16

主切削刃之间的角称为顶角,顶角的大小取决于钻头类型。

17

可以使用固定或者可调节的磨削检验量规来进行检测。为了磨削得更加精确,通常要使用特殊的磨削设备。

18

可转位刀片钻(见下图)可以以高切削速度对整体材料进行钻孔。

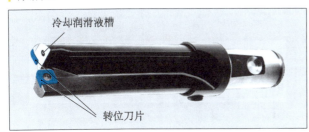

因为有崩刀的危险,所以不允许进行预钻孔。要从内部至钻头尖冷却润滑。

19

分为麻花钻、小钻头、NC 定心钻、段阶梯钻头、中心钻、扩孔钻(螺旋扩孔钻)、带可转位刀片的钻头、深孔钻。麻花钻是在钻整体材料时使用最广泛的钻孔刀具。

20

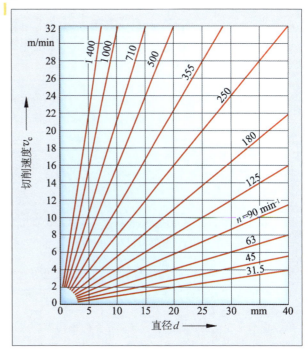

钻孔转速表				
d/mm	5	8	10	15
n/min^{-1}	1 000	710	500	355

21

a) 加工 M10 的螺纹底孔需要使用直径为 8.5 mm 的钻头。

b)

HSS 麻花钻参考值			
材料	钻孔深度	v_c/(m/min)	$d=4\sim10$ mm 时每圈进给量 f/mm
钢 $R_m < 700\ N/mm^2$	$<5 \cdot d$	32	0.08~0.16
	$5\sim10 \cdot d$	25	0.06~0.12
钢 $R_m > 700\ N/mm^2$	$<5 \cdot d$	20	0.08~0.16
	$5\sim10 \cdot d$	16	0.06~0.12
钢 $R_m > 1\ 000\ N/mm^2$	$<5 \cdot d$	12	0.05~0.1
	$5\sim10 \cdot d$	10	0.04~0.08
铸铁 $R_m < 300\ N/mm^2$	$<5 \cdot d$	16	0.1~0.2
	$5\sim10 \cdot d$	12.5	0.08~0.16
可锻铸铁和球墨铸铁	$<5 \cdot d$	20	0.1~0.2
	$5\sim10 \cdot d$	16	0.08~0.16
铝合金	$<5 \cdot d$	63	0.12~0.25
	$5\sim10 \cdot d$	50	0.1~0.2

根据上表,中心孔直径 $d=8.5$ mm 的加工参数为 $v_c=16$ m/min;$f=0.1\sim0.2$ mm。

c) $n_c = \dfrac{v_c}{\pi \cdot d} = \dfrac{16\ \text{m/min}}{\pi \cdot 0.008\ 5\ \text{m}} = 600\ \text{min}^{-1}$

d) $n = 500\ \text{min}^{-1}$

e) $v_{fc} = n_c \cdot f = 600\ \text{min}^{-1} \cdot 0.15\ \text{mm} = 90\ \text{mm/min}$
$v_f = n \cdot f = 500\ \text{min}^{-1} \cdot 0.15\ \text{mm} = 75\ \text{mm/min}$

f) $l = L + 0.3 \cdot d = 18\ \text{mm} + 0.3 \cdot 8.5\ \text{mm} = 20.55\ \text{mm}$

3.7.5 攻螺纹

1
螺纹底孔扩孔可以方便丝锥更好的切削,防止挤压外部螺距。使用 90°的锥形锪钻对直通螺纹的中心孔进行扩孔。

2
切入是指挤压材料,例如,丝锥向内部挤压材料,由此产生较小的孔。钻底孔应尽可能大,否则将卡住并崩坏丝锥。

3
使用机用丝锥可以一次性攻到工件底部,机用丝锥可以产生高的切削功率。

4
因为不能将螺纹攻到孔的底部,所以底孔要钻得比可用螺纹深度更深。还要注意合理的排屑。

5
两件式成套丝锥用于加工细牙螺纹和惠氏螺纹,因为与普通螺纹相比,其螺纹深度更小。

6
螺纹成形是非切削加工螺纹。使用呈多边形的螺纹成形模加工内螺纹。因为没有切断材料的纤维走向,所以加工的螺纹能承载高负荷。材料通过冷成形固化,所以抗拉强度低的材料特别适合采用螺纹成形。因为材料没有切削,使用这种方法加工时,底孔直径必须大于攻螺纹时的直径。此外,所加工的材料必须具有良好的可塑性。

7
内螺纹可以通过手动和机床无碎屑成形加工。使用成套丝锥、单刃丝锥、机用丝锥或者螺纹成形模进行加工。对于较大的内螺纹可以使用螺纹车刀、螺纹梳刀或者在车床上进行加工。

8
- 钻中心孔尽可能大。
- 对中心孔的两端进行 90°扩孔。
- 将丝锥对准孔轴心。
- 多次回旋丝锥来切断切屑。
- 使用足量的冷却润滑剂。

钻底孔时要注意中心孔深度是否足够,并合理地排屑。

9
三件式手工丝锥由头攻丝锥、二攻丝锥和精攻丝锥组成。直到使用精攻丝锥才能完成整个螺纹的加工。成套的丝锥一般应用于有底孔即通孔的手动攻丝。

3.7.6 扩孔、铰孔

1
使用带有可更换导向轴的锪孔钻可减轻扩孔刀具的重磨工作量,并且它可用于各种不同的孔径。
导向轴颈适用于平底锪钻或者锥形锪钻。

2
锥形锪钻用于锥形螺钉孔和铆接孔的成形扩孔及去孔毛刺。
60°刀尖角的锥形锪钻用于去毛刺,90°的用于埋头螺钉。

3
扩孔刀具用于加工生产水平支承表面(平面扩孔和平面沉入孔)及锥形的或成形的扩孔(成形沉孔)。

4
扩孔的切削速度应该等于或者小于钻孔的速度,进给量可以减小至 50%。

5
铰孔的切削速度显著小于钻孔,进给量显著大于钻孔。对于不同材料的标准值可以参考简明机械手册。

6
手用铰刀的切削刃较长且呈锥形,其刀柄部分有一个用于丝锥扳手夹紧的四方体。机用铰刀的切削刃较短,刀柄呈圆柱形或者锥形。手用铰刀在预钻孔处有一个好的导向,使用机用铰刀可对底孔进行铰孔。

7
通过左旋螺纹可以避免铰刀被卷入孔内。排屑方向与进给方向一致。左旋铰刀不允许用于底孔。

8
齿数为偶数可以方便测量直径,不均匀的齿分布可以避免震动、颤痕和圆度缺陷。铰刀刀齿应该是两个刀齿相对分布。

9
铰孔是一种切屑厚度很小的扩孔方法,用于加工精度高达 IT5 且要求表面光洁度很高的孔。铰孔的加工量小。

10
选择铰孔切削余量时,必须知道最小切屑厚度,并避免过大的切削加工所产生的负荷。根据孔直径的不同,铰孔的切削余量可达到 0.1~0.5 mm,去皮铰刀则可达 0.8 mm。过大的切削余量会导致孔不平整,铰刀会被卡住。

11
锥度铰刀用于对孔的锥度成形铰孔,如锥形销孔。锥度铰刀通过整个刀刃长度进行切削。

12
麻花钻:
- φ9 用于沉孔。
- φ9.7 用于 10H7 的孔。
- φ11 用于 φ11 的孔。
- φ5.8 用于 6H7 的孔。
- φ6.8 用于 M8 的中心孔。
- φ6 和 φ17.8 用于 18F7 的孔。
- φ5 用于 M6 的中心孔。
- φ8.5 用于 M6 的间隙孔。

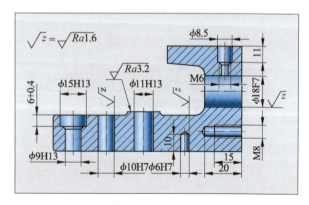

沉头钻:
- 带 φ9 轴颈的 φ15 平面锪钻。

- 带φ11轴颈的φ16平面锪钻。
- 90°锥度锪钻用于倒角、螺纹孔和去毛刺。

机用铰刀：φ6H7、φ10H7、φ18F7。

丝锥：M6、M8。

3.7.7 车削

● 车削方法

1

车刀的切削楔受到切削前面和切削后面的限制，两个面之间的棱边构成了主切削刃。

2

$$R_{th} = \frac{f^2}{8 \cdot r}$$

$$R_{th} = \frac{(0.15 \text{ mm})^2}{8 \cdot 0.4 \text{ mm}} = 0.007 \text{ mm} = 7 \text{ μm}$$

3

小的主偏角会在作用处产生大的背向力，这就要求工件、机床和夹装足够稳定。如果不够稳定就会导致震颤，需要加大主偏角(至90°)。

4

使用大的刀尖圆弧半径会增大对刀具的挤压力，并对工件产生更大的推力 F_P。这些因素会产生振动，进而降低工件表面质量。在进给量一致的情况下，大的刀尖圆弧半径可以加工出好的表面质量。由于理论上会采用小的进给量进行车加工，所以在精车时仍采取小的刀尖圆弧半径。

5

如果加工条件(机床、刀具和工件)足够稳定，即使在精车时也可以采取大的刀尖圆弧半径。

6

这种情况下应该将可转位刀片的切削刃进行倒角和整圆(S型结构)。

这种类型的切削刃提高了切削力、刀尖温度和震颤倾向。

7

切削有中断的粗重加工规定采用负切削前角(-4°~-8°)，以减少崩刀。

8

刀柄正前角有利于将切屑排出工件表面，所以在精加工和内圆车加工时应该选择中性前角或者正前角，以避免工件的表面被切屑划伤。

9

最大主偏角在30°锥度处，最大主偏角=93°+30°。最小主偏角在平面处，最小主偏角=93°-90°=3°。

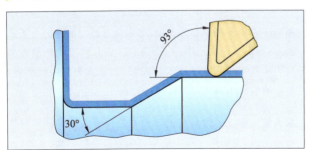

10

在主偏角为90°时，背向力最小。背向力小则工件弯曲小，形成表面更光滑，因此多用于精加工和内部车加工。

11

材料是造成产生不同切屑类型的主要因素。碎裂切屑产生于对脆性材料加工时，小的切削前角和低的切削速度也会导致形成碎裂切屑。

短螺旋切屑产生于对韧性较强材料加工时，中等切削前角和低的切削速度也能导致产生这种类型的切屑。

带状切屑产生于对长切屑材料加工时，最主要原因是切削速度高且切削前角大。

12

长切屑会形成较大体积的切屑，不容易被排出机床的工作区。长切屑对车刀会产生不利影响，也可能会破坏工件的表面，除此之外，也会增加操作者被锋利切屑割伤的危险。而过小的切屑会有进入冷却润滑剂过滤槽内而造成堵塞的危险，因此应该尽量争取形成短盘旋状切屑和麻花状切屑。

13

下列方法会产生短切屑：
- 使用带排屑槽的可转位刀片。
- 选择合理的切屑槽配合设定的进给和切削深度。
- 采用添加相应合金元素的切削材料，提高材料的切屑断裂性能。
- 提高进给量。

14

根据进给方向可以分为纵向车削和横向车削。这两种切削方法都能将工件加工出圆柱形面或者平面，但主要是通过纵向车加工圆柱形面，通过横向车加工平面。

15

可以分为车外圆、车端面、车螺纹、非圆车削、成形车削和仿形车削。加工方法的准确名称是由进给的方向和加工出来的工件一起构成的。例如，纵向车外圆或者横向车端面。

16

通过车外圆会产生一个圆柱侧面，通过车端面会产生一个圆柱平面。两种加工方法都可以采用纵向或横向的进给方向，但总体上来说，车外圆采取纵向进给方向，车端面采取横向进给方向。

17

带状切屑通常产生于加工长切屑材料时，尤其会在高切削速度和大切削前角的条件下产生。由于切削过程均匀，没有较大的切削力波动，切削加工过的材料的表面质量较高，因此在车削加工时带状切屑是理想的切屑。

18

根据加工位置可以分为外部车加工和内部车加工(见下图)。

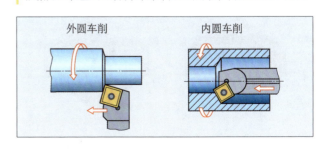

和钻孔相比,内部车加工可以保证钻孔中心与外表面更小的位置公差。

19
成形车削将车刀的形状反映在工件表面,进给方向可分为纵向和横向。仿形车削时可以通过调整车床(车锥度)后成形或数字控制进给方向。
仿形车削通过控制进给方向进而加工出工件的外部轮廓(见下图)。

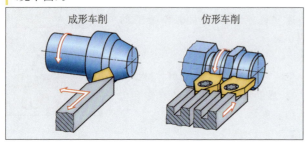

20
通过增加切削宽度和减小切削厚度可以提高车刀的使用寿命,但同时也会增加切削阻力,所以对于足够坚硬的车削件应采用 $45°\sim75°$ 的切削前角。

21
圆柱形短螺旋切屑、锥形螺旋切屑、螺旋切屑、碎片状切屑是优质切屑;带状切屑、不规则切屑和长形螺旋状切屑是不良切屑。

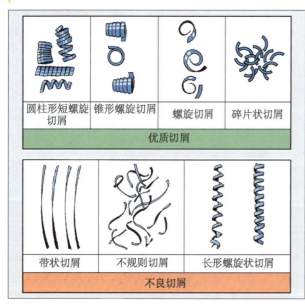

22
碎裂切屑产生于脆性材料加工时,以及切削速度低和切削深度大时。小的或者负的切削前角也有助于碎裂切屑的形成。

23
可以通过布置排屑槽影响切屑形状。通常会采用多种不同类型的排屑槽。

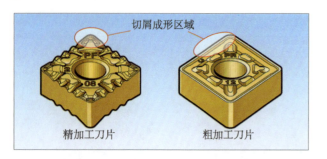

24
最主要的磨损类型:切削后面磨损、车刀月牙注磨损和切削刃磨损。

25
车刀从投入使用至磨损达到允许磨损上限这段时间称为刀具的使用寿命。通过对精加工时的工件表面质量和尺寸偏差、粗加工时刀具切削刃磨损状况的观察,可以识别出是否已经到刀具的使用寿命。

26
出于对经济性的考虑,应选取不会导致刀瘤产生的高切削速度。但也不能过高,应保证由于扩散和氧化所产生的磨损在一定范围之内。

27
过大的刀瘤会导致切削刃的崩裂。均匀的刀瘤形成是正常的,由于过大的磨损影响而产生的刀片崩裂应该避免。

28
刀瘤主要是指在低的切削速度时,切削材料碎屑微粒在切削刃及在切削后面焊接在一起形成的堆积物。

29
切削后面的磨损影响到了工件尺寸精度和表面光洁度,会导致切削刃处产生高温并提高切削力。

30
以下措施可以避免刀瘤的产生:
- 提高切削速度。
- 使用带涂层的刀具。
- 使用光洁并研磨过的切削前面。
- 使用足够多的冷却润滑剂。

● **车削刀具**

1
可转位刀片不需要再次研磨,无须装夹刀具可准确转向或更换。

2
刀尖圆弧化能够减小工件的表面粗糙度,降低车刀崩裂的危险。规定可转位刀片的刀尖圆弧通常为 $0.4\sim2.4$ mm。

3
主切削刃到相对于刀柄的位置确定了刀片的切削方向。刀片切削方向被分为三种:R(右切削)、L(左切削)和 N(中立)。

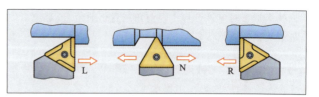

4
如果车刀位于车中心的前侧,那右偏刀的切削方向为从右到左;如果车刀位于车中心的后方,那右偏刀的切削方向则为从左到右。车刀还未装夹时,如果刀头指向观察者,主切削刃位于右侧,则视为右偏刀。

5
用于宽度精车和仿形车削。大的刀尖圆弧能保证所加工表面光滑,主偏角在每个进给方向的大小都一致。

6
主偏角最小应该为 $90°$,通常在 $90°\sim107°$ 之间。如果主偏角超过 $90°$,如 $95°$,就可以在一次拉刀过程中完成纵向和横向车削。

7

这种车刀能在一个加工步骤内完成对工件的倒角、倒圆弧和退刀槽的加工。因为 35°~55° 小的刀尖角不适用于对大的切削横截面进行加工。

8

采用杠杆夹紧或者螺纹夹紧将刀片固定在刀柄上。

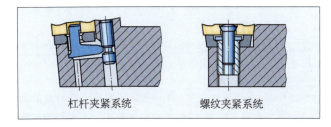

杠杆夹紧系统　　　螺纹夹紧系统

● 切削参数

1

精车时需要选择小的进给量和大的切削速度,但是宽度精加工例外,它需要采用小的主偏角和大的进给量来进行精加工。进给量不允许小于 0.05 mm,否则车刀阻力加大,磨损也相应增加。

2

切削速度的选择取决于加工工件的材料、切削材料、冷却润滑液、所要求的表面光洁度以及车床的功率。可以参考简明机械手册或者根据刀具生产商提供的参考值来确定切削速度。

3

$$n = \frac{v_c}{\pi \cdot d}$$

根据切削速度和工件直径计算车床转速,或者根据车床转速参考表来确定。

4

进给量 f(每转 mm)取决于机床的功率和工件所要求的表面光洁度。进给量越大,单位时间切削体积 Q 越大,表面粗糙度 R_t 越大,单位切削力 k_c 越小。因此,粗车时选择尽可能大的进给量,精车时进给量要能达到所要求的表面光洁度。

5

$a_p : f$ 为 4:1~10:1

6

粗车应当选择大的进给量,再根据机床的功率选择切削深度和切削速度。在车刀状况良好的情况下,应选用大的单位时间切削体积。

7

切削横截面的形状是由主偏角 κ、进给量 f 和切削深度 a_p 之间的比例确定的(见下图)。切削横截面的大小可以由进给量乘以切削深度求得。

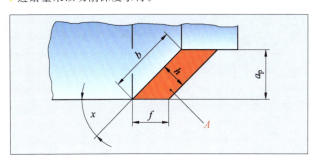

切削横截面的大小和形状对切削力有着非常大的影响。

8

根据题 9 表 1,材料 C45E 在 $a_p = 4$ mm,$f = 0.63$ mm 时切削速度为 $v_c = 202$ mm/min。因为毛坯轴的滚压表面,必须考虑修正因素(下表 1)。计算出
$v_c = 0.75 \times 202$ m/min ≈ 150 m/min

表 1　关于切削速度参考值的修正系数

切削加工的影响因素	修正系数
锻造、辊扎或者铸铁表面	0.7~0.8
中断的切削加工	0.8~0.9
内部车加工	0.75~0.85
不够坚固的材料	0.8~0.95
非常坚固的材料	1.05~1.2
不好的机床状态	0.8~0.95
良好的机床状态	1.05~1.2

表 2　可转位刀片所允许的切削功率

切削刀片形状	尺寸 l/mm	切削深度 a_p/mm	进给量 f/mm	切削力 F_c/N
C	9	6	0.4	5 000
	12	8	0.6	10 000
	16	10	0.8	16 000
S	9	7	0.4	5 000
	12	9	0.6	10 000
	15	12	0.8	16 500
	19	14	1.0	23 000

表 1 中的数值在经济使用寿命 $T = 15$ min 的假设条件下求得。还要计算刀片所允许的切削刃负载(表 2)。除此之外,还要检测机床的功率和装夹的稳定性(题 9)。

9

已知:使用硬质合金涂层刀片,直径 $d = 120$ mm,切削深度 $a_p = 4$ mm,进给量 $f = 0.4$ mm,主偏角 $\kappa = 75°$,机床的有效功率 $\eta = 0.8$。

表 1　使用可转位刀片 HC-P20 车削的参考值

材料	切削深度 a_p/mm	根据进给量 f(mm)选择切削速度 v_c/(m/min)			
		0.16	0.25	0.40	0.63
C15E(Ck 15) 15S10 9SMn28	1	474	447	420	—
	2	442	417	392	—
	4	412	389	366	345
E295(St 50) C45E(Ck 45)	1	335	300	267	—
	2	311	278	247	—
	4	288	258	229	202

切削速度 $v_c = 366$ m/min(表 1)

$$n = \frac{v_c}{\pi \cdot d} = \frac{366 \text{ m/min}}{\pi \cdot 0.12 \text{ mm}} = 971 \text{ min}^{-1}$$

计算切削横截面 A：
$A = a_p \cdot f = 4 \text{ mm} \cdot 0.4 \text{ mm} = 1.6 \text{ mm}^2$

计算切削厚度 h：
$h = f \cdot \sin\kappa = 0.4 \text{ mm} \cdot 0.965\,9 = 0.386 \text{ mm} \approx 0.4 \text{ mm}$

表 2　车削时单位切削力 k_c 的参考值

材料	根据切削厚度 h(mm) 确定单位切削力 $k_c /$ (N/mm²)				
	0.1	0.16	0.3	0.5	0.8
E295(St 50)	2 995	2 600	2 130	1 845	1 605
C35E(Ck35)	2 700	2 380	1 990	1 750	1 540
C60E(Ck 60)	2 805	2 530	2 185	1 970	1 775
9SMn28	1 985	1 820	1 615	1 485	1 365
16MnCr5	2 795	2 425	1 990	1 725	1 495

单位切削力 $k_c \approx 1\,550 \text{ N/mm}^2$（表 2）
$F_c = k_c \cdot A = 1\,550 \text{ N/mm}^2 \cdot 1.6 \text{ mm}^2 = 2\,480 \text{ N}$

计算功率 P_e：
$P_e = \dfrac{F_c \cdot v_c}{\eta} = \dfrac{2\,480 \text{ N} \cdot 366 \text{ m/min}}{0.8 \cdot 60 \text{ s/min}}$
$= 18\,910 \text{ N} \cdot \text{m/s} \approx 19 \text{ kW}$

10

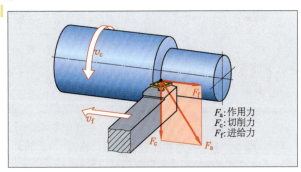

切削合力 F 是由推力 F_p 和作用力 F_a 构成的，作用力 F_a 是由进给力 F_f 和切削力 F_c 的共同作用形成的。

11

单位切削力 k_c 是指切削厚度 $b = 1$ mm，进给量 $f = 1$ mm 时主偏角 $\kappa = 90°$ 时所要求的力。切削力 F_c 可以通过单位切削力和切削横截面计算求得。

12

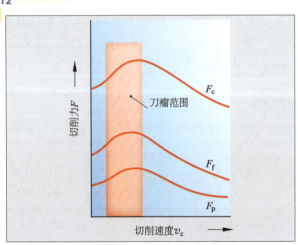

在形成刀瘤的范围内，随着切削速度的提高，切削力 F_c、进给力 F_f 和推力 F_p（见上图）也随之提高。当切削速度超过一定范围仍继续提高时，切削力则降低。在机床功率允许的范围内，应使用大切削速度，同时也能达到减少形状和尺寸偏差的作用。

13

将螺纹车刀准确地对准工件中心，并和旋转轴成直角。

14

螺纹加工有很多加工步骤，使用 CNC 机床时通常使用齿形进给，这样能形成更好的切屑。

15

车螺纹时，由变速轮、丝杆和固定螺母进给。进给量的大小和工件旋转成一定比例，所以进给传动时不允许使用楔形皮带和保险联轴节。

16

应遵守以下规则：
- 选择大的主偏角（90°），以减小背向力。
- 精车时，可转位刀片要使用正的切削前角。
- 切削深度小时，要考虑到小的刀尖圆弧半径。
- 使用大刀柄直径的刀具。

17

切槽是用于加工工件的槽，切断则是将工件从棒料上分离。

18

切断刀的主偏角过大或者切削力过大时，刀具偏离会导致工件表面产生拱形或凹陷。使用恒定切削速度切断时，可以将转速从与工件所要求的直径对应的转速提高至极限转速。为了避免离心力过早地折断工件，最后的切断必须使用小转速和低于 0.1 mm 的进给量。

19

硬车是指加工经过淬火的材料。硬车的切削材料可为切削陶瓷或者聚晶氮化硼（PKB）。硬车可以一定程度上代替磨削。相对于磨削，硬车所需机床投资和刀具成本更小，冷却润滑的准备和回收处理花费小，在某些干加工时甚至还可以无冷却液加工。

20

滚花时，需要选取低的转速、大的进给，合理地使用冷却液。滚花是对工件的表面进行无切屑成形加工或通过滚花刀具进行切削加工。

21

切削陶瓷适用于对硬度达到 64 HRC 的材料进行加工；聚晶氮化硼（PKB）加工的材料硬度可达到 70 HRC，但当材料硬度低于 50 HRC 时使用聚晶氮化硼反而会增加它的磨损。硬车时切削速度应为 100~300 m/min。材料硬度越大，切削速度应越低。进给量应为 0.06~0.12 mm。

22

在刀具的切削刃上增加一个小的保护性倒角可以减小刀刃崩坏的风险。
如果切削有中断，则应该采用带大倒角的可转位刀片。

23

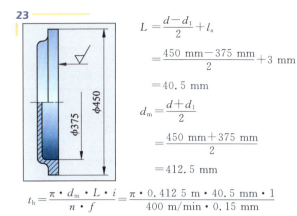

$$L = \frac{d - d_1}{2} + l_a$$
$$= \frac{450 \text{ mm} - 375 \text{ mm}}{2} + 3 \text{ mm}$$
$$= 40.5 \text{ mm}$$

$$d_m = \frac{d + d_1}{2}$$
$$= \frac{450 \text{ mm} + 375 \text{ mm}}{2}$$
$$= 412.5 \text{ mm}$$

$$t_h = \frac{\pi \cdot d_m \cdot L \cdot i}{n \cdot f} = \frac{\pi \cdot 0.4125 \text{ m} \cdot 40.5 \text{ mm} \cdot 1}{400 \text{ m/min} \cdot 0.15 \text{ mm}}$$
$$= 0.87 \text{ min}$$

● 刀具和工件的夹紧装置

1

车刀切削刃必须对准工件的中心,因为它的偏差会引起刀刃的工作角度改变(见下图),高于工件中心,会减小后角,造成刀具与工作表面的摩擦;低于工件中心,会造成工件挤压。

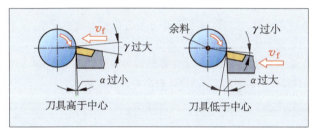

2

夹头的夹紧部分是通过橡胶弹性连接在一起的,并通过锥度套筒的整个长度起作用。这样可以保证夹紧力均匀地分布在夹头的整个长度上,夹头能装夹的范围跨度更大。

3

圆形、有规则的三边形或者六边形工件以及圆棒料都可以使用三爪卡盘来进行装夹。

4

使用车床卡盘夹紧时需要遵守以下安全操作规则:
- 禁止将卡爪伸出卡盘过远。
- 必须取出卡盘钥匙。
- 过长的工件必须使用顶针或者刀架作为辅助夹紧。

5

软爪可以避免对工件造成夹痕,通过卡盘的镗孔达到很高的圆跳动精度并减少工件因为夹紧力而产生的形变。软爪孔内有一个长度卡槽,它限定了切削长度。

6

夹爪通过平面螺旋线、楔形杆或者楔形钩运动。
相比于楔形杆,平面螺旋线会产生很小的夹紧力,导致较差的径跳。楔形钩主要用于动力卡盘。

7

弹簧夹头和端面鸡心夹头特别适用于高转速的情况。上述夹紧装置即使在高转速的情况下,离心力也较小,因为其直径小,尺寸也小。卡盘的夹爪在高转速的情况下会向外运动,导致夹紧力减小。针对这种情况需要配备离心力补充装置。

8

使用之前要认真清洁中心顶针及其夹具。不干净的中心顶针和夹具将导致工件直径不准确,并在换向装夹时产生位置偏差。

9

尾座的顶尖套筒用于装夹活顶针、中心顶针、钻孔、扩孔以及铰孔刀具。将刀具放置在顶尖套筒的内圆锥里,尾座可以相对车身做纵向或者横向调节,通过手动或者气动纵向推动顶尖套筒。

10

活顶针。活顶针不会在中心顶针和中心孔内产生摩擦和热或者磨损。

11

使用顶针,以两端夹紧的方法加工。用顶针两端夹紧需要事先在工件的两端钻出中心孔,扭矩通过夹头传递。

12

可以借助前角在平面卡盘上进行装夹。

● 车床

1

通常车床是根据车床的床身(例如,平台式或者倾斜式车床)、工作轴的位置(例如,立式车床)或者轴数(例如,多轴车床)进行分类的。

2

加工偏心横孔需要机床配备从动的钻头或者铣削刀具,可控制三个轴方向(X, Y, Z)。

3

主要参数有:工件的最大车削直径和最大车削长度、最大工作效率和轴转速等。

4

主要结构有:底座、车床床身、轴承箱、刀架滑板和后顶针座(见下图)。

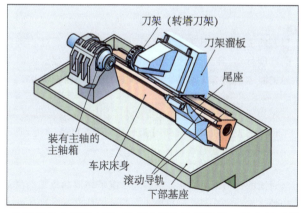

机床床身由底座支撑,装有刀架的刀架滑板一般在滚动导轨上运行。

5

坚固且无间隙地安装工作主轴。对于高性能且可调节的精密滚动轴承,需要定期检测其设置和皮带的预紧力。

6

车床床身需要具备优良的抗扭矩刚性和减震特性,这样能保证所加工工件的表面质量和刀具的使用寿命不会受到震动的影响。因此通常使用铸铁来制造床身,空腔内填充人工树脂胶粘的花岗岩(聚合物混凝土)或者实心矿物铸件(反应性树脂混凝土)。

7

刀架滑板由溜板箱、刀架纵向托板、横向溜板、小托板和夹紧装置组成。车削时,由刀架滑板完成刀具的纵向和横向进给。

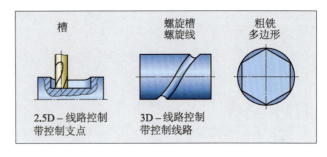

8
导轨位于车床轴的后方，倾斜安装，采用复合材料进行涂层，并使用保护盖保护，这样不会影响排屑，并且会对切屑产生良好的影响。

9
当把刀具的刀刃位于车削中心向上装夹时，车削方向应该为逆时针方向，在车螺纹和钻螺纹孔这些情况下则应是顺时针方向。

10
无尾架短床身车床的操作单元与车削件的平面相对，无尾座。人型的无尾架短床身车床，它的床身与旋转轴呈横向相对。

11
自动车床可以由机械控制、液压控制或者数字控制。机械控制自动车床通常都有多个刀架滑板并且只适用于大批量生产。

12
立式镗床适用于对大型、大体积工件的加工，将工件和水平轴进行装夹并校准。

13
CNC 车床的结构特别坚固，它具有无级转速调整的大驱动功率、可调节的进给传动装置、可关闭的加工空间和能装夹多把刀具的刀架，控制任务和调节任务需要运用到 CNC 控制和液压设备。

14
CNC-车床在每一个进给方向都有一个控制的驱动马达，而普通车床则是由主轴引导进给传动。通过对纵向进给和横向进给同时的控制，CNC 机床无须重新配备新装置，即可加工出锥体、圆和球体。

15
车刀的主偏角随着进给方向而产生变化，主偏角过小则切削厚度过小，导致切屑无法中断，从而造成事故。纵向车加工时主偏角为 107°，横向车加工时主偏角需调为 17°。

16
CNC 车床由直流电动机或者变频三相交流电动机驱动，工作轴的发动机需是无级可调节的高功率的发动机，通过无级驱动可以调节合适的切削速度。

17
全封闭的保护罩可防止在高转速情况下切屑和冷却润滑剂四处飞溅。安全开关用以防止在门开的情况下突然开机。

18
非圆柱形形状的车削件，如锥体、成形槽或者圆形工件适合使用数字化控制车床加工。

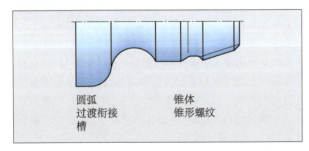

19
可以在一次装夹的情况下额外加工出槽、横孔和多孔圆盘并完成粗铣，这样能够节省在其他车床上加工的时间。

3.7.8 铣削

● 切削量

1
铣加工时因为中断切削进而导致切削力以及刀刃的温度都出现变化。
每个刀刃都只在一个零件铣一圈时起作用。

2
高切削速度产生小的切削力、好的表面光洁度以及大的单位切削体积；缺点是会加大刀具磨损。

3
铣端面时，切屑厚度 h 以及刀尖负荷有确定的大小，但是在铣圆周（以及铣槽）时很难确定值的大小。因此如果要达到足够的切屑厚度，只有提高每齿进给量 f_z。加工槽时，根据切削深度 a_e，建议提高每齿进给量 f_z。

a_e	$1/3 \cdot d$	$1/6 \cdot d$	$1/8 \cdot d$	$1/10 \cdot d$	$1/20 \cdot d$
进给量	建议进给量 f_z	提高进给量 f_z			
		15%	30%	45%	100%
f_z/mm	0.25	0.29	0.32	0.36	0.5
h_m/mm	0.11	0.11	0.11	0.11	0.11

4

$$n = \frac{v_c}{\pi \cdot d} = \frac{300 \text{ m/min}}{\pi \cdot 0.1 \text{ m}} = 955 \text{ min}^{-1}$$

$$f = f_z \cdot z = 0.1 \text{ mm} \cdot 6 = 0.6 \text{ mm}$$

$$v_f = f_z \cdot z \cdot n = 0.1 \text{ mm} \cdot 6 \cdot 955 \text{ min}^{-1} = 573 \text{ mm/min}$$

$$\sin \frac{\varphi_s}{2} = \frac{a_e}{d} = \frac{80 \text{ mm}}{100 \text{ mm}} = 0.8$$

$$\varphi_s = 106.3°$$

$$z_e = \frac{\varphi_s \cdot z}{360°} = \frac{106.3° \cdot 6}{360°} = 1.8$$

$$Q = a_p \cdot a_e \cdot v_f = 3 \text{ mm} \cdot 80 \text{ mm} \cdot 573 \text{ mm/min}$$
$$= 137.5 \text{ cm}^3/\text{min}$$

5
铣加工时进给速度可以通过每齿进给量 f_z、铣刀的齿数 z 以及转速进行计算，即

$$v_f = f_z \cdot z \cdot n$$

进给速度在机床上设置，单位为 mm/min。

6
随着每齿进给量的增大，切屑厚度以及切削力也会增大，进而加大刀具的磨损。每齿进给量的参考值可以参考简明机械手册。

7
单位切削体积是指每分钟产生的磨损材料的体积（cm^3），用于衡量加工方法经济性的标准。

● 铣削刀具

1
- 根据铣刀夹头的种类分类,分为套式铣刀和端铣刀等。
- 根据刀刃的形状和位置分类,分为滚铣刀和圆盘铣刀等。
- 根据用途分类,分为槽铣刀和精铣刀等。

2
锥度夹头大的锥度角能方便主轴头套入,拆卸仅需很小的力度。其缺点是刚性小,轴向铣刀位置不稳定。

3
螺旋齿能方便切屑从工件排出。螺旋齿状的直柄铣刀通常都是右旋螺纹。

4
梳状裂纹是指垂直于切削刀刃的裂纹,它是频繁的温度变化(温度变化负荷)产生的后果,属于典型的中断切削。持续交替出现的膨胀和收缩,会使材料产生疲劳。

5
与高速钢的直柄铣刀相比,全硬质合金的直柄铣刀的刚性更高,使用寿命更长,更适用于高切削速度加工和硬加工。

6
使用硬质合金可转位刀片能达到高切削速度,每个刀片都有多个刀刃可供使用。
铣刀盘的刀片位置可以安装不同的可转位刀片,该铣刀能够完成不同的加工,如粗铣和精铣。

7
- 刀片崩裂产生于刀片的机械超负荷时,引起的原因有:切削材料过脆、进给量过大或刀片安装的位置不恰当。
- 切削刃崩刃通常产生在高度耐磨而易碎的切削刃处,原因可能是切削力过大、温度差异大、铣刀安装的位置不恰当、切削楔角过小。
- 切削后面磨损是正常的磨损状态,无法避免,当铣刀的硬度只略高于切削材料的硬度时(例如,使用未涂层的HSS铣刀加工钢)会产生特别大的机械磨损。
- 缺口磨损是由于工件表层区过硬(例如,带有锻皮、铸造沙皮或氧化层的工件)所导致的。
- 刀瘤产生于对钢铁工件的加工过程中,工件材料碎屑焊在了刀具的切削刃上,可通过使用刀具涂层来减少刀瘤的产生。
- 梳状裂纹是温度频繁变化的后果,持续交替的膨胀和收缩导致材料产生疲劳。梳状裂纹垂直于切削刃。

8
铣刀根据切削材料分为 W 型(软)、N 型(中等)以及 H 型(硬且韧)。

铣刀		
用途组别	工件材料	刀具
N	普通硬度的钢和铸铁	
H	硬,高韧度或者短切屑材料	
W	软,短切屑材料	

不同的铣刀种类有不同的齿分布和切削角。W 型适用于软材料,如铝和铜;N 型适用于 $R_m < 1\ 000\ \text{N/mm}$ 的材料;H 型适用于高强度的材料。

9
粗铣选用带刀尖圆弧的刀片,精铣选用平行修光刃或者精铣宽刃。
带平行修光刃或者精铣宽刃的刀片有一个大的圆角,铣刀每一圈的进给量必须小于精铣刀倒角的宽度。

10
$$n = \frac{v_c}{\pi \cdot d} = \frac{160\ \text{m/min}}{\pi \cdot 0.25\ \text{m}} = 204\ \text{min}^{-1}$$

$$f = f_z \cdot z = 0.1\ \text{mm} \cdot 18 = 1.8\ \text{mm}$$

$$L = l + d + l_a + l_u$$
$$= 560\ \text{mm} + 250\ \text{mm} + 1.5\ \text{mm} + 1.5\ \text{mm} = 813\ \text{mm}$$

$$t_h = \frac{L \cdot i}{n \cdot f} = \frac{813\ \text{mm} \cdot 1}{204\ \text{min}^{-1} \cdot 1.8\ \text{mm}} = 2.2\ \text{min}$$

● 铣削方法

1
顺铣时直柄铣刀因为工件力的方向而产生偏离,轮廓铣削时选用顺铣会导致直柄铣刀和薄壁工件的形变,由此出现形状和尺寸偏差。

2
45°主偏角的铣刀有一个相对大的切削前角,对铣床的驱动功率要求不高。宽齿距的铣刀中切削力受限制的刀刃少,当机床稳定性不强、功率较小或者工件伸出的部分过长时应采用宽齿距的铣刀。

3
平面铣削时铣刀的直径应该是铣削宽度的 1.2~1.5 倍,这样能保证切削刃在切入工件时不会崩刃并且退刀时不因压力骤减而出现刀片断裂的情况,因此加工 80 mm 宽的表面应采用直径为 96~120 mm 的铣刀。

4
铣刀盘偏离中心位置能避免出现震动,因为铣刀产生挤压力的方向一致。铣床或者刀具的刚性不足时,铣刀处于中心位置会因为切削力的交替而产生震动。

5
圆周平面铣削时铣刀轴与加工工件表面平行,端面平面铣削时则是垂直的。
端面平面铣削时主要通过铣刀的主刀刃切削材料,副刀刃则对铣过的表面进行修整。

6
顺铣时刀具的切削运动和工件进给运动的方向一致,逆铣时则相反。

7
端面平面铣削比圆周平面铣削的单位切削体积更大,原因有:
- 能多齿同时工作。
- 刀具的高刚性可以传达更大的力。
- 采用了可转位刀片,可以达到更高的切削速度。

8
根据加工表面分为平面铣削、圆周铣削、直角面铣削、成形铣削和形状铣削;根据铣刀轴的位置分为圆周铣削和端面铣削;根据进给方向分为顺铣和逆铣。

9

圆周铣削时切屑呈逗号状,端面铣削时切屑呈镰刀状,各个碎屑厚度稍有不同。由于碎屑厚度均匀以及多个铣刀齿同时进行切削,所以端面铣削比圆周铣削更经济。

10

端面铣削有如下优点:
- 顺铣和逆铣时通过多个铣刀齿同时进行铣削,震荡小,安静。
- 刀具刚性更好。
- 中等切屑厚度,单位切削体积更大。
- 更易使用可转位刀片。

11

顺铣时工件和铣刀互相挤压(见下图),铣刀齿切入工件时切削厚度和切削力最大,在形成逗号状的切屑时,切削厚度降低,切削力减小,由此达到较好的表面光洁度。

逆铣时切削厚度和切削力在形成逗号状切屑时达到最大,工件将被拉起,铣刀齿切入工件时,将其后切削面引向工件表面,由此产生了大的后切削面磨损。

逆铣只有当工件材料过硬并且表面有硬皮时才具有优点;顺铣时必须要保证工作台没有活动间隙,并且要防止工件被拉起。

12

成形铣削(也被称为轮廓铣削、形状铣削或仿形铣削)通过铣刀或者钻头加工出复杂的外部形状和型腔。

可以使用如球形带柄铣刀或者装有圆形可转位刀片的直柄铣刀作为铣加工刀具,这样能实现所有进给方向的铣加工。

● 高速铣削(HSC-铣削)

1

干切削时刀具产生高温,因此切削材料要有好的温度稳定性(热硬度)和高耐磨强度。适合干车削的切削材料有:带 TiCN 涂层的硬质合金(HC)、切削陶瓷(CC)、氮化硼(CBN)和多晶金刚石(PKD)。

2

高速铣削(High Speed Cutting,HSC)与传统普通的铣削相比,采取的切削速度更高。

高速铣削有以下优点:
- 单位时间切削量大(成形、仿形加工等)。
- 生产的工件表面光洁度高(生产精密的零件、注塑成形等)。
- 切削力小(加工薄壁工件)。
- 生产精密零件能获得优良的尺寸精度和形状精度。
- 不需要使用冷却润滑剂。

3

高速铣削时的切削速度应该高于普通铣削的 5~10 倍;更加显著的特点还有每齿进给量提高。带柄铣刀的径向切削速度为 a_e;轴向切削深度 a_p 在 0.2~5mm 的范围内。

4

选用万能铣床的原因如下:
- 调整和换装快速简单。
- 铣刀头可旋转。
- 有不同的工作台类型。
- 顶尖套筒可从铣削头伸出。

● 激光加工

1

激光加工是指通过复合光束去除和切割材料。激光光束是有能量的,激光 LASER 是 stimulated emission of radiation 的缩写,直译为通过活跃的光束放射使光线加强。

2

激光加工有以下优点:
- 几乎可以加工所有材料,如塑料、钢铁、硬质合金、非铁合金、石墨、陶瓷和玻璃。
- 通过最小直径为 0.04 mm 的激光光束可加工出更为精密的轮廓。
- 没有直接接触,所以激光加工是不会产生磨损的加工方法。
- 对刀具和工件表面的温度影响小。

3.7.9 磨削

● 磨料、影响磨削过程的因素、磨削方法、磨床

1

可以达到的表面粗糙度 R_z 为 8~1.5 μm。

2

黏合剂的作用在于,将单独的磨料颗粒黏合在一个砂轮中并实现固定。

3

陶瓷黏合剂的砂轮有气孔空腔,具有良好的可调整性。成形砂轮通过修整达到所需的形状。

4

砂轮的硬度是指阻止砂轮颗粒脱落的黏合剂阻力。砂轮硬度使用字母 A(特软)至字母 Z(特硬)表示。

5

砂轮的磨损是由于磨料颗粒破裂和脱落造成的。软砂轮比硬砂轮的磨损更严重,因为软砂轮的颗粒更容易脱落。

6

硬质材料磨削时,磨料颗粒破裂比软材料磨削时更为严重,更需要及时将钝的磨料颗粒排出砂轮结构,以保证新的磨料颗粒投入使用(自锐性),而软砂轮的磨料更容易脱落。对软质材料磨削会产生厚的切屑,则需要大的磨粒保持力,因此需要较硬的砂轮。

7

开放气孔砂轮的特殊结构形成了储屑空间并可以提供冷却,因此特别适合大接触长度的加工,如磨孔和深度磨削。

8

通过修整可以实现砂轮整形和锐化。使用钢棍、磨石或者金刚石修整砂轮。

9

检测和夹紧砂轮时要遵守以下安全防护措施:
- 通过声音测试直接检测砂轮是否有裂纹。
- 必须保证砂轮能在轴上轻易转动。
- 必须保证法兰的最小直径。
- 法兰和砂轮之间必须要有中间垫圈。
- 在砂轮转之前需要平衡砂轮。
- 每个夹紧的新砂轮必须以最高转速试运行 5 分钟。

10
过高的磨削温度会导致工件尺寸偏差,不断地膨胀和收缩会导致工件出现裂纹。工件表面温度过高会产生构造变化,导致表面硬度降低。可以通过减小进给量、减少接触长度、减小速度比例并采用较软的砂轮和冷却来降低工件表面的温度。

11
逐段切入式磨削单位切削体积大,经济性能更好。采用逐段切入式磨削后,采用纵向磨削零进给平整工件。

12
磨削的优点:对硬质材料有良好的可加工性;形状精度和尺寸精度高;表面光洁度好。磨削的尺寸偏差位于IT5～IT6之间,表面光洁度为 $R_z = 1 \sim 3~\mu m$。

13
白刚玉适合磨削坚韧的硬质钢。白刚玉和普通金刚玉是最普遍的磨料。

14
磨削是采用几何形状不确定的切削刃的切削方法。通过磨粒的不同形状和位置产生不同大小、通常为负的切削前角。

15
可以采用碳化硅和金刚石来加工硬质合金材料。由于硬质合金的硬度,不可以采用普通的金刚玉加工。

16
颗粒耗损和脱落会导致微量磨损;颗粒破裂和脱裂会导致大量磨损(见下图)。

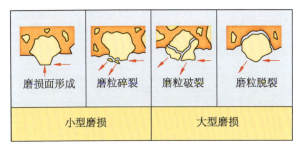

由于颗粒的破裂脱落,砂轮会形成新的切削刃(砂轮的自锐性)。

17
砂轮的磨料粒度是指磨料颗粒的大小。表面光洁度和磨削时间取决于所选的磨料粒度大小。

18
粒度将通过数字进行表示,数字代表颗粒在每25.4 mm(一英尺)单位内通过筛孔的颗粒数与筛孔数相符合。金刚石和氮化硼的粒度大小用 μm 表示。

19
进给量越大,进给速度越快,砂轮的组织结构必须越开放。储屑室必须要足够大,以保证能容纳工具在整个接触长度上产生的碎屑,并及时排放出去。

20
主要使用的黏合剂有陶瓷黏合剂(V)、人工树脂黏合剂(B)、金属黏合剂(M)、电镀黏合剂(G)、橡胶黏合剂(R)。所使用黏合剂的种类和量将影响砂轮颗粒的硬度和砂轮使用场合。

21
根据进给方向将磨削分为纵向磨削和横向磨削;根据加工表面分为圆周磨削和侧边磨削;根据产生表面的位置和形状分为平面磨削、圆形磨削、形状磨削和成形磨削。也可以根据切削速度分为高速磨削和普通磨削;根据进给的方向分为循环磨削和深度磨削。

22
砂轮的硬度通过字母A～Z表示。硬度等级A～D的砂轮特软;E～G很软;H～K软;L～O软度中等;P～S硬;T～W很硬;X～Z特硬。

23
在粗磨时,纵向进给 f 应该调至砂轮宽度的2/3～3/4;在精磨时,调至1/4～1/3。在粗磨时,进给量 a 为0.01～0.04 mm,精磨时为0.005～0.01 mm。在精磨的最后阶段应该在零进给量的情况下再进行一两次磨削。

24
弹性垫圈可以平衡砂轮的不平整,使法兰受力均匀。

25
确定的设置参数包括:
- 砂轮的圆周切削速度 v_s(加工切削速度)。
- 进给速度 v_f。
- 进给量 f(横向或者纵向进给)。
- 进给深度 a_e。

26
使用CNC数控磨床可以仅使用一种形状的砂轮,通过路径控制加工出不同形状的工件(见下图)。使用金刚石修整器对砂轮进行轮廓控制,修幣成形。

3.7.10 拉削

1
借助拉削这种加工方法可以加工带有复杂的内部和外部形状的工件。拉削要求特殊的模具结构以及昂贵的拉削刀具,拉削刀具只能用于当下工件的生产以及用于相应的拉削机床。使用拉削进行小批量生产时,它的经济性能取决于该加工工件所要求的形状和精度。

2
- 可将拉刀(见右图)从工件的一旁挤压或者从工件预留的空隙挤压(压力拉削)。
- 冲头(见右图)用于工件内部轮廓的空间拉深。
- 可将工件从固定拉板拉过去以完成它的外部轮廓(链形拉削)。

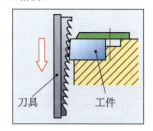

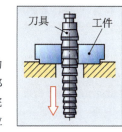

3
拉削由多齿刀具完成,所要求的尺寸-形状精度以及表面光洁度都是通过刀具齿的各个结构部分完成的。拉削的加工任务只需要拉削刀具一次走刀即可完成。

4
卧式拉床应用于长及大体积的工件,因此也相应地需要大的空间位置。为了使机床长度短于所需刀具的长度,可以分段使用拉刀,相应地也需要数字控制的拉床。

5
拉刀的备用齿保证即使拉刀有一定程度的磨损也能继续使用。拉刀磨损以后可以对备用齿进行刃磨,至所需的形状和尺寸。此时备用齿就可以承担拉刀齿的工作,完成对工件的加工。

3.7.11　精加工

● **珩磨和研磨**

1

尺寸精度和表面粗糙度会影响连杆的磨合时间、滑动行径、气密性和耗油量。表面粗糙度大,尺寸精度低,会产生大的磨损,耗油量高,效率低;表面粗糙度过高,会产生润滑油膜破裂以及连杆撕裂。

2

精加工需要满足下列要求:
- 滑动面和密封面需要大的承重比率。
- 小的表面粗糙度用以提高承重比率和耐磨强度。
- 高的尺寸-形状参数和位置精度。
- 减小由于加工压力和热量导致的工件边缘损坏。

3

刀具同时旋转和轴向运动,通过圆周速度和轴向速度确定槽纹的角度。

4

加大珩磨长度,保证珩磨石能上下各超过孔长度的一半。加工圆柱孔时,加大珩磨长度,保证珩磨石超过孔的 1/3。

5

挤压力越大,材料磨损和颗粒碎裂也越大。

6

研磨盘的表面光洁度决定所加工工件的表面光洁度,弯曲的研磨盘会加工出弯曲的研磨表面。

7

珩磨是用珩磨条上胶粘的颗粒持续接触加工表面的精加工,轴向进给和圆弧运动同时进行。珩磨的显著特点是加工表面呈现出带角度的网纹。

8

可以分为长程珩磨和短程珩磨。短程珩磨也被称为快速珩磨。

9

珩磨条横向在工件的表面振动,以 $10\sim40\ N/cm^2$ 的压强压向旋转的工件。通过短暂且快的冲程将克服粗糙和波浪纹路。

10

珩磨通常会使用到金刚石和氮化硼,粒度规格为 $20\sim100\ \mu m$。磨料颗粒必须保证珩磨所需挤压力较小时也能自动碎裂脱落,以保持珩磨条的自锐性。

11

短程珩磨主要用于加工圆柱外表面。例如,杆的主颈轴。短程珩磨也可以加工滚动轴承的滚动面。

12

过小的表面粗糙度会导致润滑剂不能良好地附着于工件表面,不利于润滑。加工题中所述表面通常只要求中等的表面粗糙度,R_z 为 $1\sim4\ \mu m$。

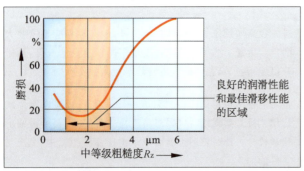

13

- 珩磨时使用复合磨料,其产生的加工表面为网纹交叉型纹路,有良好的驻油性。
- 研磨是使无数松散的颗粒在研磨盘和工件之间滚动,通过磨料颗粒的滚动效应磨除工件表面,所产生的表面无须调整且具有准确的尺寸和表面精度。

14

研磨是一种精加工,使用非黏结在一起的颗粒和研磨盘进行加工。磨料颗粒在研磨盘和工件之间滚动并且留下凹形深度。

15

通常会将碳化硅、天然刚玉、氮化硼和金刚石作为磨料,颗粒大小在 $5\sim100\ \mu m$ 之间。磨料与水、油或者泥膏混合应用于研磨。

16

磨料颗粒越小则表面粗糙度越小,材料去除越少。加大压紧力能提高材料去除和颗粒磨损,研磨速度越快则材料去除越多。

17

平面平行研磨是指两个平行工件在两个研磨盘之间进行加工。典型的加工工件为距离垫圈、密封圈和平行垫块。

18

为了恢复平整度必须校准和修整研磨盘。对于呈现拱形的研磨盘,需要将调整环按每级 2.5 mm 向内调整,直至达到表面平整度为止。对于凹形的研磨盘,必须将调整环向外调节。

3.7.12　电火花蚀除

● **电火花沉入和切割**

1

电火花蚀除可以加工所有金属材料,最主要的是应用于淬火的钢和硬质合金材料。

2

沉入切割有以下优点:
- 可以加工所有导电的和任何硬度的材料。例如,经过淬火的钢和硬质合金。
- 可以加工铣削难以加工的空心形状、沉孔以及模具落料的模孔。

3

发电机上设置的尺寸参数决定工件的形状和尺寸精度,主要由电流和脉冲持续时间控制。

随着电流强度的增大和脉冲持续时间的增加,所切割的材料也就越多,此时适于粗电火花加工。

电流强度越小,脉冲间隔比例中的脉冲持续时间越短,则工件的尺寸精度、形状精度和表面精度也越高,此时适于精电火花加工。

4

石墨、铜、钨-铜以及铜-锌合金可以作为电极材料使用于电火花沉入。线切割将使用到黄铜线切割工件。电极材料必须具备导电性,具有高熔点和低电阻。

5

电火花沉入切割将通过成形的电极加深和切割工件。线切割法利用线性电极切割工件。

6

通过使用数字控制,可以利用简单的电极形状加工出复杂的工件形状。

3.7.13 机床的工装和夹具

1

使用工装加工的优点有：
- 缩短加工时间，特别是准备时间（画线）、加工和检测时间，因此更经济。
- 提高重复精度。
- 提供复杂形状工件的加工方法。

2

机床夹具有以下要求：
- 是安全稳固的夹紧工件。
- 夹紧时工件产生的形变要尽量小，重复精度高。
- 操作简单、快速和安全。
- 易更换，具多用途并可重复使用。
- 成本尽量小。

3

三点支撑可以保证工件在三点之中的任何一点处牢固固定。
需要注意三个点之间的位置，要保证工件的重心在三点形成的平面内。

4

夹紧时通过夹紧螺栓的倾斜度使工件在紧靠夹具的同时也压紧在工作台上，由此产生了向下的压紧力。

5

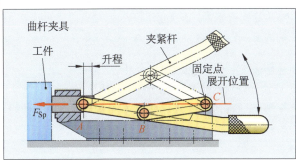

曲杆夹紧装置的固定点是支点 C。通过拉紧杆的运动使支点 B 向上、向下运动，支点 A 水平位移（见上图）。当支点 A、B、C 三点连成一线时，曲杆夹具可以达到最大的夹紧力。如果超过曲杆的延伸位置本身会产生制动。

6

自位支撑可与工件形状良好配合，并且不会造成工件形变，也不会损坏工件表面。

7

利用磁性夹紧装置可以快速、安全、不产生形变地夹紧工件，并且可以实现五面加工。磁性工件在夹紧之后必须要消磁。

8

加工工件时恒磁夹板不通电也不会发热，因此不会产生因为工件或者夹具热膨胀而产生的尺寸和形状误差。夹紧力将通过电极的磁化均匀分布，通过消磁而终止。

9

液压夹具有以下优点：
- 所占面积小、夹紧力均匀且大、固定性强。
- 应用范围广。
- 可快速形成夹紧力。
- 可调节压紧力。

10

可以以相同夹紧力夹紧所有工件，可以通过机床控制系统调节和监控夹紧力。

11

当夹紧点必须位于放入与取出工件以外的其他位置时。

12

组合式夹具特别适用于小批量或者单个工件的生产，因为它可以根据工件形状配合安装。

13

能保证工件在一个准确的位置上重复安装。除了用于在机床上加工之外，也可以用作检测工件和装配的辅助工具。

14

分为夹紧螺母、夹紧垫和夹紧压板、平面夹具、曲杆和偏心夹具以及虎钳。

15

组合夹具分为槽式系统和孔式系统。
孔式系统将夹紧件夹紧在指定位置，槽式系统可以将夹紧件在两个方向夹紧。

16

通过阶梯桥和螺栓调节。
阶梯桥通过不同的阶梯来平衡高度，螺栓可以无阶梯地调节。

3.7.14 夹板的加工举例

1

16MnCr5 是一种对中心进行了调质处理、有着高强度和韧度的合金硬化钢，能保证在高压力时接触面硬度足够高。紧固螺栓必须有这样的特性，以在夹紧工件时螺钉能够承受变换的压力，螺钉头能承受表面压力。

2

加工计划包含单个的加工工序和所需要的刀具、夹具和机床。另外，还包含订单编号、工件的名称、加工的数量、加工期限等信息。在完成每一步加工步骤之后都要进行标记，并标注其所用的时间。

3

工作计划		加工者：
订单编号：XYZ		日期：
名称：紧固螺栓		批量：10
材料和毛坯形状：		
六角 DIN 176-16MncCr5-20		
质量：0.2 kg		
测量尺寸：72 mm×20 mm		交货日期：

编号	工序	刀具
10	车外圆至 11.8mm	车刀
20	倒角 45°	车刀
30	攻螺纹	板牙 M12
40	切断	切断刀
50	凸起部分圆弧化	车刀
60	调质和淬火	

4

必须具备以下能力：
- 为加工的工件选取合适的材料。
- 选择合理的加工方法。
- 选择夹具和夹紧元件。
- 选择所需的刀具和机床。

5

液压夹具中的液压软管会经常松开,所以液压夹具的软管和连接管之间需要一个快速离合装置。这个快速离合装置在软管松开时封锁住连接管,以避免液压油溢出,防止空气进入液压装置。

6

铣加工时所设置的转速 n 和铣刀每齿的进给量 f_z 主要取决于铣刀的种类和铣刀直径;其次,工件的材料和加工条件(例如,粗铣时困难的加工条件或精铣时简单的加工条件)也会对其产生影响。二者之间的具体关系可以查阅简明机械手册。最优化的铣加工过程中,刀具的使用寿命和刀具磨损以及工件所要求的表面光洁度也会产生一定的影响。

7

节约加工成本的措施有以下几种:
- 选择合适的加工原材料,如加工完成的原材料。
- 使用功率更大的机床,如大驱动功率或者 CNC 控制机床。
- 选择合理的加工夹具,如可以同时夹紧多个工件的夹具。
- 对加工订单进行分类,如一定表面硬度的订单或特殊公司的订单。

3.8 连接

3.8.1 连接方法(概览)

1

形状配合连接有键槽连接、花键轴连接、销钉连接、螺栓连接及铆接。

2

力连接时,将通过由各个零部件挤压而产生的摩擦力传递力和扭矩。

3

螺栓连接、夹紧连接、锥形连接、单片离合器连接均属于力连接。

4

在材料连接时将通过材料间的黏合性和黏附力实现力和扭矩的传递。例如,连接两个件的转向轴叉的扭矩将通过焊接缝传递到蜗杆处(见右图)。

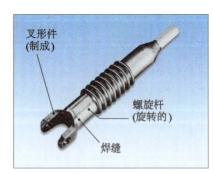

3.8.2 压接式连接和卡接式连接

1

应该注意以下操作规则:
- 注意规定的加工温度。
- 必须均匀加热大件和小件零件。
- 加热之前拆除热敏感零件(如密封件)。

2

当外部零件因其大小、形状或连接不允许加热时采取冷却式压接式连接。

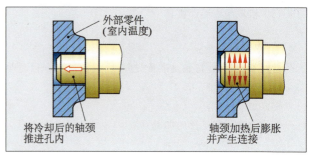

3

将机油注入孔内预先加工出的环形槽和配合面,零件将产生弹性形变并可以借助小的力而产生移动。液压方法主要应用于大型滚动轴承的装配和拆卸。

4

不可拆卸卡接式连接两端的连接件都是平面,因此连接之后不可拆。可拆卸卡接式连接的拆卸方向上至少有一个零件随着力的消耗可以拆除。

3.8.3 胶粘

1

和金属材料相比,胶粘材料的稳定性不强,因此需要大接合面作为补偿。胶粘重叠的长度必须是板厚的 5~10 倍。

2

对胶粘表面需要做细砂喷砂或纱布打磨等机械预处理,并要去油和干燥。也可以用酸洗这种化学预处理方法来代替机械性预处理。通过化学预处理,可以清洁和打毛工件的表面。

3

胶粘的强度主要由以下因素决定:
- 胶粘材料的种类(聚结力)。
- 胶粘表面的预加工处理(胶粘材料与结合表面的附着力)。

4

胶粘特别适用于经过热处理的轻金属或者钢材,同时也适用于层压材料、塑料及摩擦涂层。

3.8.4 钎焊

1

钎焊是一种利用材料接合型接合方法或借助融化的附加材料将钎料和零件连接的涂层方法。钎料浸湿材料母材,在钎料和母材之间出现合金结构。

2

焊缝必须紧密或密封,或者对热量和电流有传导作用。对于构件而言,连接的紧密度非常重要;容器件而言,密封性很重要;对于电子件而言,电的传导性很重要。

3

工件表面的最低温度即是钎料的工作温度,在该温度下钎料浸湿、流动,并和工件材料结合形成一种合金。

4

根据工作温度来区分软钎焊和硬钎焊,软钎焊温度低于 450℃,硬钎焊温度高于 450℃。软钎焊的概念主要是源于所使用的锡-铅钎料的强度很低。

5

钎料的作用是溶解钎焊处的氧化物并防止新的氧化物产生。也可以使用保护气体或者真空环境来替代液体用以防止氧化物的产生。

参考答案

6

钎料的残留物可能会导致腐蚀。根据钎料的种类,可以采用热水、溶剂或者机械的方法对其进行清除,不会产生腐蚀影响的钎料可以保留在钎焊点。

7

是指锡-铅-铜软钎料,其中含锡50%、铅49%、铜1%。

8

如果两个焊接面间距小于 0.25 mm(特殊情况小于 0.5),则称之为钎焊间隙;如果大于 0.5,则称之为钎焊焊缝(见下图)。

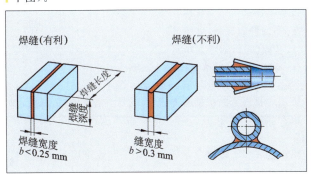

中间空间的宽度对于钎料进入缝隙尤为重要。如可能最好是钎焊间隙,这样能使两个面之间形成的附着力和焊接力大于液体钎料的聚合力。

3.8.5 焊接

● 手工电弧焊

1

适用于电弧焊的电源装置有电焊发电机、电焊变压发动机。电焊变压发动机产生交流电、电焊整流电和电焊转换直流电。除了以上装置以外,也有产生直流电或交流电的电焊电源。

2

注意电焊条的中心金属线材料的机械参数、化学成分、涂料类型和产量。

3

外层涂料在融化的时候会产生气体,可使电弧更稳定并屏蔽液体,使材料过渡段和熔池免受周围空气的干扰。融化的外层涂料以熔渣的形式流动于焊接位置的附近,避免其过快冷却。

4

可以采取将电焊条向偏吹相反的方向吹、改变电极夹子在工件上的位置、改变焊接方向、使用外涂层加厚的电焊条、使用交流电焊接等措施来降低偏吹效果。电弧越长,偏吹效果越明显,尤其是在工件边缘和极点周围。

5

电弧是由负极化的电焊条与正极化的工件短暂接触时点火引发的。开关触头分离时,触头间距很小,产生强电流。电焊条脱离工件时,二者之间产生空气间隙形成电弧。

6

电焊条由焊条芯和焊条外层涂料组成。
焊条芯在焊接时形成焊缝,外层的涂料在融化之后变成气体,该气体具有稳定电弧、屏蔽液态材料过渡段、使熔池免受周围空气干扰的作用。

7

焊缝较大时应该采用多层焊接。焊层之间的焊渣必须要完全清除干净。

● 气体保护焊

1

气体保护焊是通过保护气体使电弧和熔池免受外界环境的干扰。采取这种方法时,可以使用未包裹外层涂料的电焊条作为附加材料。

2

交流电通常用于轻金属材料焊接,直流电用于对合金金属、有色金属和其合金的焊接。
在交流电电流的正半波区,电子从工件流向钨电极,并在这个过程中使轻金属高熔点的氧化层产生断裂。

3

WIG 电弧将在未熔化的钨电焊条与工件之间燃烧,而 MIG 和 MAG 电弧则是在熔化的电焊条和工件之间燃烧。所有的气体保护焊都会通过保护气体将电弧和熔池与外部的环境进行隔绝。

4

等离子焊接适用于厚板材,通过高能量密度的等离子射束可以在加或不加附加材料的情况下完成焊接。

5

气体通过一个钨电焊条的电弧等离子气焊嘴加热至等离子化。

● 气体熔化焊

1

应在气瓶的工作压力表上调节出以下压力值:
- 氧气瓶 2.5 bar。
- 乙炔瓶 0.25～0.5 bar。

气瓶内部压力表会指示气瓶的压力值。通过减压阀将气瓶内的气体降至所需要的工作压力。

2

向左焊接法通常应用于厚度小于 3 mm 的板材,向右焊接法可应用于厚度大于 3 mm 的板材。向左焊接法中熔池在最高温度区域之外。

3

应该遵守以下规则:
- 防止气瓶倾倒,防止气瓶受到撞击以及加热。
- 气瓶只有在卸下减压阀并正确安装的情况下才能进行运输。
- 氧气瓶的手柄必须隔离油污。

4

乙炔氧气火焰主要应用于管路制造,也可用于加热,如用于钎焊、折弯、矫正、硬化、气割及火焰喷涂中。

5

正常调节火焰时乙炔气和氧气的混合比例为 1∶1。
1∶1 混合比例的情况下火焰的燃烧不完全。若要乙炔气完全燃烧需要的氧气是其 2.5 倍(第一燃烧等级)。达到完全燃烧阶段,氧气会从周围的空气中抽取(第二燃烧等级)。

● 射束焊接、压焊、焊接连接的检验

1

激光射束焊接有以下优点:
- 几乎可用于所有的材料和材料组合。
- 高进给速度。
- 焊缝小。
- 产生的扭曲变形小。
- 高自动化。

2

组合在一起的强烈激光射束有着高能量密度,能快速融化材料。

3

激光射束焊接所产生的光束会导致生物损伤,如灼伤眼睛、皮肤,有致癌的危险。因此工厂必须为激光射束焊接和电弧焊接配备特殊的防护服。

4

将两块重叠放置的板材使用带水冷却铜电极点状地压接在一起。电极的高电流通过板材到另一端电极。高电流阻力在板材的挤压点产生了短的电弧,构成透镜形的焊接点。

5

工件必须是圆柱形(见下图)。

6

通过弯曲试验可以确定焊缝处有未熔合缺陷和夹渣。在虎钳或者在压床弯曲工件,焊缝在拉应力区。

7

无损焊缝检测方法有颜色渗入检测法、磁粉检测法、超声波检测法和 X 光检测法以及 γ 射线检测法。

8

焊接方法→主要类别
 a) 手工电弧焊→电弧焊接
 b) MIG 焊接→电弧焊接
 c) MAG 焊接→电弧焊接
 d) WIG 焊接→电弧焊接
 e) 等离子焊接→电弧焊接
 f) 氧乙炔焊接→气体熔化焊
 g) 激光射束焊接→射束焊接
 h) 点焊→压力焊接
 i) 摩擦焊接→压力焊接

9

点焊、凸焊、滚焊及闪光对焊属于电阻压力焊接。电阻压力焊接时必须对焊接机的参数、时间、材料的压力及焊接点进行测量。

3.9 生成加工方法

1

将无形状的材料(粉末材料或者半流动性材料)根据已有的 3D-设置参数,一层层地加工成零件。

2

Rapid Prototyping 是指快速成形。

3

聚合作用是借助模制品的激光光束一层层地将液体和可固化的树脂聚合,从而加工工件。

4

选择性熔化是指熔化可强化性粉末,一层层地加工出模制品。

5

目前生成加工的主要加工领域是模型零件(快速成形)。其次是应用于特殊工具(高速工具)的零件和形状复杂的单个医用零件(植入件),以及航空航天领域使用的零件。

3.10 涂层

1

通过磷化处理可以使钢材料产生一个用于涂层的附着面。

2

静粉末涂层有以下优点:
- 不会释放溶剂,更环保。
- 多面涂层,附着力好。
- 喷漆粉末可以重复使用。

3

镀层焊接用于涂覆抗磨损涂层,或者对磨损的零件进行维修和翻新。

4

电镀优先用于镀镍或者镀铬。镀镍和镀铬用于装饰零件或提高零件的抗磨损性能。

5

等离子喷涂可以形成带磨损和滑动性能的金属和陶瓷涂层。可以在涂层磨损后再次喷涂。

6

CVD 主要用于刀具和可转位刀片涂层。表层将使用成分为氧化钛、氮化钛和铝氧化物的硬质材料涂层。
显微镜和视觉眼镜会使用到金属和金属氧化物进行 CVD 涂层处理。

7

涂层有以下作用:
- 防腐蚀。
- 为接下来的加工做准备。
- 避免磨损。
- 优化外观。
- 屏蔽电磁场干扰。

8

静电粉末涂层通过静电吸力将细雾状的粉末均匀地涂在工件的所有面上,相比喷漆,静电粉末涂层在角落和棱边更厚。

3.11 加工企业与环境保护

1

避免—减少—重复利用—清理。
在使用和处理有害物质时应该遵守以下环境保护原则:
- 尽量避免有害物质。
- 如果可能,尽量减少使用有害物质。
- 如果无法避免使用了有害物质也应该尽可能对其重复使用。
- 使用过的有害物质应该按照要求进行专业处理。

2

抽吸和沉淀冷却润滑剂喷雾。
- 清理加工切屑并脱油,脱油处理过的切屑可以重复使用,分离出来的冷却润滑剂需要进行再处理。
- 使用过的冷却润滑剂需要进行清洁并重复使用,油泥要进行特别处理。

3

对环境有害的物质有使用过的油、排油和清洁之后残留的残渣和清洁剂、金属渗碳盐、过滤器的残渣、冷却润滑剂的油泥、油漆沉渣。

4

来自焊接车间的废气中含重金属细微颗粒,如铅和镉。来自淬火车间的废气中含酸和有毒盐类的蒸汽和雾气。应将有害物质从抽出的气体中进行沉淀并做专业处理,避免对环境造成污染。

5

金属加工企业的排水需要依次进行以下的专业处理(见下图):
- 大体沉淀澄清。
- 分理出油质残渣。
- 对酸和碱进行中和,对盐进行去毒处理。
- 沉淀并分离沉淀物质。
- 对剩下的物质进行去毒处理。

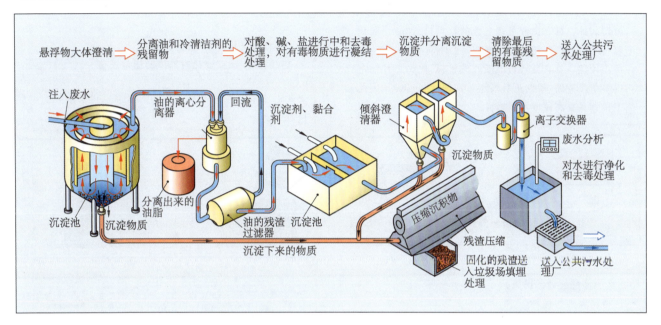

6

粉末喷漆是将粉末状的塑料微粒借助静电喷覆在工件表面,最后送入烘焙炉,粉末熔化并硬化,不需要溶剂。喷漆是喷射含有溶剂的漆,会对环境造成损害。

4 材料工程

4.1 材料与辅助材料概览
4.2 材料的特性及选择

1
- 轻金属:钛、镁、铝。
- 重金属:铜、铁、锌和铅。

注:轻金属密度小于 5 kg/dm³,重金属密度大于 5 kg/dm³。

2

塑料的广泛用途以如下特性为基础:
- 密度低。
- 绝缘性好,导热性低。
- 种类繁多,从胶状到形状稳定且坚硬,均可购买到。
- 耐化学侵蚀。

3

铣刀由 HSS 组成。高速钢在 560°以下能保持高硬度和耐磨性,适用于切削材料。被加工的工件由铸铁材料组成。理由:几何形状复杂的组件由铸铁材料加工而成。

4

a) 根据公式 $\rho=\dfrac{m}{V}$ 计算材料密度:

$$\rho=\dfrac{6.48 \text{ kg}}{2.4 \text{ dm}^3}=2.7 \text{ kg/dm}^3$$

b) 该材料可能是铝,因为铝的密度为 2.7 kg/dm³。

5

轻微弯曲时,钢棒完全回弹至初始形状,属于纯弹性变形。强烈弯曲时,钢棒没有完全回弹,仅有部分回弹至初始形状。变形部分长时间保持弯曲状态,属于部分塑性变形。该混合性特性称为弹性-塑性变形。

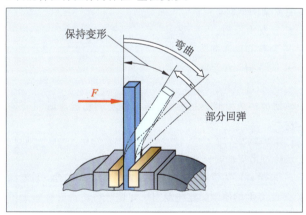

6
- 屈服强度 R_e:拉长变形开始前直接作用到材料上的拉应力,属于材料尚未出现塑性变形时所承载的拉应力。屈服强度 R_e 的单位是 N/mm²,比如,R_e = 285 N/mm²。
- 抗拉强度 R_m:材料所能承受的最大拉应力。拉应力的单位为 N/mm²,比如,R_m = 520 N/mm²。

屈服强度和抗拉强度均为能够判断材料负荷能力的参数,用于计算工件与组件的尺寸。

7
- 可成形性。具有良好可成形性的材料,比如低碳钢,适用于弯曲成形(如下图)。

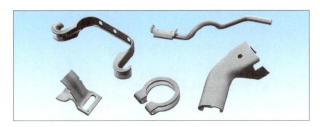

- 可切削性。具有良好可切削性的材料,比如易切削钢,硫/铅含量较高,切削时出现较短的断屑。
- 可淬硬性。具有良好可淬硬性的材料,比如工具钢,经过多个步骤后,根据工具模型可淬硬(如下图)。因此,工具钢具有高硬度和耐磨性。

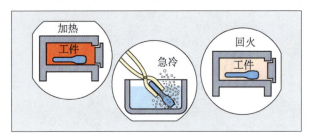

8
防止金属零件腐蚀的措施:
- 选择耐腐蚀的材料。
- 使用防腐蚀保护涂漆或者保护层。

9
材料的主要类别包括:金属、非金属和复合材料。
- 金属,如铁、铜、铝。
- 非金属,如塑料、陶瓷、玻璃。
- 复合材料,如硬质合金、砂轮。

10
主要辅助材料有:
- 冷却润滑剂。
- 磨料和抛光剂。
- 清洁剂和焊接辅助材料。
- 涂层材料和燃料。

辅助材料是指制造材料、加工工件及驱动机床时需要的材料。

11
选择特定零件的材料时应遵循以下原则:
- 遵循材料的机械-工艺性能、物理性能和化学-工艺性能方面的原则。这些原则决定该材料是否能够满足零件功能和技术要求。
- 遵循加工技术方面的原则。这些原则决定工件能否通过规定的加工方法生产。
- 遵循从经济性考虑的原则。例如,考虑材料价格、加工费用、辅助材料费用与废物处理费用。
- 遵循环保原则。例如,无毒性,对环境无害的生产、加工与垃圾清理以及可循环使用性。

12
热线膨胀:$\Delta l = l_1 \cdot \alpha \cdot \Delta t$

抗拉强度:$R_m = \dfrac{F_m}{S_0}$

13
- 密度:材料密度 ρ 可以通过正方体的边长和质量进行理解。密度是描述材料质量的量。

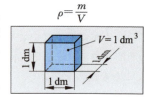

- 熔点:材料开始融化时的温度。
- 导电性:材料导通电流的能力。
- 热线膨胀:温度变化时物体的延伸长度。

14
主要工艺性能包括:可铸型性、可成形性、可切削性及可焊接性。

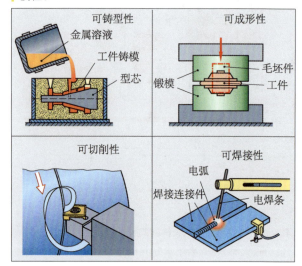

15
吸净废气,保持工作室通风良好。
如果可能的话,应使用无镉软焊料。

4.3 金属材料的内部结构

1
如下图所示,金属的结构组织包括材料的晶粒以及晶粒间的晶界。

2
如下图所示,原子范围内的金属由排列规则的金属原子组成。金属原子被周围的电子云紧紧固定住。

参考答案

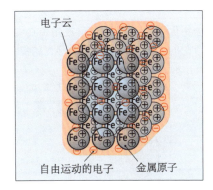

3
金属中的三种晶格类型包括：
- 体心立方晶格
- 面心立方晶格
- 密排六方晶格

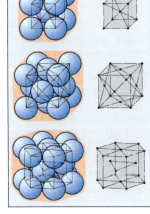

4
- 空位：晶格中的晶格位置未被占据。
- 错位：金属原子的整个位置发生位移或缺失。
- 外来原子：一种外来金属原子置入晶格位置或间隙。

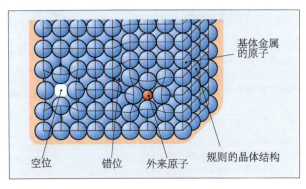

5
- 弹性变形时，金属原子仅从晶格位置轻微移动，作用力消失后金属原子再回到初始位置。
- 塑性变形时，金属原子的位置受较大作用力的影响位移到另一个稳定排列。该作用力消失后，该排列保持不变。物体出现塑性变形。

6
金属溶液凝固时形成金属的结构组织。首先，溶液中很多位置上的单个金属原子形成晶核，晶核继续生长结出晶体，直至溶液完全凝固。晶体相互碰撞形成的边缘层为晶界。

7
通过特殊技术——金相学可以看到金属的结构组织。将研究材料样品一面磨光，然后将该面抛光，之后用合适的腐蚀剂腐蚀抛光面。最后，在金属显微镜下可以观察到金属的结构组织（见本节题1图）。

8
- 纯金属有统一的（均质的）结构组织，强度相对较低。
- 合金形成统一的混合型晶体结构组织或者非统一的（不均匀的）晶体混合型结构组织。
- 相对于纯金属，合金的性能有所改善，强度较高，硬度增加，防腐性提高。

9
金属的微观结构称为晶体结构或晶体组织。金属由金属原子按一定规则排列组成，这种规则排列的原子组合称为结晶。

10
- 体心立方晶格：金属原子位于立方体中心。
- 面心立方晶格：金属原子位于立方体面中心。

第三种金属中经常出现的晶格是密排六方晶格，由正六棱柱体组成。

11
如图所示，混合型晶体合金是指结晶结构中由混合型晶体组成的合金。混合型晶体中合金元素的粒子均匀分布在基体金属的晶格中。

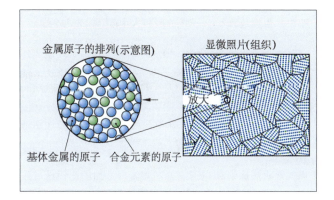

4.4 钢和铸铁

● 生铁、钢的冶炼和再加工

1
精炼是指生铁转变成钢的过程中降低碳含量，去除不需要的铁伴同物。例如，将氧气顶吹至液态生铁，实现精炼。

2
冶炼方法包括氧气顶吹法和电炉炼钢法。

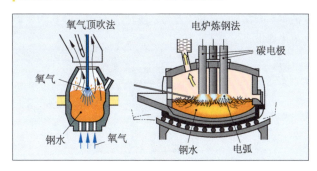

3

通过后处理可以提高钢的质量。钢的后处理方法有：脱氧、真空处理、吹洗气体处理和重熔法。

4

钢浇铸成锭之后，通过脱氧，整个钢锭的横截面结构稳定。通过脱氧（镇静）去除钢中的氧气，因此，其耐候性更强。

5

真空脱气钢很大程度上不受溶解气影响，延伸性和耐候性有所提高。相反，非脱气钢因含水量高、脆性大且易发生，耐候性差。

6

- 连铸形成的横截面比铸锭小，可以节省工序。
- 由于连铸时冷却速度快，钢结构更精细。
- "头部缩孔"引起的材料损失明显小于铸锭法。

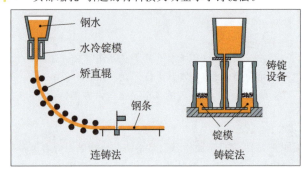

7

生铁炼钢过程中，生铁的含碳量大幅下降，大部分杂质被除去。生铁包含3%~5%的碳和大量硅、锰、硫与磷。

8

氧气顶吹法炼钢时通过8~12 bar的压力将纯氧气吹入转炉中的液态生铁（见本节题2图）。氧气完全燃烧铁熔液中铁的伴同物碳、磷和硫，这样便可以将生铁冶炼成钢。

9

电炉炼钢法可以冶炼所有种类的钢。电炉炼钢法特别适用于高熔点的钢，如不锈钢。

10

氧气顶吹法炼钢时，顶吹结束阶段额外添加的废钢铁可以冷却熔液。电炉炼钢法炼钢时，除了海绵铁和液态生铁，废钢铁也是炼钢的原材料。除此之外，循环利用废钢铁可以节省原材料和能源。

11

脱氧（镇静）是指铸锭或连铸之前向钢水中添加少量的硅或铝。这些元素可粘住钢水凝固时自由逸出的氧。脱氧钢的组织结构均匀一致，耐老化性提高。

12

通过真空抽吸可以除掉溶解的气体。如下图所示，容器中的钢水会在真空环境下重铸。同时，溶解的气体从钢水溶液中逸出。

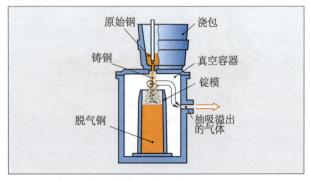

13

重熔法用于净化钢。如下图所示，原钢锭在锭模中熔炼。钢锭通过净化的炉渣滴下，凝固成纯净的钢锭。

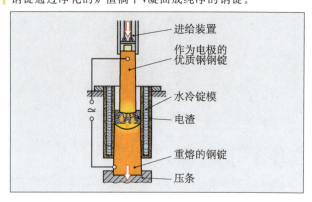

14

钢在锭模中浇铸成锭，在连铸设备中浇铸成条（见本节题6图）。钢锭和钢条可以作为继续加工钢的原材料，制成半成品。

15

热轧时，轧件在轧制过程中的变形抗力低于冷轧。

16

热轧时，每步轧制之后由于高温产生新的组织结构（再结晶）。冷轧时，组织结构变形并保持该状态。因此，冷轧的半成品由于组织结构变形会加固，而热轧的不会。

17

如下图所示，加工直径小于500 mm的管材，沿着钢带方向，通过钢带的连续滚轧变成槽管，然后焊接直槽缝。

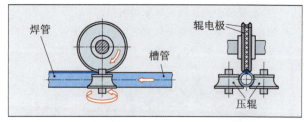

如下图所示，加工直径较大的管材，由宽钢带弯曲成纵向焊缝管或者螺旋线形焊缝，接着焊接缝。最后，打磨焊缝。

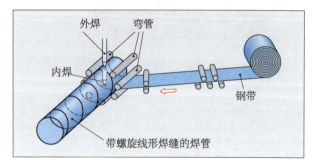

18

铬（Cr）、镍（Ni）、锰（Mn）、钒（V）、钴（Co）、钨（W）、钼（Mo）、铝（Al）。

● 钢的命名方法

1

根据用途划分的缩写名称由主符号和附加符号组成。主符号由代表钢类的字母（比如，S）和数字（比如，屈服强度的数值235）组成。附加符号包括字母和数字，用于表明性能和用途。如：

参考答案

1

```
        S235 JR
    ┌─────┴──────┐
  主符号      附加符号
```

S 表示钢结构用钢　　JR 表示+20℃时冲击功为 27J
235 表示最小屈服强度为 235N/mm²

2

合金元素含量<5%的合金钢,其缩写名称由下列各项组成:

- 碳含量的参数。
- 合金元素的符号。
- 与乘数相乘的合金元素含量。

例如,34CrMo4 是一种优质合金钢,碳含量为 34/100% = 0.34%,铬含量为 4/4% = 1%,钼含量未标明。

合金元素含量≥5%的合金钢,其缩写名称由以下各项组成:

- 字母 X。
- 碳含量的参数。
- 合金元素的符号。
- 百分比标示的合金元素含量。

例如,X37CrMoV5-1 是一种工具钢,碳含量为 37/100% = 0.37%,铬含量为 5%,钼含量为 1%,钒含量未标明。

3

- S355JR:钢结构用钢。
- 42CrMo4:合金元素含量<5%的合金钢。
- X30Cr13:合金元素含量≥5%的合金钢。

4

标准的材料名称可以准确无误且简洁地指出材料名。材料可以通过简称(缩写名称)或者材料代码命名。

5

非合金结构钢,最小屈服强度为 355 N/mm²,0℃时冲击功为 20J(J0)。

6

缩写名称为 S275JR。

7

缩写名称为 DD03T 的钢是一种用于冷成形的扁钢。DD 是指热轧过的扁钢,性能数值为 03,T 指用于管材。

8

C45R 是一种非合金钢,碳含量为 45/100% = 0.45%,硫含量已规定(R)。

9

这是一种非合金钢,碳含量为 36/100% = 0.36%,镍含量为 16/4% = 4%,铬和钼含量较低。

10

乘数 4 用于合金元素铬(Cr)、钴(Co)、锰(Mn)、镍(Ni)、硅(Si)和钨(W)。除了乘数 4 外,还有用于其他合金元素的乘数 10 和 100。

11

缩写名称由前置字母 X、碳含量的标示数字、合金元素的化学符号和用百分比标示的合金元素含量组成。例如,X5CrNiMo17-12-2 是一种高合金钢,其碳含量为 0.05%,铬含量为 17%,镍含量为 12%,钼含量为 2%。

12

缩写名称为 X50MnCrV20-14。含量较低的合金元素不需要写出百分数。

13

这是一种合金钢,碳含量为 38/100% = 0.38%,铬含量为 5%,钼含量为 1%,钒含量较低。

14

高速钢的缩写名称由标示字母 HS 和百分比标示的合金元素(书写顺序为 W、Mo、V、Co)组成。例如,高速钢 HS10-4-3-10,合金元素的含量分别为 10%钨、4%钼、3%钒和 10%钴。高速钢中的铬含量约为 4%,碳含量在 0.7%~1.4%之间。在缩写名称中不标明铬和碳含量。

15

根据 DIN EN:EN-GJL-300,旧的缩写名称:GG-30。

16

材料代码由一位数的材料主组别代码和 4 位数的材料类型代码(可能是 2 位数的附加数字)组成。例如,钢 S275J0 的材料代码为 1.0143。在该命名方法中,所有材料的标注通过数字表示。因此,特别适用于数据处理。

17

- 材料主组别钢和铸钢的代码是 1。
- 生铁和铸铁的代码是 0。
- 重金属及其合金的代码是 2。
- 轻金属及其合金的代码是 3。

18

钢的材料代码由 5 位数字组成。例如,钢 S235JR 的材料代码为 1.0038。相比过去材料代码并未改变。

19

- S235J0W:最小屈服强度为 235 N/mm² 的钢结构用钢,0℃时冲击功为 27J(J0),不受天气影响(W)。
- S460Q:最小屈服强度为 460N/mm² 的钢结构用钢,未提炼(Q)。
- E295:最小屈服强度为 295N/mm² 的机械制造用钢。
- DX51D:热轧或冷轧过的扁钢,用于冷成形(DX),代码为 51,适用于热浸镀层(D)。
- C45E:非合金钢,碳含量(45)为 45/100% = 0.45%,达到规定的最大硫含量(E)。
- 28Mn6:低合金钢,碳含量为 28/100% = 0.28%,锰含量为 6/4% = 1.5%。
- HS2-9-1-8:高速钢,合金元素的含量分别为 2%钨、9%钼、1%钒和 8%钴。

20

缩写名称 USt37-2、Ck60、GTS-45-06、X6CrMo17、S12-1-4-5 不再符合标准,但是经常出现在书籍和制造商目录中。

- USt37-2:普通的镇静浇铸结构钢,最小抗拉强度为 37·9.81 N/mm² = 362.97 N/mm²,舍去零数为 360 N/mm²,钢的质量等级组别为 2。
- Ck60:优质钢,磷含量和硫含量低,碳含量为 0.6%。
- GTS-45-06:黑心可锻铸铁,最小抗拉强度为 440 N/mm² (45·9.81 N/mm² = 441.45 N/mm²,舍去零数为 440 N/mm²),断裂延伸率为 6%。
- X6CrMo17:高合金钢,含碳量为 0.06%,铬含量为 17%,钼含量低。
- S12-1-4-5:高速钢,合金元素的含量分别为 12%钨、1%钼、4%钒和 5%钴。

21

铸铁材料的代码由 4 个字母和 4 位数的数字代码组成。例如，EN-JL1030 是一种片状石墨铸铁，数字代码为 1030（缩写名称为 EN-GJL-200）。过去，铸铁材料的代码由 5 位数的代码组成。

● 钢的分类、用途和商业形式

1

钢根据不同特征分类：
- 按照组成成分分为非合金钢、不锈钢和其他合金钢。
- 按照材质等级分为优质钢和普通钢。

2

优质钢的纯度更高，即铁的夹杂物（如磷、硫）、溶解氢和溶解氧含量较小。除此以外，优质钢的组成成分比普通钢更精确。上述两个条件使优质钢的特性值变化较小，特别是经过淬火和调质处理保证的硬度值与强度值。

3

分为四个主要材质等级：普通非合金钢和普通合金钢以及非合金优质钢和合金优质钢。

4

属于结构钢的钢组：非合金结构钢、适用于焊接的细晶粒结构钢、调质钢、易切削刚。
其他结构钢：渗碳钢、氮化钢、不锈钢、压力容器用钢、钢板。

5

钢制品的名称由标准代码、缩写符号或者尺寸和材料缩写名称组成。例如，L 型材 EN10056-80×40×6-S235JR 是一种不等边角钢，按照 DIN EN 10056 标有以下尺寸：高度 $a=80$ mm，宽度 $b=40$ mm，厚度 $t=6$ mm，材料：非合金结构钢 S235JR。

6

- 非合金调质钢：C45E。
- 合金渗碳钢：16NiCr4。
- 易切削钢：10SPb20。
- 热作模具钢：55NiCrMoV7。

7

- 非合金钢中的合金元素含量不超过规定的极限数值。
- 不锈钢中的铬(Cr)含量至少达到 10.5%，碳(C)含量最多达到 1.2%。
- 其他合金钢至少超过非合金钢的一项极限数值。

8

结构钢必须根据其用途具备相关特性。例如：
- 非合金结构钢：供货状态下的抗拉强度和低价。
- 细晶粒结构钢：高屈服强度和适宜焊接。
- 调质钢：高屈服强度和高韧性。

9

非合金结构钢主要用于普通要求的钢结构，简单的机床支架、板材、棒材、铆钉、螺栓等。按照规定，非合金结构钢制成的组件不用于热处理。

10

渗碳钢是指含碳量低于 0.2% 的非合金或低合金钢。例如，C10E 或 17Cr3 含碳量低于 0.2%，渗碳钢未淬火。为了淬火，首先要使其表面渗碳，然后进行硬化处理。该处理称为渗碳。

11

由于硫含量和铅含量提高，易切削钢切削时碎屑变短。例如，10S20、35SPb20。

12

通过调质处理，调质钢的强度和硬度变高。调质钢主要用于生产动态负荷零件，如轴、销钉、螺杆、齿轮。

13

不锈钢的铬含量至少达到 10.5%，碳含量最高达到 1.2%。例如，X39CrMo17-1 是指淬火不锈钢，碳含量为 $39/100\% = 0.39\%$，铬含量为 17%，钼含量为 1%。

14

薄板是指厚度小于 3 mm 的板材，薄板优先冷轧，可以由非合金钢与合金钢组成。

15

- 根据组成成分分为非合金工具钢、合金工具钢和高合金工具钢。
- 根据使用时的允许工作温度分为冷作工具钢、耐热工具钢和高速工具钢。
- 根据硬化时应用的淬火剂分为水淬火工具钢、油淬火工具钢和空气淬火工具钢。

16

如下图所示为 U 型钢截面（摘自简明机械手册），从中可以读出：根据 DIN1026，U 型钢 U120 法兰的倾斜率为 8%。

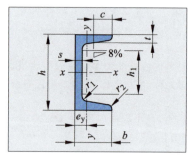

17

高速工具钢包含了由特性决定的合金元素：钨、钼、钒和钴。从缩写名称中可以读出含量，如 HS6-5-2-6 包含 6% 钨，5% 钼，2% 钒和 6% 钴。此外，高速工具钢的铬含量约为 4%，碳含量为 0.7%～1.4%。这些合金元素不会列在缩写名称中。

18

根据 DIN 1017，由宽 60 mm、厚 14 mm 的非合金结构钢 S235 JR 组成的 80 kg 扁钢，题中简称为采购这种钢的标准简称。

● 铸铁

1

片状石墨(L)铸铁(GJ)，最小抗拉强度为 200 N/mm²。

2

球状石墨(S)铸铁(J)，主要特征：抗拉强度(1)、材料参数(01)、成形温度下的冲击强度(5)。

3

- 优点：片状石墨铸铁具有良好的减磨性、可切削性和减振性。
- 缺点：片状石墨的切口应力有集中效应（如下图），导致强度值和脆性降低。

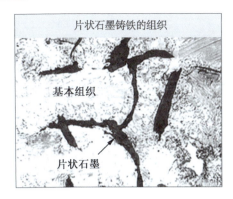

4

球形石墨铸铁具有钢的特性,比如,高韧性、高强度和可淬火性。除此之外,球形石墨铸铁有浇铸成形的优点,工作流程中加工成形的工件本身可能最为复杂。

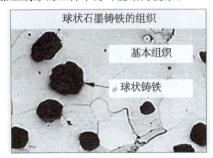

5

- EN-GJL-300:片状石墨铸铁,最小抗拉强度为 300 N/mm²。
- EN-GJMW-400-5:脱碳退火可锻铸铁(白色可锻铸铁),抗拉强度为 400 N/mm²,断裂延伸率为5%。
- GE240:铸钢,抗拉强度为 240 N/mm²。

6

- 黑色可锻铸铁(EN-GJMB),也称为非脱碳退火可锻铸铁,表面断裂面呈黑灰色。黑色可锻铸铁的组织包含絮状的析出石墨(石墨碳)。
- 白色可锻铸铁(EN-GJMB),也称为脱碳退火可锻铸铁,表面断裂面呈现出金属的亮光泽。白色可锻铸铁的组织与钢类似,无石墨析出。

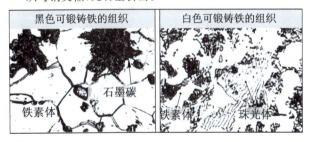

7

根据炉料使用不同熔炉。
- 化铁炉:通过燃烧焦炭在竖炉中熔炼炉料(铸造生铁、废钢铁、焦炭、助熔剂)。
- 电弧炉:石墨电极与炉料之间的电弧加热投入炉中的原料,产生的热量熔炼炉料。
- 感应坩埚炉:由一个耐熔坩埚组成,坩埚中有炉料,四周排列着水冷铜线圈。交流电经过铜线圈时,坩埚内感应出电磁交变磁场,该磁场加热并熔炼炉料。

8

- 通过组成成分中的碳含量区分:铸铁中的碳含量为 2.5%~3.6%,钢中的含碳量为 0.1%~1.5%。
- 特性不同:铸铁脆而硬,钢硬而有弹性。

9

球形石墨铸铁适用于由高强度和坚硬材料组成的高负荷零部件,其复杂的几何形状通过浇铸制造最为经济。由球形石墨铸铁制成的零部件如涡轮外壳和连杆。

10

可锻铸铁主要用于机器和汽车制造业中大量生产的中小型零件。例如,操纵杆、把手、变速叉、连杆和接头。

11

- EN-GJS-500-7(GGG-50):变速箱外壳,理由是球形石墨铸铁具有足够的强度和断裂延伸率。
- GS-45:虎钳,理由是铸钢具有高强度和高韧性,经受强力以及敲击时不会断裂。
- EN-GJMW-400-5(GTW-40-05):管材,理由是可锻铸铁可加工成大量便宜的小型薄壁铸件,具有高强度和高韧性。
- EN-GJL-250(GG-25):刀架溜板,理由是片状石墨铸铁具有良好的滑移性和减振性。

4.5 非铁金属

● 轻金属

1

铝:2.7 kg/dm³;镁:1.8 kg/dm³;钛:4.5 kg/dm³。

2

可锻铝合金特别适用于高负载零件。

3

塑性铝合金,锌含量5%,镁含量3%,铜含量未列出。

4

- 镁料:在金属材料中密度最低,为 1.8~2 kg/dm³。此外,强度中等偏上,耐腐蚀性良好。
- 钛料:密度低(4.5 kg/dm³)、强度高、有韧性、耐腐蚀。

5

密度:2.7 kg/dm³,熔点:658℃。铝是一种轻型结构材料,其密度约为钢的1/3。因为熔点较低,对铝制工件加热时温度不宜太高。

6

缩写名称由塑性铝合金的符号 EN AW 或者铸造铝合金的符号 EN AC 组成。连字符后连着符号 Al 和合金元件的符号及其含量。下一个连字符后可以另外标明处理状态。例如,EN AW-Al Mg3-H112 为塑性铝合金,镁含量3%,处理状态H112(轻微冷固化)。

7

铝合金分为塑性合金和铸造合金。还可以分为时效硬化和非时效硬化铝合金。塑性合金和铸造合金均可时效硬化。

8

- 塑性铝合金加工成棒料、型材、板材、线材和冲压件(如下图),通过无削或者切削成形形成加工工件。
- 铸造铝合金经过浇铸加工成复杂的成形工件,如外壳。

用铝合金制成的轮缘

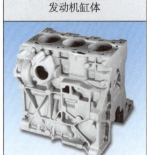
用铸造铝合金制成的发动机缸体

用钛合金制成的驱动装置-叶栅环

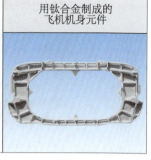
用钛合金制成的飞机机身元件

9

铝的主要合金元素为：镁、铜、硅、锌、锰和铅。通过合金主要改善铝合金的强度和耐腐蚀性。其他特性(例如，可铸性或者可切削性)会被合适的合金元素添加剂影响。

10

EN AW-Al Cu4Mg1。

11

EN AC-Al Si12：铸造铝合金(EN AC)，含硅量 12% (Si12)。

12

合金的数字缩写名称为 EN AW-7020，是指含 4.5%锌和 1%镁的塑性合金。

13

铜、锌以及硅镁。通过时效硬化，强度能够提升双倍。

14

通过由扩散退火、急冷和时效硬化组成的热处理。

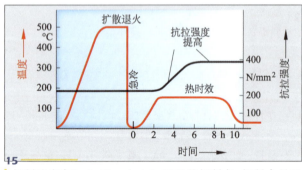

15

切削速度高($v_c>$90 m/min)，刀具的切削角、切削余量以及齿距大。含铅、锌、镉和铋的易切削铝合金特别适用于切削。

16

- 密度：约 1.8 kg/dm^3。
- 强度：160~280 N/mm^2。

17

通常与铝、锌、锰和硅熔成合金。断裂延伸率达到 2%~12%时，强度为 280 N/mm^2。

18

断裂延伸率达到 16%~4%时，抗拉强度为 540~1 320 N/mm^2。钛合金具有低密度与高强度等特点，特别适用于飞机上高负载的零部件。

19

钛的主要应用领域为飞机和太空船的高负载零部件。例如，旋翼、飞机起落架、发动机零件、机身零件(如下图)。由于材料价格高且加工困难，出于特殊目的时才会使用钛。

20

- 加工镁合金时刀具的切削角要大(15°~20°)，切削速度要高。由于镁合金的切屑易燃，切削时要使用无水冷却油进行冷却。
- 加工钛合金时切削深度要大，进给中等，切削速度要低。

● 重金属

1

铜合金的缩写名称包括铜的化学符号、主要合金元素的符号、合金元素的含量(%)。例如，CuNi18Zn20 是一种含镍 18%和锌 20%的铜合金。

2

- 铜锌合金，如 CuZn37，该合金具有良好的冷热可塑性、可切削加工性和极佳的可抛光性。
- 铜锡合金，如 CuSn8，该合金具有高强度和良好的耐磨性(用作弹簧材料)、良好的耐腐蚀性和滑动性。

3

各种铜合金，如 CuSn8P、CuPb9Sn5、CuSn12Pb2、CuZn31Si1 和 CuZn37Mn2Al2Si 适用于滑动轴承。

4

- 铜：用于电线电缆制造和冷热交换管、合金金属。
- 铬：用于铬涂层、钢的合金金属。
- 锌：用于软焊料的合金金属(锌铅合金)。
- 钨：用于钨极惰性气体保护焊的电焊条、硬质合金的硬质材料、钢的合金金属。
- 铂：用于热电偶的保护管、电气触点的涂层。

5

铜较软，可延伸，强度低，具有良好的导电性和导热性，耐腐蚀，可以和其他金属组成有价值的合金。

6

- CuZn38Mn1Al 是一种铜锌合金，锌含量 38%，锰含量 1%，铝含量较低。
- CuZn40Pb2 是一种铜锌合金，锌含量 40%，铅含量 2%。

7

通过冷成形(压轧、拉拔、锻造等)可以冷却固化铜锌合金。软质和硬质黄铜板材可以由相同的合金组成，二者通过冷轧可以达到一定的硬度要求。

8

加热至 600℃左右时退火。硬质黄铜冷成形之前必须球化退火。

9

抗拉强度和耐磨性较高，滑动性和耐腐蚀性较好。铜锡合金适用于耐腐蚀的滑动件和轴套以及弹簧和弹性电气触点。

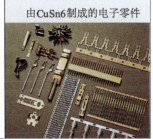

10

用于电镀镍涂层制造，及不锈钢、铜镍合金以及铜镍锌合金(锌白铜)制成的合金件。镀镍件表面有装饰性镀层，具有耐候性。

11

锌的密度为 7.14 kg/dm³，熔点为 418℃，在温热状态下具有良好的可延伸性，在空气中具有良好的耐腐蚀性。因为锌化合物有毒，所以食品禁止保存在锌容器或者镀锌容器中。

12

优先选择的锌的应用领域：
- 用于钢结构件的涂层金属。
- 用于合金元素。
- 用于压铸锌合金的基体金属。

锌的特性之一：钢结构件浸于液态锌，可获得薄锌层涂层（热镀锌）。

13

由压铸锌合金制成的工件耐腐蚀、尺寸精确、表面光洁度高、强度中等。通过压铸加工薄壁细长的压铸锌合金部件。

14

锡铅焊料（软钎焊）和锡铅轴承合金。含锌量≤90%的锡铅合金（软质合金）适用于可以承受敲击的滑动轴承。

15

有钨(W)、钼(Mo)、铬(Cr)、锰(Mn)、钒(V)和钴(Co)。合金较少含有钽(Ta)、镉(Cd)或铋(Bi)。

4.6 烧结材料

1

烧结，即金属粉末压制成形后经过热处理达到最终强度。粉末微粒焊接至接触点，成为固定材料。由粉末微粒组成的压制成形毛坯件通过烧结制造成形件。

2

烧结成形件的加工步骤如下（如下图所示）：
- 金属粉末的加工。
- 金属粉末的制取和混合。
- 金属粉末坯件的压制。
- 压制烧结为成形件。

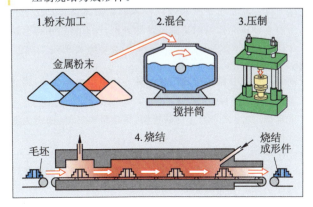

尺寸精度和表面光洁度要求特别高时，还要测量烧结成形件。必须承受高机械负荷的工件需要额外烧结锻造，即赤热时在锻模中压制成形。

3
- 大批量生产价格低廉。
- 烧结后完全不要或者只要稍微修整。
- 通过相应的粉末混合可以选择材料的理想特性。
- 可以根据要求加工组织结构厚（烧结成形件，如摇把、齿轮）或者孔隙空间大（过滤器或浸渍复合轴承）的零件。

4

粉末冶金工具钢的原材料（与工具钢理想成分混合的金属粉末）封入钢罐。粉末加热到 1 000℃～1 100℃ 之间，并施以约 1 000 bar 压力热压成无孔隙钢锭，材料热轧成形，由此，完成粉末冶金工具钢的加工。

5

达到材料熔点的 60%～80% 时可以烧结。烧结钢的熔点为 1 000℃～1 300℃，烧结铜合金的熔点为 600℃～800℃。

6

大型工件、孔或槽以及螺纹与压制方向垂直的工件、带螺纹的工件。因此，小零件可以优先通过烧结制造。与压制方向垂直的孔、槽以及螺纹必须再加工成形。

7
- 烧结钢：批量成形件，如齿轮、齿形皮带轮、摇把、附件。
- 烧结黄铜：多孔烧结金属过滤器。
- 烧结工具钢：刀具。
- 铜锡合金或烧结钢：浸入润滑剂的烧结滑动轴承。

4.7 陶瓷材料

1

陶瓷材料的表面可以滑动，具有耐磨强度高、耐高温、耐腐蚀的特性。除此之外，陶瓷材料的密度小，具有电绝缘性。

2

刀片（如下图）、滑环密封圈、弯辊、导丝器、密封垫圈和类似零件由氧化铝陶瓷制成。

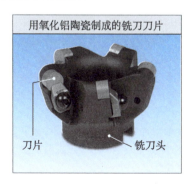

3

陶瓷涂层使得钢零件拥有陶瓷材料的表面特性：极高的硬度和抗压强度、耐磨性、化学制剂耐受性和电绝缘性。因此，零件具有两种材料的组合特性：钢芯的强度与冲击承受力以及陶瓷涂层的硬度、耐磨损性和耐腐蚀性。

4

用氮化硅陶瓷可以加工滚动轴承、球体和座圈、滑环密封圈的滑环和用于浇铸加工的工具（见右图）。

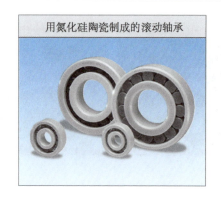

用氮化硅陶瓷制成的滚动轴承

4.8 钢的热处理

● 铁碳状态图

1

温度高于 723℃时为珠光体组织；低于 723℃时为奥氏体组织（见下图）。

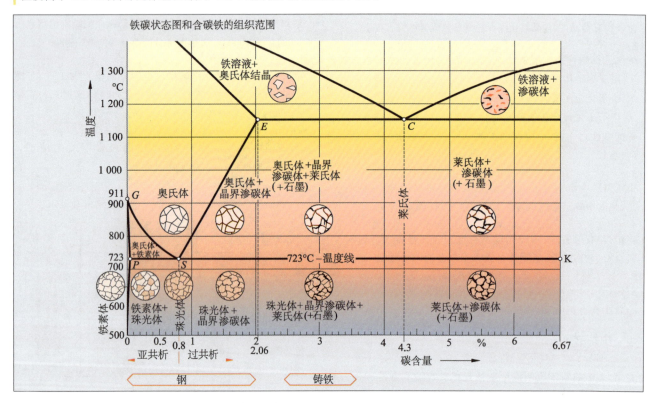

2

铸铁包含层状的铁素体、珠光体以及石墨。

3

从铁碳状态图中可以看出规定温度下铁材料（特定含碳量）中的组织类型。

4

碳含量 0.4%的钢有铁素体和珠光体组织（题 1 图）。

5

室温下，碳含量 1%的钢含有珠光体和晶界渗碳体组织。加热至 723℃时，珠光体转变为奥氏体。同时，晶界渗碳体也开始转变为奥氏体，约 800℃时，完全结束转变。继续加热至 1 000℃时，得到奥氏体组织。

6

未淬火非合金钢含有铁素体、珠光体、渗碳体以及组织混合体。此外，淬火钢含有马氏体，高温加热的钢或者高合金钢含有奥氏体。

7

组织范围通过铁碳状态图中的线进行分界。例如，碳含量 0.8%至点 S，基线的垂直线将组织范围铁素体＋珠光体和组织范围珠光体＋晶界渗碳体分开。

8

钢中的碳以碳化铁 Fe_3C 的化合态形式存在。

9

珠光体晶粒含有条状渗碳体浸入的铁素体基体。由于显微照片中珠光体组织呈现出珍珠外形，所以该组织称为珠光体。含有纯珠光体组织的钢中碳含量为 0.8%。

10

钢的共析成分是指导致生成纯珠光体组织的碳含量，碳含量相当于 0.8%。

碳含量＞0.8%的钢为过共析钢，碳含量＜0.8%的钢为亚共析钢。

11

材料组织变化。例如，共析钢加热时，超出 723℃温度线时珠光体转变为奥氏体。

参考答案

12

体心立方晶格析成面心立方晶格。冷却至723℃以下时整个过程相反,面心立方晶格重新转变为体心立方晶格。

● 退火、淬火

1

退火方法:去应力退火、重结晶退火、球化退火、正火和扩散退火(如下图)。根据退火温度和时间区分退火方法。

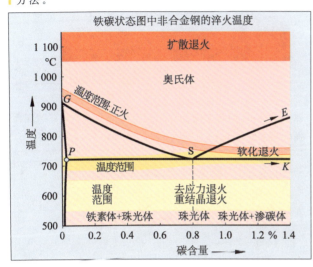

2

粗晶粒组织通过正火消除,该过程在专业术语中称为"组织再细化"(如下图)。

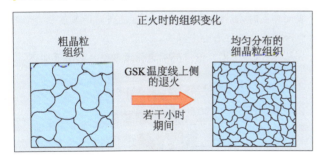

3

淬火的工序包括:加热、保持淬火温度、急冷及回火(如下图)。

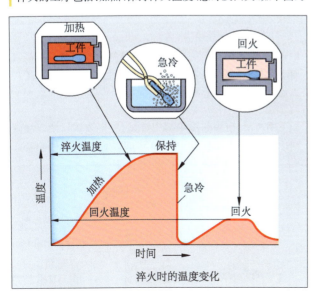

4

淬火温度急冷时产生马氏体组织。马氏体是一种极硬的且浸入材料基体的细针状组织。马氏体含量越高,钢越硬。

5

可供使用的冷却介质包括:水、油、水-油乳浊液、聚合物的水乳浊液、分级淬火槽(盐溶液)以及流动空气。水的冷却效果最佳,用空气冷却最柔和。

6

非合金钢的淬火温度取决于碳含量,超出铁碳状态图中的GSK线,约40℃(如右图)。

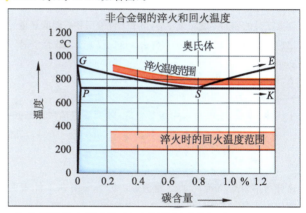

合金钢的淬火温度较高,由钢的制造商规定。

7

急冷时高温工件明显冷却,从而淬火变形。淬火变形和淬火裂纹的产生分为两个阶段:

- 阶段1:车削件直接浸入淬火槽后淬火表面收缩,此时,高温工件仍保持原有尺寸并阻碍表面收缩,导致工件表面产生压力。

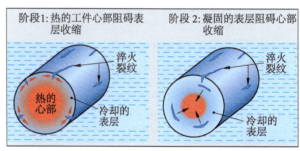

- 阶段2:工件心部逐渐冷却并开始收缩,但是会受到已凝固表面的阻碍。工件表面与心部之间产生压力,导致淬火甚至裂纹。

8

退火、淬火、调质、表面淬火、渗碳淬火、渗氮淬火和碳氮共渗。热处理方法通过温度高低以及处理时间进行区分,此外,通过处理环境的类型和钢化学成分的变化也可以区分。

9

退火和淬火通过温度高低和冷却类型进行区分,退火时冷却较慢,淬火时冷却快速。

10

急冷时,面心立方晶格析成体心立方晶格(如下图)。碳原子在短时间内无法从晶格中心逸出,使得晶格拉紧。由此,钢变硬。

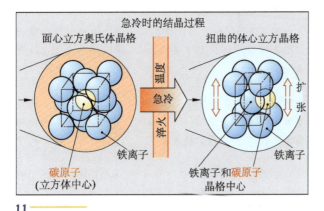

11

淬火工件的表面厚度。急冷时,由于工件表面和心部的热量导出速度不同,只有工件外表层淬火。这仅仅适用于非合金钢。

12
- 实现这种淬火应选择合适的钢种。
- 使用较为柔和的冷却介质,比如水-油乳浊液。
- 中断淬火:工件在水中短暂急冷,随即放置油槽冷却。
- 分级淬火:工件首先放置热盐浴槽(400℃~500℃),随即在空气中冷却。

13

这样可以保证气泡向上迅速消失。因为黏附在工件表面的气泡有绝热作用,阻碍工件均匀且快速的冷却,从而导致工件未硬化。

14

很多合金元素比如铬、钨、锰和镍会受到影响,导致钢在急冷不足时也会淬火。原因在于急冷速度下降,形成马氏体。因此,合金钢只需在油、热浴槽或者流动空气中冷却。

15

水、油、热浴(盐溶液)和空气。非合金工具钢使用水淬火,低合金工具钢使用油淬火,高合金工具钢使用空气淬火。

16

非合金工具钢不适宜淬透,淬火深度为2~5 mm。大多数低合金工具钢和高合金工具钢可以淬透。

17

通过回火,合金工具钢的硬度稍微降低。回火温度高时(约500℃),高速钢的硬度稍微提高。硬度提高的原因在于回火期间碳化物沉淀硬化(时效硬化)。

● 调质、表面淬火

1

通过调质处理,钢制工件具有高强度、高屈服强度以及良好的韧性。

2

调质由淬火和高温回火组成(如下图)。

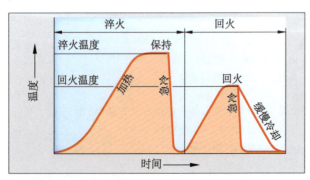

调质时的回火温度明显高于淬火后的回火温度。

3

如下图所示,可以读到特定温度下材料的抗拉强度、屈服点和屈服强度以及断裂延伸率。

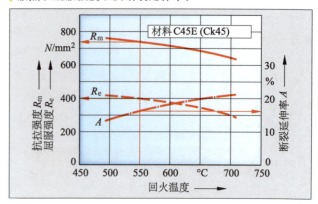

4

如下图所示,钢制工件 34Cr4 调质时回火至550℃的屈服强度为620 N/mm²。

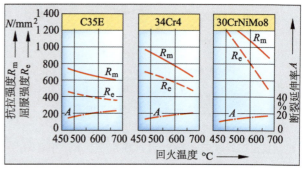

5

表面淬火时,工件很薄的外表层通过高温迅速加热,随即急冷淬火。工件心部未淬火。
火焰淬火(如下图)、通过感应电流或者浸入热浴槽加热。

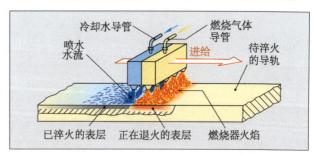

6

渗碳钢(碳含量0.1%~0.2%)不适宜淬火。通过提高表面碳含量(渗碳),使表面具备可淬火性。渗碳淬火的工件表面已淬火,工件心部未淬火。

7

如下图所示,有固态渗碳剂中渗碳(粉末渗碳)、液态渗碳剂中渗碳(盐浴渗碳)以及气态渗碳剂中渗碳(气体渗碳)。

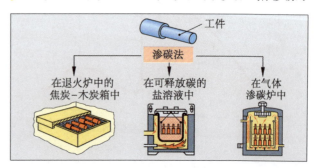

渗碳时,碳渗入工件表层并存储在晶格中。

8
渗碳钢的渗碳淬火方法通过不同的温度控制进行区分。
- 直接淬火(用渗碳的热量)。
- 简单淬火(冷却后再加热)。
- 热浴槽中等温转变后淬火。

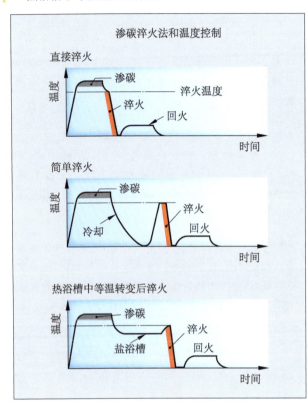

9
渗氮即提高工件表层氮含量的淬火方法,氮渗入工件表层并形成很硬的氮化物。

10
渗氮层极硬且耐磨,具有良好的滑动性。加热至500℃左右时渗氮层仍保持硬度。缺点是渗氮层与基本材料之间的黏结性较差,平面压力大时,可能导致渗氮层剥离。

11
淬火条件可以从表格中查取:淬火温度780℃~820℃,水中急冷,回火至200℃。

非合金冷作工具钢的热处理							
钢种		淬火			表面硬度 HRC			
缩写	材料号	温度/℃	冷却剂	淬火后	回火温度		
					100℃	200℃	300℃
C45U	1.1730	800~820	水	58	58	54	48
C70U	1.1520	790~810	水	64	63	60	53
C80U	1.1525	780~820	水	64	64	60	54
C90U	1.1535	800~830	水	64	64	61	54
C105U	1.1545	770~800	水	65	64	62	56

12
根据回火曲线图调质。根据回火曲线图可以确定特定温度下回火时要达到的强度、屈服强度和断裂延伸率。

13
调质钢包括非合金和合金结构钢,通过调质使其具有高强度以及强韧性。调质钢的碳含量为0.2%~0.6%。合金调质钢还含有少量的铬、镍、钼或锰。

14
表面淬火即通过高温迅速加热,使工件表面很快达到淬火温度,随即急冷淬火。只有工件表面已淬火,工件心部未淬火。

15
碳含量0.1%~0.2%的非合金钢与低合金钢。表面淬火钢不应含有更多的碳,如Ck10、17Cr3、16MnCr5,否则心部淬火。

16
首先,渗氮钢制成的工件在渗氮之前要调质,以提高工件心部的强度。接着,高温加热至500℃~600℃,提高工件表面的含氮量。同时,形成极硬的渗氮层。

17
碳氮共渗:工件表面淬火同时渗入碳和氮。碳氮共渗表面的硬度高于渗碳淬火表面,与未淬火的工件心部的连接特别紧。

18
由珠光体或者珠光体-铁素体基体组成且没有粗片状石墨沉淀的铸铁。可淬火的铸铁包括灰口铸铁(带细片状石墨的铸铁)、球状石墨铸铁(球墨铸铁)、带珠光体或者珠光体-铁素体基体的可锻铸铁和钢锭。但大多数情况下使用未淬火的铸铁。

4.9 塑料

● 特性、分类、热塑性塑料、热固性塑料、弹性体

1
塑料的典型特性:
- 低密度(大多数情况下为 0.9~1.4 kg/dm³)。
- 电绝缘且隔热。
- 不同的机械特性,从软到硬,从有弹性的到固定的。
- 耐腐蚀、耐化学性。
- 易成形和加工。
- 表面光滑,可装饰。

2
- 耐热性较差,部分塑料甚至可燃。
- 强度不高。
- 部分塑料不耐溶剂。

3
塑料按其机械特性在工程技术中分为3个组:热塑性塑料、热固性塑料、弹性体。按其生产工艺在化学中分成聚合物、缩聚物和加成聚合物。

4
- 热塑性塑料加热时会变软融化,因此,该种塑料可以通过加热连接点,使其融化再焊接。
- 热固性塑料加热时不会变软融化,而是保持其硬度,所以,焊接连接不适用于热固性塑料。如果热固性塑料加热过猛,会变成碳。

5
缩写名称均为材料的简称,如:
- PE:聚乙烯。
- PA:聚酰胺。
- PUR:聚氨酯树脂。

6
- 聚氯乙烯,PVC,用于排水管道、小型机器壳、电线保护套、防护手套。
- 聚苯乙烯,PS,用于聚苯乙烯共聚物(ABS、SAN)形式的汽车挡板和装置外壳、泡沫塑料形式的隔音板和包装材料。
- 聚甲醛,POM,用于小型零件,如齿轮、链条节、摇把、卡锁钩。

7

因为通过添加淬硬剂或者施加压力和高温,液态半成品最终形成坚硬结构的零件,该过程称为硬化。由于热固性塑料半成品大多具有树脂状外观,所以又称为树脂。

8

共混聚合物是由若干种塑料组成的混合塑料。共混聚合物由聚合塑料共混组成,英文叫混合物。例如,ASA/PC共混聚合物是一种由丙烯腈/苯乙烯/丙烯酯共聚物和聚碳酸酯塑料组成的混合塑料。

9

聚氨酯树脂(PUR)的用途取决于其类别。
- 硬聚氨酯树脂:轴承套、齿轮、滚轮。
- 中等硬度的聚氨酯树脂:弹性齿形皮带、缓冲器、减振器、密封圈。
- 软聚氨酯树脂:软弹性密封圈、轴套、电线保护套。

10

热塑性弹性体可以采用成本低廉的加工方法(注塑法和挤压法)加工成成形件。相对于非热塑性(热固性)弹性体而言,价格的优势使其更具有市场竞争力。

11

塑料形状稳定性的特性值:
- 维卡软化温度,估算短期使用的上限温度。
- 持续使用温度,估算长期使用的上限温度。

12

塑料的抗拉强度为 $20\sim 80$ N/mm^2,钢的抗拉强度为 $300\sim 1\ 500$ N/mm^2。室温下,塑料的弹性模量约为 $1\ 000\sim 5\ 000$ N/mm^2,而钢可达到约 $210\ 000$ N/mm^2。

13

乙烯分子在双键的消去作用下产生反应,彼此相连接,形成高分子。

14

首先,由原料石油或者天然气制造成半成品,然后进入第二个生产过程,如通过聚合反应合成塑料。

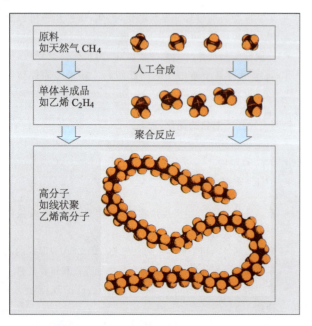

15

聚合反应是一种化学过程,在此过程中单体不饱和分子消去化学双键,形成高分子,如 PVC。不饱和氯乙烯分子消去双键后相连接,形成氯乙烯高分子。

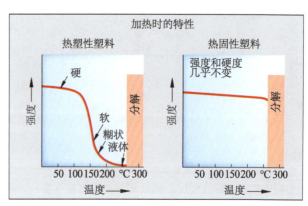

16

因为加热后热塑性塑料会变软,比较容易成形和焊接。热塑性塑料制成的塑料零件可以通过挤压法和注塑法成形。

17

聚乙烯(PE)、聚丙烯(PP)、聚氯乙烯(PVC)、聚苯乙烯(PS)、聚碳酸酯(PC)、聚酰胺(PA)、有机玻璃(PMMA)、聚甲醛(POM)、聚四氟乙烯(PTFE)。塑料经常冠以商业名,而不用化学名,如有机玻璃、Teflon 或 Hostaflon。

18

热塑性塑料加热时变软,甚至变成液体;热固性塑料保持原始强度特性,几乎不变。与热固性塑料相比,随着温度的升高,热塑性塑料弹性体强度下降较明显,但是也不会变成液体。所有塑料在超过分解温度时会被破坏。

19

聚乙烯(PE)有硬软之分。软聚乙烯比较柔软,容易弯曲。硬聚乙烯坚硬,不易弯曲。两种聚乙烯均耐酸碱。因其耐化学性与良好的成形性,聚乙烯可以加工成各种类型的容器、管道和薄膜。

20

能够承受高负载,表面必须有滑动性且耐磨的零件,如轴承套、滑动导轨、配气凸轮、齿轮、V 型皮带轮、安全帽、滑轮。

21

丙烯酸酯玻璃(有机玻璃)类似于不易变形且透光的玻璃。有机玻璃可加工成汽车尾灯罩、防护镜镜片、透明外壳、屋顶玻璃和透明护罩。

22

耐受温度达到 280 ℃,具耐化学性,表面具有滑动性,不受溶剂和很多化学药品的腐蚀。

23

热固性塑料由细网眼网状高分子组成。
连接点不会溶解,因此,热固性塑料加热时不会软化和融化,也不可焊接。

参考答案

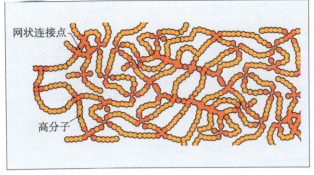

24
热固性塑料经过时效硬化处理后不再软化,所以不具备可成形性,也不可焊接。热固性塑料不会被溶剂溶解,溶剂长时间作用时才会轻微溶胀。

25
环氧树脂处于液态时具有良好的可浇铸性和极佳的附着性。因此,环氧树脂可以加工成胶黏剂以及电子件的填料和玻璃纤维增强塑料的黏结剂。

26
弹性体具有橡胶弹性,即外力作用下,弹性体可以变形百分之数百,外力消除后,又能恢复到初始形状。弹性体不会受热变形,不可焊接。

27
通过增强玻璃纤维和碳纤维可以提高其抗拉强度和刚性。增强玻璃纤维和碳纤维的塑料具有非合金结构钢的强度。

28
下列机械特性值能说明强度特性:
- 抗拉强度 σ_B。
- 屈服应力 σ_S。
- 断裂延伸率 ε_R。

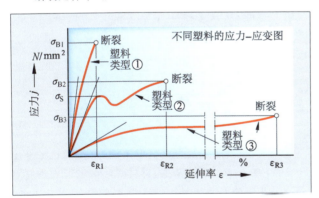

4.10 复合材料

1
复合材料将多种材料的有利特性集于一体,单一材料不具备复合材料的特性。例如,硬质合金具有碳化钨的硬度和钴的韧性。

2
- GFK:玻璃纤维增强塑料。
- CFK:碳素纤维增强塑料。

两种材料均为纤维增强型复合材料。

3
GFK 和 CFK 具有类似于低密度($1.5\sim2\ kg/dm^3$)调质钢的高抗拉强度,因此,可以加工成高负载的轻型零部件,如风力发电机转子、汽车和飞机的零件。

4
将特定尺寸的 CFK 纤维件喷涂薄树脂并放置于冲压模具,通过热压成为预成形件(如下图)。同时,树脂时效硬化,预成形件的形状稳定。将预成形件放置于模具中,将模具合上并抽成真空。接着,将液体树脂喷入模具并封装,预成形件浸透。模具加热,成形件通过时效硬化形成成品零件。随后,将零件从模具中推出,开始下一个加工循环。

5
如图所示,常用磨具由颗粒状磨料(坚硬的白刚玉颗粒或者碳化硅颗粒)和塑料黏结剂压制而成。

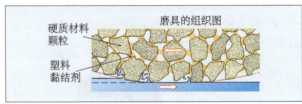

6
- 座舱由强度最大且形状稳定的钢板成形件组成(如下图)。
- 发动机底座和车轮悬挂由合金铸铝或者球墨铸铁加工而成。
- 衬里钢板(车门、保护盖等)由铝合金薄板或者容易弯曲的钢板组成。

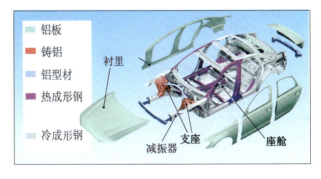

7

复合材料分为纤维增强型复合材料、颗粒增强型复合材料、层合型复合材料以及结构型复合材料。纤维增强型复合材料用于增强的纤维、成形颗粒在颗粒增强型复合材料中无规律的存储。层合型复合材料和结构型复合材料由多个覆盖层或者结构件组成。

8

纤维增强型复合材料在一个纤维方向上硬度极高,但是在与纤维方向垂直的方向上硬度很低(如下图)。纤维方向均匀分布的纤维增强型复合材料在所有方向上硬度处于中等。

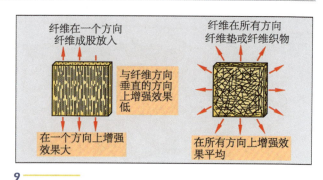

9

模压塑料、聚合物混凝土、磨具和珩磨条、硬质合金。

10

层合型复合材料由各种材料的多个覆盖层加工而成(见下图)。

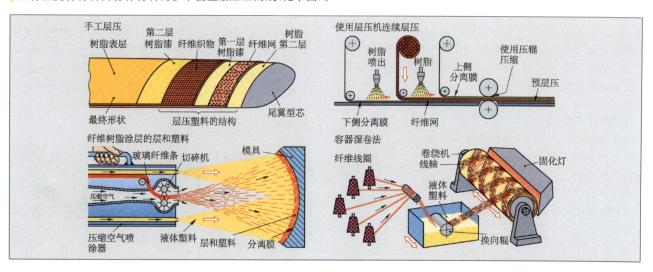

11

复合结构零件由多种材料与零件的特殊结构组成。例如,汽车保险杠由高强度的钢板支架连接车架、接受小型碰撞的硬弹性塑料外壳与吸收碰撞的填充泡沫组成。

12

- 手工或者机器层压。
- 纤维树脂喷涂。
- 湿卷:制造圆管和容器。
- 拉深成形。
- 离心铸造:制造圆管和容器。
- 通过模压、压铸和注塑加工预混的复合模压料。
- 将预制的复合材料层压板通过真空深冲成形。

4.11 材料检验

● 机械特性的检验

1

通过拉力试验得出特性值(见下图):
- 抗拉强度 R_m。
- 屈服强度 R_e。
- 断裂延伸率 A。
- 弹性模量 E。

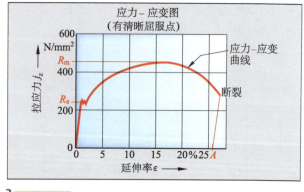

2

屈服强度 $0.2\% R_{p0.2}$ 是指无清晰屈服点的材料机械特性值(见下图)。$R_{p0.2}$ 标定应力,材料消除外力后,在该应力下的固定延伸率为 0.2%。屈服强度 0.2% 通过应力-应变图确定。

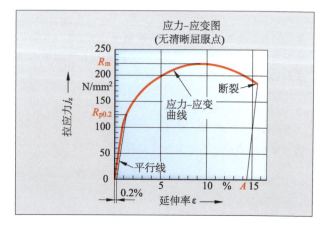

参考答案

3

冲击韧性试验时摆锤下落至圆形轨道,水平冲击带凹槽的标准试样(如下图)。根据材料类型,摆锤击穿试样或者使其变形并通过支座将其延伸。同时,消耗能量数值可以在指示器或者显示器上读取。

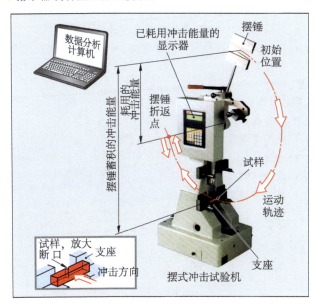

4

$S_0 = \dfrac{\pi}{4} \cdot d_0{}^2 = \dfrac{\pi}{4} \cdot (16\text{mm})^2 = 201 \text{ mm}^2$

屈服强度 $R_e = \dfrac{F_e}{S_0} = \dfrac{55\ 292 \text{ N}}{201 \text{ mm}^2} = 275 \text{ N/mm}^2$

抗拉强度 $R_m = \dfrac{F_m}{S_0} = \dfrac{96\ 510 \text{ N}}{201 \text{ mm}^2} = 480 \text{ N/mm}^2$

断裂延伸率 $A = \dfrac{L_u - L_0}{L_0} \cdot 100\%$

$= \dfrac{96.8 \text{ mm} - 80 \text{ mm}}{80 \text{ mm}} \cdot 100\%$

$= 21\%$

5

材料检验的任务范畴主要包括:
- 确定材料的工艺特性,如强度、硬度和可加工性。
- 检验工件和零部件的故障和功能缺陷。
- 查明导致零件断裂的原因(例如,通过组织结构试验)。

6

- 识别材料:根据外观以及通过火花试验。
- 检验特性值:通过曲面和断面试验。

车间检验是指可以说明材料成分和特性的简单检验。

7

工艺检验用于检验材料(用于某种特定用途或者某种加工方法)的合格性。工艺检验包括弯曲试验、深冲试验和焊缝试验等。

8

通过埃氏杯突试验(如右图)。钢板通过球形凸模直至出现裂纹的突出深度称为埃氏杯突深度 IE。

9

应力-应变图。拉力试验时连续测量出拉力和相应的延伸长度,由此计算出应力和相应的延伸率。将其填入图中,便产生了应力-应变图。

10

断裂延伸率 A,即材料从受到应力直至断裂的延伸百分比。通过拉力试棒断裂时的延伸长度及其相关的初始长度计算得出断裂延伸率 A。

$A = \dfrac{\Delta L}{L_0} \cdot 100\%$

例如,拉力试样的测量长度为 100mm,受到应力直至断裂时延伸 130mm,断裂延伸率为

$A = \dfrac{130 \text{ mm} - 100 \text{ mm}}{100 \text{ mm}} \cdot 100\% = 30\%$

11

- 有清晰屈服点的材料(图左)。
- 无清晰屈服点的材料(图右)。

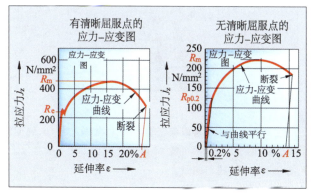

12

抗拉强度是指材料能够承载的最大拉应力。

抗拉强度通过最大拉力 F_m 与试样横截面 S_0 计算:

$$R_m = \dfrac{F_m}{S_0}$$

抗拉强度的单位为 N/mm^2。

13

胡克定律: $\sigma_z = E \cdot \dfrac{\varepsilon}{100\%}$

弹性模量的变形公式: $E = \dfrac{\sigma_z}{\varepsilon} \cdot 100\%$

试样横截面 S_0 为

$S_0 = \dfrac{\pi}{4} \cdot d_0{}^2 = \dfrac{\pi}{4} \cdot (10\text{mm})^2 = 78.54 \text{ mm}^2$

试样拉应力为

$\sigma_z = \dfrac{F}{S_0} = \dfrac{5\ 000\text{N}}{78.54 \text{ mm}^2} = 63.66 \text{ N/mm}^2$

试样测量长度的延伸率为

$\varepsilon = \dfrac{\Delta L}{L_0} \cdot 100\% = \dfrac{0.015 \text{ mm}}{50 \text{ mm}} \cdot 100\% = 0.03\%$

弹性模量为

$E = \dfrac{\sigma_z}{\varepsilon} \cdot 100\% = \dfrac{63.66 \text{ N/mm}^2}{0.03\%} \cdot 100\%$

$= 212\ 200 \text{ N/mm}^2$

14

抗剪强度通过剪切试验中剪切试样的横切面 S_0 和最大剪切力 F_m 计算。

计算公式如下:

$$\tau_{aB} = \dfrac{F_m}{2 \cdot S_0}$$

15

通过断口冲击韧性试验可以测量试样冲击过程中消耗的冲击功。

● 硬度检验

1

维氏硬度检验时,金刚石方形锥的锥尖以试验力 F 压入试样,测量锥尖压痕产生的对角线(如下图)。通过测量压痕对角线 d_1 和 d_2 的平均值计算对角线:

$$d=\frac{d_1+d_2}{2}$$

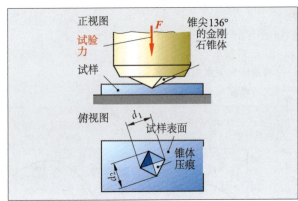

2

通过显微硬度试验可以确定小型材料(如微晶粒)的硬度。试验压头的压痕要尽可能小,以保证安装在硬度检测仪上的显微镜能够进行测量。

3

- 布氏硬度检验适用于检验软材料和中等硬度的材料。
- 维氏硬度检验适用于检验软材料和硬材料。

4

优点是可检验所有硬度等级的材料,具有广泛适用性。马氏硬度检验时产生材料的弹性-塑性形变曲线图。检验大量相同零件时检验过程可实现自动化。

5

维氏硬度检验 HV50 的试验力为
$$F=50·9.81\ N=490.5\ N$$
压痕对角线的平均值为
$$d=\frac{d_1+d_2}{2}=\frac{0.35\ mm+0.39\ mm}{2}=0.37\ mm$$
$$HV=0.189·\frac{F}{d^2}=0.189·\frac{490.5}{0.37^2}=677$$

6

对于大型零件或难以接近的零件部位可以使用移动式硬度检验。

7

硬度表示材料抵抗压头压入的阻力。通过标准压头压入材料试样,使其产生负荷,测量压痕长度,计算材料硬度。最常用的检验方法:布氏硬度检验、维氏硬度检验和洛氏硬度检验。

8

- 120:硬度值。
- HBW:布氏硬度检验。
- 5:检验球的直径为 5 mm。
- 250:试验力$=250·9.81\ N=2\ 452.5\ N$。
- 30:作用时间为 30 s。

如果作用时间为 10~15 s,缩写名称中可以省略该数据。例如,180 HBW 10/3000。

9

- 190:硬度值。
- HV:布氏硬度检验。
- 50:试验力 490 N(50·9.81 N)。
- 30:作用时间 30 s。

10

- 仅采用一个试验压头即可检验软材料和硬材料。
- 小负荷硬度检验时压痕深度小,可以检验薄表层和单个组织成分。

11

洛氏硬度检验(HRC)分为以下步骤:
- 将金刚石锥尖置于试样表面。
- 施加预检验力 98 N,千分表指针回零。
- 施加试验力 1 373 N。
- 取消试验力。
- 在千分表上读取硬度值。

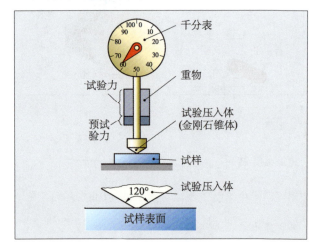

12

- 检验操作迅速,千分表即时显示硬度值。
- 试样不要磨得发亮,可以直接在检测仪上读取硬度值。

● 疲劳强度检验、零件检验

1

疲劳断面的外观典型:断裂面的圆周上有一个断口、同心的半圆形复原线和一个强断裂的剩余面(如下图)。通过典型外观可以区别疲劳断裂和强断裂。

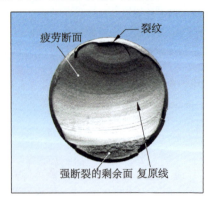

2

零件-运行负荷检验时整个机器或者机械零件都会承受后期运行过程中出现的负荷。由此可以检验出受负荷机器零件的效能和使用寿命。

3

超声波检验时,超声波检测仪的探头置于受检工件上,超声波穿透工件。检测仪屏幕上显示振幅,以识别工件的内部缺陷。

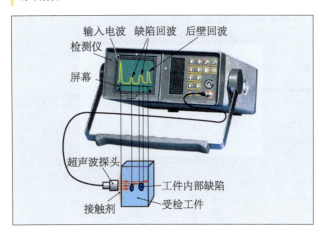

4

- 纤维方向:抛光且被腐蚀的工件磨削面上分布清晰可见的晶粒(下图左)。
- 显微图像:在金属显微镜下观察经过磨削且被腐蚀的金属表面时,看到材料的单个组织成分。例如,铁素体/珠光体组织(下图右)。

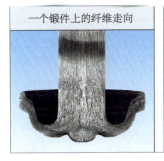 

5

检验负荷持续变化时的材料特性。因为很多零件承受的不是恒定力,而是变化的力,所以疲劳试验是检验零件交变负荷的重要方法。

6

从韦勒疲劳曲线(如下图)中可以确定材料的疲劳强度特性。疲劳强度特性的常数为振动疲劳强度 σ_D。σ_D 可以从韦勒曲线中确定。振动次数 $N=10^6$(约 100 万次交变负荷)时画一条与轴线垂直的水平辅助线并读出振动疲劳强度。例如,$\sigma_D = 180\ \text{N/mm}^2$。

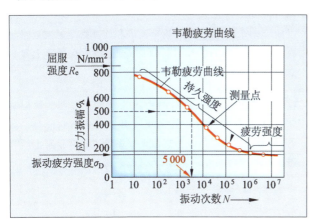

7

工件内部围绕的气孔、缩孔、杂质及夹杂物和工件表面的裂纹。同时,工件保持完全未损坏的状态。通过检验,工件上不会出现任何痕迹。

8

通过金相试验可以清晰地看见材料的内部结构。

9

无损检验方法如下:
- 渗透法检验,如毛细管法或吸入法。
- 超声波检验法。
- X 射线或 γ 射线检验法。
- 磁粉检验法。

● 塑料特性值检验

1

抗拉强度 σ_B、屈服应力 σ_S 和断裂延伸率 ε_R。

2

用维卡软化温度确定短时允许的上限温度。持续使用温度确定塑料经过 20 000 小时后仍保持其初始抗拉强度 50% 时的最高温度。

4.12 材料和辅助材料的环境问题

1

- 材料:铅、镉、石棉、PVC、汞、金属粉末。
- 辅助材料:冷清洗剂、冷却液、淬火盐、焊接专用保护气体、乙炔。

2

尽可能只使用、生产、加工和清理对人体健康无害且不会污染环境的材料和辅助材料。

3

循环利用:废旧零件或者辅助材料再利用。为此,要清理材料。

5 机床技术

5.1 机床的分类

1

从主要功能而言,动力设备用于能量转换,工作设备用于材料转换。动力设备如电动机、内燃机和液压缸;工作设备如运输装置和加工机床。

2

内燃机通过燃烧使燃料中所储藏的化学能进行能量转换。首先,通过在发动机的气缸内燃烧转换成热能;然后,通过发动机活塞转换成动能。

3

机器的动能用功率 P 来表示(单位:W),功率是单位时间 t 内所做的功 W(单位:J)。

$$P = \frac{W}{t}$$

4

技术上的输出功率 P_2 与输入功率 P_1 之间的比值被称为效率 η，即

$$\eta = \frac{P_2}{P_1}$$

效率既可以用十进制数字也可以用百分比数字表达。例如，$\eta = 0.72$ 相当于 $\eta = 72\%$。

5

$W_{pot} = F_G \cdot h = m \cdot g \cdot h$

$W_{pot} = 1\ 200\ \text{kg} \cdot 9.81\ \text{m/s}^2 \cdot 0.8\ \text{m}$

$\phantom{W_{pot}} = 9\ 417.6\ \text{kg} \cdot \text{m}^2/\text{s}^2 = 9\ 417.6\ \text{N} \cdot \text{m}$

$\phantom{W_{pot}} = 9\ 417.6\ \text{J} \approx 9.4\ \text{kJ}$

6

已知：$P_1 = 8.4\ \text{kW} = 8\ 400\ \text{W}$

$\eta = 0.82$；$t = 20\ \text{s}$；$h = 4\ \text{m}$

$P_2 = \eta \cdot P_1 = 0.82 \cdot 8\ 400\ \text{W} = 6\ 888\ \text{W}$

$P_2 = \dfrac{W}{t} = \dfrac{F_G \cdot h}{t}$，则

$F_G = \dfrac{P_2 \cdot t}{h} = \dfrac{6\ 888\ \text{W} \cdot 20\ \text{s}}{4\ \text{m}} = 34\ 440\ \text{N}$

由 $F_G = m \cdot g$，得

$m = \dfrac{F_G}{g} = \dfrac{34\ 440\ \text{N}}{9.81\ \text{N/kg}} = 3\ 511\ \text{kg}$

7

- 势能是相互作用的物体凭借其相对位置而具有的能量。物体由于被举高而具有的能称为重力势能。
- 动能（运动能）是运动物体或者液体本身所储存的能量。

例如，在高位水库的积水中储存着势能（位置能）；动能存在于运行的机械零件中，如车床上的回转卡盘。

8

势能的计算公式为 $W_{pot} = m \cdot g \cdot h$。

9

动能的计算公式为 $W_{kin} = \dfrac{1}{2} \cdot m \cdot v^2$。

10

功率是单位时间内所做的功，计算公式为

$$P = \frac{W}{t} = \frac{F \cdot s}{t} = F \cdot v$$

功率的单位是瓦特（W）。

$1\ \text{W} = 1\ \text{N} \cdot \text{m/s}$

$1\ \text{kW} = 1.36\ \text{PS}$

$1\ \text{PS} = 0.736\ \text{kW}$

11

$P_{输出} = P_1 = 23.7\ \text{kW}$

$P_{输入} = P_2 = 31.4\ \text{kW}$

$\eta = \dfrac{P_1}{P_2} = \dfrac{23.7\ \text{kW}}{31.4\ \text{kW}} \approx 0.755 \approx 75.5\%$

12

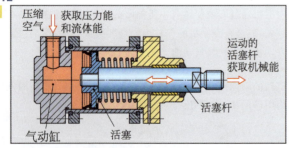

压缩空气中所储存的液体压力能进入气缸，使气缸产生动作，其一部分的压力能通过活塞和活塞杆转换成机械能并作用在运动中的机器部件，另一部分通过摩擦转化为热能。从能量上观察，在气缸内的液体压力能转换成动能和少量的热能。只有动能在气缸中可被技术上使用，热能在技术上不能被利用而流失到周边。

● **工作设备和数据处理装置**

1

铣床是一种材料转换的装置，因为其主要目的是转换材料。将原材料装夹在铣床的工作台上，使用铣刀进行成形加工而获得工件并排除切屑。

2

$v = \dfrac{s}{t} = \dfrac{12\ \text{m}}{1.6\ \text{min}} = 7.5\ \dfrac{\text{m}}{\text{min}} = 0.125\ \text{m/s}$

3

$\rho = \dfrac{\text{质量}}{\text{体积}} = \dfrac{m}{V}$

4

$n = \dfrac{z}{t} = \dfrac{36}{3\ \text{s}} = \dfrac{36}{3 \cdot \dfrac{1}{60}\text{min}} = \dfrac{36}{0.05\ \text{min}} = 720\ \text{min}^{-1}$

5

质量流是指单位时间 t 内所输送的质量 m，计算公式为

$$Q_m = \frac{m}{t}$$

6

叶轮泵的驱动装置以动能的形式提供能量。

动能流经泵的叶轮传动机构，此时，能量以动能形式转移至输送的液体。泵的集流管和压力导管中的部分动能转换成压力能（见下图）。

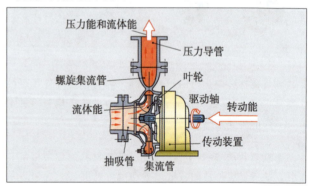

7

我们把数据处理装置基本的工作方式简称为数据输入/处理/输出法则（EVA 法则）：数据输入－数据处理－数据输出。

以袖珍计算器为例，通过数字输入和计算指令完成数据输入，通过计算器的芯片进行数据处理，最后在屏幕上显示数据输出。

8

在物质平衡中，进入机器的物质等于离开机器的物质总和，进入的材料总量正好等于离开机器的材料总量。此外，用虚线简单画出一个想象中的系统边界并且写上所有进入系统或者离开系统的材料（见下图）。

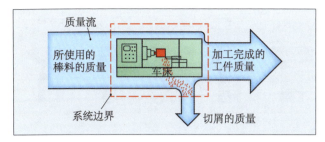

9
- 材料转换在加工车间的特定地点用起重机设备（电动绞车）运输重物的过程中完成（上图）。
- 通过电磁的转换（=能量转换）在有电能流通的电动起重机的电动机上获取相应的机械能。
- 通过从手动控制器到电动机的输送管道实现信息转换。此时，按钮压力转换成用于电动机的电气控制脉冲。

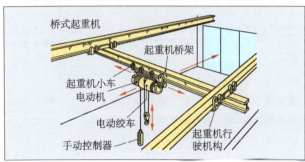

10
因为加工机床的主要功能是材料转换。在加工机床中，工件由毛坯通过切除切屑或者材料转换进行加工，这个过程中会出现材料转换。驱动加工机床时也会产生能量转换，先进的加工机床还会有信息转换的机械零件，比如，CNC-数控。

11
下列加工装置中的运输系统：
- 由轨道和地线引导的车。
- 环形链条输送机、输送带、悬挂式输送带。
- 门式装载机、工业机器人、机械手。

12
- 袖珍计算器用于简单的计算任务，如加工准备。
- 个人计算机用于控制机床和加工设备的控制系统。
- 数控计算机用于控制 CNC 加工机床。
- CAD 装置用于制作设计图纸。

5.2 机床的功能单元

1
立式钻床的功能单元包括：
- 驱动单元：电动机①。
- 能量传输单元：皮带传动机构②。
- 加工单元：钻头③。
- 支撑和承重单元：工作台、支柱④。
- 连接单元：钻夹头⑤。
- 控制单元：控制面板⑥。
- 工作安全单元：急停按钮⑦。
- 环境保护单元：冷却液收集槽⑧。

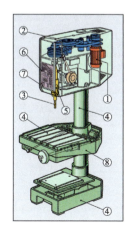

2
机床的基本功能如下：
- 能量转换：皮带传动机构进行转速和转矩的转换。
- 支撑、承重：机床床身支撑着刀架滑板。
- 存储：焊接气体存储在压力气瓶内。

3
- 测量装置检测运转参数，如路径和工件尺寸。
- 调节单元可保证机床按照所选定的运行参数运行，如转速和进给。
- 控制单元的作用是让机床上加工步骤自动运行，如加工流程。

4
中央空调的功能单元有：
- 净化循环空气并且混入新鲜空气。
- 暖气在冬季运行，冷气在夏季运行。
- 加湿空气在冬季运行，干燥空气在夏季运行。
- 供给和分配在加工车间的净化空气。

● 机床的安全装置

1
- 钥匙开关：只能使用钥匙控制开关，以避免其他人员未经许可擅自开动机器。
- 急停按钮：用于在紧急情况下手动关闭机器的所有电源。
- 双手开关：要求必须双手同时操作，开关才能有效，以避免触碰到运行中的机器。

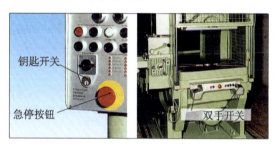

2
限位开关通过关闭运行驱动来限制机器运动部件的运动距离，保护机器运动部件，避免强烈运动造成碰撞损坏。

3
在安全保护区时，保护区已保存至控制程序，保护区包括卡盘和尾座。在保护区域使用刀具，机床会停止运作。通过安全保护区避免卡盘和尾座与刀具发生碰撞。

4
保护性联轴器可避免驱动单元和能量传输单元零件的机械过载。保护性联轴器有机械式的滑动离合和电动式的牵拉超载离合。

5.3 连接功能单元

● 螺纹

1
重要的螺纹尺寸包括有外径 d（公称直径）、螺距 P、内径 d_3、中径 d_2、螺纹牙形角 α 和螺纹升角（见下图）。
螺纹升角是指螺旋线的切线与垂直于螺纹轴线的平面间的夹角。

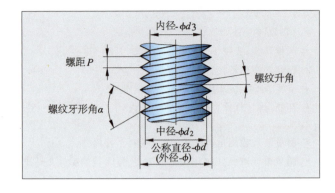

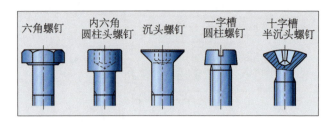

2

根据用途划分为紧固螺纹和传动丝杆螺纹。

3

螺栓和螺母有紧固螺纹,可把零件相互紧密地连接起来。为了防止螺纹自动松开,紧固螺纹都采用普通三角形螺纹。该螺纹的螺纹升角较小,具有自锁功能。

4

如果斜面绕着圆柱体侧面,便形成一条螺旋线(见下图)。斜面的高度 h 等于螺纹的螺距 P。

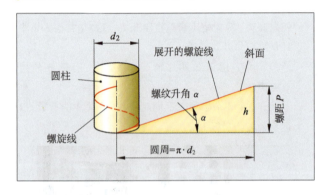

5

根据螺纹断面形状,螺纹划分为普通三角形螺纹、梯形螺纹、锯齿螺纹、圆螺纹和特殊螺纹。特殊螺纹如机床上的滚珠丝杆。

6

当螺栓保持垂直时,左旋螺纹的螺纹线会向左上升。左旋螺纹一般用于右旋螺纹容易松动的部位或者要求指定运动方向时。

7

梯形螺纹的螺距很大,所以就能较好地实现旋转运动与直线运动之间的相互转换。

8

- M16:公制粗牙螺纹,公称直径为 16 mm。
- M24×1.5:公制细牙螺纹,公称直径为 24 mm,螺距为 1.5 mm。
- M8-LH:公制左旋螺纹,公称直径为 8 mm。
- R1¼:惠氏-管螺纹,外管螺纹 1 ¼ 英寸。
- Tr36×12:梯形螺纹,公称直径为 36 mm,螺距为 12 mm。

● 螺栓连接

1

主要划分为六角螺钉、内六角圆柱头螺钉、(内六角)沉头螺钉、开槽螺钉和十字槽沉头螺钉。

2

装上螺纹套,铝合金材料的内螺纹可传递较大的力。这样一来,需要传递的力会分散到较大的面上,但是该力不能超过允许的极限应力。

3

如果螺栓超过其最小屈服强度 R_e 以及 0.2%-屈服强度 $R_{p0.2}$,那么螺栓持续拉长,而且在负荷减轻时无法恢复原始长度,螺栓连接不再保持充足的应力并且松动自如,失去其有效的紧固力。

4

用强度等级的第一个数字乘以 100 得出螺栓的最小抗拉强度:

$R_m = 8 \cdot 100 \text{ N/mm}^2 = 800 \text{ N/mm}^2$

用强度等级的第一个数字乘以第二个数字的 10 倍得出最小屈服强度 R_e(或 0.2%-屈服强度 $R_{p0.2}$)

$R_e = 8 \cdot 10 \cdot 8 \text{ N/mm}^2 = 640 \text{ N/mm}^2$

5

螺栓配合使用的螺帽其强度等级与螺栓相同。根据描述的情况,螺帽的强度等级必须至少为 10,其最小抗拉强度为 $R_m = 10 \cdot 100 \text{ N/mm}^2 = 1\ 000 \text{ N/mm}^2$。

6

防松动是避免螺栓连接向松动方向转动,这样就能保持其紧固力。防脱落是避免连接的零件完全分离脱落,这样即使在没有紧固力的情况下,也会保持螺栓连接。我们经常使用的防松动保护的设备是棘齿螺栓、棘齿螺帽和黏结剂。用于防脱落的保护设备有止动垫圈、带有开口销的冠状螺母、带塑料护环的螺帽、钢丝紧固保护和塑料涂层螺栓。

7

每个螺栓都有一个取决于其应力截面的最大紧固力 F_v。如果该最大紧固力完全利用,也就是说最大的紧固力使螺栓拉长,那么直径小的螺栓即可满足螺栓连接施加的总应力。如果只用其一小部分紧固力拉螺栓,那么就必须使用一个直径大的螺栓施加螺栓连接所需的总紧固力。

8

根据强度等级计算螺栓的最小屈服强度:

$R_e = 12 \cdot 10 \cdot 9 \text{ N/mm}^2 = 1\ 080 \text{ N/mm}^2$

在螺栓中出现的拉应力 σ_z 的计算:

$$\sigma_z = \frac{F_v}{A_s}$$

由 $A_s = 157 \text{ mm}^2$、$F_v = 110\ 000 \text{ N}$,得

$$\sigma_z = \frac{110\ 000 \text{ N}}{157 \text{ mm}^2} \approx 701 \text{ N/mm}^2$$

安全系数的计算公式为 $\sigma_z = \frac{R_e}{v}$,通过转换公式得

$$v = \frac{R_e}{\sigma_z} = \frac{1\ 080 \text{ N/mm}}{701 \text{ N/mm}^2} \approx 1.54 \text{ mm}$$

9

查简明机械手册得出 M10 螺丝的螺距 $P=1.5$ mm，紧固力矩的计算公式为 $M_A = \dfrac{F_v \cdot P}{2 \cdot \pi \cdot \eta}$，则

$M_A = \dfrac{70\,000 \text{ N} \cdot 1.5 \text{ mm}}{2 \cdot \pi \cdot 0.12} = 139\,260 \text{ N} \cdot \text{mm}$
$\approx 139 \text{ N} \cdot \text{m}$

10

螺钉间距小或螺钉头部不允许突出工件平面时，应使用内六角圆柱头螺钉。内六角圆柱头螺钉通常被用于高强度螺纹连接。

11

根据螺杆部分形状分为：双头螺栓、膨胀螺栓、铰制孔螺栓（密配螺栓）、平头螺栓、自攻螺栓和自钻孔螺栓。

12

螺栓连接可以通过贯穿螺栓、夹紧螺栓和双头螺栓来实现。

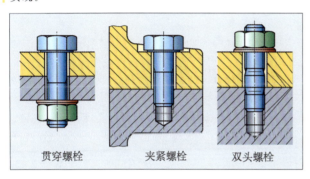

13

不拧动螺栓，螺栓连接必须经常松开的情况下，宜用双头螺栓而不用带帽螺栓。这样就能够保护零件（如发动机机身）的内螺纹。

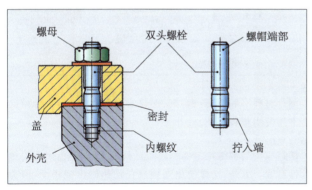

14

通过非切削加工成形的螺栓，在滚轨挤压时，材料连续流动中得到很高的强度。通过切削加工成形的螺栓，螺纹和螺杆部到螺栓头部之间的材料变化过程是分开的。

15

跟其他螺栓相比，膨胀螺栓的区别在于其有一个细长的螺栓杆。装配时必须给这种螺栓施加大的紧固力，以拉深螺栓杆部的弹性。其夹紧力比较大，因此不需要锁紧螺帽。

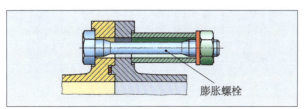

16

膨胀螺栓能够承受高的动态负载。在较大的紧固力之下，细长的螺栓杆类似于负载不固定的弹性弹簧。

17

紧固方法有：手工紧固、转矩紧固、屈服强度控制式紧固、转角控制式紧固和超声波控制紧固。使用屈服强度控制式紧固法和转角控制式紧固法可以达到最准确的符合要求的紧固力。

18

螺栓的紧固力必须足够大，使两个工件之间产生的摩擦力能平衡外部的横向作用力（见下图）。

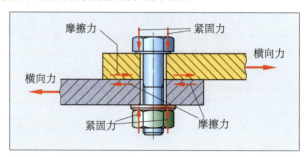

在过小的紧固力下，螺栓杆会额外受到剪切力。

19

这是一个标准为 DIN EN 24014（ISO 4014）的六角螺栓。该螺栓的螺纹为 M12，长度为 50 mm，强度等级为 10.9，根据其强度等级 10.9 可以计算出：

- 最小的抗拉强度 $R_m = 10 \cdot 100 \text{ N/mm}^2 = 1\,000 \text{ N/mm}^2$。
- 最小的屈服强度 $R_e = 10 \cdot 10 \cdot 9 \text{ N/mm}^2 = 900 \text{ N/mm}^2$。

20

锁紧螺帽用于管螺纹连接。锁紧螺帽可以把两个管螺母件紧固在一起，可以用或者不用嵌入的填料进行密封。

21

带槽螺母用于调节和重调轴向间隙和固定轴上的滚珠轴承，只能使用合适的 C 形扳手来拧紧。
盖形螺母可防止螺纹尾部的损伤和锈蚀，保护尖锐的螺栓尾部不受损伤。

22

螺母的最小抗拉强度：$R_e = 6 \cdot 100 \text{ N/mm}^2 = 600 \text{ N/mm}^2$（由强度等级乘以 100 得出最小抗拉强度）。螺母的抗拉强度必须至少等于配合螺栓的抗拉强度。

23

防压实保护是一种螺栓防松装置，通过蠕变和压实平衡缩短的夹紧长度，以防止紧固力过小。压实使螺纹和螺栓头部下侧的表面粗糙度平整，弹簧垫圈和碟簧都属于防压实保护设备。

24

黏结剂就是涂在螺栓螺纹上的一层薄薄的、容易变形的涂层（见下图）。硬化剂与微小的硬质颗粒结合在一起。拧入螺钉时，这层薄壳裂开，释放出硬化剂。然后硬化剂与黏结剂混合在一起并且完全硬化。由此，螺钉就会黏合，以防止螺钉松动。

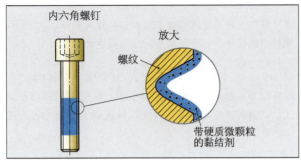

● 销连接

1

定位销用于确保零件之间的准确定位,它们特别适用于连接件需承受较大剪切应力时或零件在组件分解和重新装配之后应准确留在原位置时。

2

公差等级为 m6 和 h8。

3

使用带有纵向凹槽的圆柱销(见下图)可以在装配时从底孔中排出空气。

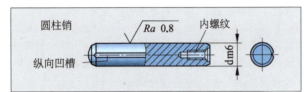

为了便于拆卸,这类销钉还配有内螺纹。

4

查简明机械手册得出 8H7/h8 的配合如下:

- 孔最大尺寸:$G_{oB} = 8.015$ mm。
- 轴最小尺寸:$G_{uW} = 7.978$ mm。
- 最大间隙:$P_{SH} = G_{oB} - G_{uW} = 8.015$ mm $- 7.978$ mm $= 0.037$ mm。
- 孔最小尺寸:$G_{uB} = 8.000$ mm。
- 轴最大尺寸:$G_{oW} = 8.000$ mm。
- 最小间隙:$P_{SM} = G_{uB} - G_{oW} = 8.000$ mm $- 8.000$ mm $= 0$ mm。

5

锥形销的锥度是 $C = 1:50$。

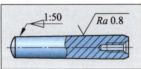

6

在刻槽销的圆周上有三个纵向槽,圆柱销有一个光滑的表面。

7

销可分为圆柱销、锥形销、刻槽销和夹紧销,形状分别如下图所示。

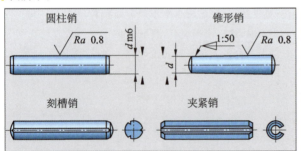

8

定位销的安装孔一定不能粗糙,该销容易钉入和取出。如果在精确度方面没有要求,螺栓连接时通常使用夹紧销替代较昂贵的配合销,以承受剪切应力。

● 铆钉连接

1

铆钉分为:
- 固定的铆钉连接。
- 固定和密封的铆钉连接。
- 极其密封的铆钉连接。

2

铆钉的优点:
- 在待连接的板材中不会引起强度降低。
- 完全不同的材料可以用铆钉连接。
- 通过铆钉连接不会破坏板材的表面涂层。
- 在仅允许单面接触的板材上也可以实施铆钉连接。

3

当铆钉部位只能单面接触时,宜使用快装铆钉。

4

冲压铆钉的优点:
- 铆钉时间短。
- 冲压铆钉时,铆钉冲出自身的铆钉孔,材料相互连接。

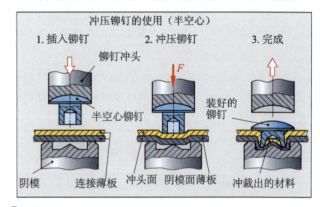

5

铆钉材料一般使用:钢、铜、铜锌合金和铝合金,特殊情况下还使用塑料和钛。

6

铆钉应用与被铆接零件相同的材料制成,以避免出现接触性腐蚀。另外,这样避免连接点在加热时出现松动,因为不同材料的线膨胀系数不同。

7

这种铆钉连接通过四个步骤来完成(见下图)。已加工成形的铆钉由铆钉扁头、杆部和铆钉墩头组成。

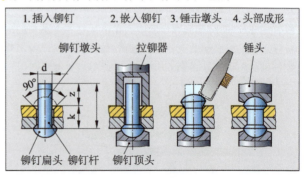

参考答案

8
- 在冷铆连接中,力传递主要是通过铆钉截面的形状连接,铆钉需要剪断。
- 在热铆连接中,力传递主要是通过摩擦力连接。热铆钉在冷却过程中会缩短,导致板料相互压紧。

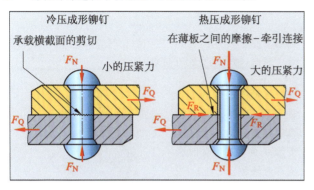

● 轴-轮毂连接

1
可以划分为形状连接、预应力形状连接、摩擦力连接和材料连接。在预应力形状连接中,通过形状和摩擦力连接传递力。

2
根据力传递的种类,花键轴连接是一种形状连接。花键轴连接可以传递很大的转矩,而且可轴向位移。

3
- 平键连接是纯粹的夹紧式连接(见下图),只在侧面传递圆周力。
- 在楔键连接中,通过嵌入的楔键紧固轴和轮毂。

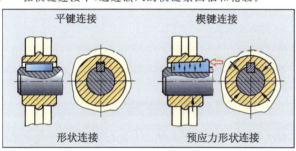

4
平键部分位于轴槽,部分位于轮毂槽(见题3图)。转矩通过平键连接从轴传递至轮毂。

5
平键连接不宜经受冲击型负荷,因为冲击型负荷将造成平键和键槽侧面塑料变形并使之受到破坏。

6
外花键连接可以传递大转矩和冲击型转矩。跟平键相比,这种连接可在直径相同时传递更大的转矩。

7
通过力的连接传递转矩。通过所产生的轴向力使环形的锥形夹紧元件(环形弹簧)径向延伸或者压缩,轴和轮毂互相夹紧(见下图)。

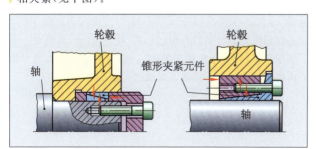

8
多边形轴连接没有尖锐的切口,如花键连接中的轴和轮毂槽。所以它不会通过切口应力集中效应产生负荷限制。

9
通常通过形状连接保护元件,如定位环、锥形销、保护环(弹性挡圈)和防护垫圈(见下图)。
轴向夹紧力的大小取决于保护元件的结构形式和机器零件的设计造型。

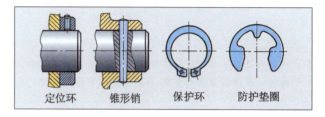

10
轴端挡圈用于已倒角的轴端,以扩大需保护的机器零件上保护环的接触面。

11
平键受到表面压力和剪切力,为了不超过允许的强度值,平键长度至少应是轴直径的1.2倍。

12
平键连接、楔键轴连接、锯齿形连接(细牙花键)和多边形轴连接特别适合传递大的转矩(见下图)。
这些连接可以传递所有范围内的转矩,而且不会产生不平衡。

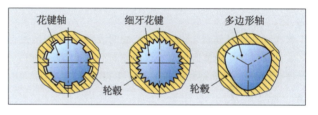

13
端面齿连接是指两个轮毂端面上的元件自定心连接(见下图),端面上有径向排列的轮齿。
同心的定心环保证同轴度,一个或者多个螺栓将连接件集中在一起,如轴和锥齿轮。

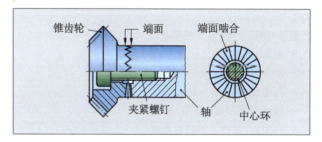

5.4 支撑和承重功能单元

● 摩擦和润滑材料

1
从摩擦系数 μ 和法向力 F_N 的公式可以算出摩擦力,力 F 至少应大于等于 F_R。

$F_R = \mu \cdot F_N$

法向力即重力,即

$F_N = F_G = m \cdot g = 80 \text{ kg} \cdot 9.81 \text{ N/kg} = 785 \text{ N}$

$F_R = 0.09 \cdot 785 \text{ N} = 70.6 \text{ N}$

2

摩擦划分为静摩擦、滑动摩擦、滚动摩擦和混合摩擦。混合摩擦是滑动摩擦和滚动摩擦的结合。

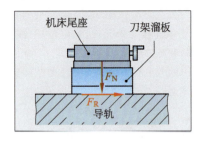

3

在向心球轴承上会产生混合摩擦,即滑动摩擦和滚动摩擦的组合。在槽底有滚动摩擦,在槽侧面还有滑动摩擦。

4

润滑材料最重要的功能是:避免摩擦、缓解冲击、防腐蚀、降温、排除磨损微粒。
润滑可使用液体、润滑脂、固体和气体。

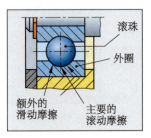

5

材料配合不好、过大的表面压力、润滑材料使用不当和润滑失灵都可以产生粘辊。滑动面的粘辊导致滑动面损坏。

6

液体润滑材料的黏度(黏滞性)用于衡量液体的流动性能。高黏度液体较黏稠,而低黏度液体较稀薄。

7

当滑动速度过低而无法形成油或脂润滑膜、运行温度过低或过高时使用固体润滑材料。固体润滑材料有石墨粉、二硫化钼(MoS_2)和塑料聚四氯乙烯(PTFE)。

8

摩擦力的大小主要取决于:
- 与摩擦面垂直起作用的法向力 F_N。
- 不同材料间的摩擦因数。
- 润滑状态。
- 摩擦面的表面性能。
- 摩擦类型(静摩擦、滑动摩擦、滚动摩擦、混合摩擦)。

9

润滑材料应该具有的性能有:
- 耐压、抗老化。
- 不含水、不含酸和不含固体的异物颗粒。
- 内部摩擦力小。
- 温度变化时黏度变化小。
- 高闪点、高燃点和高自燃点。

10

a) 摩擦力矩:
$$M_R = F_R \cdot r = \mu \cdot F_N \cdot r$$
$$= 0.10 \cdot 5\,000 \text{ N}$$
$$\cdot 0.025 \text{ m}$$
$$= 12.5 \text{ N} \cdot \text{m}$$

b) 每分钟消耗摩擦功:
$$W_R = \frac{F_R \cdot v \cdot t}{t} = F_R \cdot v$$

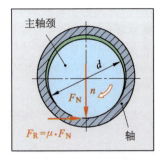

由 $v = \pi \cdot d \cdot n$ 和 $F_R = \mu \cdot F_N$ 得出
$$W_R = F_R \cdot \pi \cdot d \cdot n = \mu \cdot F_N \cdot \pi \cdot d \cdot n$$
$$= 0.10 \cdot 5\,000 \text{ N} \cdot \pi \cdot 0.050 \text{ m} \cdot 350 \text{ min}^{-1}$$
$$= 27\,489 \text{ N} \cdot \text{m/min} \approx 27.5 \text{ kJ/min}$$

● 滑动轴承

1

当润滑油注入不足时会产生粘滑。例如,润滑油膜启动或者中断时,轴与轴套相互接触时。

2

在液体动态润滑的滑动轴承中,润滑油通过轴颈的旋转运动进入逐渐变窄的间隙,形成油膜支撑着轴颈。

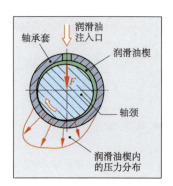

3

在液体静态润滑中,油泵将润滑油压入轴承间隙中。不管在停机状态下还是启动状态下,轴与轴套都不会相互接触。因此,排除了在液体静态润滑中出现粘滑现象的可能性。

4

优点:
- 运行时无磨损。
- 在非常小的摩擦下升温小。
- 径向跳动精度高。
- 无粘滑现象。

缺点:
- 生产成本高。
- 润滑装置昂贵。
- 要求对润滑系统做认真仔细的监视。

5

润滑油必须尽量回流冷却,不能超过润滑油的温度使用范围。过热会影响润滑效果甚至会导致润滑油分解,从而导致润滑失效。

6

- 过大的轴承力。
- 由于润滑油不足或者过小的滑动速度导致的润滑不充分。
- 轴和/或轴套的表面过于粗糙。
- 对于所选用的轴承来说轴的圆周运动速度过大。

7

在润滑油循环润滑系统中,油泵将润滑油压入轴承间隙中。待轴承间隙中润滑油溢满之后,又流回到储油容器里。如果润滑油在轴承中溢满时温度升高,那么润滑油必须经过油冷却器进行冷却。

8

适宜用作轴承材料的有铜、锡、铅、锌、铝合金、铸铁及一些烧结金属和塑料(比如聚酰胺)。多层滑动轴承由一个钢质外支承圈和多个轴承金属薄层组成(见下图)。

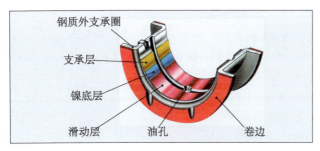

9

计算滑动轴承的压强

$$p=\frac{F}{A}=\frac{F}{d \cdot l}$$

由此得出

$$p=\frac{9\ 000\ \text{N}}{30\ \text{mm} \cdot 25\ \text{mm}}=12\ \text{N/mm}^2$$

允许压强 p_{zul}	
轴承材料	p_{zul}/(N/mm²)
SnSb12Cu6Pb	15
PbSb14Sn9CuAs	12.5
G-CuSn12	25
EN-GJL-250	5
PA66	7

查简明机械手册得出，

可选用 PbSu14Sn9CuAs、SuSb12Cz6Pb 或 G-CuSu12 作为轴承材料。

10

EN-GJL-250 所允许的压强 $p_{zul}=5\ \text{N/mm}^2$（根据题9表）。

根据压强的公式 $p=F/A$ 得出 $F=p \cdot A$

受力面积 A 相当于轴颈的投影面积，$A=d \cdot l$，则有 $F=p \cdot A=p \cdot d \cdot l$，得

$$l=\frac{F}{p \cdot d}$$

$$l=\frac{7\ 500\ \text{N}}{5\ \text{N/mm}^2 \cdot 40\ \text{mm}}=37.5\ \text{mm}$$

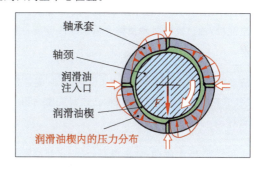

11

免维护滑动轴承可以由以下材料制成：
- 具有润滑性能的塑料，如聚酰胺（PA）或聚四氯乙烯（PTFE）。
- 润滑浸渍的烧结金属。
- 多孔的烧结金属，这些孔都用固体的润滑材料（如PFTE或石墨）填充。

12

- 固体摩擦：静止状态时轴颈直接在轴承套上。固体摩擦存在于轴颈和轴套的材料之间。
- 混合摩擦：轴颈在逐渐增大的转速下带着大量通过黏结黏附在其上面的润滑油，并且将其压入轴承间隙中（润滑油楔）。通过压力升高，轴颈会稍微抬高。
- 液体摩擦：在足够高的转速下，润滑油楔中的液压会增大，轴颈漂浮在润滑材料上。

13

轴承在转速较小不允许出现混合摩擦的情况下可使用液体静态润滑。

14

在多面滑动轴承中，滑动面划分成很多的型面，每个型面都有各自的润滑油注入口（见下图）。

当轴颈位于偏心位置时，相关润滑间隙内的油压迫使轴颈立刻回到正中心位置。

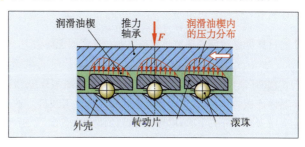

15

装有转动片的液体动态润滑的轴向滑动轴承（见下图）用于如立轴水轮机的推力轴承，可以承受极高的轴向力。

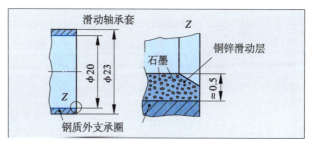

16

- 少维护滑动轴承装有一个润滑材料储备装置，它可以在较长时间内，如数月之久，提供足够的润滑材料。
- 免维护滑动轴承所装备的润滑材料储备量足以维持轴承的整个使用期限。
- 免维护复合滑动轴承也可由一个含烧结黄铜摩擦层的钢质外支承圈组成（见下图）。在摩擦层中含有细密分布的固体润滑材料石墨。

17

油槽和油袋不允许装在负荷的轴承部件上。

● 滚动轴承

1

泵轴的轴承结构：
- 两个向心推力球轴承（位置12）。
- 一个圆锥滚子轴承（位置8）。

2

圆锥滚子轴承可用作浮动轴承。

3

泵轴在运行状态下自身会升温;在停止状态下会自动冷却至室内温度。因此,轴承自身会膨胀或者收缩。如果没有浮动轴承,在滚动圈内的滚动体就会卡得过紧。

4

该轴承使用油浴润滑。位于滚动体下的所有零件被润滑油完全浸湿,通过旋转运动使整个轴承零件都能得到充分的润滑。

5

与轴旋转的端盖(位置3)和镗孔(位置6)形成迷宫式密封,曲径式密封防止灰尘进入轴承。迷宫式密封用于无接触式密封。

6

位置4和位置16是轴向-轴密封圈,它防止润滑油从轴内部向外流出。

7

位置8的内环承受切向负荷,因为该环的每一个点在轴承转动时会受到一次负荷。

8

通过厚度已精磨的调节垫圈使这些位置之间无间隙。

9

在挡圈(位置10)安装完毕之后,将轴承外圈与外壳和滚动体连接,至挡圈。将内环与泵轴相应的轴肩连接。轴承支座安装至外壳上时,内环移至滚动体圈的空腔。

10

拆卸可以按以下顺序进行:松开位置2,向左拆卸位置3,拧开位置14,向右拆卸位置1与所有固定在其上面的部件。然后拧开位置18,向右拆卸位置17、15和13,然后拆卸轴承(位置12)。

11

确保迷宫环的位置。

12

在已拆开的轴承上容易安装向心推力滚珠轴承(位置12)。

13

由于在泵轴上的径向轴密封(4)的密封唇口在该范围内滑动,所以必须对表面进行无旋转研磨并使表面粗糙度 R_z 达到最大值 $4~\mu m$。除了该位置,轴承的表面硬度也必须至少是 45HRC(洛氏硬度值)。

14

槽是拆卸轴承内环(位置8)和拆卸轴承(位置12)所要求的。通过这些槽,拆卸装置的钩子可以挂到内环平面上。

15

由于轴承环必须承受切向负荷,所以轴承环与轴之间要求有一个固定位置。轴承环可以浸泡在油浴中或借助电加热器加热到 80 ℃～100 ℃,以简化装配。

16

通过这个槽,位置6和位置8以及位置15和位置12之间的润滑油可以再次流回到油槽。

17

滚动轴承的优点:

- 摩擦小、升温慢。
- 低转速时具有高承载能力。
- 润滑材料消耗少。
- 标准件的可更换性强。

滚动轴承的缺点:

- 对污染、冲击和高温敏感。
- 噪声较高。
- 安装直径较大。
- 减振缓冲较小。

18

采用陶瓷滚动体的混合轴承其密度比钢质滚动体要小,所以产生的离心力较小,由此产生的摩擦也大幅度减少。混合轴承可以承受高的转速。

19

轴承环与轴不可以相互移动。如果零件之间留有配合间隙,轴承环将会在圆周方向"游动",轴承环和配合件会因此损坏(配合缝隙腐蚀)。

20

运行间隙就是滚动体和轴承环之间的间隙,它存在于装配之后的工作状态下。

21

始终作用在轴承环上同一点的负荷称为点负荷。下列情况会产生点负荷:

- 轴承外壳中的外环静止不动,而内环与轴承旋转(见下图 a))。
- 内环位于静止不动的轴上,而装有张紧轮的外环进行圆周运动(见下图 b))。

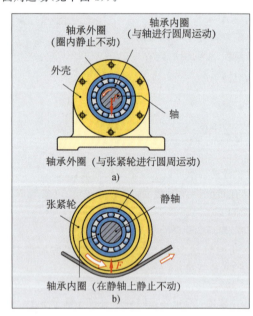

a)

b)

22

装配滚动轴承时必须注意以下事项:

- 滚动轴承对污损和腐蚀非常敏感,因此在装配时必须注意保持工作现场高度整洁。轴承在装配前应一直放在原始包装内。
- 在装配时承受的轴向力不允许通过滚动体传递。
- 使用机械压力机或者液压压力机能更好地装配滚动轴承。
- 在装配前必须要对承受较大切向负荷的轴承环加热。

23

轴承间隙(就是滚动体与轴承环之间在轴向和径向两个方向留有的间隙)会变小。

24
借助调节螺帽或者装入调节垫圈,轴向移动锥形轴承环的锥形紧固套筒,实现预加应力(负的运行间隙)。

25
拆卸力不能通过轴承滚动体传递,拆卸装置必须装在轴承内环上(见下图)。

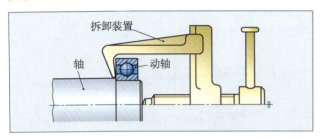

26
使用下列滚动体:滚珠、滚柱、圆锥滚柱、鼓形滚柱和滚针。滚动体可以呈单列或者双列排列。

27
混合轴承是滚动圈由滚动轴承钢组成且滚动体由陶瓷(氮化硅 Si_3N_4)组成的滚动轴承。混合轴承用于支承机床上的工作主轴。

28
全陶瓷轴承可以耐受众多酸碱的化学腐蚀,耐高温能力最高可达 800℃,而且不会被磁化。

29
由于较大的接触面积,滚子轴承的载荷能力比滚珠轴承要大。

30
当轴承力纵向于轴起作用时使用轴向轴承;当轴承力横向于轴起作用时使用径向轴承。

31
可能的原因有:
- 安装时过于暴力。
- 轴承间隙过小。
- 润滑错误或不足。
- 灰尘、金属碎屑、腐蚀的影响。

32
$\alpha_{钢}=0.000\ 016\ 1/K$

$\Delta l = \alpha \cdot l_1 \cdot \Delta T$,则

$\Delta T = \dfrac{\Delta l}{\alpha \cdot l_1}$

$= \dfrac{0.04\ \text{mm}}{0.000\ 016\ 1/K \cdot 40\ \text{mm}} = 62.5\ K \triangleq 62.5℃$

● 磁性轴承

1
磁性轴承由定子和已装配好的电磁板组成(见下图)。铁磁转子固定在支承轴上。成对排列的电磁板在定子和转子之间的间隙产生强磁场,磁场通过轴承将转子置中,这样转子就不接触定子了。
传感器始终监视转子的中间位置,在中间位置出现偏差时,磁场会使转子重新回到中间位置上。

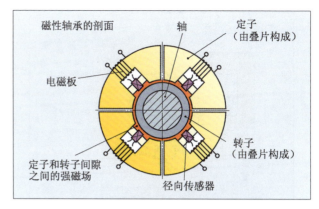

2
机床工作主轴上装有磁性轴承,限动轴承(滚动轴承)可避免停电时转子和定子与磁性轴承接触,避免造成轴承损坏(见下图)。限动轴承与支承轴之间的间隙小于磁性轴承内的轴承间隙。

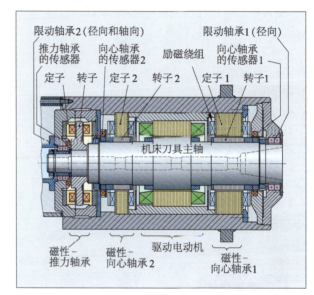

3

与滚动轴承相比,磁性轴承的优点		
	磁性轴承	滚动轴承
摩擦	很小	小
磨损	无磨损	中等
运行噪声	无运行噪声	中等
升温	非常小	小
圆周速度	最高 200 m/s	最高 100 m/s
润滑	无	润滑脂或润滑油

4
磁性轴承用于高速转子轴承,如离心机、压缩机、涡轮机和机床刀具主轴(高速切削机)。

5
推力磁性轴承的圆片状转子由实心钢组成,并由两个环形定子围住(见下图)。该定子有两块环形磁铁,其磁场使转子位置保持不变。轴向传感器监视转子位置。

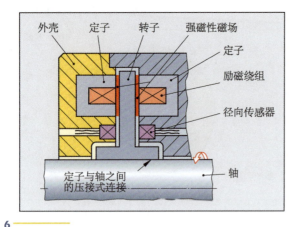

6
传感器的基准信号在调节器中进行处理,当转子偏移实际的中间位置时,电磁铁励磁绕组的励磁电流通过功率放大器发生改变,使转子重新回到设定的中间位置。

7
一般通过安装在主轴上的异步电动机驱动。

● 导轨

1
导轨应具备以下特性:
- 导向精度高。
- 可重调导轨间隙。
- 摩擦小、磨耗低。
- 优良的减振性能。
- 维护简单,便于润滑。

2
导轨根据形状可分为如下图所示的几种。

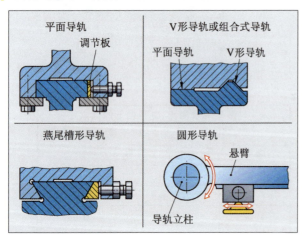

3
圆形导轨允许导轨的旋转运动和纵向运动(见下图),则立式钻床可上下摇动并绕着圆柱旋转。

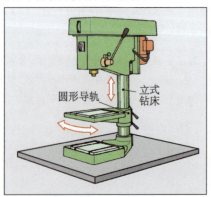

4
在封闭式导轨上,刀架滑板围着所有导轨轨道面。封闭式导轨可以传递导轨垂直方向上的所有力。

5
在开放式导轨上,刀架滑板只能承受指定方向的力。
下图所示的组合式 V 形导轨可承受大的垂直力,但只能承受小的横向力。如果刀架滑板受到一个大的垂直向上的力,那么就会被抬起。

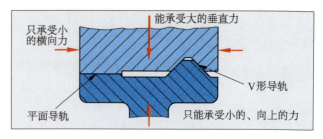

6
通常,由于滑动速度过低,滑动件之间无法形成不间断的润滑膜,从而导致滑动面只有局部润滑。

7
因为粘滑会使刀架滑板和机械手无法精确定位或者难以精确定位。

8
微小的摩擦、粘滑不会出现在液体静态和空气静态滑动导轨上。

9
在刀架滑板上,不限制移动距离的滚动导轨有一条装有滚动体回程的滚动体链(见下图)。这样,滑板就可以在任何长度的导轨上移动。

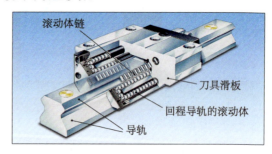

10
压缩气垫在空气静态滑动导轨上运行,而在液体静态滑动导轨上油膜充当滑动层。由于空气黏度非常小,刀架滑板在气垫上滑行几乎是没有摩擦的。

11
保持正确的高度位置,需要使用导轨轨道上的上下配油腔。

12
增大的力将刀架滑板稍微向下压。由此,上面配油腔的间隙变窄,而下面配油腔的间隙扩大。压力油通过恒定的体积流量和合适的油压压入配油腔。当体积因为间隙变窄而减小时,油压升高。由此,刀架滑板被抬起,直至重新回到标准位置。

13
侧面排列的配油腔在非垂直切削力作用下使滑板保持在正确的位置上,并平衡零件在水平面上的切削力。

14
空气静态滑动导轨与液体静态滑动轨道的运行方式一样。压缩空气取代油压通过配油腔压入,因此,摩擦会小于液体静态滑动轨道。

15
滑动导轨的润滑方式与滑动轴承相同,使用液体动态或液体静态润滑。在液体动态润滑轨道上,两个滑动件之间的油压通常会由于滑动速度低而变低,因此,会出现混合摩擦,而且磨损增大。在液体静态润滑轨道上,所需的油压除了在导轨上还在其他的油泵上产生。所以,规定轨道面之间始终要保持有足够的润滑油,以保证始终有液体润滑。

16
抗扭曲的滚珠导轨主要由一个特形轴、一个滚珠衬套及位于轴与滚珠衬套之间的滚珠(见下图)组成。滚珠排列于特形轴的滚道槽和滚珠衬套之间,它们不能绕着轴旋转。

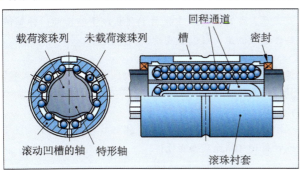

17
滚动导轨装配快捷,因为只是用螺栓把导轨轨道和导轨滑动架固定(例如,在加工机床床身和刀架滑板的加工面上)(见下图)。

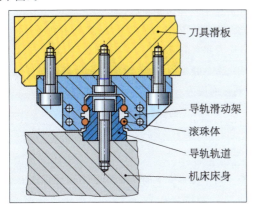

18
滚动导轨和滑动导轨大多用于机器制造和搬运系统中滑板的精确引导。

19
在由压缩空气替代液压油的空气静态滑动导轨中,摩擦力小于液体静态滑动导轨。

● 密封

1
密封分为静止密封(静态)和运动密封(动态)。

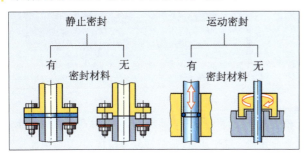

2
通过密封表面上的零件相互按压来达到密封效果,由此来平衡密封表面的不平整性。由弹性密封材料制成的密封元件嵌入密封面之间。

3
径向轴密封环用于轴的密封(例如,机床床身中)(见下图)。径向轴密封环不宜在大的压力差下进行密封。

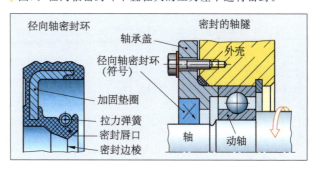

4
迷宫式密封通过相互啮合的密封件来进行密封,该密封件在支座和轴上相互收缩的密封件之间形成迷宫式间隙。只有用润滑脂,迷宫式密封才有好的密封效果。

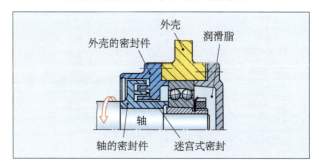

5
最常使用的成形密封件是圆形密封圈,也叫O形环。它嵌在一个槽里并且在装配时会发生弹性变形。

6
相互密封的零件就是两个相互磨削的滑环(见下图),其中一个滑环与轴同步运动,另一个滑环固定于床身。密封面就是两个滑环的滑动面。

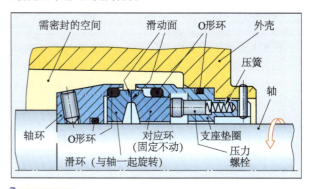

7
有弹性的径向轴密封环不可承受大的压力。在大的压力负荷下,径向轴密封环会变形并且从密封槽挤压出来。在中等的压力负荷下,由于大的挤压力密封唇口会磨损得很快。

8
为了平衡密封表面的不平整性,密封材料必须能弹性变形或塑形变形。除此之外,密封材料应能耐受化学药物,还应具备耐高温、抗老化以及耐磨损等特点,且运动密封的密封材料自身的摩擦也必须非常小。

9

采用塑料、陶瓷、硬质金属或石墨作为滑动环的材料。

10

标准名称是：RWDR DIN 3760-AS42×55×8 NB。

● 弹簧

1

弹簧在机床中的不同作用如下：
- 吸收冲击和振动（例如，机动车的悬挂、离合）。
- 叠压机器零件（例如，联轴器）。
- 储存张紧力（例如，端石爪子）。
- 使机器零件回位（例如，气动缸）。

2

把弹簧力 F 与弹簧行程 s 的比例关系称为弹簧伸缩率。由 $R=Fs$ 得出

$$R=\frac{400\ \text{N}}{5.5\ \text{mm}}\approx 72.7\ \text{N/mm}$$

3

- 根据弹簧的负荷类型，可将弹簧分为压簧、拉簧、弯曲弹簧和扭转弹簧。

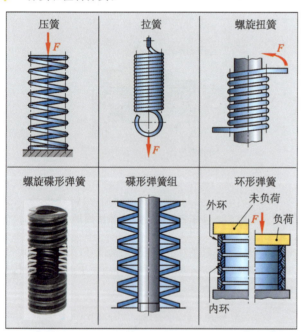

- 根据弹簧的外观形状，可将弹簧分为螺旋弹簧、螺旋碟形弹簧、钢板弹簧、扭杆弹簧、碟形弹簧和环形弹簧。
- 根据弹性材料的类型，可将弹簧分为钢质弹簧、橡胶弹簧和气动弹簧。

4

通过逐层叠加同型号的碟形弹簧成为弹簧组，增大弹簧行程（见下图）。同时，弹簧力不变。

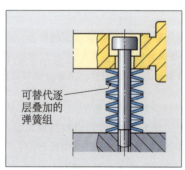

5

环形弹簧由相互配合的外、内圆环组成（见右图）。

在其内外端面有个斜面，当轴向力作用在环形弹簧组上，斜面受到加压，外环向外

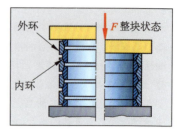

弹性扩展，而内环弹性回缩。轴向力消失时，内环弹性扩展，外环弹性回缩。

6

从弹簧的特性曲线中能看出弹簧力 F 与弹簧行程 s 的相互关系。弹簧的特性曲线用于判断弹簧的性能。弹簧的特性曲线的走向可以是线性、递增或递减。

7

弹簧力变化较小而弹簧行程较大的弹簧称为"软"弹簧。其特性曲线呈直线。

8

气动弹簧用于如高级车、载货车和 ICE 火车的悬挂。空气或者某种气体充当弹簧元件。

5.5 能量传输功能单元

● 动轴和静轴

1

动轴和静轴的功能区别在于：
- 动轴：传递转矩，比如在齿轮驱动下，主要受到旋转（扭转）应力和弯曲应力。
- 静轴：支承静止的、旋转的或者振动的机械零件，主要受到弯曲应力。

2

动轴的直径不能大于轴允许的弯曲应力和允许的扭曲应力。

3

通过至少两个轴承支承的动轴径向固定，并将轴上所出现的横向力 F_Q 传递至外壳（见下图）。驱动转矩 M_A 从动轴传递至锯条，成为锯条转矩 M_S。

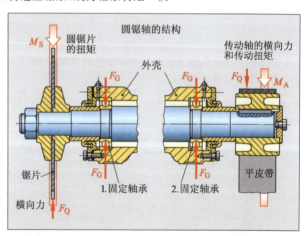

4

根据其功能，动轴分为驱动轴、传动轴、主轴、万向轴、曲轴和凸轮轴。根据其结构，动轴分为刚性轴、万向轴和可弯曲轴。

5

通过松开传动轴，其他机床部件如齿轮或滚动轴承，更容易安装并且固定在轴向方向。过盈的机械零件如滚动轴承必须在传动轴未松开时先通过传动轴安装至其位置上。

6

轴颈分为枢轴颈、环轴颈、球形轴颈、竖轴颈、曲轴颈（见下图）。从轴颈到轴肩的过渡中，由于切口应力集中效应，存在疲劳断裂的危险，因此，过渡必须要有大半径或统一规格的退刀槽。

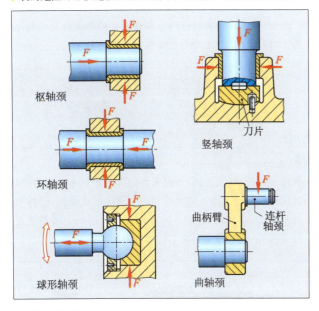

7

当轴的驱动端到传动端位置可以发生变化时，万向轴可用于传递转矩。

8

曲轴把旋转运动转变成直线运动或把直线运动转变成旋转运动。例如，曲轴用于活塞式压缩机和内燃机。

● 联轴器

1

联轴器连接两个动轴并且传递一个动轴到另一个动轴的转矩。部分用于零件的启动和关闭，如传动轴。有些联轴器可以补偿轴的偏移移动。

2

在单片式圆盘联轴器中，位于从动轴上带有摩擦片衬里的联轴器片按压与驱动轴相连的摩擦片（如图上）。由此，该转矩从驱动轴传递到从动轴上。为了松开联轴器，两边的摩擦片衬里通过脱接叉相互施压（如图下）。

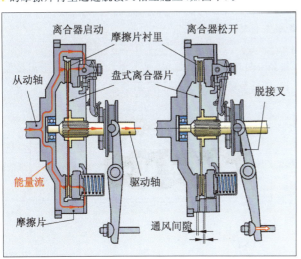

3

必须要传递摇摆强烈的转矩、缓冲冲击和振动以及补偿微小的轴向和角度的轴偏移时，可使用弹性联轴器。其弹性元件采用橡胶成形件、螺旋弹簧和板簧、金属波纹管和填充了压缩空气的橡胶波纹套。

4

金属波纹管联轴器具有如下显著优点：
- 可补偿轴的轴向偏移、径向偏移和角度偏移。
- 在高的扭转强度下结构简单、牢固以及装配方便。
- 在高的运行温度下影响小。

5

联轴器连通时，内摩擦片会压紧外摩擦片（见下图）。由此，转矩从驱动轴传递到从动轴上。联轴器松开时，圆盘会分开，由此外摩擦片与驱动轴、内摩擦片与传动轴一起转动。

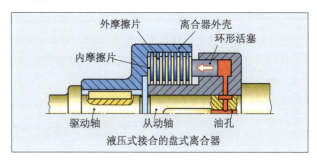

液压式接合的盘式离合器

6

在实现调节过载转矩时，卡槽式联轴器在几毫秒之内停止通电。但在没有超过过载转矩时，卡槽式联轴器会马上重新投入使用。

7

当联轴器从动零件转动比联轴器驱动零件快，而且该快速转动不需通过驱动机床制动时，空程联轴器会停止传递转矩。

8

它能补偿径向偏移、轴向偏移、角度偏移以及这些偏移的组合（见下图）。

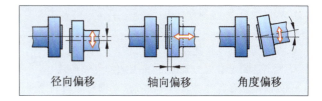

9

刚性联轴器用于两个轴方向上固定连接的同心轴之间的力传递。刚性联轴器不能补偿轴的偏移。

10

弧齿联轴器、万向轴联轴器及万向轴都属于旋转刚性联轴器。这些联轴器可用刚性方式传递旋转运动，同时补偿角度和轴向偏移。轴上的两个万向节也可以补偿大的径向偏移。

11

当机器必须实现"软"启动或者需要缓冲在圆周运动方向上的冲击和振动时,使用弹性联轴器。弹性联轴器通常用于转矩变化幅度很大的工作设备(例如,活塞泵和活塞压缩机)的驱动。

12

安全销联轴器用于防止重要的机床零件在过载时受到损伤。

13

当与轴相接的能量流必须经常断开,大的转矩需要用牢固的联轴器来传递时,就可以使用盘式联轴器。电磁操纵的盘式联轴器特别适合自动操纵的机床。

14

启动联轴器可以使动力设备无负荷启动。直到它达到预先选定的转速后才与工作设备连通。动力设备要求有启动联轴器,这种联轴器在低转速下具有小的转矩,如内燃机。

15

- 在形状连接的传动联轴器中,通过相互啮合的成形件来连接轴。爪式和齿式联轴器属于形状连接的传动联轴器。
- 在摩擦力连接的传动联轴器中,通过摩擦传递转矩。
- 单片圆盘摩擦联轴器、多片圆盘摩擦联轴器是摩擦力连接的传动联轴器。

16

空程联轴器或单向联轴器包含夹紧件(例如,滚珠),该夹紧件在驱动轴快速运行时夹紧在驱动轴和从动轴之间,由此产生形状连接(见下图)。驱动轴缓慢运行时,松开夹紧的滚珠,从动轴超过驱动轴空程运转。

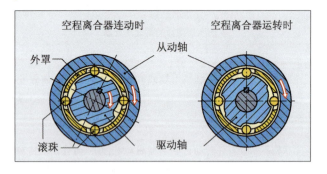

● 皮带传动

1

平面皮带传动有如下特性:
- 运行噪声小,可缓冲冲击。
- 维护费用低。
- 可承受大的皮带速度和大的可传输功率。
- 为了达到足够大的摩擦力,需要大的皮带张紧力。
- 因皮带膨胀延伸引起的打滑在从动轴与驱动轴之间产生一个小的转速差。
- 皮带材料、工作温度受限。

2

可分为窄三角皮带、宽三角皮带、复合三角皮带和多股三角皮带(见下图)。不同的三角皮带用于不同的应用场合。

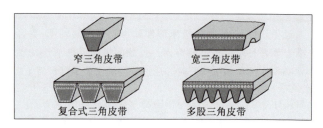

3

侧面敞开的三角皮带没有表层织物(见下图)。与加套的三角皮带相比,侧面敞开的三角皮带在槽侧面有更大的摩擦力,因此它适合于小的皮带轮和高的传输功率。

4

有齿皮带传动(见下图)由皮带齿的形状连接来传递力,因此传动时没有打滑。它只需要一个很小的皮带预应力,所以只产生小的轴承负荷。有齿皮带传动适用于圆周速度最大为 80 m/s 的中小功率的无打滑传动。

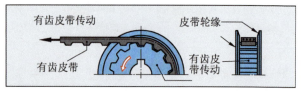

5

皮带传动分为无齿皮带(摩擦力连接)和有齿皮带(形状连接)传动。摩擦力连接的皮带通过皮带轮与皮带之间的摩擦传递转矩。形状连接的皮带通过齿形皮带和齿形皮带轮的形状连接传递转矩。

6

打滑是指皮带轮圆周速度和皮带速度之间的速度差。通过由圆周力造成的皮带弹性膨胀和皮带轮上微小的皮带滑动产生打滑。皮带传动上的打滑率最多为 2%。

7

- 优点:在小的结构下可传动功率大,在小的打滑下拉力大,许多并排的三角皮带(例如,复合三角皮带)有很大的传输功率。
- 缺点:成本高,轴间距受限。

● 链条传动

1

链条分为环形链和活节链(见下图)。环形链只用作起重链,而活节链是链条传动的牵引装置。

2
- 对湿度、污染和高温几乎不敏感。
- 活节链必须进行润滑。
- 链条运行速度受限,并在冲击负荷时有振动。
- 运行噪声大。

3
与简单的销钉链相比,层式套筒滚子链有已淬火和精磨的滚子,滚子在链轮齿面上滚动(见下图)。层式套筒滚子链产生的摩擦小,因此磨损比销钉链小。

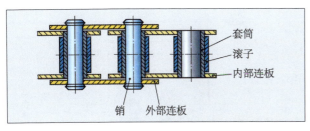

4
齿链(见右图)的运行噪声小,用于速度达到 30 m/s 的传动装置,如内燃机的控制链。

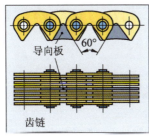

5
链条传动用于:
- 传递大的拉力时。
- 污染严重和高温的恶劣环境中。
- 要求传动比精确且没有打滑时。
- 起重运输技术设备及木材加工机械和建筑机械中。自行车和摩托车证明了链条传动是可行的。

6
链轮水平排列或60°倾斜排列(见下图),这样有利于链条平稳安静运行。

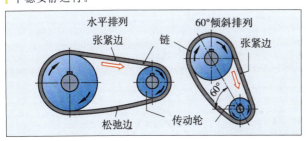

7
张紧轮应始终轻轻压紧链条,以补偿链条的膨胀延伸,避免链条的振动(见右图)。带张紧轮的链条传动也可以垂直布置。

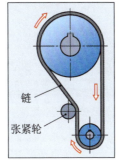

8
链条有层式套筒滚子链、套筒链、格氏活节链、费氏活节链和齿链。

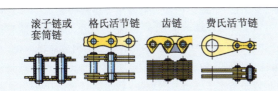

● 齿轮传动

1
齿轮以形状连接形式将一个轴的旋转运动传递到另一个轴,在该过程中改变转速、旋转方向和转矩。

2
齿轮模数 m 被定义为轮齿啮合的一个基本参数。模数由齿轮的齿距 p 除以数值 π 得出。
模数的数值是被规定好的并且是没有余数的,比如 0.3、1.5、2.0、3.0 等。模数有长度单位,如 $m = 2$ mm。

3
当围绕着圆柱体的一根线的端点在一个圆柱体上展开时,即产生出渐开线(见下图)。齿轮的齿面通常有渐开线的形状。

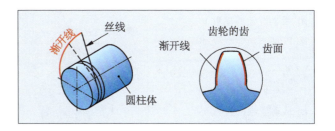

4
齿轮传动的基本形式分为直齿轮传动、锥形齿轮传动和蜗杆传动(见下图)。
直齿轮传动用于平行轴,锥形齿轮传动用于垂直轴,蜗杆传动及斜齿轮传动用于交叉轴。

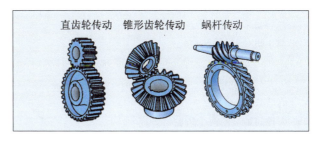

5
在斜齿啮合的直齿轮中,总是很多齿轮同时进行啮合。因此,它可以承受很大的圆周力,并且运行噪声比直齿轮更小。但是,斜齿的齿轮会产生必须由轴承承受的轴向力。

6
分为滚铣法、滚切法插齿、滚刨齿和分度滚磨(见下图)。

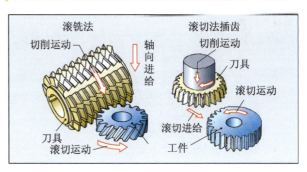

7
齿轮传动的基本参数有齿数、分度圆和两个齿轮的转速(见下图)。

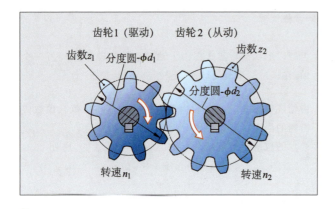

8

由齿数 z 乘以模数 m 得出，即 $d = m \cdot z$。

9

a) 两个齿轮的模数 m。

由 $d_a = m(z+2)$，得

$$m = \frac{d_a}{z+2} = \frac{216 \text{ mm}}{46+2} = 4.5 \text{ mm}$$

b) 从动齿轮的齿数 z_2。

由 $a = \frac{m \cdot (z_1 + z_2)}{2}$，得

$$z_2 = \frac{2a - m \cdot z_1}{m} = \frac{2 \cdot 270 \text{ mm} - 4.5 \text{ mm} \cdot 46}{4.5 \text{ mm}} = 74$$

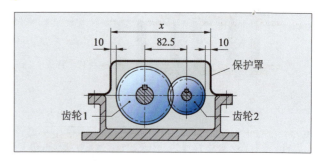

c) 从动齿轮的齿顶圆直径 d_{a2}。

$d_{a2} = m \cdot (z+2) = 4.5 \text{ mm} \cdot (74+2) = 342 \text{ mm}$

d) 两个齿轮的节圆直径。

$d = m \cdot z$

$d_1 = 4.5 \text{ mm} \cdot 46 = 207 \text{ mm}$

$d_2 = 4.5 \text{ mm} \cdot 74 = 333 \text{ mm}$

e) 齿顶间隙 c 的两个齿轮的齿高 h。

$h = 2 \cdot m + c = 2 \cdot 4.5 \text{ mm} + 0.167 \cdot 4.5 \text{ mm} = 9.75 \text{ mm}$

10

要注意齿轮正确的轴向位置。此外，要夹紧齿轮，不然会出现较大间隙。因此，锥形齿轮传动上要规定轴向调节间隙的方法。

11

一个齿轮的齿顶圆与相啮合齿轮的齿根圆之间的距离就是齿顶间隙（见下图）。

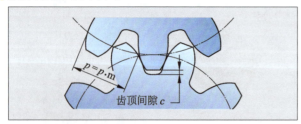

齿顶间隙应由 $(0.1\sim0.3)$ 乘以两个齿轮的模数 m 得出，即 $c = (0.1\sim0.3) \cdot m$。

12

齿面的弯曲曲线通常为渐开线的形状。

13

$d_2 = m \cdot z_2 = 2.5 \text{ mm} \cdot 24 = 60 \text{ mm}$

由 $a = \frac{d_1 + d_2}{2}$ 得 $d_1 = 2 \cdot a - d_2$

$d_1 = 2 \cdot 82.5 \text{ mm} - 60 \text{ mm} = 105 \text{ mm}$

$d_{a1} = d_1 + 2 \cdot m = 105 \text{ mm} + 2 \cdot 2.5 \text{ mm} = 110 \text{ mm}$

$d_{a2} = d_2 + 2 \cdot m = 60 \text{ mm} + 2 \cdot 2.5 \text{ mm} = 65 \text{ mm}$

$x = a + \frac{d_{a1}}{2} + \frac{d_{a2}}{2} + 2 \cdot 10 \text{ mm}$

$= 82.5 \text{ mm} + 55 \text{ mm} + 32.5 \text{ mm} + 20 \text{ mm} = 190 \text{ mm}$

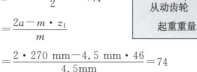

5.6 驱动单元

● 电动机

1

根据电流类型，我们把电动机分为直流电动机、单相交流电动机以及三相交流电动机。

（根据旋转状态，即与电流旋转磁场同向或异向，分为同步电动机和异步电动机。）

2

- 结构简单而牢固，因为不需向转子输入电流。
- 故障率低，维护工作量少。
- 启动转矩与额定转矩几乎相等（见以下发动机特性曲线图）。
- 启动电流高。
- 负载时转速仅略微下降。

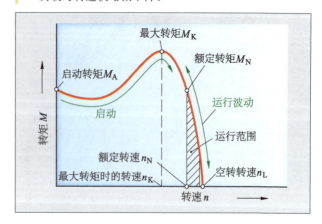

3

交流异步电动机由固定嵌入的定子（绕组）和可旋转的转子（见下图）组成。它有一个由铝导体线棒制成的鼠笼转子，该铝导体线棒由锁紧环（短接环）封住。转子间隙就是叠片铁芯。旋转的定子磁场在转子线棒内感应出电流，并以此产生同样的旋转磁场。定子磁场与转子磁场相互作用，转子与定子磁场共同旋转，转子的转速略小于旋转磁场的转速。

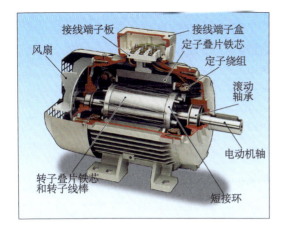

4

大功率的电动机启动时耗用电网的大电流。因此,电网的电压下降,导致许多连接在电网的电器损坏。所以大的电动机有一个启动控制器,它促使发动机缓慢启动,由此从电网上获得不太大的初始电流。

5

主轴传动的要求:
- 在大的转速范围内具有大的功率以及恒定的转矩。
- 可无级转速调节。
- 可快速启动和制动。
- 具有角度定位的方法(例如,更换刀具或进行钻孔操作时)。

进给传动的要求:
- 可快速加速和制动。
- 暂停状态下有大止动力矩。
- 具有尽可能无前冲振动的定位启动功能。
- 具有小位移增量的横向进给。

6

直线电动机的基本结构相当于在平面上展开的三相交流电动机(见下图)。带有恒磁体的导轨装于移动轨道,其具有线性电动机的定子、活动的刀架滑板,包括线性排列的磁体线圈。如果绕组与电源接通,平面内便产生线性移动的磁场。该磁场与恒磁轨道的磁场相互排斥并驱使刀架滑板向前移动,通过电流方向的转换改变运动方向。

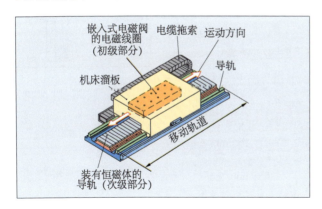

7

电动机的重要特性:
- 驱动机运行噪声小,维护工作量少,利于环境保护。
- 可立即处于就绪状态。
- 效率高。
- 有各种功率大小、形状及运转特性的电动机。

8

通过在转子的可旋转导线线圈的磁场和固定嵌入的定子的磁场的相互作用下产生发动机的磁场力。磁场力在转子上产生转矩并且导致电机轴旋转。

9

鼠笼式交流异步电动机、滑环式同步直流电动机和交流同步电动机。每种电动机类型都有特定的性能,因此适合完成非常特殊的驱动任务。

10

在极性变换的三相交流电动机中,转速可以一级或二级转换。用变频器可以在较宽转速范围内无级调节三相交流电动机的转速。

11

转速轻微降低,并且转矩增至最大即极限转矩,如题2图所示,该电动机适合该范围内的负载,如果该负荷超过极限转矩,那么电动机保持不动。

12

交流同步电动机的性能:
- 电动机轴同步旋转,即转速等于旋转磁场的转速。
- 在负载变化时,转速也保持恒定。
- 在负载下,电动机的力矩保持不变。
- 同步电动机需要启动辅助。
- 通过电动控制可以控制转速。

13

通用电动机用于家用电器和小型电器装置,如吸尘器、手工电钻和电风扇。通用电动机可以由直流电或单相交流电驱动。

14

换向器使电动机导体回路的电流始终在正确的方向流动并且使转子不间断的旋转。为了完成不间断的旋转运动,必须始终在其他的导体回路中传导电流。

15

优点:
- 占极小的空间,电动机和主轴之间没有能量传输的部件(见下图)。
- 具高抗扭强度和运转平稳性。
- 圆形状精度和位置精度高。

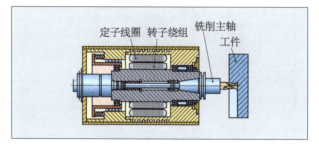

16

进给传动装置大部分采用无刷交流同步电动机。

17

- 加速和制动时有强大的动力。
- 停止状态下有高止动力矩。
- 具有超程的定位启动功能。
- 具有小位移增量调节功能。

18

通过变频器调节和控制交流电动机的转速。

● 变速箱

1

变速箱用于改变转速、转矩和转动方向。

2

我们把变速箱分为有级变速箱和无级变速箱。有级变速箱分为换挡变速箱和无挡变速箱。无级变速箱有摩擦力连接形式和形状连接形式。

3

通过三级传动与二级传动相结合（见下图）。三级传动有三个开关位置并且安置在传动的两个开关位置上，总共有 $3 \cdot 2 = 6$ 个开关位置。

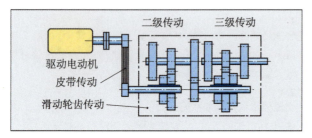

4

无级变速箱中，驱动转速恒定不变时，从动转速可在最小转速与最大转速之间无级调节。

5

使用涡轮蜗杆变速箱和谐波减速机（Harmonic Drive）实现慢速情况下的大传动比。

6

a) Ⅰ级（z_1/z_2）：$i = \dfrac{z_2}{z_1} = \dfrac{54}{34} = 1.588$

Ⅱ级（z_3/z_4）：$i = \dfrac{z_4}{z_3} = \dfrac{44}{44} = 1$

Ⅲ级（z_5/z_6）：$i = \dfrac{z_6}{z_5} = \dfrac{63}{25} = 2.52$

b) $P_2 = \eta \cdot P_1 = 0.92 \cdot 40 \text{ kW} = 36.8 \text{ kW}$

$n_2 = \dfrac{n_1}{i} = \dfrac{910 \text{ min}^{-1}}{2.52} = 361 \text{ min}^{-1} = 6 \text{ s}^{-1}$

$M_2 = \dfrac{P_2}{2 \cdot \pi \cdot n_2} = \dfrac{36.8 \text{ kW}}{2 \cdot \pi \cdot 6/\text{s}} = 976 \text{ N} \cdot \text{m}$

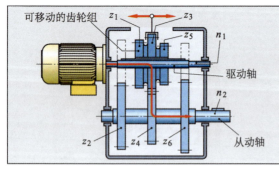

7

a) $M = \dfrac{P}{2 \cdot \pi \cdot n}$

$n = 500 \text{ min}^{-1} = 8.33 \text{ s}^{-1}$ 时

$M = \dfrac{25 \text{ kW}}{2 \cdot \pi \cdot 8.33 \cdot \text{s}^{-1}} = 477 \text{ N} \cdot \text{m}$

$n = 2\,000 \text{ min}^{-1} = 33.33 \text{ s}^{-1}$ 时

$M = \dfrac{25 \text{ kW}}{2 \cdot \pi \cdot 33.33 \cdot \text{s}^{-1}} = 119 \text{ N} \cdot \text{m}$

$n = 4\,000 \text{ min}^{-1} = 66.66 \text{ s}^{-1}$ 时

$M = \dfrac{25 \text{ kW}}{2 \cdot \pi \cdot 66.66 \cdot \text{s}^{-1}} = 60 \text{ N} \cdot \text{m}$

b) 适用转矩的公式为 $M_2 = M_1 \cdot i$。

例如，

$M_2 = 477 \text{ N} \cdot \text{m} \cdot 2.5 = 1\,193 \text{ N} \cdot \text{m}$

$n = 100 \text{ min}^{-1} = 1.67 \text{ s}^{-1}$

主轴上转矩总是比发动机的转矩大 2.5 倍。

适用于转速的公式为 $i = \dfrac{n_1}{n_2}$，得 $n_2 = \dfrac{n_1}{i}$。

例如，

$n_2 = \dfrac{500 \text{ min}^{-1}}{2.5} = 200 \text{ min}^{-1} = 3.33 \text{ s}^{-1}$

主轴上转速总是比发动机的转速小 2.5 倍。

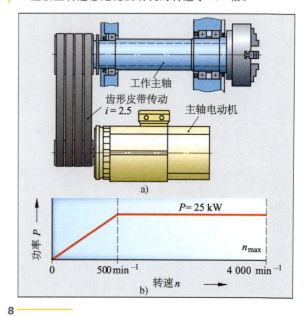

8

在该变速箱中，齿轮应相互啮合，相互轴向移动，这仅仅可能发生在停止状态或者非常小的转速差下。因此，滑动齿轮变速箱在负载下不能切断电源。

9

在最小发动机转速下：

$n_1 = 100 \text{ min}^{-1} = 1.67 \text{ s}^{-1}$

$P_2 = 2 \cdot \pi \cdot n \cdot M \cdot \eta$

$\quad = 2 \cdot \pi \cdot 1.67 \text{ s}^{-1} \cdot$

$\quad\quad 65 \text{ N} \cdot \text{m} \cdot 0.92$

$\quad = 627 \text{ W}$

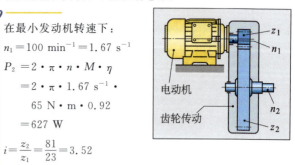

$i = \dfrac{z_2}{z_1} = \dfrac{81}{23} = 3.52$

$M_2 = i \cdot M \cdot \eta$

$\quad = 3.52 \cdot 65 \text{ N} \cdot \text{m} \cdot 0.92 = 210 \text{ N} \cdot \text{m}$

$n_2 = \dfrac{n_1}{i} = \dfrac{100 \text{ min}^{-1}}{3.52}$

$\quad = 28.4 \text{ min}^{-1}$

在最大发动机转速下：

$n_1 = 2\,500 \text{ min}^{-1} = 41.67 \text{ s}^{-1}$

$P_2 = 2 \cdot \pi \cdot n \cdot M \cdot \eta$

$\quad = 2 \cdot \pi \cdot 41.67 \text{ s}^{-1} \cdot 65 \text{ N} \cdot \text{m} \cdot 0.92$

$\quad = 15\,657 \text{ W}$

参考答案

$M_2 = i \cdot M \cdot \eta = 3.52 \cdot 65 \text{ N} \cdot \text{m} \cdot 0.92 = 210 \text{ N} \cdot \text{m}$

$n_2 = \dfrac{n_1}{i} = \dfrac{2\ 500 \text{ min}^{-1}}{3.52} = 710 \text{ min}^{-1}$

10

a) 最小的传动比。

$i = \dfrac{d_2}{d_1} = \dfrac{80 \text{ mm}}{400 \text{ mm}} = 0.2$

$\dfrac{n_1}{n_2} = \dfrac{d_2}{d_1}$，则

$n_2 = n_1 \cdot \dfrac{d_1}{d_2} = 2\ 700 \text{ min}^{-1} \cdot \dfrac{400 \text{ mm}}{80 \text{ mm}}$

$\quad = 13\ 500 \text{ min}^{-1} = 225 \text{ s}^{-1}$

$v_2 = n_2 \cdot \pi \cdot d_2 = 225 \text{ s}^{-1} \cdot \pi \cdot 0.08 \text{ m} = 56.5 \text{ m/s}$

$P_2 = P_1 = 4 \text{ kW}$

$M_2 = \dfrac{P_2}{2 \cdot \pi \cdot n_2} = \dfrac{4000 \frac{\text{N} \cdot \text{m}}{\text{s}}}{2 \cdot \pi \cdot 225 \text{ s}^{-1}} = 2.83 \text{ N} \cdot \text{m}$

b) 最大的传动比。

$i = \dfrac{d_2}{d_1} = \dfrac{400 \text{ mm}}{80 \text{ mm}} = 2$

$n_2 = n_1 \cdot \dfrac{d_1}{d_2} = 2\ 700 \text{ min}^{-1} \cdot \dfrac{80 \text{ mm}}{400 \text{ mm}} = 540 \text{ min}^{-1}$

$\quad = 9 \text{ s}^{-1}$

$v_2 = n_2 \cdot \pi \cdot d_2 = 9 \text{ s}^{-1} \cdot \pi \cdot 0.4 \text{ m} = 11.3 \text{ m/s}$

$P_2 = P_1 = 4 \text{ kW}$

$M_2 = \dfrac{P_2}{2 \cdot \pi \cdot n_2} = \dfrac{4 \text{ kW}}{2 \cdot \pi \cdot 9 \text{ s}^{-1}} = 70.74 \text{ N} \cdot \text{m}$

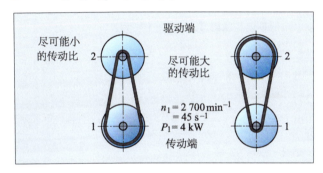

● 线性驱动

1

- 由气动压力缸或液压缸驱动直线运动（见下图左上）。
- 直线运动驱动，通过电动机的旋转运动转换成直线运动，如通过皮带传动（见下图右上）。
- 带螺母的丝杆（见下图左下）。
- 直线电动机（见下图右下）。

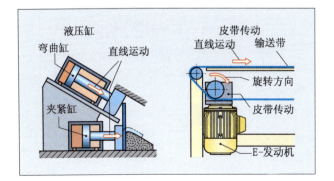

滚珠丝杆传动

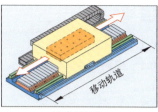
直线电动机

2

液压进给驱动（液压缸）的进给速度 v 通过控制供给流量 Q 来调节（见下图）。

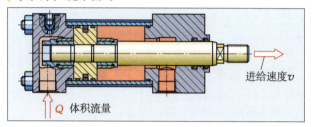

3

- 滚珠丝杠传动轻便、无摩擦并且几乎无背隙可定位。
- 即便在小的速度下也不会出现粘滑效应（Stick-slip）。
- 定位非常精确。
- 摩擦小，具有恒定不变的精度。

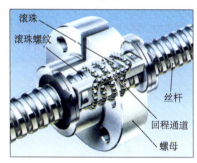

4

由 $v = n \cdot P$，得 $n = \dfrac{v}{P}$，则

$n = \dfrac{4\ 000 \text{ mm/min}}{4 \text{ mm}} = 1\ 000 \text{ min}^{-1}$

5

- 加工机床的进给运动。
- 通过手动控制自动装置装载和卸载加工机床。
- 在挤压过程中的往复运动和做功运动。
- 用输送系统运送工件。

6

由 $v_2 = \pi \cdot d \cdot n_2$，则

$n_2 = \dfrac{v_2}{\pi \cdot d} = \dfrac{47 \text{ mm/s}}{\pi \cdot 120 \text{ mm}} = 0.125 \text{ s}^{-1} = 7.48 \text{ min}^{-1}$

$i = \dfrac{n_1}{n_2} = \dfrac{980 \text{ min}^{-1}}{7.48 \text{ min}^{-1}} = 131$

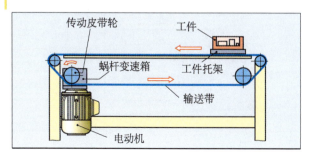

6 电工学

6.1 电流回路
6.2 电阻电路

1

电流有多种效应:
- 热效应,如熔铁。
- 电磁效应,如电动机。
- 光效应,如激光焊接。
- 化学效应,如镀铬。
- 生理效应,如心脏起搏器。

2

测电流:电流测试仪(电流表),串联在需测量的电路上。
- 测电压:电压测试仪(电压表),并联在需测量的电路(负载)上。

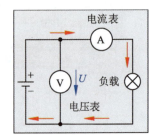

3

a) 串联电路断开,没有电流流经总电路。

b) 并联电路断开,没有电流流经电路负载。电流流经其他负载,电流减小。

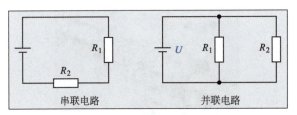

串联电路　　并联电路

4

这样机器上有满的电源电压(见下图)。这仅仅是电器处于并联电路中的情况。

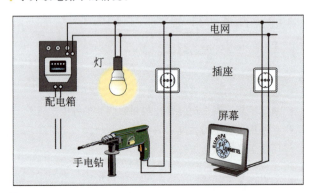

5

闭合电路中存在电压,电流流动。电路是由电源、负载、进线和回线组成的(见下图)。

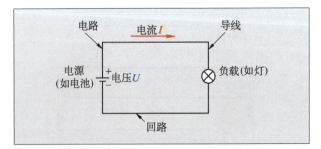

6

三个重要的参数是:电压、电流和电阻。电流回路相当于自来水管道,电压相当于管道中的水压,水流量相当于电流,水流与管壁间的摩擦相当于电阻。

7

电压 U 的测量单位是伏特(V)。

8

电流回路中的电流方向是从正极(+)流向负极(-)(见右图)。

9

驱动 CNC 设备的电源为三相交流电电网。EDV 设备中用于缓冲数据存储器的电源为带 5 V 直流电的蓄电池。

10

一个简单的检查仪,可以显示电线是否有电压。如果探针上有电压,氖灯亮。

11

参数 $\rho_{el}=0.017\,9\,\Omega\cdot mm^2/m$ 是指横截面 $1\,mm^2$ 的 $1\,m$ 长铜线的电阻为 $0.017\,9\,\Omega$。

12

欧姆定律的含义为 $I=\dfrac{U}{R}$,即电流=$\dfrac{电压}{电阻}$。

这说明,电路中的电压越大,电阻越小,电路中流经的电流越大,即电流与电压成正比,与电阻成反比。

13

电阻的单位是欧姆(Ω),$1\,\Omega=1\,V/A$。

14

由 $I=\dfrac{U}{R}$ 得 $R=\dfrac{U}{I}=\dfrac{230\,V}{3\,A}=76.7\,\Omega$

15

由 $R=\dfrac{\rho\cdot l}{A}$,得 $\rho=\dfrac{R\cdot A}{l}=\dfrac{R\cdot\pi\cdot d^2}{l\cdot 4}$

又 $R=\dfrac{U}{I}=\dfrac{230\,V}{2.9\,A}=79.3\,\Omega$

$\rho=\dfrac{79.3\,\Omega\cdot\pi\cdot 0.2^2\,mm^2}{6\,m\cdot 4}=0.415\,\dfrac{\Omega\cdot mm^2}{m}$

$=4.15\times10^{-7}\,\Omega\cdot m$

16

- 电流强度:$I=I_1=I_2=I_3=\cdots$
- 电压:$U=U_1+U_2+U_3+\cdots$
- 电阻:$R=R_1+R_2+R_3+\cdots$

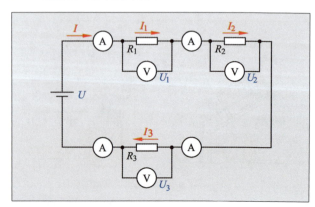

17

- 电流强度：$I = I_1 + I_2 + I_3 + \cdots$
- 电压：$U = U_1 = U_2 = U_3 = \cdots$
- 电阻：$\dfrac{1}{R} = \dfrac{1}{R_1} + \dfrac{1}{R_2} + \dfrac{1}{R_3} + \cdots$

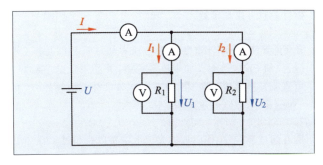

18

在高电压情况下，需要在电器中并联内电阻保护电器。在高电流情况下，需要在电器中串联一个内电阻或一个过载电流保护装置（保险丝）保护电器。

19

等效电阻是

$$R = \dfrac{R_1 \cdot R_2}{R_1 + R_2} = \dfrac{60\ \Omega \cdot 90\ \Omega}{60\ \Omega + 90\ \Omega} = 36\ \Omega$$

20

两个电阻串联有 $R_{\text{ges}} = R + R_{\text{S}}$。

电路中的电流

$$I = \dfrac{U}{R_{\text{ges}}}$$

公式转换得出总阻值

$$R_{\text{ges}} = \dfrac{U}{I}$$

通过上面的公式，有

$$R + R_{\text{S}} = \dfrac{U}{I}$$

通过转换得出

$$R_{\text{S}} = \dfrac{U}{I} - R$$

计算出滑动电阻的最大值为

$$R_{\text{S1}} = \dfrac{230\ \text{V}}{2\ \text{A}} - 20\ \Omega = 115\ \Omega - 20\ \Omega = 95\ \Omega$$

其最小值为

$$R_{\text{S2}} = \dfrac{230\ \text{V}}{6\ \text{A}} - 20\ \Omega = 38.3\ \Omega - 20\ \Omega = 18.3\ \Omega$$

21

- 通过功率测量仪直接测定功率（见下图），这时测量得到电压和电流，计算并显示内部功率。

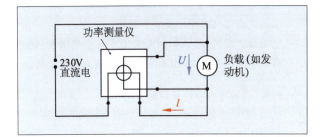

- 间接测量功率：通过测量电压和电流，使用计算公式 $P = U \cdot I$ 计算电路中的损耗功率。

6.3 电流种类

1

- 直流电。例如，用于驱动调节转速的电动机和电镀时。
- 照明光源和电气小家电使用交流电。
- 三相交流电（三相电）。用于需大量能量来驱动的机器和装置。
- 高电频电流。例如，用于运行金属表面热处理设备上感应线圈时。

2

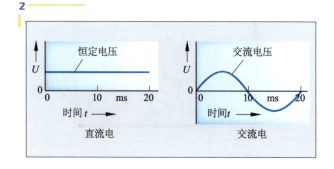

3

高能耗负载，如大型电机，接在三相电网 L1、L2、L3 中。低能耗负载，如灯、小电器和计算机，接在电网其中一个相位上，如接在 L3 上。回线接在零线上（见下图）。

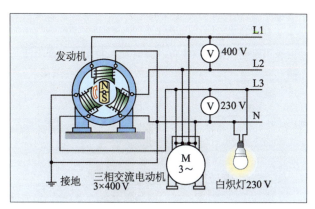

6.4 电功率和功

1

由 $P = U \cdot I \cdot \cos\varphi$，得 $I = \dfrac{P}{U \cdot \cos\varphi}$

$$I = \dfrac{60\ \text{W}}{230\ \text{V} \cdot 0.8} = 0.326\ \text{A}$$

2

$$P = \sqrt{3} \cdot U \cdot I \cdot \cos\varphi = \sqrt{3} \cdot 400\ \text{V} \cdot 8.5\ \text{A} \cdot 0.83$$
$$= 2\,013\ \text{W}$$

3

由 $P = U \cdot I \cdot \cos\varphi$，得 $\cos\varphi = \dfrac{P}{U \cdot I}$

$$\cos\varphi = \dfrac{1\,000\ \text{W}}{230\ \text{V} \cdot 5\ \text{A}} = 0.87$$

4

由 $P = \sqrt{3} \cdot U \cdot I \cdot \cos\varphi$，得 $I = \dfrac{P}{\sqrt{3} \cdot U \cdot \cos\varphi}$

$$I = \dfrac{5\,500\ \text{W}}{\sqrt{3} \cdot 400\ \text{V} \cdot 0.83} = 9.56\ \text{A}$$

5

费用 $= P \cdot t \cdot$ 单价 $= 25\ \text{kW} \cdot 5 \cdot 9\ \text{h} \cdot 0.11\ \text{€}/(\text{kW} \cdot \text{h})$
$= 123.75\ \text{€}$

6

- 工作电压：230 V。
- 额定电流：13 A。
- 额定功率：2.4 kW。
- 功率因数：$\cos\varphi=0.8$。
- 额定转速：1 430 r/min。
- 电源频率：50 Hz。

6.5 过电流保护装置

1

保险丝防止实际电流超过电流回路中允许的电流。超过允许电流时，保险丝断开电流回路。

2

微型断路器，也称为导线保护开关，由一个双金属开关和一个磁性开关组成（见下图）。

电磁快速断路器在电流值升高时如在短路时断开电流回路。双金属开关在持续时间长的中等负载中会关闭。

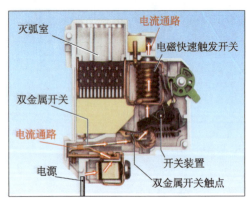

3

电机保护开关遇到不允许通过的高电流强度会断开，保护电机不受损害。原则上电机保护开关跟断路器结构相同。

4

一台有绝缘保护的机器，所有可见的带电组件都有绝缘外壳。例如，带 PVC 外壳的导线或带绝缘漆的线圈。目前，电子驱动器外壳和把手都由绝缘塑料制作。

5

通常由于机器和设备的技术缺陷而导致电流意外事故，但也可能由于疏忽维护电气设备而发生。

6

电流流经人体会损害人体健康：
- 造成肌肉抽搐（无法放松）。
- 影响除力量以外的人体控制过程（如心跳）。
- 导致电流输入端和输出端燃烧。

7

临时修补的电线是引起事故和火灾的主要原因。绝缘位置修补不当会导致短路，外壳带电。人们触摸后会产生触电休克危险。通过绞合一段裂开的导线，会因为接触面减小而导致修补处电阻增加，产生火花和过热。这样会出现燃烧和意外爆炸事故。

8

在 PE 导体电网中，通电机器的外壳通过机器的地线（黄绿色）和 PE 线接地。如果机器损毁，外壳则带电（接地），电流流经机器地线和 PE 线。这时如果有人接触外壳，有一股小且不危险电流流经人体。

9

所有超过 50 V 工作电压的交流电设备以及超过 120 V 工作电压的直流电设备。

10

根据相应的符号识别保护等级：
- 保护等级 I 的机器有 PE 地线（见右图）。
- 保护等级 II 的机器有绝缘保护，即机器中所有的金属部件有绝缘保护（见右图）。
- 保护等级 III 的机器在 50V 的安全特低电压下运行（见右图）。

11

CEE 插座连接的不可互换性是通过导向槽（不可换的槽）保护触点的插座分布和一个大直径的保护触点而得以保障的。

6.6 电气设备的故障
6.7 电气设备的保护措施

1

单相交流电电网有三种输电线：L、N、PE。L 和 N 是带电的输电线，PE 是接地保护输电线。

三相交流电电网有五种输电线：L1、L2、L3、N、PE。L1、L2、L3 是带电的输电线，N 是零线，PE 是接地保护输电线。

2

三相交流电功率的计算公式为 $P=\sqrt{3}\cdot U\cdot I\cos\varphi$。

3

计算电器电功的损耗使用公式 $W=P\cdot t$。

4

保险的种类有以下几种：
- 熔断器：熔断器安装在保险箱内传输电线中，用于保障电路的安装部分。例如，用于房间或器械。
- 保险丝：保险丝安装在传输电线中，用于保护电子器械。
- 断路器：断路器安装在保险箱内传输电线中，用于保障房间内的电气通路以及单个器械。
- 电机保护开关：电机保护开关安装在电机的配电柜或直接安装在电机上，用来保护电机，防止电机过载。

5

- 短路：两种带电导体相接触。
- 接地：带电导体与地面或接地的金属部分相接触。
- 导线短路：例如，开关上有一个破损的绝缘以及形成的跨接，此时开关不会断开。
- 接机壳：由于绝缘故障，机器零件（如外壳）的电气触点接触一个带电导体并产生一种不允许的电压。

6

设备接机壳时,设备外壳带电,电流流经与外壳相接的地线 PE。

触碰带电外壳时,仅有较小电流流经人体,并无危险。

7

标有以下符号:⏚。

8

故障电流保护开关(也叫 FI 断路器)在导入和导出机器或保护区域中测量和比较电流。当两段电流大小不一致时(例如,外壳接地),FI 断路器会马上断电。

9

CEE 插座有绝缘等级高的插座外壳、槽/键配合装置和故障电流漏电导。

6.8 电器使用说明

● 导体、绝缘体、半导体、电子零件

1

铜和铝是好的导体材料。但其他金属也能导电,如钢材或含碳材料,但导电性能明显比铜和铝弱。

2

绝缘材料:塑料、橡胶、玻璃、陶瓷、油、空气和其他气体。

3

半导体由高纯度基本材料组成。例如,将相等剂量的硅(Si)、非常少量的锑(Sb)或铟(In)相混合。

4

半导体二极管用于:
- 交流电整流器。
- 隔开和连接电子信号。

二极管既能用作单独组件,又能用作集成电路(IC)中的零件。

5

晶体管相当于电子增强器。例如,采用晶体管通过小控制电流可控制大于 1 000 mA 的工作电流。

6

集成开关电路(简称 IC)是一块小的硅片,上面有大量带导线的电子组件,形成具有完整、集中功能的电子部件。这块硅片通过焊接封装在塑料外壳里(见右图)。

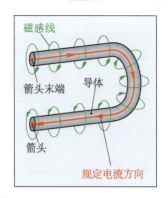

一块 IC 可包括二极管、晶体管电阻和电容器、完整的放大电路、运算器、内存模块等。

● 磁学

1

电磁是通过电流产生的磁。磁是物质能吸引如铁、镍、钴及其合金的性质。

2

两块条形磁铁同性两极相互排斥,异性两极相互吸引。

3

磁感线围绕一个流经电流的导体形成同轴环形。顺着电流方向观察,磁感线向右旋转(见下图)。

4

磁场成倍增加,原因是软铁芯磁化,导致线圈磁场增强。

5

电磁铁可用于如电动机、起重磁铁、磁性夹和测量设备中。

7 装配、调试和维护

7.1 装配技术

1

采用流水线装配(也称为传送带装配)时,待装配的部件在传送带上依序从一个工人传送至下一个工人(见下图),这样工人就不需要走到部件旁边,因此,缩短了装配的时间。

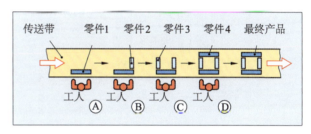

流水线装配的投资成本比固定式装配高。

2

固定式装配是指在一个固定装配工位上进行装配。固定式装配适用于大重型的零部件或机器。

3

大型机器不但质量大,而且机器部件体积较大、移动成本高。大型机器采用固定工位装配有其优点,如机床的机座和床身在装配过程中不需要搬动(见下图)。

4
- 装配变速箱时一般要注意以下规则:
- 焊接而成的变速箱体必须严格清洗焊缝和箱体内面。
- 清洗之后,箱体内面应该涂上防护油漆。
- 轴和箱体在装配之前必须检查其尺寸。
- 必须去除毛刺,所有棱边必须倒角。
- 必须检查配合面的形状公差和轴承部位的表面粗糙度。
- 装配工位必须干净无尘。
- 在进行装配之前,必须擦掉滚动轴承表面的防锈油。

5
不专业的装配会损伤密封圈,同时也会影响部件和机器的密封性。损伤的密封件会影响机器的运作和性能,因此,要花费更多的时间及时进行更换。

6
必须要先让外圈与机壳孔实现过盈配合的连接状态,即外圈必须承受旋转负荷时。在外圈的机壳孔压入装配套筒(见下图)。

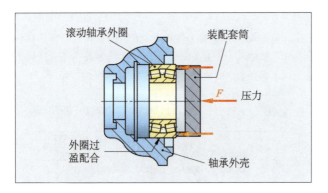

7
试运行时检查机器负荷下的性能是否完好。试运行时要检查:机器外壳的密封性、机器试运行期间产生的温升是否保持在规定极限范围内等。

8
装配所需要的组件、标准件、紧固件等必须在装配之前准备好。必要的工具,如测量仪器、检验工具、装配工具以及润滑剂必须放在随手可取的位置。还要准备装配所需的图纸和装配指导说明。

9
若有要求,零件必须在装配之前去除毛刺并借助切削液、冷却润滑液将污垢清洗掉。细心准备零部件可简化装配工作并能保证成品的质量。

10
- 首先,将加工好的零部件和标准件,如螺丝、螺母以及装好的部件装配到组件上。例如,装配到驱动装置、悬挂装置、床身上等(组件装配)。
- 然后,将组件最终装配成更大的装配单元或完整的机器。

11
在传送带和悬挂轨道上进行流动式装配或在固定的地点进行固定式装配。两种装配形式也可结合,如组件装配是流动式装配,而成品的最终装配是固定式装配。

12
将滚动轴承放在油槽中(见下图)或用感应加热器适当加热。加热至80℃~100℃。

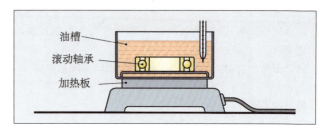

13
锥齿轮齿面的接触印痕可通过齿轮轴向微调偏移而改变。若有问题,表示齿面磨损大。

14
使用薄壁的套筒安装,套筒末端的外锥较长(见下图)。越过套筒可以推动弹性密封环,否则锋利的弹簧凹槽上的密封唇会受到磨损。

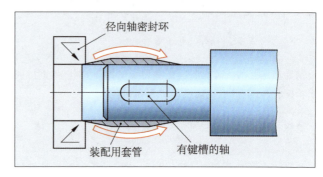

15
对角拧紧(见下图)确保机器零件垂直且平整作用在需连接的零件上。由此避免零件倾斜,密封时使表面受力均衡。
对角拧紧要分多次(1-2-3-4-5-6)进行。先轻点拧,再逐渐增加拧紧力。

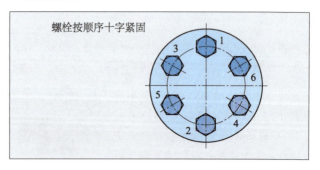

16
当零件可以简单迅速安装且在必要的情况下可拆卸时,就说明该结构符合安装规则。例如,在台阶轴上安装滚动轴承比在光轴上安装更加迅速(见下图)。

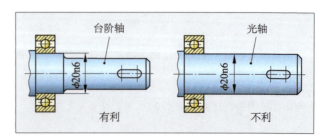

17
装配计划包含了除装配所需图纸外的所有装配流程的指导说明,具体如下:
- 组装顺序。

参考答案

- 装配所需的设备、工具和辅助装置。
- 测量和检验装置。
- 装配的预计时间。

18
- 不分支和分支的装配流程。
- 流动原则(流水线装配、传送带装配)。
- 作业原则(按周期分组装配、固定式装配)。

19
装配自动化有如下作用:
- 提高产品质量。
- 缩短装配时间。
- 提高生产效率。
- 降低生产成本。

7.2 调试

1
生产设备是现代企业根据计算机里的虚拟样机设计开发出来的。也就是说,样机储存在计算机软件里,这样就可以设计完成更多装置的不同构件。具体如下:
- 基本框架部分和机械部分。
- 液压功能和液压系统。
- 电路连接和电子组件。
- 控制软件和机器的硬件。

2
- 需要支撑性强且平稳的支座或平地。
- 准备好机器保养和维修所需的工具以及控制好机器运作时的安全距离,避免夹住等意外情况发生。
- 需要一个干燥、防潮、防污垢、防尘、防较大温差的地点。

3
- 气动系统的气压强度。
- 电接头的电压强度。
- 气管和接口的气密性。
- 阀门和执行器的功能。
- 带工件和不带工件的操作流程。

4
在调试或者试运行时,可以检查出明显的功能性故障,如异常的噪音。通过肉眼和声音不能检查判断出来的故障要通过运动方式、速度、性能参数和样品工件的生产精度等来测试和判断。

5
按以下给出的顺序进行验收检验:
- 几何图形的检验。如检验机器的直线性、平行性、进给轴的角度位移或者圆周运动的精确度。
- 工件样品检验。首先,生产出工件样品;然后,检验其生产精度,如尺寸偏差、角度偏差、几何平行性和表面质量。
- 生产效率检验。用机器允许的最大的切削速度和进给运动加工要检验的工件;再检验其尺寸的精确度和表面质量。
- 机器性能检验。在长时间的生产流程中根据过程规则(SPC)检验机器在生产过程中的性能。也就是说,使在整个持续过程中,机器加工工件零故障。

6
运输前固定住机器上所有会摆动的部件。只能在生产商指定的地点抬起、支撑、推移和固定机器。

7
调试时,只要不符合要求就视为故障。机器设备出现错误会产生故障和发生意外。机器设备停止运转或受到干扰会造成故障。

8
机器铭牌包含关于机器的重要参数:
- 机器的识别资料,如生产厂家、机器名称、型号、编号和出厂日期。
- 机器部件的重要尺寸。
- 机器的工作范围。
- 机器的性能参数。

加工中心的机器铭牌(示例)

加工中心	机器型号 BAZ15CNC	尺寸和参数
工作范围		
运动形式 X 轴	mm	600
Y 轴	mm	400
Z 轴	mm	600(900)
轴间距-工作台 最小/最大	mm	140~740
装夹面 b×t	mm×mm	750×450
T 型槽(DIN650 X 轴方向) (数量×宽度×间距) 中间的 T 型槽作为导槽	mm	5×14×100/80 14H7
工作台最大负重	kg	500
性能参数		
主轴转动	kW	13
扭矩	N·m	82(55)
最大进给力 X-Y 轴 Z 轴	N N	5 000 8 000
转速范围(无级变速)	r/min	50~9 000 (13 000)
前主动轴承-ϕ	mm	55
工具单一牵引力	kN	13
St 60 钻参数(WP)	mm	40(25)
St 60 攻丝	m	M24(M20)
St 60 铣参数	cm³/min	350(200)

7.3 维护

● 工作范围、定义、维护方案

1
维护就是为了使一台成品机器或装置正常运转而执行保养、巩固、维修和改进等措施。

2
- 简单的维护工作如根据维修计划进行润滑,大型企业和小型企业一样都是由机器操作员执行。
- 若要实施更大的维护措施,如更换损伤的机器部件,大型企业有自己的鉴定员工,而小型企业则要求机器生产商提供维修服务。

3

轿车轮胎的磨耗允许量是新轮胎的轮胎花纹深度（10 mm）与只有少于 2 mm 剩余花纹深度的磨损轮胎花纹深度之间的差额。

4

维护的经济目的是以最低的成本保证更高质量的生产能力。

5

这里涉及的是预防性维护。广泛使用的机油滤清器在不能使用之前就要进行更换。

6

- 床身倾斜式车床的周期性维护：每天都应更换液压装置的油、冷却润滑剂循环的过滤器和驱动电动机的碳毛刷。
- 临时性维护：当工具的磨耗允许量磨殆尽就要更换。
- 应急性维护：当工具架在意外中损伤且工具不能正常使用时重新更换成新的。

7

对企业来说，最佳的维护方案取决于企业的规模，通常是预防性、应急性和临时性相结合的维护。

8

- 周期性维护的优点：减少了非预见性停机事故的发生且使生产更可靠；缺点：由于频繁的更换零件增加了工作量，导致了更高的维护成本。
- 临时性维护的优点：充分利用组件的磨耗允许量，从而减少更换磨损件的成本；缺点：增加了检测技术、机器设备的资金投入。
- 应急性维护的优点：充分利用组件的总磨耗允许量，从而减少更换零件的数量，降低成本；缺点：常常导致突然性的生产中断和更长的停机时间。

9

在"智能车刀"的侧面接入电子导体电路，直至达到磨耗极限。它接通了电源和电流表。车刀的刀片经过磨损达到磨耗极限时，导体电路就会自动断开，电流表记录下导体断开的时间并给出信号更换车刀。

10

机床维修包括：

- 定期保养，也就是清洗、润滑和重新调整。
- 定期对机器进行检查。例如，圆周运动的精确度是否符合要求或机器零件是否有缺陷。
- 维修以及更换磨损件。概括为下表：

机床维修		
保养	检查	维护
清洁	检测	改善
润滑	检验	维修
重新调整	诊断	更换

只有通过恰当的维护才能使机床安全运作，保证生产质量。

11

在预防性维护中，保养工作就是定期更换磨损件。

12

当机床在加工过程中因故障导致停机时，就需实施应急性维护。

● 保养

1

因为保养工作是定期进行的，而不是在发生故障后才进行的，所以属于预防性维护措施。

2

- 机器清洁，尤其是清洁加工区和机床导轨上的碎屑和冷却润滑剂。
- 检查中央润滑系统、液压系统和气动保养单元有无异常，并特别注意补加润滑油。检查机器组件的总体运转和功能状况。

3

从机床的维护保养计划可以读出机器生产商规定的清洁、润滑、补充、重新调整和更换等保养说明以及实施保养工作的时间点。

4

每个润滑点都有相应要求的润滑方式、不同的机械负荷量和黏度，所以要求使用相适应稠度的润滑剂。另外，要注意填充润滑剂与其现阶段所使用的润滑剂的相容性。所以要注意参考生厂商的建议。

5

进行清洁工作时要使用完整无脱纱的抹布。不允许使用脱纱的抹布、回丝或压缩空气。

6

- 根据润滑计划定期润滑。
- 使用规定的润滑剂。
- 每天清洁机器的切屑和冷却润滑液。
- 每周进行一次彻底的清洁。
- 根据保养计划检查和更换机械的和电子的磨损件。

7

保养清单上的记录需由保养人员签字并将其视为执行专业维护保养工作之一。机器生产商的有效保修期必须通过使用保修单才生效。

● 检查、维修和改进

1

通过检查，判断机器的状态，尤其是不同部件的磨耗允许量。同时，通过试运行检测出产品的质量。

2

- 首次检查在机床安装和首次试运行结束后进行。
- 定期检查是根据维修保养计划定期实施检查保养工作。当机器零件或工件的磨耗允许量耗尽时，就要马上更换，因此需要进行定期检查。
- 当机器重新启动、出现严重的运行故障或加工精度超出允差（允许范围）时，就要进行特殊检查。

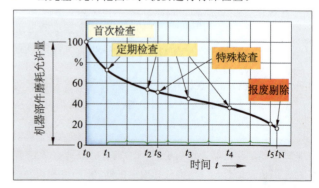

3
- 检查润滑油油质是否符合要求。
- 注意机器运转产生的噪音。
- 注意观察温度和压力数值显示。
- 用手感受表面的粗糙度或者温度是否过热。
- 注意过热的密封圈或者烧焦的电源线产生的异味。

4
检测仪器和传感器是对机床客观分析和诊断的主要手段。使用机床内置的传感器可以跟踪监察运转时机床的生产过程。例如,测量润滑油的温度或者分析机床工作主轴的震动值。

5
维修是指使停机中断后的机床重新处于正常运行状态所采取的措施。通过修复或更换组件等措施,使因故障而停机的机床重新处于正常的运作状态。

6
通过长时间记录不同机器部件故障时的停机时间,从而收集机床薄弱处的数据。
从下图可以看出,工件托盘更换器的改进可大大缩短故障停机时间。并且,液压系统和气动系统需要的修理次数较少。帕累托分析法可用于机床薄弱处评估。

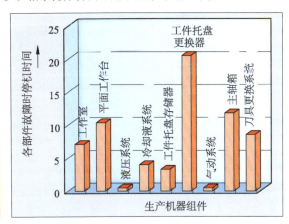

● 找出故障点和故障源

1
- 简单的故障源可通过外观检查、注意异常噪音、注意温度过高的情况、检查显示值找出。
- 复杂的故障源必须通过系统的界定和排除查出。这种情况可以寻求机床生产商的帮助,以查出故障源。

现代的机器可以用其故障源诊断系统找出故障原因,故障会以明码文本或以错误码显示。

2
- 故障点查找指南。
- 机械结构的总图纸。
- 电气、液压、气动原理图。
- 控制系统的功能流程图。

7.4 腐蚀和防腐蚀

1
在潮湿的钢表面发生钢的氧化腐蚀。以下是形成的过程(见下图):
亚铁离子 Fe^{2+} 在许多部位局部小范围的溶解(局部阳极),并与在水中的氧气发生反应,形成氢氧化铁 $Fe(OH)_3$,然后形成铁锈 $FeO(OH)$,铁锈成环状沉积在水滴边缘。氧化腐蚀是钢零件在暴露条件下常见的腐蚀方式。

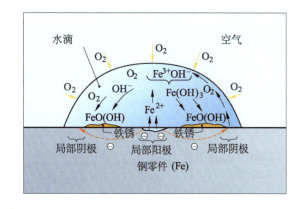

2
形成腐蚀电池的两种金属中非贵重金属溶解;而两种材料中贵重金属形成氢气。在这个过程中,两种材料产生小电压与电位。金属电动序表明逆氢金属的标准电位。

3
有以下腐蚀类型:表面腐蚀、洼槽腐蚀、穴状腐蚀、接触腐蚀、裂纹腐蚀、自然风腐蚀、选择性腐蚀、晶间腐蚀、穿晶腐蚀、应力裂纹腐蚀和振动裂纹腐蚀(见下图)。每种腐蚀类型都有典型腐蚀图可供区分辨别。

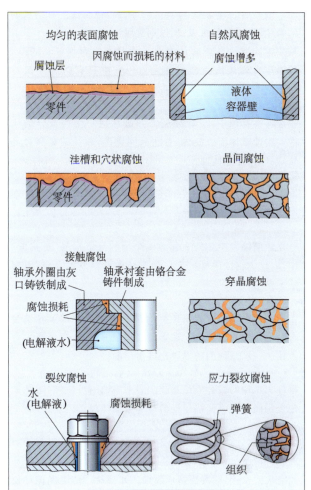

4
切削加工期间,通过在冷却润滑剂中添加防锈剂来避免腐蚀。防锈剂是具有钝化作用的油性或盐类物质,它会在工件表面生成一层防护膜。工件在加工完成后,必须清洗和干燥,然后用在防腐蚀保护油中浸泡过的专用油纸包裹起来。

5

钢表面必须保持无污物和油脂,如必须在洗涤碱液中清洗。锈迹必须通过如打磨、刷或喷射的方法去除。同时,用洗涤液通过浸洗和抛光的方法去脂。

通过对零件做磷化处理或涂一层蚀洗用涂料,可达到良好的油漆黏附效果,防止出现底层锈蚀。

6

在零件的一个部位或在工件表面,具备两种不同的金属或不同结构成分和湿度的形成条件,我们就称之为腐蚀电池。

钢零件上金属涂层的破损部位如右图上所示;两种不同金属制成的零件的接触处如右图下所示。

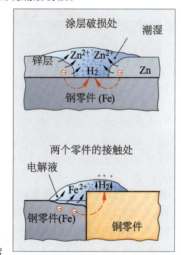

7

金属负极发生电化学腐蚀。钢表面的锌涂层,即锌电极(阴极)被腐蚀。对钢表面的镍涂层,因钢是负极,所以钢被腐蚀。

只要镍涂层没有被破坏就会长期具有防腐保护。同时,锌涂层直到残留的锌溶解之前一直都具有防腐蚀保护作用。

8

在选择性腐蚀中,会优先腐蚀和破坏特定结构成分的工件。腐蚀破坏沿着晶界,称作晶间腐蚀;腐蚀破坏穿过晶粒,则称作穿晶腐蚀。

9

铬镍钢合金,如 X6CrNiTi18-10、铜、铝、钛以及其合金在空气中都具有耐腐蚀性。

10

电化学腐蚀发生在钢表面的一个薄的导电水层(电解液)中,而化学腐蚀中材料直接和腐蚀的材料发生反应,电解液不参与。

11

当非合金钢或低合金钢的表面被一层湿气膜覆盖时就会发生电化学氧化腐蚀。在露天或潮湿的空间,在金属工件上面放一层微薄的防潮膜是很实用的。

12

零件和工件的设计应尽量减少受到腐蚀的可能性,避免如两个不同金属表面接触处出现缝隙或切口。

13

切削加工之后把工件浸入含有防蚀剂和排水添加剂的防腐保护油中。排水添加剂能够去除沾在工件表面的冷却润滑剂的水迹,能凝固造成腐蚀的残留盐。防腐保护油使工件表面形成一层防护薄膜。

14

在牺牲阳极保护中,一块需保护的组件如管筒与镁牺牲阳极相连接,镁牺牲阳极盘绕于管筒(见下图)组件,是这个电镀元件的正极(阴极)并且防腐。

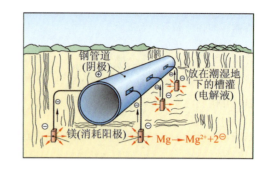

15

将要镀锌的钢零件浸泡在锌溶液槽内(450℃),同时表面的钢和锌发生化学反应生成黏附的薄锌涂层。

16

简单的防腐保护涂漆由磷酸底层、一个漆底层、一个面漆层组成。复杂的防腐保护涂漆最多由6层涂漆组成。

7.5 损伤分析和避免损伤

1

以下方法用来确定零件损伤的原因:
- 通过特殊的处理获得工件损伤的照片,如裂纹、变形、断裂图。
- 通过断裂图判断机械上的超负荷是否会导致损伤。
- 通过零件损伤图判断是否出现不允许的环境条件,如太高的温度或腐蚀性的介质,导致部件产生故障。
- 用显微镜研究结构、检验零部件负荷等。

2
- 通过设计改变零件的结构。
- 选择合适的零件材料。
- 更好地保养零件,如缩短轴承的润滑周期。

3

a) • 原因:过高的交变负荷产生超负荷。
  • 避免方法:改进零件的设计。例如,更谨慎测量尺寸或使用负荷承载性更高的材料。

b) • 原因:过高的负荷或缺少润滑导致材料产生疲劳。
  • 避免方法:改进润滑效果或采用负荷承载性更高的轴承。

4

疲劳断裂可以通过一处或多处裂纹、带有停止线的疲劳断裂区(平坦无光的表面)或带有发光颗粒状的断口裂纹产生。

5

最常见的、强度低的焊缝缺陷是:
- 焊缝根部缺陷,原因是焊接时焊接填料过少。
- 黏结缺陷,原因是焊接温度过低。

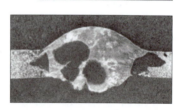

6
- 点状腐蚀,由腐蚀性介质,往往是氯离子引起。
- 晶间应力裂纹腐蚀,过高负荷时,由侵蚀性介质造成。

7.6 零件的负荷和强度

1

根据力施加的方向可以分为以下几种负荷：拉力负荷、压力负荷、剪切力负荷、弯曲力负荷、扭力负荷、组合负荷。压力负荷类型的特殊形式是表面压力和弯曲。

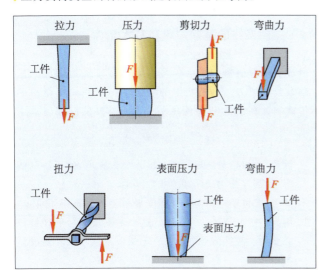

2

材料在外力作用下抵抗破坏的能力称为该材料的强度。每一种负荷类型都相对应一定的强度。例如，拉力负荷类型所对应的强度称为抗拉强度，压力负荷类型所对应的是抗压强度。

3

应力集中可以通过设计轴倒棱的圆角、凹槽或卸载切口代替锋利的边角而避免（见下图）。平面零件可以通过提高表面的光洁度而避免切口应力集中。

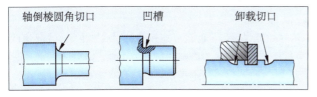

4

出于安全方面的原因，零件的允许应力必须大大低于标准极限应力。安全系数 v 除标准极限应力 R_e 得出允许应力 σ_{zul}，$v = \dfrac{R_e}{\sigma_{zul}}$。

5

动态负荷时，应力的量改变，必要时应力方向也在持续变化。动态负荷分为动态重复负荷和普通动态负荷等。

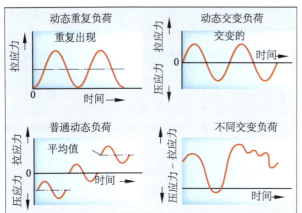

6

零件的切口集中应力取决于切口的大小和形状。切口的作用主要集中在零件变化的横截面中，如轴倒棱、槽和凹槽。片状石墨铸铁内石墨片就如同内部切口。

7

韧性材料的标准极限应力是屈服强度 R_e 或 0.2%-延伸强度 $R_p0.2$。动态负荷时，疲劳强度是标准极限应力。

8

扭转时，钻头经过切削力在工件上施加负荷。压紧时钻头经过推进力传递负荷。

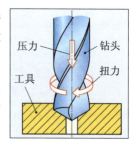

9

材料的弹性是材料的变形性能，在外力作用下变形，外力解除后又恢复形状。

10

a) 由 $R_e = \dfrac{F_e}{S_0}$ 和 $S_0 = \dfrac{\pi \cdot d^2}{4}$，得

$$R_e = \dfrac{F_e \cdot 4}{\pi \cdot d^2} = \dfrac{27\,882\text{ N} \cdot 4}{10^2\text{ mm}^2 \cdot \pi} = 355\text{ N/mm}^2$$

b) $R_m = \dfrac{F_m}{S_0} = \dfrac{38\,485\text{ N} \cdot 4}{10^2\text{ mm}^2 \cdot \pi} = 490\text{ N/mm}^2$

c) $A = \dfrac{L_u - L_0}{L_0} \cdot 100\%$

$A = \dfrac{122\text{ mm} - 100\text{ mm}}{100\text{ mm}} \cdot 100\% = 22\%$

d) S355JR、S355JO、S355J2、S355K2。

8 自动化技术

8.1 控制和调节

1

在连接控制中，首先连接多个输入信号，再串接下一步。通过"与"连接实现，设备在最初投入使用时，接通保护网开关（S3），"与"工件开关（S2），按下启动按钮 S1。

2

过程控制取决于时间或过程。当时间控制时，下一步通过一个脉冲传感器实现串接。当前面运行过程结束时，才有过程控制的串接。当控制步骤与机器的运行方法相符时，过程控制标记为顺序功能控制。

3

- 连接型程序控制的流程是若干工序都在一定条件进行预设完成的；编程型程序控制的流程通过存储程序确定。
- 在连接型程序控制中，通过在连接编程的控制组件和连接导线之间替换来更改程序；在编程型程序控制中，可通过重新编程改变程序。

4

- 非连续调节器（两点调节器）的连接位置有接通和关闭；连续调节器输出信号的大小取决于输入信号的大小。
- 在淬火炉中，通过非连续调节器来控制灯丝电流的接通或断开；而连续调节器通过温差调节灯丝电流。

5

- P 调节器（比例调节器）能快速反应信号的改变，但仍保留持续的调节偏差。

- I 调节器(积分调节器)比 P 调节器慢,但能完全消除偏差。
- 两种调节器组合(PI 调节器),可把两者调节特性的优点结合起来。

6
调节器的 D 部分加速操纵变量,控制器产生加速影响(见下图)。
D 部分只能与 P、I 或者 PI 控制器组合使用。例如,PID 控制器。

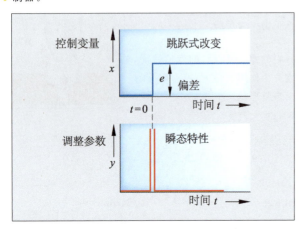

7
- PID 控制器可以使发动机的转速或者热力装置的温度不受干扰,保持参数稳定。
- 适当调整参数平衡时出现的干扰。

8
- 优点:可预设需求时间,多台设备相互协调。
- 缺点:脉冲传感器在受到干扰时仍继续运转。

交通信号灯通常会由于脉冲传感器受到时间影响,但不会受交通流量改变的影响。

9
方框图包含控制或调节的简化流程,矩形框显示设备中每一个重要元件,箭头指向作用方向。

10
- 信号传感器产生控制指令信号。
- 调整参数是一个物理参数,如电压,直接受到控制装置的影响。
- 控制参数是控制装置的输出量,如工作台的速度和运作方向。
- 设备所控制的范围称为控制行程。

控制装置显示一个公开的作用流程,通过改变调整参数并输入控制信号影响控制参数。

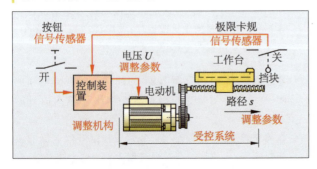

11
- 行程测量装置测定了不停运行的工作台的当前位置,确定调节量的理论值。

- 调节器比较调节量中测量所得的实际值和已知额定值。
- 输出偏差(实际值与额定值的偏差)引起走刀传动装置的相应改变,直到实际值和额定值一致为止。
- 自动控制电路在闭合的调节电路中。

8.2 控制系统的基础知识和基本元件

1
通过显示数值标记数字信号。数值信号被编码成二进制数或者成为二进制数中的十进制组。在测量结果的传输和计算中通常要使用数字信号,如在行程测量系统中。

2
- 优点:模拟信号的控制值与输入值成比例,使平稳的调节,如配气凸轮阀的调节非常简单。
- 缺点:二进制控制对于许多受控系统而言都必不可少,例如,开-关、右-左的实现。这种情况下信号的转换是必要的。数字信号要达到一定的极限值才能转换成模拟信号。

3
通过"与"描述信号连接。

真值表			线路符号
E1	E2	A1	
0	0	0	
1	0	0	
0	1	0	
1	1	1	

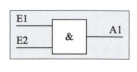

功能方程式:E1 ∧ E2 = A1

4
信号处理包括信号的逻辑连接("与""或""非")、时间特性(延时、保存)产生的影响和信号的增强。通过不同的能量形式实现信号处理,电子仪器能够提供多样化的可能性。

5
- 在设备的控制件中,能够使用较小的压力或电压,进而节约能源。例如,电气控制时,为了防止接触过高电压的预防措施。
- 在设备的控制件中,明显能够将导线和组件设计得较小,由此实现工件的微型化。
- 在设备的控制件中,存在可能数和多样化。例如,电子元件明显更大。

因为控制件的功率小,能量件需要的功率大,所以两者有必要分离。两者之间的信号应加强。

6
- 功能图显示连续步骤中清晰的控制流程,这些步骤相互有序排列,其功能和转换条件被记录下来。
- 功能方块图中显示了控制装置中工作环节的运动过程和所有标准化线路符号组件的共同作用。

7

真值表 　　　　功能图

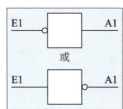

功能方程式：$\overline{E1}=A1$ 或 $E1=\overline{A1}$

要通过"非"表示连接。

8

连接的基本功能是"与""或"和"非"。通过结合基础功能可大量扩展，如"或非"和"与非"。

9

真值表 　　　　功能图

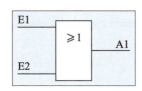

功能方程式：$E1 \lor E2 = A1$

通过"或"表示连接。

10

功能图是连接控制和流程控制的图形描述。通过逻辑连接中的线路标记，由步骤图标或命令图标的流程控制描述连接控制。

11

真值表 　　　　功能图

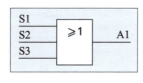

功能方程式：$S1 \cdot S2 \cdot S3 = A1$

8.3 气动控制

● 组件、元件

1

气动系统具有以下优点：
- 可平稳调节气缸和发动机的力和速度。
- 能达到高速度和高转速。
- 直至气动装置停止运转，可以无损坏地承受过载。

2

- 压缩空气管网应铺设两端都能够闭合的封闭环形管道，确保在漏损情况下仍能供给。
- 气管横截面要足够大，把压力损耗降到最低。
- 从压缩空气中析出冷凝水并从压缩空气管网中排出。

3

压缩空气处理单元用于压缩空气的过滤，气压的调节和油的混合。处理单元尽可能贴近使用者安装。

4

食品工业和计算机工业使用无油压缩空气。为保障员工健康和其他工业分支的环境，使用无油压缩空气工作。

5

无活塞杆的气缸与带活塞杆的气缸相比需要的空间更小（见下图）。力在开槽的气缸内壁或者拉杆上传递。

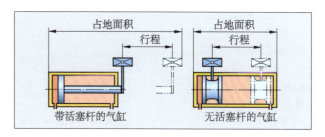

6

通过单向节流阀平稳调节活塞速度。单向节流阀常安装在气缸的排气管道上（排气节流）。

7

气管接口按照阀的静止状态绘制。

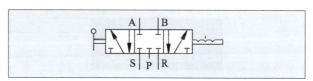

8

换向阀（见右图）产生一个"或"连接。压缩空气从 P1 或者 P2 流向 A。

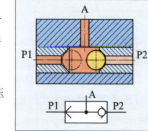

9

当接口 P1"与"P2 进气时，压缩空气流经 A。

10

限压阀保护设备，防止过高气压的影响。调压阀减小所需工作压力管道中的气压，并保持气压恒定不变。每个气动系统至少要有一个限压阀，通常会安装在压力锅上。调压阀安装在采料场，这两个阀通常会与净化单元集成一体。

11

气动系统是指应用压缩空气驱动和控制机器和设备的系统。压缩空气用于如移动锤子、气缸和转子以及控制移动。

12

气动系统的缺点如下：
- 仅通过大的直径气缸实现大的活塞推力。
- 活塞速度受反作用力改变。
- 仅通过固定挡块确定准确的终端位置。
- 泄露的压缩空气引起噪音和油雾。

13

$$F = p_e \cdot A \cdot \eta$$
$$= 70 \text{ N/cm}^2 \cdot \frac{(10 \text{ cm})^2 \cdot \pi}{4} \cdot 0.9 = 4\,948 \text{ N} \approx 5 \text{ kN}$$

14

流量控制阀调节空气的流入和流出的流量，从而调节活塞杆缩回和伸出的速度。

15
气动马达对于大功率的小工具的驱动装置占有优势。例如,气动扳手的使用。气动马达转速与功率负载的比例关系小,转速保持直到过载的静止状态。

16
活塞式压缩机根据挤压原理进行工作:气缸从周围环境吸入空气,密闭空气,压缩空气,使空气在活塞与缸体的密闭空间中被挤压。

17
高压贮气瓶的作用如下:
- 存储并冷却压缩空气。
- 析出剩余的空气水分。
- 平衡压力波动。

18
最常使用单作用和双作用气缸(见下图)。
- 单作用气缸只能单向运动;双作用气缸能够实现双向作用。
- 单作用气缸利用弹簧推动活塞杆复位;双作用气缸通过压缩空气两端运动。

19
- 降低活塞杆速度,使活塞杆平缓地驶回终端位置。
- 移动大重量物体时消声器很重要,通常可对其进行设置。

20
分为换向阀、止回阀、节流阀和压力阀。也有元件是集多种阀于一体的。

21
3/2 换向阀:有 3 个受控气口和 2 个工作位置的阀。缩写符号不包含任何关于阀的尺寸和结构的信息。

22
气口可以通过字母或者数字标记:

P ≙ 1	压力管接头	R ≙ 3	排气
A ≙ 2	工作管 1	S ≙ 5	排气
B ≙ 4	工作管 2	Z ≙ 12	控制管
		Y ≙ 14	控制管

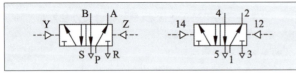

23
换向阀可以通过肌力、机械、压力或电气控制。电气控制与压力控制相结合,以达到更大的控制力。

24
带复位弹簧的 3/2 电磁换向阀,该阀由 3 个气口和 2 个工作位置组成,直接排气。

25
至少需要一个 3/2 换向阀(见右图)。该阀有 3 个气口,1 个用于压缩空气(P ≙ 1),1 个用于工作管(A ≙ 2),1 个用于排气(R ≙ 3)。

26
通过一个双压阀(见下图)。当 P1 和 P2 同时输入时,双压阀的 A 输出。

27
使用 4/2 换向阀或 5/2 换向阀(见下图)。也使用带 3 个工作位置的阀。4/2 换向阀有 1 个排气口,5/2 换向阀有 2 个排气口。

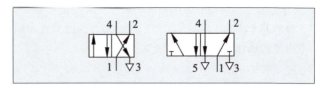

28
通过梭阀(见右图)。在梭阀位置 1 的工作口,当压缩空气进入 P1 或 P2 时,其相对的气口会同时断开。

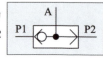

29
从高压管道经过阀流入空气,作用于膜片,到达设定的阀压力值时阀自动关闭(见右图)。工作管路中压力下降,阀重新启动。

30
气动系统由压缩空气设备、气源处理装置和自身的控制装置组成(见下图),通常由中心压缩空气设备给多个消耗器件供压。

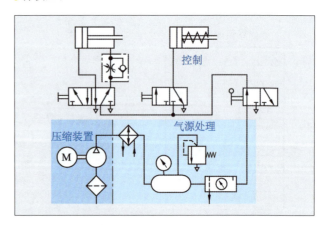

31
按下开关 S1 开始夹紧过程。夹紧结束后,接通信号 S2 与 S3 与非 S4 时,开始自动进给。

32
- 步骤 1:气缸 1.0 伸出。
- 步骤 2:气缸 2.0 在超速传动中优先伸出。
- 步骤 3:气缸 2.0 带自动进给速度移动。
- 步骤 4:气缸 2.0 缩回。
- 步骤 5:气缸 3.0 伸出。
- 步骤 6:气缸 3.0 缩回。
- 步骤 7:气缸 1.0 缩回。

33
按顺序接通气阀(见右图),当同时控制两个阀时,压缩空气流经 A。

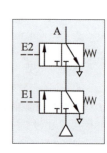

34
- 复合信号由如灯和发动机的开关以及光栅产生。
- 模拟信号由带显示的测量仪器产生,如多用表、温度计、转速测量仪或压力计。
- 数字信号(数显)多数可以从新的测量仪器和钟表中找到。

35
开环控制环路由信号元件(例如,开关、传感器)、控制元件(例如,逻辑元件、处理器)、执行器(例如,配电仪表)和工作元件(例如,发动机、气缸)组成。

36
阀门"与"连接(串联电路)及常开触点见下图。

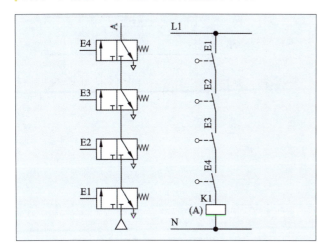

● 气动控制的原理

1
- 连续动作:在经过一定时间后执行连续作用的动作。然后动作自动复位。
- 保持动作:保持动作设定在一个特定的流程步骤逻辑"1"中,并在下一个步骤中的后续时间点复位为逻辑"0"。

2
通过步骤变量 X(数值 1 或者 0)了解步骤的状态。

3
延时是平行线外两个步骤间的过度(通道)。左侧(在括号中)是过度名称,右侧是用文字或布尔表达的转移条件(延时)(见题 4 图后)。

4
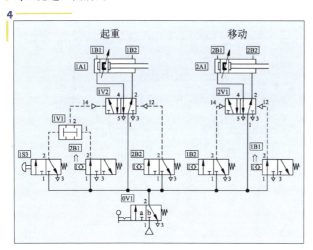

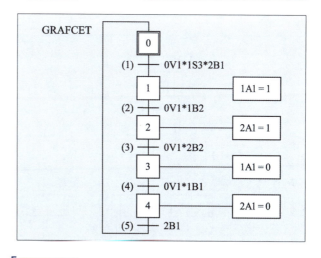

5

真值表

E1	E2	E3	A1	A2
0	0	0	0	1
1	0	0	0	1
0	1	0	0	0
1	1	0	0	1
0	0	1	0	1
1	0	1	1	1
0	1	1	0	1
1	1	1	0	1

6
一个完整的元件符号包含 4 位,例如,3-1S2。
- 3=设备编号。
- 1=电路数量。
- S=组件的字母。
- 2=组件编号。

当电路图清晰列入机器时,删除设备编号。

7
使气路图清楚并且分类准确。比如识别气缸终端位置的信号传感器处,数字"1"标记活塞杆的后侧终端位置,数字"2"标记活塞杆的前侧终端位置。

8
运作滑轮杠杆有以下缺点:
- 阀门不可以安装在气缸的终端位置。
- 运作滑轮杠杆要求有较大的操作距离。
- 活塞速度快,运作时间太短。
- 污垢,特别是碎屑,可能损坏杠杆。

在高质量控制下,通过关闭信号来代替一些单面作用的操作。

9
原理图会尽可能清晰地显示气动设备的关联作用,气动原理图是设备设计、装配、维护的基础。使用标准示意图显示零部件,根据设备清单补充气动原理图。

10

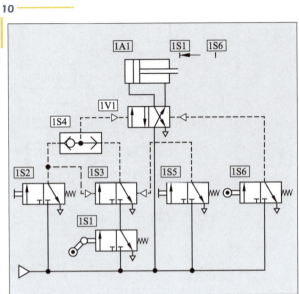

短暂按下信号元件后气缸 1A1 保持伸出和缩回,直到按下信号元件 1S 为止。

11

功能方块图显示工作机器的状态和状态的变化,通过图表显示生产设备。细实线表示结构元件的静止位置或起始位置,粗实线表示所有静止位置或起始位置的异常状态。

12

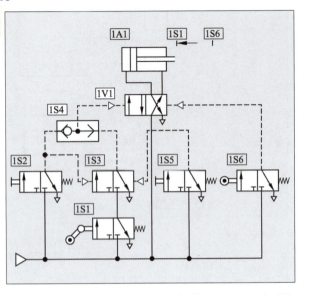

- 气动控制示例

13

a) 气动原理图,包括带滑轮杠杆的换向阀。

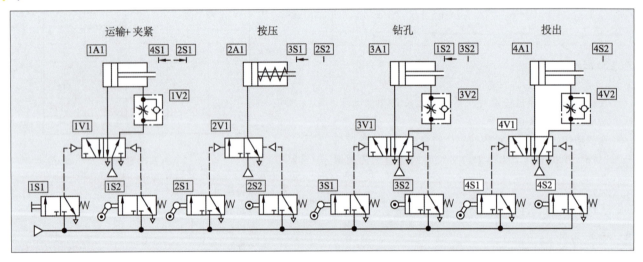

b) 气动原理图,不包括带滑轮杠杆的阀。

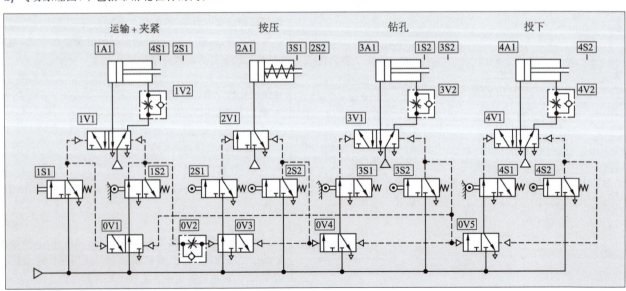

● 真空技术

1
通过真空系统,不同材料(例如,金属、塑料、木材、纸张)光滑或粗糙表面的组件和平整或弯曲的型材都能移动。

2
压缩空气从喷嘴流入文丘里喷嘴中(见下图)。膨胀的空气从文丘里喷嘴流入消声器,剩余的流到室外。文丘里喷嘴位置出现压力不足。真空发生器吸入抽真空器中的气体,导致气压不足(真空)。

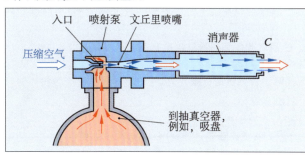

3
吸力夹具适用于平的表面,有很好的平衡高度差的作用。
主要应用领域:抓取车身钢板、管材、纸板箱和灵敏电子组件。

4
$p_e = 0.8 \cdot 10 \text{ N/cm}^2$
$= 8 \text{ N/cm}^2$

垂直牵引力:
$F_V = A \cdot p_e = 20 \text{ cm}^2 \cdot 8 \text{ N/cm}^2$
$= 160 \text{ N}$

水平牵引力:
$F_H = F_V \cdot \mu = 160 \text{ N} \cdot 0.6 = 96 \text{ N}$

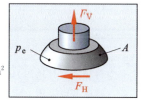

8.4 电气动控制

● 电气触点控制的元件

1
通过触点的打开或关闭,或通过无触点的电子元件产生。

2
分为常闭触点、常开触点和转换触点。符号说明电路中触点的作用。转换触点把常闭触点与常开触点的功能合为一体。

3
- 在去除作用力之后按钮通过弹簧复位到起始位置;开关则在负载的闭合位置。
- 只有按下按钮后,才会产生按钮信号;拨动开关则产生相反的连续信号。

4
- 行程开关有弹簧触头,受机械或磁铁控制;接近开关无触点,通过电磁感应或电容充电产生模拟信号来检测距离。
- 行程开关在到达一定位置时会突然转换;而接近开关会发射出逐渐增强的信号。

5
电子元件的优点:
- 无触点,无磨损。
- 通电速度快。
- 元件尺寸小。

用途:使用于半导体器件,如晶体管、晶闸管或二极管。

6
- 铣床:传感器读取光栅尺,测量转速和限制运动范围。
- 照相机:传感器调整曝光时间和距离及识别胶片类型。

7
24 V 直流电流经励磁线圈,产生电磁力,并通过电磁铁控制开关触点。与此同时,打开常闭触点并一起按下常开接触弹簧。电流断开,电枢的弹簧复位到初始位置。

8
通过继电器可以:
- 建立远程控制。
- 连接、成倍增加、转换或保存信号。
- 针对线路中较弱的控制信号可使用大功率负载。

继电器可以控制多个常闭、常开或转换触点。励磁线圈中的电路与其触点电路分离。

9
继电器线圈成矩形状,常闭、常开或转换触点分布在各自的电流通路中(见下图)。
根据控制的初始位置图示,通常分为控制电路和主电路。

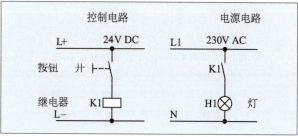

10
带复位弹簧的换向阀不能储存开信号,继电器自锁使用这种阀。在不带自锁的阀中,松开按钮时会重新接通(见下图)。

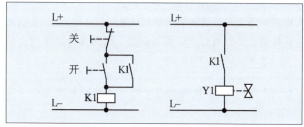

11
- 根据设定时间通电的为通电延时继电器。
- 由常闭和常开控制,断电后延时复位的为断电延时继电器。

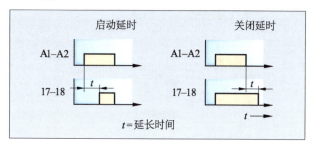

12
电磁阀由电磁线圈、电气开关元件和气动阀组成。电流流经电磁线圈,产生电磁场,电磁场移动电枢绕组。电枢绕组与气门杠杆连接,控制空气流向。

13

一台有急停开关的机器遇到危险情况会马上关闭。

14

急停按钮上红下黄(见右图),非常显眼并安装在容易触及的位置。属于暂停按钮。

● 信号元件——传感器

1

传感器是一个组件,用于测量物理参数,改变和传递电压或电流。传感器把非电子量转换为电子量。

2

传感器的输入参数,确定是否存在物品,若存在物品,传感器感应其位置或轨迹并输出电子信号。

3

- 主动式传感器不需要辅助能量就能直接把外部能量转换成电子能量。
- 被动式传感器需要能量供给才能把物理量转换成电子量。

4

- 模拟量传感器:再加工时提供模拟信号的输出。通过模拟传感器把物理量转换成模拟电子量。例如,电位计、电感和电容位移式传感器。
- 复合传感器:被动式传感器,在输出端提供复合信号。所有复合信号都存在电路差异。复合传感器包括电感、电容、电磁和光电传感器。
- 数字量传感器:运用在与数字相关的运动或旋转运动中,并将其划分为增量的和绝对的测量系统。

5

电感位移传感器是双线圈导向元件,双线圈供给交流电。双线圈中有个铁芯,它与位移测量元件相连接并且移动。线圈中铁芯移动会导致线圈中间的磁感应强度发生改变。电感传感器是位移改变的计量仪器。

6

电感传感器有带磁场的线圈。当金属物品靠近时,会引起运转的传感器表面产生磁场变化。线圈自感应改变会触发一个开关触点。

7

漫反射光电开关、镜面反射光电开关和对射式光电开关(见下图)。

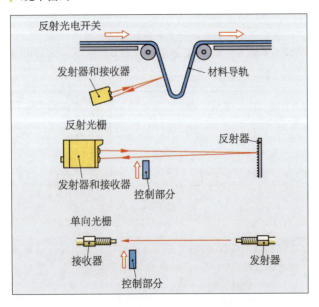

8

光纤传感器发送红外线,直至接收到接触目标的反应为止。目标工件表面反射越弱或越暗,发送光线的反应就越差,所以光纤检测距离必须更短。

9

光电传感器的应用领域为运输设备的计数、检测传送带上的材料、检测机床的工件(钻头断裂检查)或检测机器的危险区域。

10

- 光电传感器产生一种波动的红外线射线,从红外二极管中发射。
- 超声波传感器通过压电石英发射出超声波。

11

接触型传感器是极限开关,其初始信号通过接触物体的机械触点输出。

12

- 1:电感传感器,检测所有近距离的金属。
- 2:电容传感器,检测所有近距离的材料。
- 3:光电传感器,检测所有近距离的材料。
- 4:磁性传感器,检测所有近距离的永磁体。

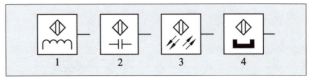

13

带空气流的空气箱作为发送器,压力测量仪表作为接收器。空气流断开以及压力断开都会产生信号。皮托管测量靠近喷油嘴前面一个部分的压力变化,并把它转换成信号。在反射喷嘴中,通过空气流流过靠近的工件转换成信号传到接收端。所有气动传感器的结构类型都是非接触型。

● 使用端子板布线

1

- 低布线成本。
- 便于查找故障。
- 便于修理。
- 夹住和更换板上损坏的零件和元件。

2

端子接线图上记录了电路图中单个端子的分布。单个端子中包含记录在端子分布清单中的数字。

● 电气动控制示例

1

按下按钮 S1 后接触器 K1 启动。自锁电路 S1 松开后 K1 继续保持启动。电子锁紧装置防止接触器 K2 启动。按钮 S2 对接触器 K2 控制过程相同。按下按钮 S0 可关闭发动机。主电路描述了带正转或反转的三相交流电发动机(换向保护继电器电路)控制设备的使用。

2

- 功能流程必须马上停止。
- 控制装置必须与电源分离。
- 工作元件(如气缸)必须避开电路驶向不危险的位置。
- 电源启动时不能单独启动控制装置。

3

a) 位置 1 上带常闭的自锁装置：控制开；位置 2 上带常闭的自锁装置：控制关。

b) 主要的区别十分明显，当同时启动常开 S1 和常开 S2 时，位置 1 记录输入信号（置位信号，SET，活塞杆伸出），位置 2 为复位信号（RESET，活塞杆缩回）。

c)

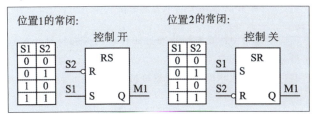

● 阀岛

1

电气动阀岛是多个圆盘形电磁阀的组合，并与配气机构零件紧密连接（见题 2 图）。电子接口在上，气动接口在侧。

2

用单线（回路）连接每个阀盘，或使用多极端口。这种端口是 9 芯或者 25 芯插座。

8.5 液压控制

1

液压液把泵的能量传输到执行元件并同时润滑摆动的工件。根据液压设备的操作条件使用含添加物的石油、含水乳化液或溶液及合成的液体。

2

定量泵保持不变的（不可调整的）供油量。调节泵可以根据需求调整供油量。定量泵驱动相比调节泵驱动损耗更多的能量。

3

液压蓄能器需要空间存放液压油和可压缩气体，如氮气（见下图）。氮气通过液压油的气泡、膜片或者活塞杆分离。液压油流入液压蓄能器，氮气被压缩并给液压油提供空间。

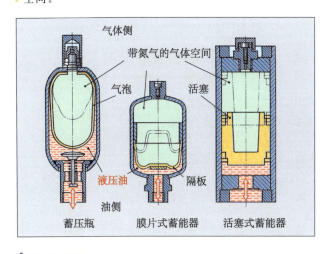

4

预控换向阀用于电磁控制的大型换向阀中。小的预控阀受电磁控制，能分离主阀液压控制中的加压液体。

5

气缸通过可解锁单向阀能在任何位置停止运转，仅仅依赖换向阀无法完成，因为它会持续泄漏液体。

6

调速阀与节流阀的区别在于体积流量保持不变（与压差无关）。节流阀的体积流量不仅取决于流过的截面，还取决于流入和流出的压力差。

7

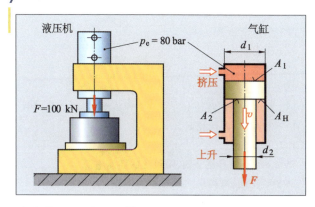

a) 由 $F = p_e \cdot A_1 \cdot \eta$，得

$$A_1 = \frac{F}{p_e \cdot \eta}, \quad d_1 = \sqrt{\frac{A_1 \cdot 4}{\pi}}$$

$p_e = 80 \text{ bar} = 80 \cdot 10 \text{ N/cm}^2 = 800 \text{ N/cm}^2$

$$A_1 = \frac{100\,000 \text{ N}}{800 \text{ N/cm}^2 \cdot 0.92} = 135.87 \text{ cm}^2$$

$$d_1 = \sqrt{\frac{135.87 \text{ cm}^2 \cdot 4}{\pi}} = 13.15 \text{ cm} = 131.5 \text{ mm}$$

b) 选择 $d_1 = 140$ mm。

c) $d_2 = d_1/2 = 140 \text{ mm}/2 = 70 \text{ mm} = 7 \text{ cm}$

$$A_1 = \frac{d_1^2 \cdot \pi}{4} = \frac{(14 \text{ cm})^2 \cdot \pi}{4} = 154 \text{ cm}^2$$

$$A_2 = \frac{d_2^2 \cdot \pi}{4} = \frac{(7 \text{ cm})^2 \cdot \pi}{4} = 38.5 \text{ cm}^2$$

$A_H = A_1 - A_2 = 154 \text{ cm}^2 - 38.5 \text{ cm}^2 = 115.5 \text{ cm}^2$

$Q = 38.5 \text{ L/min} = 38.5 \cdot 1\,000 \text{ cm}^3/\text{min}$
$\quad = 38\,500 \text{ cm}^3/\text{min}$

$$v = \frac{Q}{A_H} = \frac{38\,500 \text{ cm}^3/\text{min}}{115.5 \text{ cm}^2}$$
$\quad = 333.3 \text{ cm/min} = 5.55 \text{ m/s}$

8

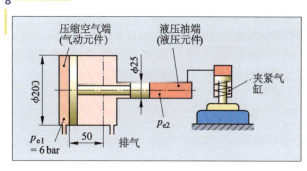

a) 由 $p_{e1} \cdot A_1 = p_{e2} \cdot A_2$，得 $p_{e2} = \dfrac{p_{e1} \cdot A_1}{A_2}$

又 $p_{e1} = 6 \text{ bar} = 6 \cdot 10 \text{ N/cm}^2 = 60 \text{ N/cm}^2$，则

$$p_{e2} = \frac{60 \text{ N/cm}^2 \cdot \dfrac{(20\text{cm})^2 \cdot \pi}{4}}{\dfrac{(2.5\text{cm})^2 \cdot \pi}{4}}$$

$\quad = 3\,840 \text{ N/cm}^2 = 384 \text{ bar}$

b) $p_e = p_{e2} \cdot \eta = 384 \text{ bar} \cdot 0.85 = 326.4 \text{ bar}$

c) $V = s \cdot A_2 = 5 \text{ cm} \cdot \dfrac{(2.5 \text{ cm})^2 \cdot \pi}{4} = 24.5 \text{ cm}^3$

9

0V1 限压阀,可调

0Z1 容器

0M1 带离合的电动机

0P1 恒定液压泵

0Z3 压力表

0Z2 过滤器

0V2 止回阀

1V1 4/3 换向阀,移动中心位置,两侧磁性控制和弹簧对中

1V6 单向阀,磁性控制

1V5 止回阀

1V4 2 通道流量调节阀,带可变的插座电源

1V2 限压阀,可调

1V3 止回阀

1A1 带双作用气缸单边活塞杆

10

- 1:水平螺栓连接。
- 2:螺旋连接。
- 3:角度螺钉连接。

11

气缸的运动状态:静止状态、快速进给、工作进给和快速退出。

阀的功能:

- 1:限制设备中的压力。
- 2:防止液压液体回流。
- 3:控制液压油的路线。
- 4:调节体积流量。
- 5:阻挡一个方向的流动。
- 6:隔断快速进给中的流量调节阀。
- 7:接通或关闭液压蓄能器。
- 8:限制液压蓄能器的压力。
- 9:抽空液压蓄能器。

12

保养工作过程中设备必须是无压力的。电动机必须关闭,阀门 3 必须装在位置 a 或 b 上并且要打开阀门 7 和 9。保养工作涉及的仅仅是设备的一部分,所以这部分可以在无压力状态下打开。针对设备左边(储压器)的工作需与下面的阀 7 连接,之后阀 9 启动。针对设备右边(工作零件)的工作需与下面的阀 7 连接,之后阀 3 处于位置 a 或 b。

13

优点:

- 空间小,动力大。
- 活塞速度均匀。

缺点:

- 泵、电动机和阀持续引发噪音。
- 漏油引起污染和火灾。
- 元件的成本高。
- 能量损耗大。

14

液压液必须尽可能具备润滑性和耐老化性;液压液的黏度不易随温度改变;在高温影响下,液压液也必须难以燃烧;不允许起泡或受腐蚀。

使用带添加物的,如混合水的矿物油等人工合成的液体。

15

划分为齿轮泵、叶片泵和活塞泵。齿轮泵有稳定的体积流量,叶片泵和活塞泵可以作为定量泵或调节泵。

16

径向活塞泵中体积流量可通过冲程环的偏心轮尺寸控制活塞冲程来调节。

通过改变活塞冲程,体积流量可被平稳地从 0 调整到最大输送量。

17

比例磁铁推动控制活塞、释放体积流量 Q。比例磁铁的移动量与磁铁的电流强度 I 成比例。同时模拟电子输入信号 I 转换成平稳的液压输出信号,如压力 P 或体积流量 Q。

在控制电路的辅助下,比较气门位置的额定值和实际值,并使其达到一致。

18

原始数值指的是期望的进给速度和工作台的推进力。起作用的参数是:

- 置换容积、液压马达和泵的转速。
- 体积流量。
- 工作压力。
- 元件和导线的额定横断面积。
- 设备的效率。
- 必要的电动机功率。

19

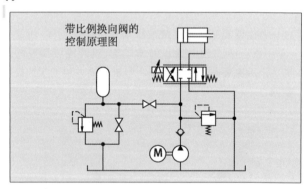

带比例换向阀的控制原理图

8.6 可编程控制器(SPS)

1

输入信号连接与控制设备、输出信号都在 SPS 中通过编程完成。更改程序时必须在控制设备中写入新的程序。因此,SPS 特别灵活,可实现自动转换程序。

2

模块化 SPS 控制器中主要的组件如下(见下图):

- 输入单元和输出单元。
- 带程序储存的中央处理器和可充电的电池。
- 电源。

参考答案

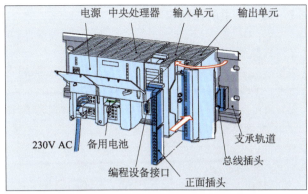

组件通过共用数据线（被称为数据总线）相互连接。

3
I/O分类清单向编程者提供了SPS中哪些装置连接输入端，哪些装置连接输出端（分类）。分类清单有多列，第一列给出组件名称；第二列给出按照流水号进行排列的组件标记；第三列标记输入端或者输出端的分类；第四列标记工件的产生工序。

4

分类清单		功能图	指令列表
零件	操作数		
S1	E1	E1 & E3 ≥1 A1 E2 & E3	UE1 UE3 O UE2 UE3 = A1
S2	E2		
B1	E3		
Y1	A1		

5
- 继电器控制的流程是通过导线连接和元件类型来确定的；程序储存控制的流程是通过一个之前完成的并且在SPS上保存的程序来确定的。
- 继电器控制的流程改变只有通过改变导线的连接来实现，而SPS通过改变程序来改变。

6
- 功能图通过标准的示意图（线路符号）显示图表的信号连接和步骤流程。
- 指令列表中按要求顺序描写SPS单个控制指令，SPS的控制指令部分是由厂商决定的。

7

流程图	分类清单	
	零件	操作数
0 — 1.0缩回B1, 2.0缩回B3, 有工件B0	B0	E1
1 — 气缸1.0伸出, 1.0伸出B2	B1	E2
2 — 气缸2.0伸出, 2.0伸出B4	B2	E3
3 — 气缸1.0缩回, 1.0缩回B1	B3	E4
4 — 气缸2.0缩回	B4	E5
	Y1	A1
	Y2	A2
	Y3	A3
	Y4	A4

功能图	指令列表
E1 E2 E4 & A1	UE1 UE2 UE4 = A1
E3 E4 & A3	UE3 UE4 = A3
E3 E5 & A2	UE3 UE5 = A2
E2 E5 & A4	UE2 UE5 = A4
	PE

8
SPS的处理单元的作用如下：
- 启动SPS操作系统。
- 询问每个脉冲控制的输入信号。
- 使加工的输入信号与保存程序相符合。
- 储存和询问标志位的阶段结果。
- 输出信号至控制通道。

处理单元由包含脉冲传感器、控制单元和运算单元的微处理器组成。

9
SPS的输出信号从输出单元发出，经过光电耦合器到达要控制的装置。

10
光电耦合器是把光电信号转换成电子信号的转换器。在SPS中作为输入接口保护元件，以防输入电压过高。

11
主要用于编程的必要的设备，如手动编程仪或笔记本电脑，用来形成文件资料的机器，如打印机。
常常要求把编程储存在SPS中。

12
程序可借助带触点设计或功能设计的指令列表完成。可借助键盘或手动编程仪直接在SPS上输入指令列表。最常迪过电脑完成触点设计或功能设计，通过后处理程序传送到控制设备。

13
SPS运用指令列表（AWL）、触点设计（KOP）和功能设计（FUP）。在传送到SPS程序内存的过程中，编程语言会转译成机器语言（编纂）。

14
由运算程序部分（说明需要操作的内容，这里的"O"用于"或"连接）和工作信息部分（说明用什么操作，这里的"E10"用于输入端10）组成。

15
标示作为内部储存模块使用。标示作为程序中的运算域，用于储存信息。

16

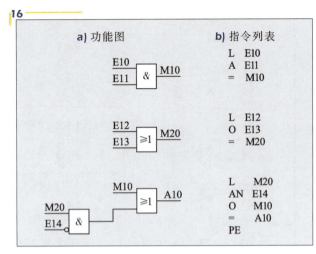

17

信号反向是指信号逆转,即信号从"0"到"1"或从"1"到"0"。这种信号逆转也称为否定。例如,UN E0.0 表示"0"在输入端,内部为"1"。

18

储存功能	功能图	指令列表
保存设置	E0.0 [A4.0 S]	U E 0.0 S A 4.0
复位储存	E0.1 [A4.0 R]	U E 0.1 R A 4.0
SR 触发器	E0.0 [A4.0 SR] E0.1 [R Q]	U E 0.0 S A 4.0 U E 0.1 R A 4.0 NOP 0
RS 触发器	E0.1 [A4.0 RS] E0.0 [S Q]	U E 0.1 R A 4.0 U E 0.0 S A 4.0 NOP 0 4.0

19

- SR 触发器相当于一个控制性的复位自锁装置。最后一个指令是"R"(＝复位保存或重启)。
- RS 触发器相当于一个控制性的置位自锁装置,最后一个指令是"S"(＝置位)。

20

- S_脉冲(脉冲):操作开始时,启动输入显示上升的趋势(这说明信号状态从"0"转换到"1")。为了启动时间必须要有信号转换,时间随数值继续走,直到程序时间终止并且输入端S=1。输出为"1",时间继续走并且在输入端S产生一个信号,输入端R没有影响。
- S_EVERZ(通电延时):如 S_脉冲,但输出为"1",若时间没有走并且在输入端S产生一个信号,输入端R产生一个信号,询问为"0"。
- S_AVERZ(断电延时):运算程序启动时间,当启动输入显示下降趋势(这说明信号状态从"1"转换到"0"),时间随数值继续走,直到程序时间终止并且输入端S=0。输出为"1",若时间走并且输入端S没有信号,输入端R为"1",询问为"0"。

8.7 自动化中的控制技术

1

工业机器人一共能达到6个自由度(见下图)。

人们制定了3个平移(直线)自由度和3个旋转(转动)自由度。平移自由度是 X、Y 和 Z 轴方向的直线运动。

旋转自由度是指旋转运动 A(环绕 X 轴)、旋转运动 B(环绕 Y 轴)和旋转运动 C(环绕 Z 轴)。

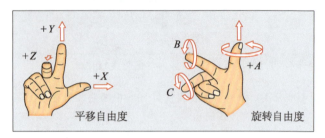

2

- 只有3个直线运动轴的机器人称为龙门机器人(TTT)。
- 带2个直线运动轴和1个旋转运动轴(TTR)或2个旋转运动轴和1个直线运动轴(RRT)的机器人称为水平悬臂机器人。
- 带3个旋转运动轴(RRR)的机器人属于垂直多关节机器人(关节机器人)。

运动轴决定工作空间,龙门机器人需要方形的工作空间;水平悬臂机器人需要圆柱形的工作空间;垂直多关节机器人需要球状的工作空间。

3

传感器的种类包括角度行程传感器、光栅、探测器、接近传感器。

- 角度行程传感器规定了需要再加工工件的位置、速度和加速度等。
- 光栅监督安全性。
- 探测器测量距离,掌握工件和组件轮廓。
- 接近传感器把组件、工具和工件靠近的位置信息传送到机器人中。

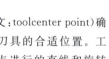

4

为了描述刀具位置,工作点 TCP(英文:toolcenter point)确定为刀具坐标轴原点。工作点位于刀具的合适位置。工作点的位置和方向根据按法兰中心点进行的直线和旋转移动来确定。

5

使用谐波齿轮传动或精密齿轮传动,可降低大多高速的、可调整转速的三相交流伺服电动机的转速。

6

- 在 PTP 移动中,机器人引导 TCP(刀具运行点)沿着最快的轨道直达目标。同时机器人坐标轴旋转移动。
- 在 LIN 移动中,机器人引导规定好速度的 TCP 沿着直线直达目标。

7

在进入机器人机身(工作空间)时要增加进入难度,例如:

- 用栅栏、隔板和护板围住工作区域。
- 用安全激光扫描仪监督工作空间中的保护区域和警告区域。
- 使用光电光幕和光栅,如安全电网。

8

分为控制器、嵌入式装置和工业机器人。控制器通过手动控制,嵌入式装置和工业机器人用编程控制。

9
- 储存。例如,料仓储存。
- 改变数量。例如,借助分频器区分。
- 移动。例如,定位到制动器为止。
- 保护。例如,在夹具中夹紧。
- 检查。例如,借助传感器检测。

10

储存	改变数量	移动	保护	控制
有序储存	分支	定位	夹紧	控制
例如,料仓储存	例如,转接设备、分线盒	例如,挡块	例如,夹具、支柱	例如,传感器、试验装置

例如,运行过程的检测工位:

定位	夹紧	控制	松开	定位

11

控制过程中必不可少的是运输流程、加工流程、装配流程和检查流程。这些控制过程通过合适的处理系统完成,如装配线上的工业机器人。

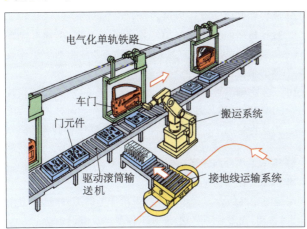

12

工作空间即机械手臂上工具的活动空间。这种活动空间通过所有轴的活动区域产生,同时显示操作人员和维修人员的危险区域。

13

旋转变压器用于记录一段电波旋转角。旋转变压器安装于驱动电动机的转子轴上。在结构上,旋转变压器与带转子绕组的交流发电机以及两个相互转动 90°的定子绕组相符合。两个定子绕组供应电压。转子转动时会感应出有相位差的电压。相位差 a_x 类似于旋转角 a_x。

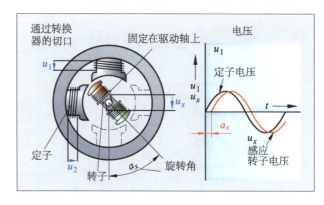

14
- 在线编程或示教编程通过合适的控制板手动驶向空间点或激活抓具功能和保存点。
- 离线编程需要通过文字式或与图表相结合的方式来编程。在文字式编程中,程序流程需通过指令用编程语言来编写。在图表交互的离线编程中,要运用机器人空间的 CAD 信息。

15
- 旋转轴的数量:轴越多机器人越灵活,最多自由度 $f=6$,要求最少有 6 个运动轴。
- 工作空间:工作空间描述运动空间,根据所有轴的危险领域来建成并描述了机器人的危险区域。
- 额定负荷:额定负荷小于最大可允许负荷并且机器人的旋转轴不受速度限制运行。
- 速度:速度与轴移动的距离成比例。
- 重复精度:相同条件下一个位置的重复运动产生的最大误差。
- 定位精度:额定负荷下的最大定位误差。

16

取决于其性能配置:旋转轴的数量、定位精度和重复精度及速度。

17
- WORLD:笛卡尔坐标系。ROBROOT 和 BASE 使用远点坐标系。
- ROBROOT:机器人底座的坐标系。
- BASE:坐标系,置于工件点。
- TOOL:坐标系,位于工具的工作点。

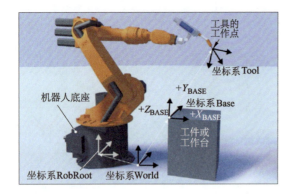

9 自动化加工

9.1 计算机数字控制（CNC）

9.1.1 数控机床(NC)的特点

1

运用转速可调的直流（DC）或交流（AC）电动机。上述两种情况将测出测速发电机的实际转速，并与额定转速进行比较，通过控制装置改变实际转速。

2

进给驱动应该：
- 产生较大的进给力。
- 能够达到极小的进给速度和极高的快速位移速度。
- 能够快速定位。
- 定位精度高。
- 具有较高的制动力。

3

调节进给电动机的转速，以保持工作台速度；调整机床工作台的位置，以对工作台进行定位。
测量装置分别使用测速电动机和位移测量系统测量转速和位置。

4

间接式位移测量是测量进给主轴的位置，直接式位移测量是测量机床工作台的位置。

5

直接式位移测量系统测出的测量值最准确。位移测量系统固定于工作台和机座上，特别要注意防止污染和损坏。

6

使系统丢失已储存的位置信息。当机床再次开启时，必须要启动参考点，使位移测量系统能确定工作台的位置。

7

每一个测距刻度都有一个数值，并与工作台的位置相对应。在断电重启后不必重启参考点。

8

接口用于远程数据传输时，例如，从主机或编程设备传输数据到机床的 CNC-系统。

9

适配控制装置放大控制信号，
并输送到机床的执行机构，如继电器和阀门。适配控制装置是 CNC 系统和机床之间的接口。适配控制装置取决于机床的结构，由机床制造商提供。

10
- NC：数字控制（Numerical Control）。
- CNC：计算机数字控制（Computerized Numerical Control）。
- DNC：分布式数字控制（Direct Numerical Control）。

如今几乎不使用没有计算机（数字控制）的数字机床。CNC 机床能够通过接口远程传输数据（DNC）。

11

操作面板包括程序输入（键盘）区域和机床控制（按键、开关、控制旋钮）区域。此外，在控制面板上还有一个显示器。

12

CNC 加工的主要优点是：
- 加工精度和重复精度高。
- 加工时间短。
- 能够在机床上加工较难成形的零件（整体加工）。
- 简单重复已储存的程序。
- 经济性和灵活性高。

13

进给传动应该：
- 达到高加速性能。
- 能够达到极大的快速移动速度和极小的进给速度。
- 能够达到较大的进给力。
- 具有较高的定位精度。
- 具有高刚性。

9.1.2 坐标、原点和基准点
9.1.3 控制类型、刀具补偿

1

刀具向左运动。在数控车床上向轴的正方向移动时，刀具驶离工件。

2

a) 旋转轴使用字母 C 标识。

数控机床的直线轴与旋转轴的分类标准：A 轴对应 X 轴、B 轴对应 Y 轴、C 轴对应 Z 轴。Z 轴相当于工作主轴的轴线。

b) 工作主轴沿着 $+Z$ 轴方向逆时针旋转 $30°$。假设编程时刀具移动，那么刀具肯定沿着 $+C$ 方向顺时针旋转。因为这种情况不可能发生，所以主轴是逆时针旋转的。

3

a) 机床工作台向左运动。
b) 机床工作台向上运动。

编程时始终假设刀具移动。如果机床上的工件（机床工作台）移动，而刀具不移动，那么工件要向反方向运动。

4

控制装置开启后，增量式位移测量系统上的机床原点可能会移动。由于这种情况通常不可能发生，所以要在位移测量系统上设置一个可移动的参考点。
通过机床操作面板上的按键使工作台移动到参考点。机床原点到参考点的距离储存于控制系统中，可以计算。

5

a) 刀架基准点。刀架基准点 T 的位置储存于控制系统。
b) 显示的数值为 X280 Z380。

6

与机床原点有关，输入数值说明刀架基准点到机床原点的位置。通过原点偏移，控制系统算出机床原点和工件原点之间的差值。

7

$X=0; Z=98+80-2=176$
车加工时通常将加工工件的平面定为工件原点。

8

至少需要 2D 轮廓控制系统。控制系统通过起始点坐标和目标点坐标计算出所有轮廓点的 X 和 Z 坐标值,并持续监测。

9

机床内部刀具检测时刀具切削点移至测量放大镜的十字线下。按下按键,控制系统接收补偿值。外部刀具检测时通过测量设备的适配器测量刀具。显示的数值必须输入到控制系统的刀具补偿储存器。

10

T01: $X=69$; $Z=41$

T02: $X=-8$; $Z=95$

补偿值给出必要的调节行程,使得工件轮廓上的刀具切削点 P 代替刀架基准点 T。

11

参考点用于校准和检验机床的测量系统。参考点是机床测量轴上由机床操作员确定的一个位置。

12

- G41:左刀补。
- G42:右刀补。
- G40:取消刀补。

刀具轨迹补偿编程的工件轮廓与刀具实际路径的差值。

13

尽可能多地从图纸上选取不必换算的尺寸确定工件原点。

14

车床坐标系的原点一般位于卡盘端面与主轴中心线交点处。铣床的坐标原点一般位于工作室边缘(三根轴的运动极限位置)。机床原点的位置由机床制造商确定,因此无法更改。

15

使用路径条件 G54~G59 时,编程坐标值将与所属控制系统中储存的原点相关。通过 G53 取消原点偏移。通过原点偏移可以使用同一程序加工多种相同的工件轮廓。

16

CNC 机床的控制类型有:点位控制、直线控制和轮廓控制。点位控制只在目标点上加工,直线控制只用于与机床轴平行的加工,轮廓控制加工任意线型或曲线型的工件。

17

点位控制适用于钻床和钣金加工机床。

18

使各个轴的运动可以单独控制。

19

a) 机床原点 M:是机床坐标系统的原点,由机床制造商确定。

b) 工件原点 W:它将根据加工技术的角度由编程人员根据工件坐标系统的原点确定。

c) 参考点 R:作为增量式位移系统的原点,是在 CNC 机床工作区域每个轴确定的点。它用于确定各自的原始位置。

9.1.4 CNC 编程

1

G 代码是路径条件,用来确定运动方式。

例如:
- G00:点控制方式,刀具或机床快速进给直至到达目标坐标。
- G01:直线插补(直线运动)。
- G02:顺时针方向圆弧插补。
- G03:逆时针方向圆弧插补。
- G41:刀具轨迹补偿或切割半径补偿,刀具在轮廓的左边。
- G42:刀具轨迹补偿或切割半径补偿,刀具在轮廓的右边。

2

模态 G 代码一直处于激活状态,直至它被非模态的 G 代码覆盖。例如,G00(快速进给的定位)一直运行直至被 G01、G02 或 G03 覆盖。

3

G96 S220。使用路径条件 G96,控制系统中的 S 指令作为切削速度(单位 m/min)。

4

子程序增量输入能够在任意位置重复和插入其他程序。通过这种方式能使螺纹退刀槽的子程序通用,无须根据每个螺纹的工件直径不同而调整。

5

极坐标的半径用 R 标识,角度 φ 从右边的横坐标起逆时针转动为正,顺时针转动为负。

点	R	φ
1	40	20
2	40	90
3	40	128
4	40	230
5	40	−35

6

总是从右边的水平横坐标中得出角度绝对尺寸。逆时针转动为正。

路径	φ
$P_0 \Rightarrow P_1$	135
$P_1 \Rightarrow P_2$	180
$P_2 \Rightarrow P_3$	210
$P_3 \Rightarrow P_4$	180
$P_4 \Rightarrow P_5$	90

7

控制系统需要以下数据。

- 圆弧运动的路径条件:
  G02 顺时针圆弧
  G03 逆时针圆弧
- 目标点坐标(圆终点)。
- 圆心点位置:
  $I \triangleq X$ 轴方向的距离
  $J \triangleq Y$ 轴方向的距离
  $K \triangleq Z$ 轴方向的距离

在 DIN-控制系统中,I、J 和 K 列出圆起始点到圆心的增量距离。

8

$$n = \frac{v_c}{\pi \cdot d} = \frac{120 \text{ m/min}}{\pi \cdot 0.063 \text{ m}} = 606 \text{ min}^{-1}$$

$v_f = f_z \cdot z \cdot n = 0.15 \text{ mm} \cdot 9 \cdot 606 \text{ min}^{-1} = 818 \text{ mm/min}$

使用以下字编写:

- G97 S606 主轴转速,单位为 min^{-1}。
- G94 F818 进给速度,单位为 mm/min。

9

大多数控制系统中 I、J 和 K 的值都是作为到圆起始点的距离标出的。

圆	G	I	J
a)	G02	$I8$	$J0$
b)	G03	$I10$	$J0$
c)	G02	$I0$	$J-12$
d)	G03	$I12$	$J0$

10

点 $P_0 \sim P_6$ 及 P_8、P_9 的数值直接读取。

关于 P_7 Y 坐标点的值,通过公式计算 $\tan\alpha = \dfrac{a}{b}$,得

$a = b \cdot \tan\alpha = 46 \text{ mm} \cdot 0.7002 = 32.209 \text{ mm}$

$Y_7 = a + 10 \text{ mm} = 32.209 \text{ mm} + 10 \text{ mm} = 42.209 \text{ mm}$

路径	G	X	Y	I	J
$P_0 \Rightarrow P_1$	G01	X8	Y24		
$P_1 \Rightarrow P_2$	G01	X24	Y24		
$P_2 \Rightarrow P_3$	G03	X40	Y40	I0	J16
$P_3 \Rightarrow P_4$	G01	X40	Y56		
$P_4 \Rightarrow P_5$	G02	X50	Y66	I10	J0
$P_5 \Rightarrow P_6$	G01	X92	Y66		
$P_6 \Rightarrow P_7$	G01	X92	Y42,209		
$P_7 \Rightarrow P_8$	G01	X46	Y10		
$P_8 \Rightarrow P_9$	G01	X8	Y10		

11

路径	G	X	Z	I	K
$P_0 \Rightarrow P_1$	G01	X30	−3		
$P_1 \Rightarrow P_2$	G01	X30	Z−10		
$P_2 \Rightarrow P_3$	G02	X30	Z−26	I18,33	K−8
$P_3 \Rightarrow P_4$	G01	X30	Z−36		
$P_4 \Rightarrow P_5$	G01	X42	Z−36		
$P_5 \Rightarrow P_6$	G03	X56	Z−43	I0	K−7
$P_6 \Rightarrow P_7$	G01	X56	Z−55		
$P_7 \Rightarrow P_8$	G02	X66	Z−60	I5	K0
$P_8 \Rightarrow P_9$	G01	X82	Z−60		

12

CNC 程序里的一个字是一个有数值的地址字母。一个字包含机床和控制指令中的闭锁形式,字母包含指令的类型和指令的数值。

13

路径条件将通过字母 G 和两位(0~99)的代码表示。例如,G00 快速进给的定位、G01 直线插补、G02 和 G03 顺时针及逆时针方向的圆弧插补。

14

一个 CNC 程序段包含一个工作段的开关信息、路径条件和路径信息。开关信息用于如转速和进给的选择,路径信息是单个轴上程序的输入。

15

路径条件 G90 为目标点坐标插入绝对尺寸数据。所有尺寸输入要以已确定的工件原点为基准。设置机床时位于工件原点上控制系统的位移测量系统要归零。

16

增量尺寸(链式尺寸)是目标点相对于前一个点的位置尺寸。

17

- G94 确定 F 后面的数值为进给速度(mm/min)。
- G95 确定进给量(mm/r)。

18

下列地址字母包含了圆心点坐标中圆起点到圆心点的距离:

- I 在 X 轴上。
- J 在 Y 轴上。
- K 在 Z 轴上。

19

题目中所述车加工在车削时直径会改变,通过使用 G96 使转速自动改变,切削速度保持恒定。

20

开关信息的地址字母是:

- F:进给。
- S:主轴转速。
- T:刀具。
- M:辅助功能。

21

对于刀具长度补偿必须储存刀具切削点到刀具基准点的距离,对于轮廓补偿必须储存切削半径。

22

"模态指令"G 代码,如 G00 或 G01,它们是固定的,必须写在有效的程序段首句。它会影响接下来的程序段,直至被其他 G 指令替换或删除为止。

23

车削件的工件原点总是在旋转轴上,一般是在较容易对刀的右端面,很少在左端面。

9.1.5 循环程序和子程序

9.1.6 数控车床的编程

1

为了能完成切削半径补偿(SRK),每把刀都必须输入以下量(图):

- X 轴方向的横向量 Q(X 轴方向刀具切削点到刀具调整点 E 的距离)。
- 纵向补偿 L(Z 轴方向刀具切削点到刀具调整点 E 的距离)。
- 切削半径。
- 刀具切削点 P 到切削半径圆心点 M 的位置。

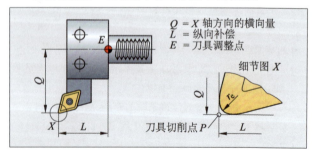

2

纵向车削 Z1;横向车削 X62。切削半径有效时,控制系统将切削点 P 设置成编程的尺寸。编程人员必须考虑到安全距离。

3

斜边和圆弧边。

4

车削件编程时,车刀好像有一个刀尖。事实上车刀上有一个切削半径 R(见右图)。如果不考虑该半径,不与轴线平行的轮廓上出现理论轮廓偏差。

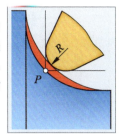

5

激活路径命令 G41 或 G42。刀具补偿存储器必须储存切削半径 R、刀具长度 L 和 Q 的量(见右图)。

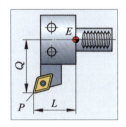

6

- 子程序的程序段可被更改、删除或重新设置。
- 加工循环是属于机床存储器中已经储存且不可删除的子程序。

7

因为子程序可以在任意位置重复调用或运用到其他程序里。

8

用于刀架滑板的加速和制动。加工一个尺寸精确的螺距,在工件上进刀前,需要主轴旋转和车刀进给之间比例准确。刀架滑板制动需要退出距离。

9

进入和退出距离的量取决于刀架滑板的尺寸和所需的进给速度。所需的进入距离 Z_E 可通过主轴转速 n、螺距 P 和机床特性值 K 求出。

$$Z_E = \frac{P \cdot n}{K}$$

10

减少主轴转速可以缩短进入和退出距离。车螺纹时,主轴转速越小,刀架滑板的进给速度就越小。

11

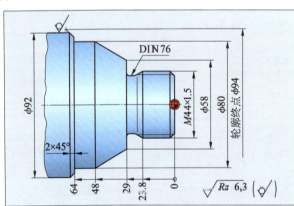

切削循环参数
R20 精车轮廓的子程序
R21 精车轮廓的起始点 $X(P_0)$
R22 精车轮廓的起始点 $Z(P_0)$
R24 精车加工余量 X
R25 精车加工余量 Z
R26 切削深度
R27 切削半径补偿的路径条件
R29 切削类型(31 粗车,21 精车)
L95 循环程序激活

- 循环

……

N25 G0 X94 Z5
N30 G96 S200 F0.4
N35 R2010 R2140 R222
N40 R240.5 R250.1
N45 R265 R2742 R2931
N50 L95
……
N65 G0 X94 Z5
N70 G96 S250 F0.1
N75 R2010 R2140 R222
N80 R240 R250 R2742
N85 R2921
N90 L95

- 子程序

L10
N5 G01 X44 Z-2
N10 Z-23.8
N15 X41.5 Z-26
N20 Z-29
N25 X58
N30 X80 Z-48
N35 Z-64
N40 X88
N45 X94 Z-67
N50 M17

12

车螺纹循环程序参数
R0 螺距
R21 X 轴起始点(绝对)
R22 Y 轴起始点(绝对)
R23 空切的数量
R24 螺纹深度(增量,带前置符号)
R25 精车切削深度(增量,无前置符号)
R26 进入距离 Z_E(增量,无前置符号)
R27 退出距离(0:从控制程序选择)
R28 粗车的数量
R29 进刀角度(增量,无前置符号)
R31 X 轴终点
R32 Z 轴终点
L97 循环程序激活

$$n = \frac{v_c}{\pi \cdot d} = \frac{150 \text{ m/min}}{\pi \cdot 0.044 \text{ m}} = 1\,085 \text{ min}^{-1}$$

$$Z_E = \frac{P \cdot n}{K} = \frac{1.5 \text{ mm} \cdot 1\,085 \text{ min}^{-1}}{600 \text{ min}^{-1}} = 2.7 \text{ mm}$$

螺纹深度 $h_3 = 0.92$ mm(查简明机械手册可得)。

螺纹循环程序参数如下:

R201.5 R2144 R220 R232 R24-0.92 R250.05
R262.7 R270 R286 R2929 R3144 R32-26

● 数控车床的编程

1

使用极坐标包含代码字母 A，逆时针方向从 +Z 轴测量的角度及目标点坐标。

N10 G01 Z−6
N20 A105 A150 X42 Z−15

2

两个相互随动的刀具路径可以将两个角度数据串联。控制系统独立计算过渡点。过渡半径用代码字母 B 和半径表示。

N10 G01　A165　A120　X35 Z−12 B5.5
N15 Z−15
N20 A135　X42

3

轮廓特性子程序：

L10
N10 G01 X19.97 Z−1.5
N15 Z−6.5
N20 A195 A180 X19.35 Z−9 B0.6 B0.6
N25 A90 A135 X29.9 Z−10.5
N30 Z−19.8
N35 A210 A180 X27.68 Z−25 B0.8 B0.8
N40 X40 B2.5
N45 Z−32
N50 A135 X52
N55 M17

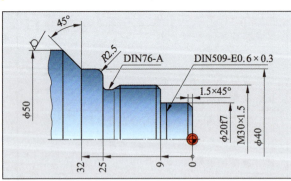

4

一个刀尖加工切槽的右侧，另一个刀尖加工切槽的左侧。两个刀尖到半径的中间点位置不同。测量值在刀具补偿存储器中分成两个不同的补偿号。

5

车床的附加参数
R_{18} 安全区（平行 X）
R_{19} 安全区 Z
L910 退至换刀位置 Z−X
L920 退至换刀位置 X−Z

螺纹轴程序 Nr.100 安装调整单			
原点 X0 Z180	保护区半径 28 Z5		
加工流程	刀具	v_c/(m/min)	f/mm
1 车端面	T0606	200	0.2
2 粗车外轮廓	T0707	145	0.5
3 精车外轮廓	T0808	200	0.1
4 车螺纹	T1111	120	1.5

%100　零件程序 Nr.100

N05　G90 G00 G53 X300 Z400 T0 绝对尺寸，快速进给，关断原点偏移，抵达起始点，刀具补偿关断

N10　G59 X0 Z180 原点偏移

N15　R1828 R195 确定保护区

N20　G92 S3500　转速限定

N25　G96 S200 T0606 M04 恒定切削速度 200 m/min，刀具，主轴左旋

N30　X52 Z0 M08　车端面起始点，冷却液开

G35　G01 X−1.6 F0.2 车端面

G40　G0 Z2 M09　退出，冷却液关

G45　L920 回程至刀具更换点

N50　G96 S145 T0707 M04 换刀，重新进入程序

N55　G00 X55 Z5 M08 进给至循环起始点

N60　R2010 R2112.97 R222 R240.5 子程序 Nr.10，起始点 X12.97 Z2，精车加工余量 X0.5

N65　R250.2 R263 R2742 R2931　精车加工余量 Z0.2，切削深度 3，G42，纵向切削

N70　L95 F0.5 调用循环程序，进给 0.5 mm

N75　L920 M09 回程至换刀点，冷却液关

N80　G96 S200 T0808 M04 恒定的切削速度 200 m/min，刀具，主轴左旋

N85　G00 X25 Z5 M08 进给至循环起始点，冷却液开

N90　R2010 R240 R250 R2742 R2921 子程序 Nr.10，精加工余量 X 和 Z0，G42，精加工

N95　L95 F0.1 调用循环程序，进给 0.1

N100　L920 M09 回程至换刀点，冷却液关

N105　G97 S1273 T0707 M03 恒定的转速 1 273/min，刀具，主轴右旋

N110　G0 X30 Z5 M08 进给至车螺纹起始点，冷却液开

N115　R201.5 R2130 R220 R232 螺距 1.5，螺纹始点 X30 Z0.2，空切

N120　R240.92 R250.05 R265 R270 螺纹深度 0.92，精车加工余量 0.05，进入距离 5，退出距离 0

N125　R285 R2929 R3130 R3222 粗车数量 5，进刀角度 29°，X30，Z−22，轴向终点

N130　L97 调用循环程序

N135　G0 G53 X300 Z400 T0 M30 快速进给至刀具换刀点，原点偏移及刀具补偿关断，程序结束

9.1.7　数控铣床的编程

9.1.8　编程方法

1

原点偏移是 X265 和 Z340。以上为考虑到工件表面距离的值，即 X 轴方向铣床主轴需继续移动 5 mm，Z 轴方向需后退 10 mm。

参考答案

2

循环结束时刀具恢复到循环程序开始的位置。

3

矩形槽铣循环程序(取决于控制系统)
G87 循环程序定义
X,Y,Z
B　Z 上的安全距离
R　矩形槽半径
I　铣削准备%
J1　顺铣
J-1　逆铣
K　切削深度
G79　调用矩形槽位置循环程序

循环程序定义:G87 X36 Y26 Z-11 B2 R8 I65 J1 K4
调用矩形槽位置循环程序:G79 X30 Y31 Z-4

4

可通过路径条件 G41 激活。铣刀进给方向位于工件轮廓左边,使用 G41。

5

激活 G41 或 G42 后,铣刀运动至下一个加工路径的起点。因此,铣刀中心点位于一个点上,该点位于铣刀半径直角方向,离下一个铣刀轨迹起始点较远。

6

- 编程(为了精铣加工余量预留更大的轮廓)。
- 降低刀具补偿尺寸(铣刀半径和长度)(为了精铣加工余量)。

刀具补偿更改时,允许粗铣和精铣使用同样的轮廓特性。为了粗铣和精铣为铣刀设置两个不同的刀具号,例如,T01 和 T02。这个刀具将会使用不同尺寸的刀具补偿值。

7

应沿切线进刀(跟随轮廓方向)。向角落进刀时,起始点位于第一个加工点的延伸的部分。必须在一个平面上进刀。例如,矩形槽的铣加工是通过一个四分圆开始加工的。

8

通过模拟将程序流程图在屏幕上可视化,用于在机床运行前进行测试。通过这种方式可查找错误和优化加工流程。

9

在车间编程(WOP)的帮助下可不使用数字控制代码,而是借助图形操作编制程序。WOP 既适用于在机床上编程,也可在特殊的编程工位上完成。

10

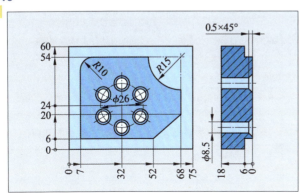

钻孔循环程序(取决于控制系统)
G81　循环程序定义
X　停留时间(秒)
Y　工件的安全间距
Z　钻孔深度

孔圆循环程序(取决于控制系统)
G77　孔圆定义
X,Y,Z　孔圆中心孔位置
R　孔圆半径
I　起始角
J　孔的数量

盖板程序 Nr.200 安装调整单		
加工顺序	刀具编号	n/min^{-1}	$v_{\text{f}}/(\text{mm/min})$
1 铣轮廓	T4	2 000	600
2 预钻孔	T1	1 300	200
3 钻孔	T12	1 500	200

零件程序如下:

%200
N1　G17
N2　G90
N3　G52
N4　F600 S2000 T4 M06
N5　G00　X-5　Y-15 M03
N6　Z-6 M08
N7　G41
N8　G01　X8 Y6
N9　Y44
N10　G02　X17　Y54　Û10 J0
N11　G01　X53
N12　G02　X68　Y39　Û15 J0
N13　G01　Y20
N14　X52　Y6
N15　X-15
N16　G40
N17　G00　Z100
N18　　F200　S1300　T1　M06
N19　G81　X0.2　Y3　Z-4.75
N20　G77　X32　Y24　Z0　R13　Û30 J6
N21　　F200　S1500　T12　M06
N22　G81　X0　Y2　Z-21
N23　G77　X32　Y24　Z0 R13　Û30 J6
N24　G51　M09
N25　　M05
N26　　T0 M06
N27　　M30

11

安装调整单中确定加工顺序、刀具和切削值。安装调整单是程序编制的基础。它包括多种参数,还有夹具的使用和工件的设置。

12

主程序如下：

N05　　G0 Z100

N10　　G0 X150　Y150

N15　　T3 M06

N20　　F80 S1910 M03

N25　　G0 X0 Y40

N30　　G0 Z1

N35　　001

N40　　G0 Z100 M08

N45　　G0 X150 Y150

N50　　M30

通过在主程序中调用指令 L8001（程序语句 N35）将完成下列子程序：

L80

N05　　G91

N10　　G0 X30 Y-20

N15　　F40

N20　　G1 Z-4 M07

N25　　F80

N30　　G2 X-20 Y0 I-10 J0

N35　　G1 Y20

N40　　G2 X20 Y0 I10 J0

N45　　G0 Z4

N50　　G90

N55　　MI7

N05　　　　启用增量尺寸输入

N10　　　　起始点的增量进给

N15　　　　用半进给并开启冷却液至切削深度

N20　　　　普通进给

N25~N40　字母"C"的下半圆、直线和上半圆增量程序

N45　　　　铣刀增量切出工件上方 1 mm

N50　　　　结束增量尺寸输入，调用绝对尺寸输入

N55　　　　返回主程序

13

C 轴围绕主轴 X 旋转；B 轴围绕主轴 Y 旋转；C 轴围绕主轴 Z 旋转。

14

从坐标原点向主轴正方向看过去，旋转轴顺时针方向运动即为正方向。

15

① 是围绕主轴 Z 旋转的旋转轴 C；② 是围绕主轴 Y 旋转的旋转轴 B。

16

- 一种为旋转轴通过刀具旋转达到，这种机床有一个摆动铣头。

- 另一种为工件能在 Y 轴上旋转，这种机床有一个旋转台。

17

这是一台有两个旋转轴，即旋转轴 A 和旋转轴 C 的五轴 CNC 铣床。

18

G17　　　　选定 XY 平面

CM-90　　在 C 轴上 90°旋转

G56　　　　确定绝对原点偏移，这是之前在控制系统原点存储器中输入的

T1　　　　调用刀具 1

TC1　　　 调用刀具修正储存器

F636　　　进给速度 636 mm/min

S3160　　 转速 3 160 min^{-1}

M3　　　　主轴顺时针旋转

M6　　　　换刀

G73　　　　调用圆形槽循环程序

ZA-20　　圆形槽深度 20

R30　圆形槽半径 30

D5　5 mm 最大进给

V2　2 mm 表面安全距离

W2　2 mm 快速传动从表面退回

AK00 mm 槽边缘余量

AL00 mm 槽底面余量

DB80 80% 铣刀轨迹覆盖

O1　垂直进入

Q1　同步铣

H1　粗加工

9.2 自动化加工设备

1

在同样低成本的生产时，不断扩大的品种多样性需求和产品生产能力，以及对短的运输时间的要求将需要柔性生产线。

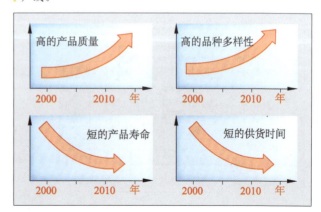

产品多样化导致工件批量减少,即同种工件量少。

2

物资运输通过不同的、部分相互连接的运输机器完成。
- 机器人为机床提供刀具及毛坯件,并根据加工需求运送。
- 滚轮和皮带传送带缩短了每一个加工站之间的距离。
- 以轨道或导轨铺设的地面传送带,同样缩短了仓库和加工站之间的距离。

3

对此,有一系列部件:
- 一个双传动的工作主轴,能加工工件的两个面。
- 通过刀架滑板能将很多车削加工依次完成,不需要重新装夹新的刀具。
- 刀架滑板上传动的刀具可以在工件端面和侧面上铣和钻孔加工,不需要重新装夹。
- 摆动的刀具能够以任意角度铣削外表面的轮廓,同样也不需要重新装夹。

4

在耐用度监测时,机床控制系统采集一把刀具的所有使用时间,然后与输入的设定耐用度相比较。尚能使用的和在监视器上显示的剩余时间必须大于该刀具下一个加工过程需要的时间,否则必须更换一把相同结构的刀具(姐妹刀)。

5
- 若是大型刀具,可通过主轴驱动功率或通过驱动电动机的电流消耗识别出刀具的情况(见下图)。

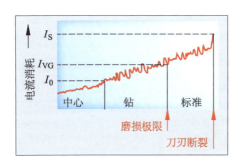

- 对于易断裂刀具,例如,小型钻头,用一束红外线对准钻头尖部(见下图)。如果钻头尖部断裂,红外线会反射并报告断裂。

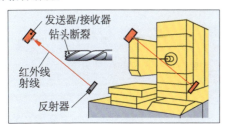

- 耐用度监测将采集刀具的使用时间,并与设定耐用度相比较(见下图),然后会显示刀具的剩余使用时间。

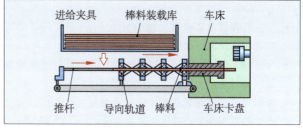

6
- 在生产大量工件时,要达到高生产率将通过刚性自动化多工位自动线、圆转台多工位机床或机械的自动车床来达到。
- 要通过高灵活性达到少量工件加工,就需要轨迹控制的CNC机床。

7

这种生产就是很多零件正好在一段时间内完成,而这些零件又正是此时所需要的。在德国人们将这种生产称为需求同步。

8

计算机集成制造的特征包括:
- 贯通的信息流和对加工设备、刀库和信息储存器的数据访问。例如,库存和预定。
- 用柔性材料流的柔性加工设备生产。
- 生产的自动化控制和自动化流程。
- 生产和生产设备通过传感器控制监控。

9

由很多组件单独或组合构成:
- 刀库:准备好所有必要的刀具。
- 刀具机械手:它将刀具从刀库中取出,并运至刀具更换器。
- 刀具更换器:它将旧的刀具从主轴头取出,并置换新的刀具。
- 五面加工的圆分度工作台:它能加工装夹工件的五个面。
- 搬运机器人:它自动更换托盘,并将它保存至托盘储存器。

10
- 加工中心(下图左)是一个自动化的铣床,它装有刀具更换器和刀库。它不需要手动介入即可完成一个工件的完整加工。
- 柔性生产单元(下图右)由加装了自动化控制的装载和卸载的机器人的加工中心组成。机器人在一个时间段内为加工中心提供自动化服务。例如,在一个八小时工作班次中,向加工机床提供毛坯件,接受加工完毕的制成件,并将成品储存至存储器。

11

随着刀具磨损的增加,提高所需的主轴传动功率和驱动电动机的电流消耗。在达到设定的电流最高值时,就达到了刀具磨损极限,被磨损的刀具将被新的刀具替换。

12

自动化棒料进给装置是由一个棒料装载库和一个进给夹具组成的(见下图)。当需要新棒料时,棒料装载库降至进给夹具。推杆通过车床卡盘将棒料推至要求的长度。

13

装载和卸载通过机床上侧安装的工业机器人或门式机器人完成。

14

在输送通道上,所有的生产步骤总是通过固定的生产流程自动化地生产一样的工件。这种生产方法对于大批量的工件生产是非常经济的。输送通道的优点是具有高生产力,缺点是缺乏灵活性。CNC机床将根据机床操作者所输入的程序加工工件,在旁边连接另外一个加工程序来加工其他工件。CNC机床的优点是在加工单个或小批量的工件时具有较大的灵活性,其生产力低于输送通道。在灵活的柔性加工系统中将若干台机床链接起来,并连接了自动化的刀具和工件运输。这样的组合不仅具有灵活性,也能达到高的生产力。

10 技术项目

10.1~10.4 项目载体的基础

1

综合性任务设计要求载体通过团队协作、网络沟通以及同步合作实现跨专业和跨部门的合作,这种合作方式可能优于传统的部门式流水线组织。

2

项目的特征:
- 唯一性(无重复)。
- 时间、人员以及资金限制。
- 完整的计划与特有的结果分开。
- 复杂性高。
- 说明风险。

3

完整的职业行为由以下行为步骤组成:信息收集、计划、实施和评价。

4

初始阶段主要论证:在考虑到企业目标和企业能力的情况下,一个项目构想或者一个公认的问题到底能否作为启动项目。由此可见,初始阶段为真正决定实施项目之前的阶段,所以称为项目前期阶段。

5

- 说明项目核心团队的组成。
- 阐明项目目标。
- 制定粗略的项目结构。
- 粗略估算费用。
- 评估可行性。

6

项目目标必须阐明项目功能或项目需完成的内容。因此制定的项目目标应具有明确性、可衡量性、可达成性、实际性和时限性。

7

- 项目内容规划指研究问题的解决方法、如何高质量地实现目标及解决问题。
- 为此,制定了项目结构规划,通过具体的项目进度表规划项目时间。
- 根据项目的资源回收和分配组成规划成本,由此,项目产生的费用和要求的资金显而易见。

需要考虑的是,一个方面的任何变化都会影响另外两个方面。

8

在"高"风险中:
- 出现重大问题的概率高。
- 出现问题的影响很严重。

也可以用下图来表示。

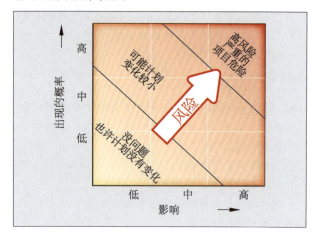

9

项目控制的操作步骤:
- 从当前的项目状况采集实际数据。
- 分析并评估项目规划的实际数据。
- 阐明应偏离计划的控制措施。

10

项目完成时应当通过验收检验项目目标是否按计划实现。必须订立项目中所有的相关条约和经济职责,并调整生产可能需要的继续保养措施。最终的成本决定项目在经济效益方面是否可行。在关于经验汇总和工作满意度的项目结束会议上可以进行项目总结报告,演示并回顾一些有价值的事件。

11

非营利项目是指非商业组织的项目,该项目不以增加经济效益为目的。

12

非营利性项目的例子:开发项目、学校项目、培训项目。

13

里程碑是正在进行的规划、监测及项目结构化过程的角点。

14

例如:
- 继续或中断项目。
- 发布下一个项目阶段。
- 改变主要目标。
- 项目过程的变化。
- 实施额外措施。

15

通过分析项目环境,尽可能跨领域安排所有项目范围内的团队成员。

16

- 在产品建议书中,目标定义和项目内容尽可能以委托者的观点具体和有条理地描述出来。
- 在产品责任书中描述受托者如何完成项目的过程。

17

- 过于乐观的时间计划和成本计划。
- 重要工作人员的退出。
- 不遵守商定的日期。
- 缺乏管理层的支持。
- 技术上存在可行性问题。

10.5 记录技术项目

● 文字处理

1

基本上分为三种方式：
- 没有链接的数据交换时，通过菜单编辑（复制/粘贴）的数据从一个应用程序转换到另外一个应用程序。原始文件的变化在复制的文本上不会更新。
- 当对象在源应用程序发生改变，那么该对象在有链接的数据交换时（Object Linking）在目标应用程序中更新。
- 一个应用程序（例如，文字处理）的数据在对象嵌入时（Object Embedding）粘贴到另外一个应用程序中。

2

段落和字体的设置保存在格式模板中，以向用户提供现成的格式用于标题、列表等，用户也可以进行自定义，例如，可将特定的自定义页面布局（如信笺）定义为格式模板并保存。

3

文本和段落：
- 文本左对齐、右对齐、居中或左右对齐。
- 段落文字向左或者向右缩进的距离。
- 根据间距设置的段落之间的间距。
- 分页（对页码进行编号）。

字符：
- 字体（确定文字的外观）。例如，Arial、Times New Roman。
- 字体样式（确定文字如何显示）。例如，粗体、斜体、下划线。
- 字体大小（显示和打印的字体大小）。例如，10 磅、12 磅等。
- 字体颜色（文字的颜色）。比如，红色、蓝色。

4

用于对带有图表和插图的较大文档统一添加标签或编号时。

5

在大型文档中使用分节是为了准确设置文档的功能选项，可以把分节理解为能粘贴在文档的文本元素（例如，页数、当前日期和文件名）。分节和文档中的文本一样可以进行设置。例如，如果通过分节在信笺上粘贴日期，那么每次调用时信笺上日期会相应自动地改变。要是不想这样，分节也可以锁定不更新或者手动更新。分节通常用于文档的页眉和页脚。

6

- 纸张规格（如 DIN A4 横/纵）。
- 可打印区域（在"页面设置"中设置左/右页边距和上/下页边距）。
- 行号格式。
- 页面边框的类型。
- 文档及水印的颜色。

7

自定义页面布局并定义为文档模板，由此，可以保存特定的页面布局（如信笺）以提供所需的格式模板。

● 电子表格、演示软件

1

一个 Excel 文件叫工作表或者工作簿。每个工作簿由不同的表格组成，也就是在工作簿中连续的多个工作页。

2

将 Excel 表格中的公式移到其他单元时，若是相对引用，公式会随之改变，绝对引用公式将不会改变。

3

a) $24/12=2$
b) $36^2=1\,296$
c) $1+2+3+4+5+6+7+9+10+\cdots+20=202$

4

a) $80-90+200/2=90$
b) $1000/2+30=530$
c) $2000/(48+52)=20$
d) $22500+10000-25600000000+1000-40000$
$=-25600006500$

5

a) 13.8333
b) Yes

6

演示软件中的幻灯片基本上由五种不同类型的内容组成：文本、图像、照片、视频/声音和动画。

7

幻灯片布局和幻灯片结构需符合一定的条件：
- 最多使用两种类型的字体。
- 使用常用字体，如 Arial、Times New Roman。
- 所有幻灯片使用统一配色方案，相同主题使用相同颜色。
- 使用反差明显但不花哨的颜色。

8

应用软件可以理解为给特定应用设计的程序，比如文本采集、计算、绘图软件等。应用软件进一步细分如下：
- 标准应用软件，适合于所有用户，比如文本采集软件。
- 专门软件，适合于所有的职业群体，比如设计程序和绘图程序软件。
- 定制软件，用于解决用户的任务，比如组件的面积计算软件。

9

- 文字处理：它提供大量的文字输出和文字输入的可能性。文字设计越来越重要，通过套用信函和文档模版可使工作简化。
- 电子表格：使用不同公式和格式创建表格，以完成复杂的数据运算并以图表方式进行分析及展示。
- 数据库：用数据库可以管理数据采集，比如，地址、刀具清单，它支持图表、调查、报告和表格。
- 演示程序：用此可以创建视觉上吸引人的幻灯片进行演示。由向导帮助用户用少量的工作步骤打造精心设计的专业演示文档。
- 通信程序：支持用户的办公工作，用它可以写邮件，管理记事日历、任务和地址。

10

各类表中的单个数据都储存在数据库系统里。数据的结构类似于传统的文件柜数据管理的结构。数据结构划分为数据区和记录。数据库程序结构如下图所示。它用于管理个人数据、客户数据或仓库数据。

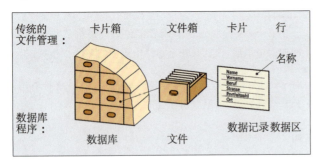

11

- 阐明与目标群体的关系,是同种类的还是不同种类的。
- 阐明有哪些基础知识。
- 阐明目标群体有什么期望。
- 选择并阐明解决方案。
- 从概要到细节。
- 首先介绍已知内容,然后介绍新的内容。
- 首先描述具体内容,然后描述抽象内容。

12

圆形面积图和柱形图能特别直观清楚地显示百分比。

13

通过图表显示变量之间的关系。例如,列线图和曲线图。

● 技术制图

1

DIN 是德国标准化协会的缩写。德国标准化协会发布国家标准、DIN 标准(适用于德国)为检验德国标准化的国际标准。例如,DIN EN 标准或 DIN EN ISO 标准。

2

通过统一的标准促进商品交换和国家之间的服务。越来越多的标准采用德国标准化的国际标准。

3

零件图包含加工工件所需的所有标注。例如,尺寸、表面面积、材料和加工方法。

4

零件清单给出装配图中所有部件的概况。例如:

序号	数量	名称	标准简称
1	1	滑轮	C45E
2	1	定位环	S235JR(钢 37-2)
3	2	凹槽球轴承	DIN 625-6004-2RS
4	1	销钉	E295(钢 50-2)
5	1	挡圈	DIN 471-20×1.2
6	1	轴承端盖	E295(钢 50-2)
7	3	圆柱头螺钉	ISO 4762-M4×12-8.8

装配图上所有的部件都在零件清单里,它包含其位置编号、数量、名称和所有工件的材料及该图纸中的标准件。部件的标准简称就称为标准件。

5

可以通过 JPG 或 PNG 图片文件进行数据交换。

6

分解图是总装图的特殊形式,它显示出装配的零件在空间上的顺序,因此其一致性和结构条理性尤为明显(如下图)。

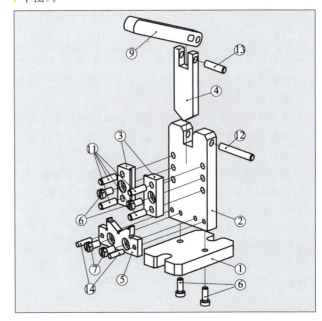

7

维护计划描述了维护机器或设备功能所需的工作,一份机床的维护计划包括润滑材料、润滑点和润滑周期。

8

即将有限元法(Finite Element Method)应用于负荷计算CAD 数据。在外力和/或热应力的作用下,可以计算组件中的应力和变形。

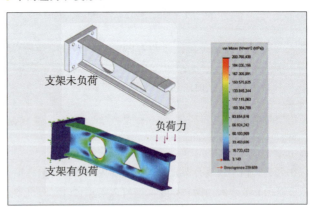

9

为了确保一般的加工过程,将设计(CAD)与加工(CAM,计算机辅助制造)相结合。CAD 软件提供机床上加工的几何数据,CAM 软件导入 CAD 数据。操作员在 CAM 软件中设置包括工件加工技术规格的工作步骤,从而生成数控加工的程序代码。

10

后处理器从 CAM 系统的程序代码生成可以在相应的数控机床上执行的专用的数控代码。

11

装配计划	
合同-Nr.2238	
名称:滚轮轴承	
序号	工作步骤
1	检查每个部件的完整性,如有必要需做清洁
2	对轴(4)稍微涂油润滑
3	带有压缩套筒的向心球轴承(3)移至螺钉(4)
4	装定位环(2)
5	带有压缩套筒的向心球轴承(3)移至螺钉(4)
6	装垫圈(5)
7	带轴承的销钉从右侧移至滚轮
8	装轴承端盖(6)
9	用角螺丝刀 SW(3)拧紧圆柱头螺钉(7)
10	转动滚轮,检验其灵活性和允许的间隙

第二部分 专业数学试题

1 专业数学基础

1.1 三分律、百分比和利息的计算

1

解:4.5 分钟生产一个工件,360 分钟生产工件的数量为

$$n = \frac{1 \text{ 个工件} \cdot 360 \text{ min}}{4.5 \text{ min}} = 80 \text{ 个工件}$$

2

解:8 副刀架质量为 20 kg,则

56 副刀架质量 $m = \frac{56 \cdot 20 \text{ kg}}{8} = 140 \text{ kg}$

3

解:每周 3 台自动车床消耗 $m = 7.5$ t,则 4 周 5 台车床消耗

$$m = \frac{7.5 \text{ t} \cdot 5 \cdot 4}{3} = 50 \text{ t}$$

4

解:2 min 30 s = 2 · 60 s + 30 s = 150 s

150 s 铣 1 个工件,那么 3 600 s 铣工件的数量为

$$n = \frac{1 \text{ 个工件} \cdot 3\ 600 \text{ s}}{150 \text{ s}} = 24 \text{ 个工件}$$

5

解:百分值 = $\frac{\text{基值} \cdot \text{百分比}}{100\%}$,则

百分值 = $\frac{176 \text{ kg} \cdot 8.5\%}{100\%} = 14.96 \text{ kg}$

6

解:百分值 = $\frac{\text{基值} \cdot \text{百分比}}{100\%}$,则

百分比 = $\frac{100\% \cdot \text{百分值}}{\text{基值}}$

$= \frac{100\% \cdot 15}{625} = 2.4\%$

7

解:a) 信用卡借贷金额 = 48 000 € · 80% = 38 400 €

b) 每月利息 = $\frac{38\ 400 \text{ €} \cdot 7.3\%}{12}$ = 233.60 €

c) 每月付款金额 = $\frac{38\ 400 \text{ €}}{5 \cdot 12}$ = 640 €

1.2 等式转换

1

解:$\rho = \frac{R \cdot A}{l}$

2

解:$I = \frac{U}{R}$

3

解:$v^2 = \frac{2 \cdot W_k}{m}$

$v = \sqrt{\frac{2 \cdot W_k}{m}}$

2 物理计算

2.1 量的换算

1

提示:1 mm = 0.001 m;1 μm = 0.000 001 m

6.8 mm = 6.8 · 0.001 m = 0.006 8 m

5 μm = 5 · 0.000 001 m = 0.000 005 m

0.24 cm = 0.24 · 0.01 m = 0.002 4 m

2

提示:1 英寸 = 25.4 mm

3/4 英寸 = 3/4 · 25.4 mm = 19.05 mm

3

提示:1 m³ = 1 000 000 cm³

1 mm³ = 0.001 cm³

0.25 m³ = 0.25 · 1 000 000 cm³ = 250 000 cm³

2 360 mm³ = 2 360 · 0.001 cm³ = 2.36 cm³

4

提示:1 kg = 1 000 g;1 t = 1 000 kg

2.5 kg = 2.5 · 1 000 g = 2 500 g

3.42 t = 3.42 · 1 000 kg = 3 420 kg

5

$20°45'30''$
$+\ 45°30'45''$
$\overline{65°75'75'' = 65°76'15'' = 66°16'15''}$

6

$90° = 89°59'60''$
$-\ 36°40'30''$
$\overline{53°19'30''}$

7

$0.18° = 0.18 \cdot 60' = 10.8' = 10' + 0.8'$

$0.8' = 0.8 \cdot 60'' = 48''$

$0.18° = 10'48''$

8

$36' = 36' \cdot \frac{1°}{60'} = 0.6°$

$54'' = 54'' \cdot \frac{1°}{3\ 600'} = 0.015°$

$12°36'54'' = 12.000° + 0.600° + 0.015°$
$= 12.615°$

2.2 长度和面积

1

提示：1∶5 的比例尺表示图纸上的 1 mm 代表工件上的 5 mm。

840 mm · 5＝168 mm

620 mm · 5＝124 mm

65 mm · 5＝13 mm

2

解：$A = l^2$

$A = (36 \text{ mm})^2 = 1\,296 \text{ mm}^2$

$U = 4 \cdot l = 4 \cdot 36 \text{ mm} = 144 \text{ mm}$

3

解：由 $A = l^2$，得

$l = \sqrt{A} = \sqrt{908\,209 \text{ mm}^2} = 953 \text{ mm}$

4

解：$e_1^2 = s^2 + s^2 = 2s^2 \Rightarrow s^2 = \dfrac{e_1^2}{2}$，则

$s = \sqrt{\dfrac{e_1^2}{2}} = \dfrac{e_1}{\sqrt{2}} \approx \dfrac{34 \text{ mm}}{1.414\,2} \approx 24.04 \text{ mm}$

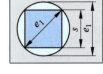

5

解：$e_2 = 1.155 \cdot s = 1.155 \cdot 32 \text{ mm}$

$= 36.96 \text{ mm}$

6

解：$A = \dfrac{\pi \cdot d^2}{4} \Rightarrow d^2 = \dfrac{4 \cdot A}{\pi} \Rightarrow$

$d = \sqrt{\dfrac{4 \cdot A}{\pi}} = \sqrt{\dfrac{4 \cdot 2\,355 \text{ mm}^2}{\pi}}$

$\approx \sqrt{2\,998.48} \text{ mm} \approx 54.76 \text{ mm}$

$U = \pi \cdot d = \pi \cdot 54.76 \text{ mm}$

$\approx 172.03 \text{ mm}$

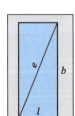

7

解：由 $e^2 = l^2 + b^2$，得

$e = \sqrt{l^2 + b^2}$

$= \sqrt{(1\,100 \text{ mm})^2 + (2\,100 \text{ mm})^2}$

$= \sqrt{5\,620\,000 \text{ mm}^2} \approx 2\,371 \text{ mm}$

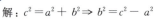

8

解：$c^2 = a^2 + b^2 \Rightarrow b^2 = c^2 - a^2$

$b = \sqrt{c^2 - a^2} = \sqrt{(45 \text{ mm})^2 - (27 \text{ mm})^2}$

$= \sqrt{2\,025 \text{ mm}^2 - 729 \text{ mm}^2}$

$= 36 \text{ mm}$

$\sin\alpha = \dfrac{a}{c} = \dfrac{27 \text{ mm}}{45 \text{ mm}} = 0.6$

$\alpha = 36.869\,898° = 36°52'11''$

$\cos\beta = \dfrac{a}{c} = \dfrac{27 \text{ mm}}{45 \text{ mm}} = 0.6$

$\beta = 53.130\,102° = 53°7'48''$

9

解：由 $A = \dfrac{l \cdot b}{2}$，得

$b = \dfrac{2 \cdot A}{l} = \dfrac{2 \cdot 1\,794 \text{ mm}^2}{78 \text{ mm}} = 46 \text{ mm}$

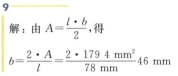

10

解：由 $A = \dfrac{l_1 + l_2}{2} \cdot b$，得

$l_2 = \dfrac{2 \cdot A}{b} - l_1$

$= \dfrac{2 \cdot 780 \text{ mm}^2}{26 \text{ mm}} - 37 \text{ mm}$

$= 23 \text{ mm}$

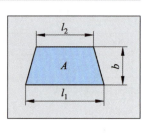

11

解：$A = f \cdot a$

$a = \dfrac{d_1 - d_2}{2} = \dfrac{52 \text{ mm} - 40 \text{ mm}}{2}$

$= 6 \text{ mm}$

$A = 0.4 \text{ mm} \cdot 6 \text{ mm} = 2.4 \text{ mm}^2$

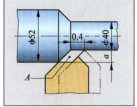

2.3 体积、密度、大小

1

解：由 $m = \rho \cdot V$，得

$V = \dfrac{m}{\rho} = \dfrac{2\,000 \text{ g} \cdot \text{cm}^3}{8.5 \text{ g}} = 235.3 \text{ cm}^3$

又 $V = a^2 \cdot l$，得

$l = \dfrac{V}{a^2} = \dfrac{235.3 \text{ cm}^3}{(4 \text{ cm})^2} = 14.7 \text{ cm}$

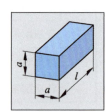

2

解：$m = \rho \cdot V = \rho \dfrac{\pi \cdot d^2}{4} \cdot l$

则

$d = \sqrt{\dfrac{4 \cdot m}{\pi \cdot \rho \cdot l}}$

$= \sqrt{\dfrac{4 \cdot 1\,800 \text{ g}}{\pi \cdot 11.34 \text{ g/cm}^3 \cdot 5 \text{ cm}}}$

$\approx 6.36 \text{ cm}$

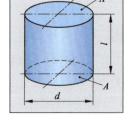

3

解：$d = D - 2s$

$= 80 \text{ mm} - 2 \cdot 15 \text{ mm}$

$= 50 \text{ mm}$

$m = \rho \cdot V$

$= \rho \cdot \dfrac{\pi \cdot l}{4} \cdot (D^2 - d^2)$

$m = 7.2 \text{ g/cm}^3 \cdot \dfrac{\pi \cdot 350 \text{ cm}}{4} \cdot [(8 \text{ cm})^2 - (5 \text{ cm})^2]$

$\approx 77\,188.93 \text{ g} \approx 77.19 \text{ kg}$

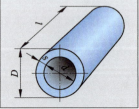

4

解：由 $V = \dfrac{\pi \cdot d^2}{4} \cdot \dfrac{h}{3}$，得

$h = \dfrac{12 \cdot V}{\pi \cdot d^2} = \dfrac{12 \cdot 500 \text{ cm}^3}{\pi \cdot (12 \text{ cm})^2} \approx 13.26 \text{ cm}$

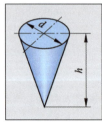

5

解：由 $m = \rho \cdot V = \rho \cdot \dfrac{\pi \cdot d^2}{4} \cdot l$，得

$l = \dfrac{4 \cdot m}{\pi \cdot \rho \cdot d^2}$

$= \dfrac{4 \cdot 1\,850 \text{ g}}{\pi \cdot 7.85 \text{ g/cm}^3 \cdot (0.2 \text{ cm})^2} \approx 7\,501.57 \text{ cm}$

$= 75 \text{ m}$

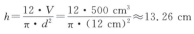

6

解：由 $m_G = \rho_G \cdot V$，得 $V = \dfrac{m_G}{\rho_G}$。又 $m_L = \rho_L \cdot V$，则

$m_L = \rho_L \cdot \dfrac{m_G}{\rho_G} = 2.65 \text{ g/cm}^3 \cdot \dfrac{21\ 750 \text{ g}}{7.25 \text{ g/cm}^3} = 7\ 950 \text{ g}$

$= 7.95 \text{ kg}$

减轻的质量 $= 21.75 \text{ kg} - 7.95 \text{ kg} = 13.8 \text{ kg}$

减轻的质量百分比 $= \dfrac{13.8 \text{ kg} \cdot 100\%}{21.75 \text{ kg}} = 63.45\%$

7

解：$V = \dfrac{\pi}{6} \cdot d^3 = \dfrac{\pi}{6} \cdot (8 \text{ mm})^3 \approx 268.08 \text{ mm}^3$

$\approx 0.268\ 08 \text{ cm}^3$

又 $m = \rho V$，故

$m \approx 18 \cdot 7.85 \text{ g/cm}^3 \cdot 0.268\ 08 \text{ cm}^3 \approx 37.88 \text{ g}$

8

解：$m = m' \cdot l$

$m = 71.5 \text{ kg/m} \cdot 8.2 \text{ m}$

$= 586.3 \text{ kg}$

2.4 直线运动及圆周运动

1

提示：1 mm = 0.001 m，

1 min = 60 s

$v_f = 1\ 100 \text{ mm/min} = 1\ 100 \cdot \dfrac{0.001 \text{ m}}{60 \text{ s}} \approx 0.018\ 3 \text{ m/s}$

2

解：$v = \dfrac{s}{t}$，得

$t = \dfrac{s}{v} = \dfrac{2\ 500 \text{ m}}{0.12 \text{ m/s}} \approx 20\ 833 \text{ s} \approx 5 \text{ h } 47 \text{ min } 13 \text{ s}$

3

解：由 $v_c = \pi \cdot d \cdot n$，得

$n_{最大} = \dfrac{32 \text{ m/s}}{\pi \cdot 0.24 \text{ m}} = \dfrac{1\ 920 \text{ m/min}}{\pi \cdot 0.24 \text{ m}}$

$\approx 2\ 546 \text{ min}^{-1}$

4

解：由 $v = \dfrac{s}{t}$，得

$t = \dfrac{s}{v} = \dfrac{s}{v_1 + v_2} = \dfrac{330 \text{ km}}{90 \text{ km/h} + 75 \text{ km/h}} = \dfrac{330 \text{ km}}{165 \text{ km/h}} = 2 \text{ h}$

$s_1 = t \cdot v_1 = 2 \text{ h} \cdot 90 \text{ km/h} = 180 \text{ km}$

$s_2 = t \cdot v_2 = 2 \text{ h} \cdot 75 \text{ km/h} = 150 \text{ km}$

5

解：$\sin\alpha = \dfrac{y}{s}$，得

$s = \dfrac{y}{\sin\alpha} = \dfrac{42 \text{ mm}}{\sin 30°} = \dfrac{42 \text{ mm}}{0.5}$

$= 84 \text{ mm}$

$v = \dfrac{s}{t} = \dfrac{84 \text{ mm}}{0.8 \text{ s}}$

$= 105 \text{ mm/s} = 10.5 \text{ cm/s}$

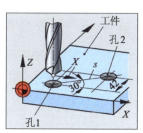

2.5 力、扭矩

1

解：可通过加减算出 F_1、F_2、F_3 这几个力的合力 F_r。

$F_r = F_1 + F_2 - F_3$

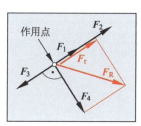

$F_r = 40 \text{ N} + 80 \text{ N} - 60 \text{ N}$

$= 60 \text{ N}$

通过力的平行四边形法则确定合力 F_R。

由 $F_R^2 = F_4^2 + F_r^2$，得

$F_R = \sqrt{F_4^2 + F_r^2}$

$= \sqrt{(80 \text{ N})^2 + (60 \text{ N})^2} = \sqrt{10\ 000 \text{ N}^2} = 100 \text{ N}$

2

解：对轴心上的力矩平衡，有

$F_B \cdot l_{AB} = F_S \cdot l$

$F_B = \dfrac{F_S \cdot l}{l_{AB}} = \dfrac{4 \text{ kN} \cdot 180 \text{ mm}}{420 \text{ mm}} = 1.714 \text{ kN}$

又 $F_A + F_B = F_S$，故

$F_A = F_S - F_B = 4 \text{ kN} - 1.714 \text{ kN}$

$= 2.286 \text{ N}$

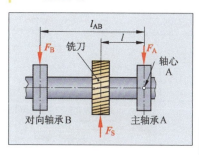

2.6 功、功率、效率

1

解：$F_G = m \cdot g = 60 \text{ kg} \cdot 9.81 \text{ m/s}^2$

$= 588.6 \text{ N}$

$W = F_G \cdot h = 588.6 \text{ N} \cdot 3 \text{ m}$

$= 1\ 765.8 \text{ N} \cdot \text{m} = 1\ 765.8 \text{ J}$

$P = \dfrac{W}{t} = \dfrac{1\ 765.8 \text{ J}}{20 \text{ s}} = 88.29 \text{ W}$

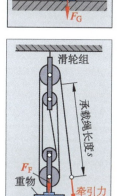

2

解：$\eta = \dfrac{P_2}{P_1} = \dfrac{18 \text{ kW}}{25 \text{ kW}} = 72\%$

2.7 简单机械

1

解：a) $F = \dfrac{F_G + F_F}{n}$

$= \dfrac{2\ 400 \text{ N} + 250 \text{ N}}{4}$

$= 662.4 \text{ N}$

b) $s = n \cdot h = 4 \cdot 2 \text{ m} = 8 \text{ m}$

2

解：由 $F_1 \cdot l_1 = F_2 \cdot l_2$，有

$F_2 = \dfrac{F_1 \cdot l_1}{l_2}$

$= \dfrac{750 \text{ N} \cdot 85 \text{ mm}}{1\ 275 \text{ mm}}$

$= 50 \text{ N}$

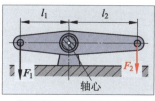

3

解：$F_G = m \cdot g$

$F_G = 408 \text{ kg} \cdot 9.81 \text{ N/kg}$

$= 4\ 002 \text{ N}$

由 $F \cdot s = F_G \cdot h$，有

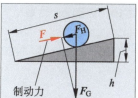

$$F=\frac{F_G \cdot h}{s}=\frac{4\,002\text{ N} \cdot 1.2\text{ m}}{6\text{ m}}=800.4\text{ N}$$

4

解：由 $\eta \cdot F_1 \cdot \pi \cdot d = F_2 \cdot P$，有

$$F_2 = \frac{\eta \cdot F_1 \cdot \pi \cdot d}{P}$$
$$= \frac{0.3 \cdot 250\text{ N} \cdot \pi \cdot 1\,200\text{ mm}}{5\text{ mm}}$$
$$\approx 56\,549\text{ N}$$

2.8 摩擦力

1

解：$F_R = \mu \cdot F_N$

a) $F_{R1} = \mu_1 \cdot F_N = 0.03 \cdot 2\,000\text{ N}$
$= 60\text{ N}$

b) $F_{R2} = \mu_2 \cdot F_N = 0.002 \cdot 2\,000\text{ N}$
$= 4\text{ N}$

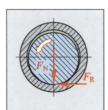

2.9 压力、浮力、气压

1

解：$A = \dfrac{\pi \cdot d^2}{4}$

$$=\frac{\pi \cdot (16\text{ mm})^2}{4}$$
$$= 201.1\text{ mm}^2$$
$$= 2.011\text{ cm}^2$$

$$p = \frac{F}{A} = \frac{200\text{ N}}{2.011\text{ cm}^2} = 99.45\,\frac{\text{N}}{\text{cm}^2} \approx 9.95\text{ bar}$$

2

解：$p = g \cdot \rho \cdot h$

$p = 9.81\text{ m/s}^2 \cdot 910\text{ kg/m}^3 \cdot 0.5\text{ m} = 4\,463.5\text{ N/m}^2$

$\approx 45\text{ mbar}$

由 $p = \dfrac{F}{A}$，得

$F = p \cdot A = 4\,463.5\text{ N/m}^2 \cdot 0.6\text{ m} \cdot 0.4\text{ m} = 1\,071.2\text{ N}$

3

解：$V = \dfrac{\pi \cdot d^2}{4} \cdot l$

$$=\frac{\pi \cdot (0.092\text{ m})^2}{4} \cdot 0.22\text{ m}$$
$$= 0.001\,463\text{ m}^3$$

$F_A = g \cdot \rho \cdot V$

$= 9.81\text{ m/s}^2 \cdot 7\,200\text{ kg/m}^3 \cdot 0.001\,463\text{ m}^3$

$\approx 103.3\text{ N}$

4

解：由 $p_1 \cdot V_1 = p_2 \cdot V_2$，得

$$V_2 = \frac{p_1 \cdot V_1}{p_2} = \frac{181\text{ bar} \cdot 50\text{ L}}{1\text{ bar}} = 9\,050\text{ L}$$

由于瓶子里剩余 50 L，因此可以取出 9 050 L $-$ 50 L $=$ 9 000 L。

2.10 热膨胀、热量

1

解：由 $d_2 = d_1 + \Delta d$ 和 $\Delta d = \alpha \cdot d_1 \cdot \Delta T$，有

$d_2 = d_1 + \alpha \cdot d_1 \cdot \Delta T = d_1 \cdot (1 + \alpha \cdot \Delta T)$

$= 320\text{ mm} \cdot \left(1 + 0.000\,018\,\dfrac{1}{\text{K}} \cdot 280\text{ K}\right) = 321.6\text{ mm}$

2

提示：飞轮的直径 d 占样品直径 d_1 的 98%。

解：由 $d = 0.98 \cdot d_1$，得

$$d_1 = \frac{d}{0.98} = \frac{3\,200\text{ mm}}{0.98} = 3\,265.3\text{ mm}$$

3

解：$Q = m \cdot c \cdot \Delta T = m \cdot c \cdot (T_2 - T_1)$

$Q = 12.5\text{ kg} \cdot 0.49\text{ kJ/(kg} \cdot \text{°C)} \cdot (780\text{ °C} - 20\text{ °C})$

$= 4\,655\text{ kJ}$

4

解：$Q = \eta \cdot m \cdot H_u$

$= 0.65 \cdot 12\text{ kg} \cdot 30\,000\text{ kJ/kg} = 234\,000\text{ kJ}$

5

解：查简明机械手册确定铜材料的参数：

熔点：$T_s = 1\,083\text{ °C}$

单位电容：$c = 0.39\text{ kJ/(kg} \cdot \text{°C)}$

单位熔化热：$q = 213\text{ kJ/kg}$

必要的热量是加热到 1 083℃ 的热量加上用于熔化的热量。

将 20℃ 加热到熔点 $v_s = 1\,083$℃ 的热量为

$Q_1 = m \cdot c \cdot \Delta T = m \cdot c \cdot (T_s - T_1)$

$= 3.2\text{ kg} \cdot 0.39\text{ kJ/kg} \cdot (1\,083\text{ °C} - 20\text{ °C})$

$= 1\,323.6\text{ kJ}$

用于熔化的热量为

$Q_2 = m \cdot q = 3.2\text{ kg} \cdot 213\text{ kJ/kg} = 681.6\text{ kJ}$

必要的热量总共为

$Q = Q_1 + Q_2 = 1\,326.6\text{ kJ} + 681.6\text{ kJ} = 2\,008.2\text{ kJ}$

3 强度计算

1

解：$\sigma_{z\,zul} = \dfrac{R_e}{v} = \dfrac{355\text{ N/mm}^2}{1.6} \approx 221.9\text{ N/mm}^2$

又 $\sigma_{z\,zul} = \dfrac{F}{S}$，得

$$S = \frac{F}{\sigma_{z\,zul}} = \frac{98\,000\text{ N}}{221.9\text{ N/mm}^2} \approx 441.6\text{ mm}^2$$

又 $S = \dfrac{\pi \cdot d^2}{4}$，得

$$d = \sqrt{\frac{4 \cdot S}{\pi}} = \sqrt{\frac{4 \cdot 441.6\text{ mm}^2}{\pi}} = 23.7\text{ mm}$$

因此，选用直径 $d = 24$ mm 的热轧圆钢。

2

解：$\sigma_{z\,zul} = \dfrac{R_e}{v} = \dfrac{640\text{ N/mm}^2}{2}$

$= 320\text{ N/mm}^2$

由 $\sigma_{z\,zul} = \dfrac{F_{zul}}{A_S}$，得

$F_{zul} = \sigma_{z\,zul} \cdot A_s$

$= 320\text{ N/mm}^2 \cdot 84.3\text{ mm}^2$

$= 26\,976\text{ N} = 26.976\text{ kN}$

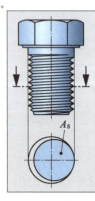

3

解：压力机的重力：

$F_G = m \cdot g = 22\,500\text{ kg} \cdot 9.81\text{ N/kg} = 220\,725\text{ N}$

因 $\sigma_{d\,zul} = \dfrac{F_G}{A} = \dfrac{F_G}{4 \cdot S}$，故

参考答案

$$S=\frac{F_G}{4 \cdot \sigma_{d\,zul}}=\frac{220\ 725\ \text{N}}{4 \cdot 20\ \text{N/mm}^2}=2\ 759\ \text{mm}^2=27.6\ \text{cm}^2$$

4

解：由 $\tau_{a\,zul}=\dfrac{F_{zul}}{S}$，得

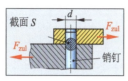

$$F_{zul}=\tau_{a\,zul} \cdot S=\tau_{a\,zul} \cdot \frac{\pi \cdot d^2}{4}$$

$$=90\ \text{N/mm}^2 \cdot \frac{\pi \cdot (3\ \text{mm})^2}{4}$$

$$\approx 636.2\ \text{N}$$

5

解：$M_b = F \cdot l$

$$= 9\ 600\ \text{N} \cdot 180\ \text{mm}$$

$$= 1\ 728\ 000\ \text{N} \cdot \text{mm}$$

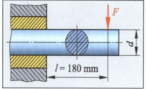

由 $\sigma_{b\,zul}=\dfrac{M_b}{W}$，得

$$W=\frac{M_b}{\sigma_{b\,zul}}=\frac{1\ 728\ 000\ \text{N}\cdot\text{mm}}{84\ \text{N/mm}^2}=20\ 571\ \text{mm}^3$$

又 $W=\dfrac{\pi \cdot d^3}{32}$，得

$$d=\sqrt[3]{\frac{32 \cdot W}{\pi}}=\sqrt[3]{\frac{32 \cdot 20\ 571\ \text{mm}^3}{\pi}}=59.4\ \text{mm}$$

选择的轴直径 $d=60\ \text{mm}$。

6

解：查简明机械手册得知 $M12$ 的横截面 $A_s=84.3\ \text{mm}^2$。

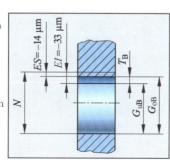

$$F_{zul}=A \cdot p_e=\frac{\pi \cdot d^2}{4} \cdot p_e$$

$$=\frac{\pi \cdot (40\ \text{cm})^2}{4} \cdot 60\ \text{N/cm}^2$$

$$\approx 75\ 398\ \text{N}$$

由 $\sigma_{z\,zul}=\dfrac{F_{zul}}{n \cdot A_s}$，得

$$n=\frac{F_{zul}}{\sigma_{z\,zul} \cdot A_s}=\frac{75\ 398\ \text{N}}{75\ \text{N/mm}^2 \cdot 84.3\ \text{mm}^2}\approx 11.93$$

选择 12 个螺丝。

4 加工制造技术的计算

4.1 尺寸公差和配合

1

解：$G_{oB}=N+ES$

$$=64.000\ \text{mm}+(-0.014\ \text{mm})$$

$$=63.986\ \text{mm}$$

$G_{uB}=N+EI=64.000\ \text{mm}+(-0.033\ \text{mm})=63.967\ \text{mm}$

$T_B=ES-EI$

$$=-14\ \mu\text{m}-(-33\ \mu\text{m})$$

$$=19\ \mu\text{m}$$

或

$T_B=G_{oB}-G_{uB}$

$$=63.986\ \text{mm}-63.967\ \text{mm}$$

$$=0.019\ \text{mm}$$

$$=19\ \mu\text{m}$$

2

解：**a)** 查简明机械手册得知：

$\phi 75\text{H7}$：ES：$+30\ \mu\text{m}$，EI：$0\ \mu\text{m}$

$\phi 75\text{n6}$：es：$+39\ \mu\text{m}$，ei：$+20\ \mu\text{m}$

极限偏差：

孔：$G_{oB}=N+ES=75.000\ \text{mm}+0.030\ \text{mm}$

$$=75.030\ \text{mm}$$

$G_{uB}=N+EI=75.000\ \text{mm}+0\ \mu\text{m}$

$$=75.000\ \text{mm}$$

轴：$G_{oW}=N+es=75.00\ \text{mm}+0.039\ \text{mm}$

$$=75.039\ \text{mm}$$

$G_{uW}=N+ei=75.000\ \text{mm}+20\ \mu\text{m}$

$$=75.020\ \text{mm}$$

最大间隙：

$P_{SH}=G_{oB}-G_{uW}=75.030\ \text{mm}-75.020\ \text{mm}=10\ \mu\text{m}$

最大过盈：

$P_{UH}=G_{uB}-G_{oW}=75.000\ \text{mm}-75.039\ \text{mm}=-39\ \mu\text{m}$

4.2 成形

1

解：查简明机械手册得出补偿值 $v=4.5\ \text{mm}$

$L=a+b-v=25\ \text{mm}+12\ \text{mm}-4.5\ \text{mm}=32.5\ \text{mm}$

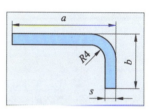

2

解：$L=l_1+l_2+l_3+l_4+l_5$

$l_1=64\ \text{mm}-2 \cdot (20\ \text{mm}+4\ \text{mm})-6\ \text{mm}$

$$=10\ \text{mm}$$

$l_2=\dfrac{1}{4} \cdot 2\pi r_1=\dfrac{1}{2}\pi \cdot r_1$

$$=\dfrac{1}{2} \cdot \pi \cdot 8\ \text{mm} \approx 12.56\ \text{mm}$$

$l_3=44\ \text{mm}-20\ \text{mm}-4\ \text{mm}-6\ \text{mm}-2\ \text{mm}=12\ \text{mm}$

$l_4=\dfrac{1}{2} \cdot \pi \cdot 2r_2=\pi \cdot r_2=\pi \cdot 22\ \text{mm}\approx 69.16\ \text{mm}$

$l_5=44\ \text{mm}-20\ \text{mm}-4\ \text{mm}=20\ \text{mm}$

$L=10\ \text{mm}+12.56\ \text{mm}+12\ \text{mm}+69.16\ \text{mm}+20\ \text{mm}$

$$=123.72\ \text{mm}$$

3

解：板料的平面 A_Z 即工件的内部表面 A_O。

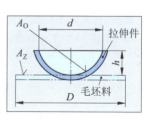

$A_Z=\dfrac{\pi \cdot D^2}{4}$

$A_O=\pi \cdot h \cdot (2d-h)$

由 $A_Z=A_O$，得

$\dfrac{\pi \cdot D^2}{4}=\pi \cdot h \cdot (2d-h)$

$D^2=4 \cdot h(2d-h)$

$D=2 \cdot \sqrt{h \cdot (2d-h)}$

根据已知数据求得

$D = 2 \cdot \sqrt{30 \text{ mm} \cdot (2 \cdot 100 \text{ mm} - 30 \text{ mm})}$

$= 2 \cdot \sqrt{5\,100 \text{ mm}^2} = 142.8 \text{ mm}$

4

解：**a)** $V_1 = V_2$

$A_1 \cdot l_1 = A_2 \cdot l_2$

$l_1 = \dfrac{A_2}{A_1} \cdot l_2$

$= \dfrac{40 \text{ mm} \cdot 60 \text{ mm}}{80 \text{ mm} \cdot 120 \text{ mm}} \cdot 140 \text{ mm}$

$= 35 \text{ mm}$

b) $l_R = l_1 + l_Z = 35 \text{ mm} + \dfrac{12}{100} \cdot 35 \text{ mm}$

$= 35 \text{ mm} + 4.2 \text{ mm} = 39.2 \text{ mm}$

4.3 切割

1

解：查简明机械手册：已知 $s = 1.5$ mm，$\tau_{aB} = 325 \text{ N/mm}^2$，求得剪切间隙为 $u = 0.04$ mm。

由此计算：

a) $D_1 = d_1 + 2 \cdot u = 20 \text{ mm} + 2 \cdot 0.04 \text{ mm} = 20.08 \text{ mm}$

b) $d_2 = D_2 - 2 \cdot u = 48 \text{ mm} - 2 \cdot 0.04 \text{ mm}$

$= 47.92 \text{ mm}$

2

解：$F = S \cdot \tau_{aB}$

$S = \pi \cdot d \cdot s$

故 $F = \pi \cdot d \cdot s \cdot \tau_{aB} = \pi \cdot 320 \text{ mm} \cdot 4 \text{ mm} \cdot 360 \text{ N/mm}^2$

$= 1\,447\,646 \text{ N} \approx 1.45 \text{ MN}$

最小需要 1.5 MN 的剪切力。

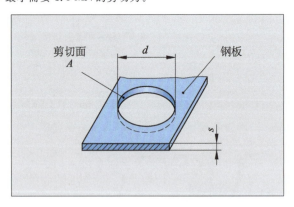

3

解：**a)** 间隙长度 $l_e = 77.6$ mm，边缘长度 $l_a = 64$ mm，板材厚度 $s = 0.5$ mm。查简明机械手册得出 $a = 1.2$ mm，$e = 1.0$ mm。

b) $B = b + 2a$

$= 77.6 \text{ mm} + 2 \cdot 1.2 \text{ mm}$

$= 80 \text{ mm}$

c) 单次冲裁：

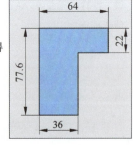

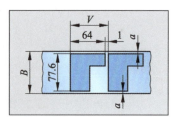

$V = l + e = 64 \text{ mm} + 1 \text{ mm} = 65 \text{ mm}$

d) $\eta = \dfrac{R \cdot A}{V \cdot B}$

$A = 77.6 \text{ mm} \cdot 36 \text{ mm} + (64 - 36) \text{ mm} \cdot 22 \text{ mm}$

$= 3\,409.6 \text{ mm}^2$

$\eta = \dfrac{1 \cdot 3\,409.6 \text{ mm}^2}{65 \text{ mm} \cdot 80 \text{ mm}} = 0.656 = 65.6\%$

4.4 切削加工时的切削速度和转速

1

解：由 $v_c = \pi \cdot d \cdot n$，有

$n = \dfrac{v_c}{\pi \cdot d} = \dfrac{18 \text{ m/min}}{\pi \cdot 0.1 \text{ m}} \approx 57.3 \text{ min}^{-1}$

2

解：转速可以根据下图转速参考表求得。

两线相交点所指的数值为合理转速（见下图）。$n = 125 \text{ min}^{-1}$。

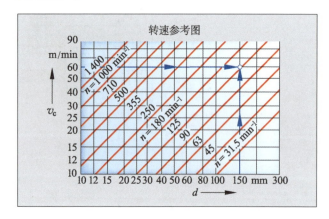

转速参考图

3

解：由 $v_c = \pi \cdot d \cdot n$，得

$n = \dfrac{v_c}{\pi \cdot d} = \dfrac{18 \text{ m/min}}{\pi \cdot 0.06 \text{ m}} \approx 95.5 \text{ min}^{-1}$

4

解：由 $v_c = \pi \cdot d \cdot n$，得

$d = \dfrac{v_c}{\pi \cdot n} = \dfrac{25 \text{ m/min}}{\pi \cdot 20 \text{ min}^{-1}} \approx 0.398 \text{ m} \approx 398 \text{ mm}$

4.5 切削时的切削力和功率

1

解：$a = \dfrac{d_1 - d}{2}$

$= \dfrac{80 \text{ mm} - 74 \text{ mm}}{2}$

$= 3 \text{ mm}$

$h = f \cdot \sin\gamma$

$= 0.4 \text{ mm} \cdot \sin 70°$

$= 0.376 \text{ mm}$

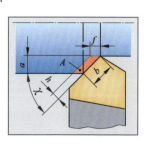

6

解：由 $m_G = \rho_G \cdot V$，得 $V = \dfrac{m_G}{\rho_G}$。又 $m_L = \rho_L \cdot V$，则

$m_L = \rho_L \cdot \dfrac{m_G}{\rho_G} = 2.65 \text{ g/cm}^3 \cdot \dfrac{21\,750 \text{ g}}{7.25 \text{ g/cm}^3} = 7\,950 \text{ g}$

$= 7.95 \text{ kg}$

减轻的质量 $= 21.75 \text{ kg} - 7.95 \text{ kg} = 13.8 \text{ kg}$

减轻的质量百分比 $= \dfrac{13.8 \text{ kg} \cdot 100\%}{21.75 \text{ kg}} = 63.45\%$

7

解：$V = \dfrac{\pi}{6} \cdot d^3 = \dfrac{\pi}{6} \cdot (8 \text{ mm})^3 \approx 268.08 \text{ mm}^3$

$\approx 0.268\,08 \text{ cm}^3$

又 $m = \rho V$，故

$m \approx 18 \cdot 7.85 \text{ g/cm}^3 \cdot 0.268\,08 \text{ cm}^3 \approx 37.88 \text{ g}$

8

解：$m = m' \cdot l$

$m = 71.5 \text{ kg/m} \cdot 8.2 \text{ m}$

$= 586.3 \text{ kg}$

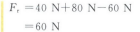

IPB-型材
DIN1025 - IPB220
$m' = 71.5 \text{ kg/m}$

2.4 直线运动及圆周运动

1

提示：1 mm = 0.001 m，

1 min = 60 s

$v_f = 1\,100 \text{ mm/min} = 1\,100 \cdot \dfrac{0.001 \text{ m}}{60 \text{ s}} \approx 0.018\,3 \text{ m/s}$

2

解：$v = \dfrac{s}{t}$，得

$t = \dfrac{s}{v} = \dfrac{2\,500 \text{ m}}{0.12 \text{ m/s}} \approx 20\,833 \text{ s} \approx 5 \text{ h } 47 \text{ min } 13 \text{ s}$

3

解：由 $v_c = \pi \cdot d \cdot n$，得

$n_{\text{最大}} = \dfrac{32 \text{ m/s}}{\pi \cdot 0.24 \text{ m}} = \dfrac{1\,920 \text{ m/min}}{\pi \cdot 0.24 \text{ m}}$

$\approx 2\,546 \text{ min}^{-1}$

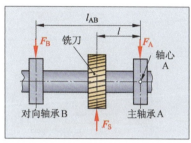

4

解：由 $v = \dfrac{s}{t}$，得

$t = \dfrac{s}{v} = \dfrac{s}{v_1 + v_2} = \dfrac{330 \text{ km}}{90 \text{ km/h} + 75 \text{ km/h}} = \dfrac{330 \text{ km}}{165 \text{ km/h}} = 2 \text{ h}$

$s_1 = t \cdot v_1 = 2 \text{ h} \cdot 90 \text{ km/h} = 180 \text{ km}$

$s_2 = t \cdot v_2 = 2 \text{ h} \cdot 75 \text{ km/h} = 150 \text{ km}$

5

解：$\sin\alpha = \dfrac{y}{s}$，得

$s = \dfrac{y}{\sin\alpha} = \dfrac{42 \text{ mm}}{\sin 30°} = \dfrac{42 \text{ mm}}{0.5}$

$= 84 \text{ mm}$

$v = \dfrac{s}{t} = \dfrac{84 \text{ mm}}{0.8 \text{ s}}$

$= 105 \text{ mm/s} = 10.5 \text{ cm/s}$

2.5 力、扭矩

1

解：可通过加减算出 F_1、F_2、F_3 这几个力的合力 F_r。

$F_r = F + F_2 - F_3$

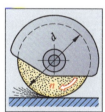

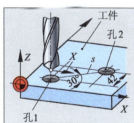

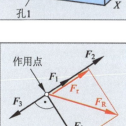

$F_r = 40 \text{ N} + 80 \text{ N} - 60 \text{ N}$

$= 60 \text{ N}$

通过力的平行四边形法则确定合力 F_R。

由 $F_R^2 = F_4^2 + F_r^2$，得

$F_R = \sqrt{F_4^2 + F_r^2}$

$= \sqrt{(80 \text{ N})^2 + (60 \text{ N})^2} = \sqrt{10\,000 \text{ N}^2} = 100 \text{ N}$

2

解：对轴心上的力矩平衡，有

$F_B \cdot l_{AB} = F_S \cdot l$

$F_B = \dfrac{F_S \cdot l}{l_{AB}} = \dfrac{4 \text{ kN} \cdot 180 \text{ mm}}{420 \text{ mm}} = 1.714 \text{ kN}$

又 $F_A + F_B = F_S$，故

$F_A = F_S - F_B = 4 \text{ kN} - 1.714 \text{ kN}$

$= 2.286 \text{ N}$

2.6 功、功率、效率

1

解：$F_G = m \cdot g = 60 \text{ kg} \cdot 9.81 \text{ m/s}^2$

$= 588.6 \text{ N}$

$W = F_G \cdot h = 588.6 \text{ N} \cdot 3 \text{ m}$

$= 1\,765.8 \text{ N} \cdot \text{m} = 1\,765.8 \text{ J}$

$P = \dfrac{W}{t} = \dfrac{1\,765.8 \text{ J}}{20 \text{ s}} = 88.29 \text{ W}$

2

解：$\eta = \dfrac{P_2}{P_1} = \dfrac{18 \text{ kW}}{25 \text{ kW}} = 72\%$

2.7 简单机械

1

解：a) $F = \dfrac{F_G + F_F}{n}$

$= \dfrac{2\,400 \text{ N} + 250 \text{ N}}{4}$

$= 662.4 \text{ N}$

b) $s = n \cdot h = 4 \cdot 2 \text{ m} = 8 \text{ m}$

2

解：由 $F_1 \cdot l_1 = F_2 \cdot l_2$，有

$F_2 = \dfrac{F_1 \cdot l_1}{l_2}$

$= \dfrac{750 \text{ N} \cdot 85 \text{ mm}}{1\,275 \text{ mm}}$

$= 50 \text{ N}$

3

解：$F_G = m \cdot g$

$F_G = 408 \text{ kg} \cdot 9.81 \text{ N/kg}$

$= 4\,002 \text{ N}$

由 $F \cdot s = F_G \cdot h$，有

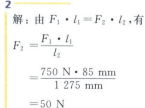

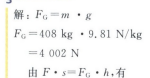

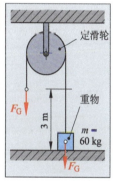

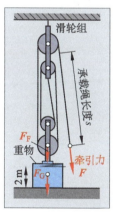

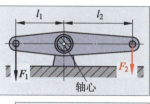

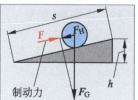

$$F = \frac{F_G \cdot h}{s} = \frac{4\,002\text{ N} \cdot 1.2\text{ m}}{6\text{ m}} = 800.4\text{ N}$$

4

解：由 $\eta \cdot F_1 \cdot \pi \cdot d = F_2 \cdot P$，有

$$F_2 = \frac{\eta \cdot F_1 \cdot \pi \cdot d}{P}$$

$$= \frac{0.3 \cdot 250\text{ N} \cdot \pi \cdot 1\,200\text{ mm}}{5\text{ mm}}$$

$$\approx 56\,549\text{ N}$$

2.8 摩擦力

1

解：$F_R = \mu \cdot F_N$

a) $F_{R1} = \mu_1 \cdot F_N = 0.03 \cdot 2\,000\text{ N}$
$= 60\text{ N}$

b) $F_{R2} = \mu_2 \cdot F_N = 0.002 \cdot 2\,000\text{ N}$
$= 4\text{ N}$

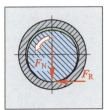

2.9 压力、浮力、气压

1

解：$A = \dfrac{\pi \cdot d^2}{4}$

$$= \frac{\pi \cdot (16\text{ mm})^2}{4}$$

$$= 201.1\text{ mm}^2$$

$$= 2.011\text{ cm}^2$$

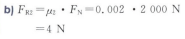

$$p = \frac{F}{A} = \frac{200\text{ N}}{2.011\text{ cm}^2} = 99.45\,\frac{\text{N}}{\text{cm}^2} \approx 9.95\text{ bar}$$

2

解：$p = g \cdot \rho \cdot h$

$p = 9.81\text{ m/s}^2 \cdot 910\text{ kg/m}^3 \cdot 0.5\text{ m} = 4\,463.5\text{ N/m}^2$

$\approx 45\text{ mbar}$

由 $p = \dfrac{F}{A}$，得

$F = p \cdot A = 4\,463.5\text{ N/m}^2 \cdot 0.6\text{ m} \cdot 0.4\text{ m} = 1\,071.2\text{ N}$

3

解：$V = \dfrac{\pi \cdot d^2}{4} \cdot l$

$$= \frac{\pi \cdot (0.092\text{ m})^2}{4} \cdot 0.22\text{ m}$$

$$= 0.001\,463\text{ m}^3$$

$F_A = g \cdot \rho \cdot V$

$= 9.81\text{ m/s}^2 \cdot 7\,200\text{ kg/m}^3 \cdot 0.001\,463\text{ m}^3$

$\approx 103.3\text{ N}$

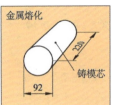

4

解：由 $p_1 \cdot V_1 = p_2 \cdot V_2$，得

$$V_2 = \frac{p_1 \cdot V_1}{p_2} = \frac{181\text{ bar} \cdot 50\text{ L}}{1\text{ bar}} = 9\,050\text{ L}$$

由于瓶子里剩余 50 L，因此可以取出 9 050 L − 50 L = 9 000 L。

2.10 热膨胀、热量

1

解：由 $d_2 = d_1 + \Delta d$ 和 $\Delta d = \alpha \cdot d_1 \cdot \Delta T$，有

$d_2 = d_1 + \alpha \cdot d_1 \cdot \Delta T = d_1 \cdot (1 + \alpha \cdot \Delta T)$

$= 320\text{ mm} \cdot \left(1 + 0.000\,018\,\dfrac{1}{\text{K}} \cdot 280\text{ K}\right) = 321.6\text{ mm}$

2

提示：飞轮的直径 d 占样品直径 d_1 的 98%。

解：由 $d = 0.98 \cdot d_1$，得

$$d_1 = \frac{d}{0.98} = \frac{3\,200\text{ mm}}{0.98} = 3\,265.3\text{ mm}$$

3

解：$Q = m \cdot c \cdot \Delta T = m \cdot c \cdot (T_2 - T_1)$

$Q = 12.5\text{ kg} \cdot 0.49\text{ kJ/(kg} \cdot {}^\circ\text{C)} \cdot (780\,^\circ\text{C} - 20\,^\circ\text{C})$

$= 4\,655\text{ kJ}$

4

解：$Q = \eta \cdot m \cdot H_u$

$= 0.65 \cdot 12\text{ kg} \cdot 30\,000\text{ kJ/kg} = 234\,000\text{ kJ}$

5

解：查简明机械手册确定铜材料的参数：

熔点：$T_s = 1\,083\,^\circ\text{C}$

单位电容：$c = 0.39\text{ kJ/(kg} \cdot {}^\circ\text{C)}$

单位熔化热：$q = 213\text{ kJ/kg}$

必要的热量是加热到 1 083 ℃ 的热量加上用于熔化的热量。

将 20℃ 加热到熔点 $v_s = 1\,083\,^\circ\text{C}$ 的热量为

$Q_1 = m \cdot c \cdot \Delta T = m \cdot c \cdot (T_s - T_1)$

$= 3.2\text{ kg} \cdot 0.39\text{ kJ/kg} \cdot (1\,083\,^\circ\text{C} - 20\,^\circ\text{C})$

$= 1\,323.6\text{ kJ}$

用于熔化的热量为

$Q_2 = m \cdot q = 3.2\text{ kg} \cdot 213\text{ kJ/kg} = 681.6\text{ kJ}$

必要的热量总共为

$Q = Q_1 + Q_2 = 1\,326.6\text{ kJ} + 681.6\text{ kJ} = 2\,008.2\text{ kJ}$

3 强度计算

1

解：$\sigma_{z\,zul} = \dfrac{R_e}{v} = \dfrac{355\text{ N/mm}^2}{1.6} \approx 221.9\text{ N/mm}^2$

又 $\sigma_{z\,zul} = \dfrac{F}{S}$，得

$$S = \frac{F}{\sigma_{z\,zul}} = \frac{98\,000\text{ N}}{221.9\text{ N/mm}^2} \approx 441.6\text{ mm}^2$$

又 $S = \dfrac{\pi \cdot d^2}{4}$，得

$$d = \sqrt{\frac{4 \cdot S}{\pi}} = \sqrt{\frac{4 \cdot 441.6\text{ mm}^2}{\pi}} = 23.7\text{ mm}$$

因此，选用直径 $d = 24\text{ mm}$ 的热轧圆钢。

2

解：$\sigma_{z\,zul} = \dfrac{R_e}{v} = \dfrac{640\text{ N/mm}^2}{2}$

$= 320\text{ N/mm}^2$

由 $\sigma_{z\,zul} = \dfrac{F_{zul}}{A_S}$，得

$F_{zul} = \sigma_{z\,zul} \cdot A_s$

$= 320\text{ N/mm}^2 \cdot 84.3\text{ mm}^2$

$= 26\,976\text{ N} = 26.976\text{ kN}$

3

解：压力机的重力：

$F_G = m \cdot g = 22\,500\text{ kg} \cdot 9.81\text{ N/kg} = 220\,725\text{ N}$

因 $\sigma_{d\,zul} = \dfrac{F_G}{A} = \dfrac{F_G}{4 \cdot S}$，故

$$b = \frac{a}{\sin\gamma} = \frac{3 \text{ mm}}{\sin 70°} = 3.193 \text{ mm}$$
$$A = a \cdot f = 3 \text{ mm} \cdot 0.4 \text{ mm} = 1.2 \text{ mm}^2$$
$$F_c = A \cdot K_c = 1.2 \text{ mm}^2 \cdot 2\,400 \text{ N/mm}^2 = 2\,880 \text{ N}$$
$$P_c = F_c \cdot v_c = 2\,880 \text{ N} \cdot 140 \text{ m/min} = 2\,880 \text{ N} \cdot 2.333 \text{ m/s}$$
$$= 6\,719 \text{ N} \cdot \text{m/s} = 6.72 \text{ kW}$$

2

解：$P_1 = \dfrac{P_c}{\eta} = \dfrac{6.72 \text{ kW}}{0.82} = 8.2 \text{ kW}$

此次车加工可以在驱动功率为 10 kW 和 12 kW 的车床上完成。

3

解：a) $P_c = F_c \cdot v_c = 2\,450 \text{ N} \cdot 70 \text{ m/min}$
$$= 171\,500 \frac{\text{N} \cdot \text{m}}{60 \text{ s}} = 2\,858 \text{ W} \approx 2.86 \text{ kW}$$

b) $P_e = \dfrac{P_c}{\eta} = \dfrac{2.86 \text{ kW}}{0.78} \approx 3.67 \text{ kW}$

c) $Q = A \cdot v_c = 2.4 \text{ mm}^2 \cdot 70 \text{ m/min}$
$$= 168 \frac{\text{mm}^2 \cdot \text{m}}{\text{min}} = 168 \cdot \frac{0.01 \text{ cm}^2 \cdot 100 \text{ cm}}{\text{min}}$$
$$= 168 \text{ cm}^3/\text{min}$$

4.6 车锥体

1

解：$C = \dfrac{D-d}{L}$
$$= \dfrac{400 \text{ mm} - 300 \text{ mm}}{200 \text{ mm}}$$
$$= \dfrac{100 \text{ mm}}{200 \text{ mm}} = \dfrac{1}{2} = 1:2$$

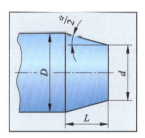

2

解：读图可知：
$$\tan\dfrac{\alpha}{2} = \dfrac{D-d}{2 \cdot L}$$
$$\tan\dfrac{\alpha}{2} = \dfrac{(200-120) \text{ mm}}{2 \cdot 140 \text{ mm}}$$
$$\approx 0.285\,7$$
$$\dfrac{\alpha}{2} \approx 15.95°$$

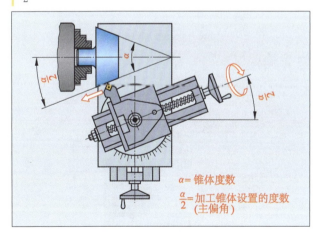

α= 锥体度数
$\dfrac{\alpha}{2}$= 加工锥体设置的度数（主偏角）

3

解：$V_R = \dfrac{D-d}{2 \cdot L} \cdot L_W$
$$= \dfrac{34 \text{ mm} - 30 \text{ mm}}{2 \cdot 130 \text{ mm}} \cdot 220 \text{ mm} \approx 3.38 \text{ mm}$$

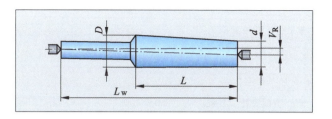

4.7 使用分度头等分

1

解：$n_i = \dfrac{n_L}{T}$
$$n_i = \dfrac{24}{8} = 3$$

等分间距应该为 3。

2

解：$n_K = \dfrac{i}{T}$
$$n_K = \dfrac{40}{35} = 1\dfrac{5}{35} = 1\dfrac{1}{7}$$
$$n_K = 1\dfrac{1}{7} = 1\dfrac{1 \cdot 3}{7 \cdot 3} = 1\dfrac{3}{21} \text{ 或者}$$
$$n_K = 1\dfrac{1}{7} = 1\dfrac{1 \cdot 7}{7 \cdot 7} = 1\dfrac{7}{49}$$

即：先转 1 圈整，再将孔数为 21 的分度盘转到 3 处。或者先转 1 圈整，再将孔数为 49 的分度盘转至 7 处。

3

解：$n_K = \dfrac{i}{T'}$，$n_K = \dfrac{40}{70} = \dfrac{4}{7} = \dfrac{12}{21}$

（21 孔的分度盘上，孔间距为 12）

$$\dfrac{z_t}{z_g} = \dfrac{i}{T'}(T' - T) = \dfrac{40}{70}(70-67) = \dfrac{4}{7} \cdot 3 = \dfrac{12}{7}$$

对其进行分解

$$\dfrac{z_t}{z_g} = \dfrac{12}{7} = \dfrac{3 \cdot 4}{2 \cdot 3.5}$$

$$\dfrac{z_t}{z_g} = \dfrac{z_1 \cdot z_3}{z_2 \cdot z_4} = \dfrac{3 \cdot 24 \cdot 4 \cdot 16}{2 \cdot 24 \cdot 3.5 \cdot 16} = \dfrac{72 \cdot 64}{48 \cdot 56}$$

考虑到所选取的辅助等分数大于实际等分数，所以分度手柄旋转方向和分度盘方向一致。

4.8 主要机动时间、成本计算

1

解：$L = l + 0.3 \cdot d = 34 \text{ mm} + 0.3 \cdot 20 \text{ mm} = 40 \text{ mm}$

主要机动时间：
$$t_h = \dfrac{L \cdot i}{f \cdot n} = \dfrac{40 \text{ mm} \cdot 12}{0.2 \text{ mm} \cdot 160 \text{ min}^{-1}} = 15 \text{ min}$$

辅助机动时间：
$$t_n = 0.5 \text{ min} \cdot 12 = 6 \text{ min}$$

2

解：由转速 $v_c = \pi \cdot d \cdot n$，有
$$n = \dfrac{v_c}{\pi \cdot d} = \dfrac{v_c}{\pi \cdot 0.1 \text{ m}} = \dfrac{30 \text{ m/min}}{\pi \cdot 0.1 \text{ m}} \approx 95.5 \text{ min}^{-1}$$

取转速值为 $n = 90 \text{ min}^{-1}$。

主要机动时间为
$$t_h = \dfrac{L \cdot i}{n \cdot f} = \dfrac{300 \text{ mm} \cdot 1}{90 \text{ min}^{-1} \cdot 0.6 \text{ mm}} \approx 5.56 \text{ min}$$

3

解：主要机动时间为

$$t_h = \frac{L \cdot i}{v_f} = \frac{600 \text{ mm} \cdot 2}{100 \text{ mm/min}} = 12 \text{ min}$$

4

解：磨削宽度：$B = b - \frac{b_s}{3} = 80 \text{ mm} - \frac{24 \text{ mm}}{3} = 72 \text{ mm}$

进给行程：$L = l + 2 \cdot l_a = 640 \text{ mm} + 2 \cdot 20 \text{ mm}$
$= 680 \text{ mm}$

行程次数：$n = \frac{v_f}{L} = \frac{8.16 \text{ m/min}}{680 \text{ mm}} = 12 \text{ min}^{-1}$

主要机动时间：
$$t_h = \frac{i}{n}\left(\frac{B}{f} + 1\right) = \frac{1}{12 \text{ min}^{-1}}\left(\frac{72 \text{ mm}}{4 \text{ mm}} + 1\right) \approx 1.58 \text{ min}$$

5

解：a) 完成订单的时间＝机床调试时间＋机床运行时间
$= 90 \text{ min} + 150 \cdot 3.5 \text{ min}$
$= 615 \text{ min} = 10.25 \text{ h}$

b) 生产成本＝工资＋加工成本
工资 $= 10.25 \text{ h} \cdot 18.40 \text{€/h} = 188.60 \text{ €}$
加工成本 $= 2.2 \cdot 188.60 \text{ €} = 414.92 \text{ €}$
生产成本 $= 188.60 + 414.92 = 603.52$
单个工件的加工成本 $= \frac{603.52 \text{ €}}{150} = 4.02 \text{ €}$

c) 单个工位每小时成本＝机床运行成本＋每小时生产成本
$= 62 \text{ €/h} + \frac{603.52 \text{ €}}{10.25 \text{ h}} = 120.88 \text{ €/h}$

6

a) 利润率 $DB = 275.30 \text{ €/件} - 182.40 \text{ €/件} = 92.90 \text{ €/件}$

b) 收支平衡点 $= \frac{K_f}{每个工件的利润} = \frac{217\,500 \text{ €}}{92.90 \text{ €/件}} = 2\,341 \text{ 件}$

c) 企业应该接受该订单，因为企业在加工完成 2 500 件工件之后便可获益。

5 机械元件的计算

5.1 螺纹

1

解：查简明机械手册可得 $P = 1.75 \text{ mm}$，
$l = n \cdot P = 1.5 \cdot 1.75 \text{ mm} = 2.625 \text{ mm}$

2

解：$v = n \cdot P$
$= 60 \text{ min}^{-1} \cdot 10 \text{ mm}$
$= 600 \text{ mm/min} = 0.6 \text{ m/min}$

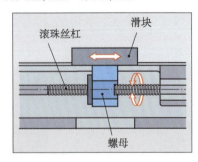

5.2 皮带传动

1

解：传动比：

$$i = \frac{n_1}{n_2} = \frac{420 \text{ min}^{-1}}{1\,260 \text{ min}^{-1}} = \frac{1}{3}$$
$= 1 : 3 = 0.333$

由 $\frac{n_1}{n_2} = \frac{d_2}{d_1}$，得

$d_2 = \frac{n_1 \cdot d_1}{n_2}$
$= \frac{420 \text{ min}^{-1} \cdot 270 \text{ mm}}{1\,260 \text{ min}^{-1}} = 90 \text{ mm}$

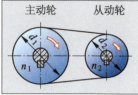

2

解：由 $v = \pi \cdot d \cdot n$，得

$n_2 = \frac{v}{\pi \cdot d} = \frac{30 \text{ m/s}}{\pi \cdot 0.3 \text{ m}}$
$\approx 1\,910 \text{ min}^{-1}$

由 $d_1 \cdot n_1 = d_2 \cdot n_2$，得

$d_2 = \frac{d_1 \cdot n_1}{n_2}$
$= \frac{70 \text{ mm} \cdot 1\,440 \text{ min}^{-1}}{1\,910 \text{ min}^{-1}} \approx 52.77 \text{ mm}$

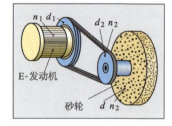

5.3 齿轮传动

1

解：由 $i = \frac{z_2}{z_1}$，得

$z_1 = \frac{z_2}{i} = \frac{72}{1.6} = 45$

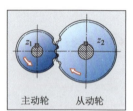

2

解：由 $i = \frac{n_1}{n_2}$，得

$n_2 = \frac{n_1}{i} = \frac{300 \text{ min}^{-1}}{24} = 12.5 \text{ min}^{-1}$

由 $i = \frac{z_2}{z_1}$，得

$z_2 = i \cdot z_1 = 24 \cdot 2 = 48$

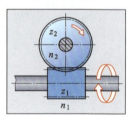

3

解：主轴 2 转速由 $\frac{n_M}{n_2} = \frac{d_2}{d_1}$，得

$n_2 = n_M \cdot \frac{d_1}{d_2} = 1\,440 \text{ min}^{-1} \cdot \frac{120 \text{ mm}}{180 \text{ mm}} = 960 \text{ min}^{-1}$

主轴 3 转速由 $\frac{n_2}{n_3} = \frac{z_2}{z_1}$，得

$n_3 = n_2 \cdot \frac{z_1}{z_2} = 960 \text{ min}^{-1} \cdot \frac{15}{60} = 240 \text{ min}^{-1}$

工作轴转速由 $\frac{n_3}{n_{AS}} = \frac{z_6}{z_5}$，得

$n_{AS} = n_3 \cdot \frac{z_5}{z_6} = 240 \text{ min}^{-1} \cdot \frac{22}{72} = 73.3 \text{ min}^{-1}$

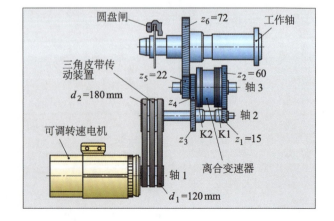

5.4 齿轮尺寸

1

解：分度圆直径：

$d = m \cdot z = 2.5 \text{ mm} \cdot 24$
$= 60 \text{ mm}$

齿顶圆直径：

$d_a = m \cdot (z+2)$
$= 2.5 \text{ mm} \cdot (24+2)$
$= 65 \text{ mm}$

齿高：

$h = 2 \cdot m + c = 2 \cdot m + 0.2 \cdot m = 2.2 \cdot m$
$= 2.2 \cdot 2.5 \text{ mm} = 5.5 \text{ mm}$

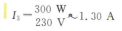

2

解：轴心距：

由 $a = \dfrac{m(z_1 + z_2)}{2}$，得

$z_1 + z_2 = \dfrac{2a}{m}$

$z_2 = \dfrac{2a}{m} - z_1 = \dfrac{2 \cdot 107.5 \text{ mm}}{2.5 \text{ mm}} - 32 = 54$

分度圆直径：

$d_2 = z_2 \cdot m = 54 \cdot 2.5 \text{ mm} = 135 \text{ mm}$

齿顶圆直径：

$d_{a2} = d_2 + 2m = 135 \text{ mm} + 2 \cdot 2.5 \text{ mm} = 140 \text{ mm}$

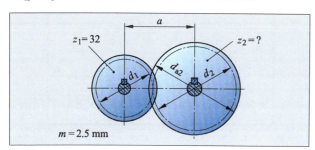

6 电工学的计算

1

解：查简明机械手册可得：$Q_{Cu} = 0.017\ 9 \ \dfrac{\Omega \cdot mm^2}{m}$

由 $R = \dfrac{\rho \cdot l}{A}$，得

$A = \dfrac{\rho \cdot l}{R} = \dfrac{0.017\ 9 \ \Omega \cdot mm^2/m \cdot 800 \text{ m}}{5.6 \ \Omega} = 2.557 \ mm^2$

2

解：$I = \dfrac{U}{R} = \dfrac{12 \text{ V}}{5 \ \Omega} = 2.4 \text{ A}$

3

解：每个插头并联。

a) $U = U_1 = U_2 = U_3 = 230 \text{ V}$

b) 由 $P = U \cdot I$，得 $I = \dfrac{P}{U}$，则

$I_1 = \dfrac{40 \text{ W}}{230 \text{ V}} \approx 0.17 \text{ A}$

$I_2 = \dfrac{75 \text{ W}}{230 \text{ V}} \approx 0.33 \text{ A}$

$I_3 = \dfrac{300 \text{ W}}{230 \text{ V}} \approx 1.30 \text{ A}$

4

解：$P = U \cdot I = 230 \text{ V} \cdot 2.4 \text{ A} = 552 \text{ W} = 0.552 \text{ kW}$

5

解：由 $I = \dfrac{U}{R}$，得

$R = \dfrac{U}{I} = \dfrac{230 \text{ V}}{2.0 \text{ A}} = 115 \ \Omega$

电费 = 费用×功率×时间 = 费用 $\cdot P \cdot t$

$P = U \cdot I = 230 \text{ V} \cdot 2.0 \text{ A} = 460 \text{ W} = 0.46 \text{ kW}$

电费 $= 0.12 \ \text{€}/(\text{kW} \cdot \text{h}) \cdot 0.46 \text{ kW} \cdot 8 \text{ h} = 0.44 \ \text{€}$

6

解：a) $P_1 = U \cdot I \cdot \cos\varphi = 230 \text{ V} \cdot 16 \text{ A} \cdot 0.82 = 3\ 017.6 \text{ W}$

b) 由 $\eta = \dfrac{P_2}{P_1}$，得

$P_2 = \eta \cdot P_1 = 0.87 \cdot 3\ 017.6 \text{ W} = 2\ 625 \text{ W}$

7

解：a) $P_1 = \sqrt{3} \cdot U \cdot I \cdot \cos\varphi$
$= \sqrt{3} \cdot 400 \text{ V} \cdot 56 \text{ A} \cdot 0.86 = 33.37 \text{ kW}$

b) $P_N = 30 \text{ kW}$

c) $\eta = \dfrac{P_N}{P_1} = \dfrac{30 \text{ kW}}{33.37 \text{ kW}} = 0.899 \approx 90\%$

d) $n = 1\ 450 \text{ min}^{-1}$

e) $f = 50 \text{ Hz}$

f) IP54 表示：防水

IP-图示：

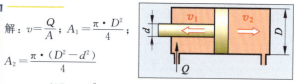

7 自动化技术的计算

● 气动和液压

1

解：$v = \dfrac{Q}{A}$；$A_1 = \dfrac{\pi \cdot D^2}{4}$；

$A_2 = \dfrac{\pi \cdot (D^2 - d^2)}{4}$

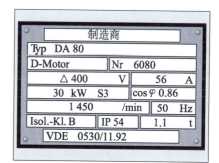

$A_1 = \dfrac{\pi \cdot (35 \text{ mm})^2}{4} \approx 962 \ mm^2 \approx 0.096\ 2 \ dm^2$

$A_2 = \dfrac{\pi \cdot (35^2 \ mm^2 - 20^2 \ mm^2)}{4} \approx 647.95 \ mm^2$

$\approx 0.064\ 8 \ dm^2$

$v_1 \approx \dfrac{4 \ dm^3/min}{0.096\ 2 \ dm^2} \approx 41.6 \ dm/min \approx 4.16 \ m/min$

$v_2 \approx \dfrac{4 \ dm^3/min}{0.064\ 8 \ dm^2} \approx 61.7 \ dm/min \approx 6.17 \ m/min$

2

a) 压缩空气的体积流量(6 bar)。

$Q = A \cdot s \cdot n$

$A = \dfrac{\pi \cdot D^2}{4} = \dfrac{\pi \cdot (50 \text{ mm})^2}{4} \approx 1\,963.5 \text{ mm}^2$

$Q = 1\,963.5 \text{ mm}^2 \cdot 40 \text{ mm} \cdot 28 \text{ min}^{-1}$

$\quad = 2\,199\,120 \text{ mm}^3/\text{min} = 2.199 \text{ m}^3/\text{min}$

b) 压缩空气的体积流量(1 bar)。

根据玻意耳-马略特定律,有

$p_1 \cdot Q_1 = p_2 \cdot Q_2$

$Q_1 = \dfrac{p_2}{p_1} \cdot Q_2$

$Q_1 = \dfrac{6 \text{ bar}}{1 \text{ bar}} \cdot 2.199 \text{ min}^{-1} = 13.194 \text{ min}^{-1}$

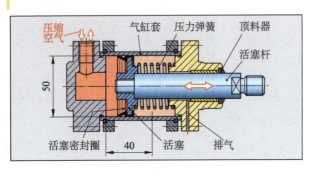

3

解:由 $F = p_e \cdot A \cdot \eta$,得

$A = \dfrac{F}{p_e \cdot \eta} = \dfrac{40\,000 \text{ N}}{1\,000 \text{ N/cm}^2 \cdot 0.8} = 50 \text{ cm}^2$

由 $A = \dfrac{\pi \cdot D^2}{4}$,得

$D = \sqrt{\dfrac{4 \cdot A}{\pi}} = \sqrt{\dfrac{4 \cdot 50 \text{ cm}^2}{\pi}} \approx 7.98 \text{ cm} \approx 79.8 \text{ mm}$

● 逻辑连接

1

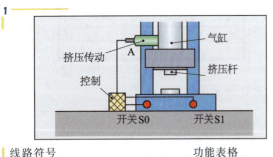

线路符号　　　　　　　功能表格

E1	E2	A
0	0	0
0	1	0
1	0	0
1	1	1

(功能图)

功能方程式:E1∧E2=A

8 CNC 技术的计算

1

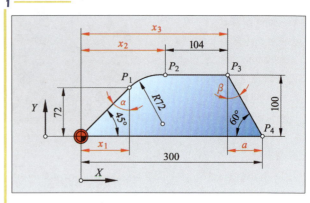

解:**a)** 提示:三角形的内角和是180°。

$\alpha = 180° - 90° - 45° = 45°$

$\beta = 180° - 90° - 60° = 30°$

$x_1 = 72 \text{ mm}$(等腰三角形)

由 $\tan 60° = \dfrac{100 \text{ mm}}{a}$,得

$a = \dfrac{100 \text{ mm}}{\tan 60°} \approx \dfrac{100 \text{ mm}}{1.732} \approx 57.7 \text{ mm}$

$x_2 = 300 \text{ mm} - 104 \text{ mm} - 57.7 \text{ mm} = 138.3 \text{ mm}$

$x_3 = 300 \text{ mm} - 57.7 \text{ mm} = 242.3 \text{ mm}$

b) 根据图和 a)确定点的直角坐标如下表所示。

点	绝对尺寸	
P_1	X72	Y72
P_2	X138.3	Y100
P_3	X242.3	Y100
P_4	X300	Y0

2

a) 直角坐标如下表所示。

点	绝对尺寸		增量尺寸	
P_1	X80	Y0	X 80	Y0
P_2	X40	Y40	X—40	Y40
P_3	X15	Y40	X—25	Y0
P_4	X15	Y30	X—0	Y—10
P_5	X 0	Y15	X—15	Y—15

b) 极坐标如下表所示(工件零点作为极点)。

点	绝对尺寸		增量尺寸	
P_1	R80	α0	R80	α0
P_2	R56.6	α45	R56.6	α45
P_3	R42.7	α69.4	R42.7	α24.4
P_4	R33.6	α63.4	R33.6	α—6
P_5	R15	α90	R15	α26.6

说明:通过三角函数确定极坐标。

例如,点 P_2:

由 $\tan\alpha = \dfrac{40 \text{ mm}}{40 \text{ mm}} = 1$,得

$\alpha = 45°$

由 $\sin\alpha = \dfrac{40 \text{ mm}}{R_2}$,得

$R_2 = \dfrac{40 \text{ mm}}{\sin\alpha} \approx \dfrac{40 \text{ mm}}{0.707} \approx 56.6 \text{ mm}$

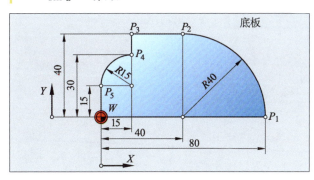

第三部分　技术制图试题

1　基于学习载体"滚轮轴承"的技术制图试题

1

ISO 8673:标准编号

M20×1.5:外径 20 mm、螺距 1.5 mm 的细螺纹

8:性能等级 8

2

根据简明机械手册,向心球轴承的尺寸如下:

宽度:15 mm

外径:52 mm

内径:20 mm

3

轴承转动时,如果环形线上的每个点只承受负荷一次,产生旋转负荷。此时,滚轮轴承上为轴承外圈。轴承内圈承载集中载荷。

4

负荷较低且公差等级规定为 7 时,孔的公差代号为 J7。

5

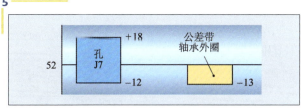

$P_{SH} = G_{oB} - G_{uW} = 52.018 \text{ mm} - 51.987 \text{ mm} = 0.031 \text{ mm}$

$P_{UH} = G_{uB} - G_{oW} = 51.988 \text{ mm} - 52.000 \text{ mm} = -0.012 \text{ mm}$

6

根据简明机械手册,有

$f = (2.5 + 0.2)$ mm

$r = 0.8$ mm

$t_1 = (0.3 + 0.1)$ mm

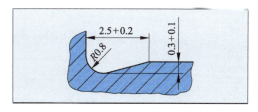

退刀槽的标准名称:DIN 509-E0.8×0.3

7

根据简明机械手册:槽宽 m 为 1.3H13;槽直径为 ϕ19h11。

槽与倒角之间的最小距离 $n = 1.5$ mm;

因此,槽与平面之间的最小距离为 3 mm。

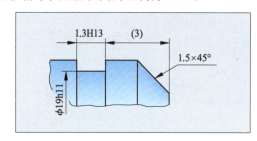

8

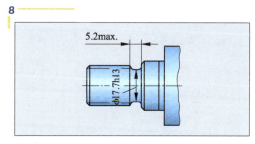

9

零件间的最大间隙为 +0.1 mm,最小间隙为 0,公差为 0.1 mm。忽略向心球轴承的宽度公差,定距环(Pos. 2)的宽度为 12+0.05 mm,挡圈的宽度为 1.2−0.06 mm。

零件最大尺寸的总和:

2×15 mm(Pos. 3) $+ 12.05$ mm(Pos. 2) $+ 1.2$ mm (Pos. 7) $= 43.25$ mm。

因此,图纸上填入:43+0.35/+0.25

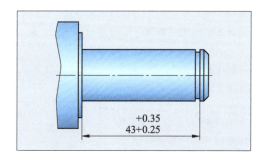

10

基准元件:直径 25k6 的轴线被外壳包住。

中间:直角。公差平面位于两个与基轴线 A 垂直的面之间,距离 $t = 0.02$ mm。

右侧:径向跳动。阶梯轴围绕基轴线 A 旋转时,每个与轴线垂直的测量面上出现的径向跳动偏差不能超过 $t = 0.02$ mm。

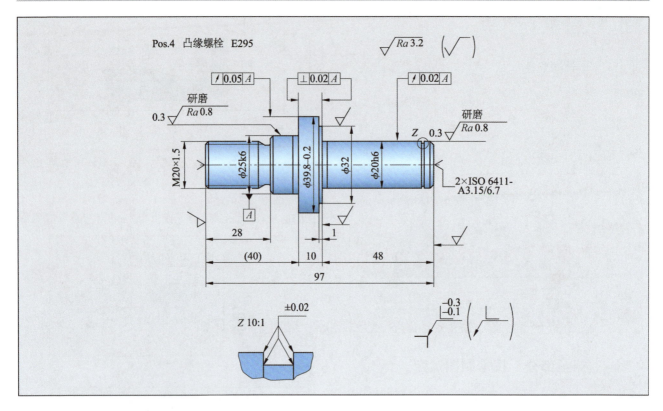

11

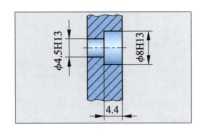

12

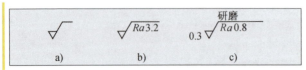

a)　　　　　b)　　　　　c)

a) 切削加工带此标记的面。粗糙度未规定。

b) 切削加工所有未带特殊标记的阶梯轴表面。Ra 最大值为 $3.2~\mu m$。

c) 磨削加工所有带此标记的表面，Ra 最大值为 $0.8~\mu m$。磨削余量为 $0.3~mm$。

13

a) 阶梯轴（Pos.4）上所有未带特殊标记的外棱角都必须显示 $0.1 \sim 0.3~mm$ 的标注尺寸。

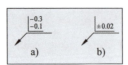

a)　　　b)

b) 阶梯轴上带此标记的棱角都必须是尖角。填写标注尺寸或毛刺最大不超过 $0.02~mm$。

14

根据简明机械手册，螺距 $P=0.7~mm$ 时，DIN76-C 螺纹退刀槽，$l_1=3.8~mm$。

最小深度：

$t = l + l_1 = 8~mm + 3.8~mm$

　　$= 11.8~mm$

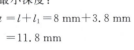
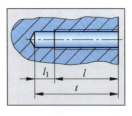

15

强度等级为 8.8 的螺栓旋入最小深度 l_e：

$l_e = 0.9 \cdot d = 0.9 \cdot 4~mm$

　　$= 3.6~mm$

选择（由于螺纹倒角）

$l_e = 4~mm$。

螺栓长度：

$l = s + l_e = 4.4~mm + 4~mm$

　　$= 8.4~mm$

选择的最小螺栓长度：$l = 10~mm$

16

根据机械手册，退刀槽的宽度：

$f = (2.5 + 0.2)~mm$

平均宽度：$f = 2.6~mm$

根据简明机械手册，退刀槽的深度：$t_1 = (0.3 + 0.1)~mm$

平均深度：$t_1 = 0.35~mm$

计算距离 $P_2 - P_1$：

$\tan 15° = \dfrac{0.35~mm}{P_2 - P_1}$

$P_2 - P_1 = \dfrac{0.35~mm}{\tan 15°}$

　　　　$= 1.3~mm$

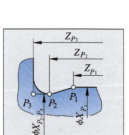
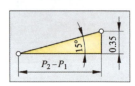

点	$X(\phi)$	Z
P_1	20.009	37.4
P_2	19.3	38.7
P_3	19.3	40

17

加工阶梯轴(Pos.4)的工作计划		
序号	工作步骤	刀具、测量工具、辅助工具
1	圆形材料固定于爪式夹盘,车端面,车长度,两侧定心	车刀、中心钻、游标卡尺
2	在顶尖之间夹紧,粗车(切削余量:直径1 mm,长度0.5 mm)	右偏车刀、游标卡尺
3	车螺纹退刀槽	右偏车刀
4	攻螺纹	螺纹车刀、螺纹环规
5	精车:所有退刀槽、直径、长度	右偏车刀、千分尺、极限卡规、游标卡尺、量块
6	车挡圈槽	切断刀、量块

18

滚轮轴承的安装计划		
序号	工作步骤	刀具、测量工具、辅助工具
1	根据零件清单检查已加工的零件是否完整;必要时进行清洁和去毛刺	
2	滚轮孔涂油润滑	润滑油
3	使用螺旋压力机和装配环(装配环必须置于轴承外圈)将向心球轴承按压至滚轮孔	螺旋压力机、装配环
4	将定距环(Pos.2)移至轴承外圈的挡板	
5	使用螺旋压力机和装配环将第二个向心球轴承(Pos.3)按压至滚轮孔	螺旋压力机、装配环
6	轴承端盖(Pos.8)移至滚轮(Pos.1)槽,对准螺纹孔,用圆柱头螺钉(Pos.9)拧紧	角螺丝刀
7	向心球轴承座范围内的阶梯轴(Pos.4)涂油润滑	润滑油
8	使用螺旋压力机将阶梯轴(Pos.4)移至向心球轴承(Pos.3)的轴承内圈(使用装配心)	螺旋压力机、装配环
9	将垫圈(Pos.5)插至阶梯轴(Pos.4)的螺纹,六角螺母(Pos.6)拧松至螺纹	

测试题参考答案

第一部分 工艺学试题

1 检测技术测试题

1	2	3	4	5	6	7	8	9	10	11	12	13	14	15	16	17	18	19	20	21	22	23	24	25	26
d	c	b	b	d	d	a	c	e	b	d	b	c	a	c	e	e	b	d	d	a	c	d	a	a	e
27	28	29	30	31	32	33	34	35	36	37	38	39													
a	b	d	c	d	c	d	e	d	b	c	e	e													

2 质量管理测试题

1	2	3	4	5	6	7	8	9	10	11	12	13	14	15
c	c	c	d	a	e	e	e	b	b	c	e	b	e	d

3 加工制造技术测试题

1	2	3	4	5	6	7	8	9	10	11	12	13	14	15	16	17	18	19	20	21	22	23	24	25	26
e	b	b	b	c	c	b	d	e	e	e	b	b	d	c	e	e	b	b	b	e	d	b	b	b	a
27	28	29	30	31	32	33	34	35	36	37	38	39	40	41	42	43	44	45	46	47	48	49	50	51	52
c	c	b	d	c	e	b	a	b	a	e	c	a	d	a	d	a	c	b	b	e	c	c	e	a	e
53	54	55	56	57	58	59	60	61	62	63	64	65	66	67	68	69	70	71	72	73	74	75	76	77	78
a	b	b	d	e	c	d	b	b	b	a	b	a	b	c	c	b	d	c	d	b	b	e	c	c	c
79	80	81	82	83	84	85	86	87	88	89	90	91	92	93	94	95	96	97	98	99	100	101	102	103	104
c	a	c	b	d	d	d	b	e	e	a	d	d	b	d	b	e	c	b	c	b	e	c	d	d	d
105	106	107	108	109	110	111	112	113	114	115	116	117	118	119	120	121	122	123	124	125	126	127	128	129	130
d	a	c	e	b	e	c	a	d	b	a	e	e	d	b	d	c	d	e	e	d	e	b	c	a	a
131	132	133	134	135	136	137	138	139	140	141	142	143	144	145	146	147	148	149	150	151	152	153	154	155	156
b	d	d	d	e	c	b	c	d	e	d	d	a	a	b	c	e	b	d	b	b	a	b	a	b	c
157	158	159	160	161	162	163	164	165	166	167	168	169	170	171	172	173	174	175	176	177	178	179	180	181	182
c	c	d	a	c	b	b	a	d	e	c	d	b	e	e	a	e	d	c	b	c	a	b	e	d	d
183	184	185	186	187	188	189	190	191	192																
c	c	a	b	b	e	e	b	b	b																

4 材料工程测试题

1	2	3	4	5	6	7	8	9	10	11	12	13	14	15	16	17	18	19	20	21	22	23	24	25	26
b	e	c	c	b	a	a	b	d	b	b	d	a	e	c	b	d	a	d	d	c	c	a	c		
27	28	29	30	31	32	33	34	35	36	37	38	39	40	41	42	43	44	45	46	47	48	49	50	51	52
d	d	b	d	a	d	b	a	c	b	d	c	e	c	b	b	b	c	c	e	d	b	c	d	a	e
53	54	55	56	57	58	59	60	61	62	63	64	65	66	67	68	69	70	71	72	73	74	75	76	77	78
a	d	c	e	c	d	a	c	a	d	e	c	d	d	b	c	e	c	c	b	a	c	b	a	e	e
79	80	81	82	83	84	85	86	87	88	89	90	91	92	93	94	95	96	97	98	99					
e	d	d	b	a	d	b	d	e	c	d	b	b	d	e	e	b	c	d	e	e					

5 机床技术测试题

1	2	3	4	5	6	7	8	9	10	11	12	13	14	15	16	17	18	19	20	21	22	23	24	25	26
c	d	c	a	c	b	d	c	b	e	d	d	c	b	e	e	d	b	b	b	a	c	d	e	a	d
27	28	29	30	31	32	33	34	35	36	37	38	39	40	41	42	43	44	45	46	47	48	49	50	51	52
b	b	c	d	e	e	c	a	d	b	e	b	d	c	a	c	d	e	a	e	e	a	d	e	a	c
53	54	55	56	57	58	59																			
b	e	d	b	a	d	d																			

6 电工学测试题

1	2	3	4	5	6	7	8	9	10	11	12	13	14	15	16	17	18	19							
a	e	a	a	d	a	b	b	d	c	e	a	c	c	e	b	c	c	a							

7 安装、调试和维护测试题

1	2	3	4	5	6	7	8	9	10	11	12	13	14	15	16	17	18	19	20	21	22	23	24	25	26
e	b	d	a	e	c	e	d	c	b	d	b	b	c	d	c	a	e	e	c	e	d	e	c	c	c
27	28	29	30	31	32	33	34	35	36	37															
b	b	a	b	d	b	e	b	d	a	c															

8 自动化技术测试题

1	2	3	4	5	6	7	8	9	10	11	12	13	14	15	16	17	18	19	20	21	22	23	24	25	26
d	c	d	d	a	b	c	d	a	a	d	e	e	b	d	e	d	e	c	a	a	e	a	d	c	b
27	28	29	30	31	32	33	34	35	36	37	38	39	40	41	42	43	44	45	46	47	48	49	50	51	52
a	d	e	b	c	d	a	d	c	b	c	b	a	d	c	d	b	a	c	b	a	d	a	b	e	e
53	54	55	56	57	58	59	60	61	62	63	64	65	66	67	68	69	70	71	72	73	74	75	76	77	78
b	c	a	d	b	e	b	d	c	a	b	e	e	c	e	c	a	e	e	c	b	c	d	c	d	a
79	80	81	82	83	84	85	86	87																	
e	a	c	d	d	c	c	a	e																	

9 自动化加工测试题

1	2	3	4	5	6	7	8	9	10	11	12	13	14	15	16	17	18	19	20	21	22	23	24	25	26
c	e	a	d	e	e	d	b	b	a	c	a	b	d	c	b	a	b	c	d	b	b	d	e	c	a
27	28	29	30	31	32	33	34	35																	
d	a	c	e	b	d	e	b	d																	

10 技术项目测试题

1	2	3	4	5	6	7	8	9	10	11	12	13	14	15	16	17	18	19	20						
c	d	c	c	b	d	a	c	d	d	a	c	d	b	b	a	a	c	c	a						

第二部分 专业数学试题

专业数学测试题

1	2	3.1	3.2	4.1	4.2	5	6.1	6.2	7.1	7.2	7.3	8.1	8.2	8.3	9.1	9.2	9.3	10.1	10.2
b	d	a	c	e	c	c	b	b	c	b	d	e	a	d	e	e	b	d	c
10.3	11	12.1	12.2	12.3	12.4	13.1	13.2	14.1	14.2	15.1	15.2	15.3	16.1	16.2	16.3	17	18	19	20.1
b	d	e	b	d	b	a	c	d	c	e	d	c	c	a	c	d	b	c	d
20.2	21.1	21.2	22.1	22.2	22.3	22.4	23.1	23.2	24.1	24.2	24.3	25.1	25.2	26.1	26.2	26.3	27.1	27.2	28.1
b	c	c	a	c	e	b	b	d	c	e	e	b	d	a	b	b	e	d	b
28.2	28.3	29.1	29.2	29.3	29.4	30.1	30.2	30.3	31.1	31.2	32.1	32.2	32.3	33.1	33.2	34.1	34.2	35.1	35.2
e	c	b	c	b	c	d	b	d	c	b	a	e	d	b	d	a	c	e	a
35.3	36.1	36.2	36.3	36.4	37.1	37.2	37.3	37.4	38.1	38.2	38.3	39.1	39.2	39.3	40.1	40.2	41.1	41.2	42.1
d	a	d	d	e	a	b	b	e	a	d	b	e	a	c	d	b	b	a	c
42.2	42.3	43.1	43.2	44	45.1	45.2	45.3	46.1	46.2	47	48	49.1	49.2	50	51.1	51.2	51.3	51.4	
a	e	d	b	c	e	c	b	d	a	d	c	b	e	c	b	a	a	d	

第三部分 技术制图试题

2 技术制图试题

1	2	3	4	5	6	7	8
d	c	a	a	d	c	c	b

3 视图试题

1	2	3	4	5	6	7	8
e	e	d	e	c	c	c	a